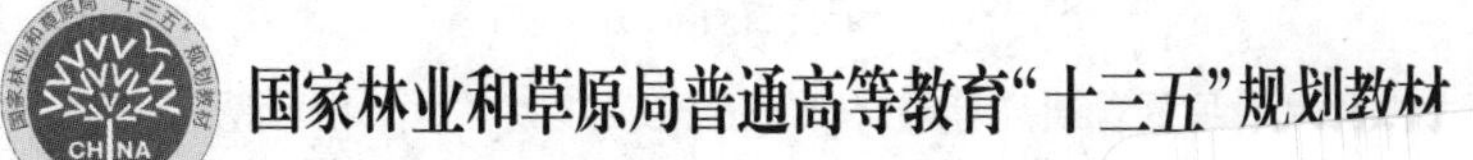

土壤肥料学

主　编　贾月慧
副主编　赵荣芳　刘　杰　曹　宁

中国林業出版社

内 容 简 介

本教材是国家林业和草原局普通高等教育“十三五”规划教材，由绪论、土壤、植物营养、肥料、土壤肥料资源五部分组成。本教材首先从介绍土壤的形成、成土过程以及土壤类型（第一章）开始，然后阐述土壤组成（土壤矿物质、土壤有机质、土壤生物、土壤水分和空气）（第二章）、土壤性质（土壤的化学性质和土壤的物理性质）（第三章和第四章），通过土壤中养分部分（第五章）过渡到植物营养，植物营养特性与施肥原则（第六章），然后是植物营养与肥料部分。氮磷钾的营养及其肥料（第七章）中微量元素营养及肥料（第八章）、复混肥料（第九章）、有机肥（第十章），最后从资源利用与保护角度阐述土壤肥料资源的利用、改良与保护（第十一章），全书各章前后呼应，结构紧凑，对土壤和植物营养、肥料都做了系统的论述。

本教材不仅可以作为农学、植物保护、园艺、园林植物、林学等专业的教材与参考书，也可以作为从事土壤、生态、环境、地学以及土地专业学生的参考教材。

图书在版编目（CIP）数据

土壤肥料学/贾月慧主编．—北京：中国林业出版社，2021.8
国家林业和草原局普通高等教育“十三五”规划教材
ISBN 978-7-5219-1315-6

Ⅰ.①土…　Ⅱ.①贾…　Ⅲ.①土壤肥力-高等学校-教材　Ⅳ.①S158

中国版本图书馆 CIP 数据核字（2021）第 166070 号

中国林业出版社·教育分社
策划、责任编辑：许　玮　曹鑫茹
电　　话：（010）83143576

出版发行　中国林业出版社（100009　北京市西城区德内大街刘海胡同 7 号）
http://www.forestry.gov.cn/lycb.html
印　　刷　河北京平诚乾印刷有限公司
版　　次　2021 年 8 月第 1 版
印　　次　2021 年 8 月第 1 次印刷
开　　本　787mm×1092mm　1/16
印　　张　22.5
字　　数　576 千字
定　　价　58.00 元

《土壤肥料学》
编写人员

主　　编　贾月慧

副 主 编　赵荣芳　刘　杰　曹　宁

编写人员（按姓氏笔画排序）

卢树昌（天津农学院）
刘　杰（北京农学院）
李　勇（西南大学）
孟庆锋（中国农业大学）
赵荣芳（仲恺农业工程学院）
姜桂英（河南农业大学）
贾月慧（北京农学院）
曹　宁（吉林大学）
梁　琼（北京农学院）
谢　勇（仲恺农业工程学院）

主　　审　杨振明（吉林大学）
李　斐（内蒙古农业大学）

前　言

本教材是在原有土壤学和植物营养与肥料两部教材的基础上，为适应社会发展的需要，特别是新时期人类面临新问题的大背景下，为培养符合新时代要求的大学生而编写的。本教材由北京农学院、仲恺农业工程学院、中国农业大学、西南大学、吉林大学、河南农业大学、天津农学院七所高等院校联合编写而成。所有编者均为土壤肥料学授课，而且所从事的科研工作均与土壤、植物营养、肥料相关，对该教材的内容有较全面而深入的理解，因此在编写过程中既有继承又有拓展。

土壤肥料学课程是高等农林院校中农学、园艺、园林植物遗传育种、林学、植物保护及酿酒工程等专业必修的专业基础课，因此本课程在内容上注重基本概念、基本原理的阐述，并尽可能地拓宽知识面，以满足不同的专业需求，同时结合我国农业发展的特点将土壤、植物营养和肥料的知识融入各专业中，有普适性，又能为各专业服务。随着土壤、植物营养、肥料研究中新思想、新技术的出现，本次教材编写也体现出土壤肥料学与环境科学、生态学、生物学等学科的交叉与融合，同时还将生物技术、信息技术、高精尖的分析测试手段在土壤、植物营养、肥料研究上的应用进行了介绍。本次教材的编写还重点强调了土壤、植物、肥料作为人类赖以生存的资源，应合理利用、重点保护、严格管理，从而提升学生们的认识和历史责任感，这将成为推动土壤肥料学在可持续农业中发挥重要作用的原动力。本教材的编写既继承了原有教材的基本框架，又有知识融合和创新的部分，便于学生紧跟时代的发展，每章增加了摘要，便于学生从总体上把握该章的知识要点和内容，每章最后添加了思考题和参考文献，便于学生理解、掌握以及拓宽知识。

全书由绪论、土壤部分、植物营养部分、肥料部分与土壤肥料资源部分组成，具体编写分工如下：绪论由贾月慧编写；第一章由谢勇编写；第二章由姜桂英和梁琼编写；第三章由贾月慧编写；第四章由梁琼编写；第五章由刘杰编写；第六章和第七章由赵荣芳编写；第八章由曹宁编写；第九章由孟庆锋编写；第十章由李勇编写；第十一章由卢树昌编写。全书由贾月慧进行统稿，赵荣芳、刘杰和曹宁为全书内容的补充和修改做了大量的工作。

由于土壤肥料学涉及的学科众多、内容庞杂，虽然编者也付出了艰辛的努力，但是编者水平有限，疏漏、错误在所难免，敬请专家、学者、师生以及广大的读者朋友批评指正，多提宝贵意见，以便对本教材再进行修订、补充和完善。

编　者
2021 年 6 月

前言

目 录

植物营养部分

肥料部分

土壤肥料资源部分

绪　论

第一节　土壤肥料学的概念

“民以食为天，食以土为本”这句话精辟地概括出了人类—植物—土壤之间的关系。2015 年习近平总书记在“十三五”规划建议中提出“坚守耕地红线，实施藏粮于地、藏粮于技战略”，非常准确地表达了土壤是人类生存的基础这一观点。

公元前 3 世纪的《周礼》中指出“万物自生焉则曰土”，汉朝许慎的《说文解字》中描述“土者，吐也，吐生万物”。土壤是人类最早开发利用的生产资料，是人类赖以生存的物质基础和宝贵财富的源泉。与水和空气一样，土壤既是生产食物、纤维及各种其他农林产品不可替代的自然资源，又是保持地球生命活性、维护整个人类社会和生物圈共同繁荣的基础。但是，长期以来，人们对土壤在维持地球上多种生命的生息繁衍和保持生物多样性等方面的重要性并不在意。直到 20 世纪中期，随着全球人口迅速增长和耕地的锐减、资源的加速耗竭，以及人类活动对自然生态系统影响的迅速加深，人们对土壤的认识才不断提升。

一、土壤与土壤肥力

(一) 土壤的概念

土壤(soil)对于每个人并不陌生，但要回答“土壤是什么”这个问题却并不容易。不同学科的科学家，从不同的角度出发产生了不同的解释。生态学家从生物地球化学的观点出发，认为土壤是地球表层系统中，生物多样性最丰富、生物地球化学的能量交换和物质循环(转化)最活跃的生命层。环境科学家从环境功能的角度认为，土壤是重要的环境因素，是环境污染物的缓冲带和过滤器。工程专家从材料功能角度则把土壤看作是承受高强度压力的基地或工程材料的来源。而土壤学家和农学家传统地把土壤定义为：“发育于地球陆地表面并能生长绿色植物的疏松多孔结构表层。”在这一概念中总结概括了土壤的位置处在地球陆地表面，土壤的主要功能是能生长绿色植物，并且是由矿物质、有机质等组成的疏松多孔结构的介质。这一定义是建立在俄国土壤发生学派创始人道库恰耶夫提出的成土因素学说和著名土壤学者威廉斯的统一形成学说的基础上。土壤是生物、气候、母质、地形、时间等自然因素和人类活动综合作用下的产物。它不仅具有自身的发生、发展史，而且是一个在形态、组成、结构和功能上可以剖析的物质实体。地球表面的土壤之所以存在着性质的变异，就是因为在不同的时间和空间位置上，上述成土因子的变异所造成的。所以，它是一个独立的多功能历史自然体。

土壤自然体是包括固相、液相和气相三相的多组分的开放物质系统，其中固相部分由矿物质、有机物、生物组成，其中矿物质是土壤的“骨架”，在土壤容积中占38%，有机质占土壤容积的12%，主要是生物残体及其分解的产物，土壤中的生物尽管所占的体积极小，但是种类繁多，有动物、藻类和微生物，特别是微生物的数量，每克土中有10亿之多；土壤的液相是土壤溶液，是水分经地表进入土壤，溶解了各种物质而形成的稀溶液，因此它被称为土壤的“血液”，占土壤容积的20%~30%；土壤气相是指土壤的“空气”，主要是由N_2、O_2组成，也包括土壤中产生CO_2、水汽和一些微量气体，处于固相和液相之间，占土壤容积的20%~30%。不同土壤中固、气、液这三相物质所占的比例不同，一般是固相与液相和气相在容积上各占一半(图0-1)，固相相对稳定，而液相和气相之间互为消长，这使得土壤表现出诸多不同的性质。

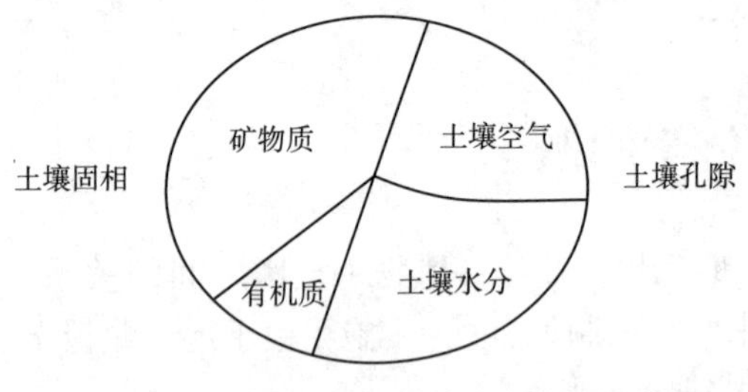

图0-1　土壤三相物质的容积比例示意图

(二)土壤肥力

人类对土壤肥力(soil fertility)的认识经历了相对曲折的过程。16世纪英国的培根认为水是植物的根本营养，这由比利时科学家海尔蒙特的柳树实验所证实。到19世纪德国的泰伊尔认为土壤肥力取决于土壤中的腐殖质。1840年德国现代化学的倡导者李比希(Baron Justus von Liebig)认为矿质肥料是提高土壤肥力的唯一手段。一般西方土壤学家把土壤供应养分的能力称为土壤肥力(也称为地力)。苏联土壤学家威廉斯认为土壤在植物生活过程中，不断地供应植物以最大量的有效养分和水分的能力才是土壤肥力。而经过生产实践和科学实验表明，土壤肥力不仅仅是养分和水分，还包括气体和热量。因此我国土壤科学工作者在20世纪80年代出版的《中国土壤学》一书中这样阐述：肥力是土壤的基本属性和本质特征，是土壤从营养条件和环境条件供应和协调植物生长的能力，其中营养条件包括养分和水分，是植物生长的必需因素，环境条件是指土壤的温度和空气，是植物生长的环境因素。所以土壤肥力是一种能力，即土壤实时不断地供应和协调植物生长发育所需要的养分、水分、空气和热量的能力。其中水分、养分、空气和热量被称为土壤的四大肥力因子，它们相互联系、彼此制约，反映了土壤供应植物生长发育的物理、化学和生物学性质上的综合性质。

土壤肥力尽管是土壤的本质特性，但并不是一成不变的，它的发生发展有其自身的规律，它的高低和演变取决于自然条件与人类的经济活动，特别是不断发展的科学技术对土壤肥力起着非常大的作用。土壤肥力按照形成因素分为自然肥力、人为肥力以及经济肥力。自然肥力(natural fertility)是指在母质、气候、生物、地形等自然因素的作用下形成的土壤肥力，是自然成土过程的产物，是土地生产力的基础，土壤能自发地生长植被。当然由于自然成土条件的千差万别，自然肥力的高低存在非常大的差异，自然界中只有在原始林地和未开垦的荒地上才属于自然肥力。人为肥力(anthropologenic fertility)，又称“人工肥力”，是指土壤在自然肥力的基础上，经过人为的长期耕作、施肥、灌溉，以及其他农业措施等条件下形成的肥力，此肥力受人类生产活动影响大，人类活动对土壤的影响主要是用地和养地两个方面，随着人口的膨胀和人均耕地的减少，人类对土地的利用强度不断提高，加之现代化技术的迅猛发展，人类活动逐渐成为决定土壤肥力发展方向的基本动力之一。同时，土壤肥力的发挥常常受到土壤性质、环境条件、种植模式以及技术水平的影响，能在当季生产中表现出来产生经济效益的肥力称为有效肥力(effective fertility)，而在生产上没有发挥出来产生经济效益的那部分肥力即为潜在肥力(potential fertility)，二者可以转化，土壤肥力水平的发挥与社会经济制度和科学技术的发展有直接的关系，所以土壤有效肥力不仅反映土壤的肥沃程度，还能反映社会发展程度和科学技术水平的高低。根据已定的指标，对土壤肥力水平评定的等级称为土壤肥力分级。其目的是为了评价不同土壤的生产潜力，揭示出它们的优点和存在的缺陷，为施肥、改良土壤提供科学依据。参评项目一般包括土壤环境条件(地形、坡度、覆被度、侵蚀度)，土壤物理性状(土层厚度、耕层厚度、质地、障碍层位)，土壤养分(有机质、全氮、全磷、全钾)储量指标、养分有效状态(速效磷/全磷、速效钾/全钾)等。其项目的选择可以根据土壤类别而定。评级方法有累计积分法和数理统计法等。评定结果可划分为瘦土、熟土、肥土和油土等级别。

此外，土壤肥力与土壤生产力(soil productivity)是两个相互联系又有区别的概念。土壤肥力是土壤本身的属性，而土壤生产力是指在一定条件下土壤生产植物性产品的能力。生产力可以用产量来衡量，产量高则土壤生产力高，反之土壤生产力低下。植物生长的好坏或产量高低并不完全取决于土壤肥力的高低，因为土壤供给水、肥、气、热的能力不单纯取决于土壤本身，而与外界环境条件密切相关，这些条件影响着土壤肥力的发挥。外界条件主要有气候、地形、耕作、灌排以及有无污染和植物本身等。露天菜地和设施菜地中生产力的差异最能证实这一点。因此，为满足人类的各种需求，就要采取各种措施，为各类植物创造适宜的肥力条件，使土壤能够稳、匀、足、适地满足不同植物生长发育的需求，既要重视土壤肥力的研究，加强土壤自身肥力的提高，也要研究土壤—植物—环境之间的相互关系，改善外界环境条件，满足植物生产的各方面需要，以提高土壤的生产力。

二、肥料及其分类

俗话说，粮食一枝花，全靠肥当家。这蕴藏着肥料在粮食生产中的重要性。我国早在西周时就开始将腐烂后的田间杂草放入土壤中用于促进黍稷的生长。北魏末年由中国杰出农学家贾思勰所著《齐民要术》中更详细地介绍了绿肥种植的方法以及豆科作物与禾本科作物轮作的方法等等，同时还提到了将作物茎秆与牛粪尿混合，经过践踏和堆制而成肥料的方法。在施肥技术方面，西汉末年《氾胜之书》中有强调施足基肥和补施追肥对作物生长的重要性。唐、宋以后随着水稻在长江流域的大面积种植，施肥经验日益积累，从而总结出施肥应根据土壤、气候、作物因素的变化而变化。人类进入 18 世纪后，世界人口迅速增长，同时在欧洲爆发的工业革命，使大量人口涌入城市，加剧了粮食供应的紧张程度，这促使科学家开始对作物的营养学进行研究。1828 年德国化学家维勒首次采用人工方法合成了尿素；1838 年英国乡绅劳斯用硫酸处理磷矿石制成磷肥，成为世界上第一种化学肥料。1840 年德国化学家李比希出版了《化学在农业及生理学上的应用》一书，创立了植物矿物质营养学说和归还学说，为化肥的发明与应用奠定了理论基础，自此相继生产出钾肥和氮肥，各种肥料的配合利用相继开展。

通常把能直接或间接供给作物以养分，提高作物产量，改善产品品质或改良土壤性状，逐步提高土壤肥力的物质统称为肥料(fertilizer)。

根据肥料的不同性质与特点，可将常用肥料分为三大类：第一类是有机肥料(organic fertilizer)，又称农家肥料，它是利用动植物残体、动物粪尿、污泥和城市垃圾等富含有机物质的废弃物制造而成。它不但能供给植物多种营养元素，而且具有改良土壤、增强土壤微生物的活性以及酶活性的作用，如人畜粪尿肥、绿肥、堆沤肥、饼肥等，是一种完全肥料，近年来有些学者还把有机肥料分为速效和缓效两种类型，如鸡粪等禽粪属于前者，而秸秆等堆沤肥属于后者。第二类是化学肥料(chemical fertilizer)，又称无机肥料，是通过化学合成或物理方法生产的含高量营养元素的肥料，如硫酸铵、碳酸氢铵、尿素、硫酸钾、过磷酸钙和磷矿粉等，它们能为植物直接供给某种营养元素，培肥地力，提高植物产量，但是具有养分单一，养分释放速度快等特点。第三类是生物肥料，又称菌肥或菌剂，是由一种或数种有益微生物、培养基质和添加物配制而成的生物性肥料，如根瘤菌剂以及各种生物制剂等，是一种间接性肥料。实践证明，合理的施用肥料，不仅为作物提供养分，而且能改善土壤物理化学及生物性状，提高土壤肥力，增加单位面积产量。世界各国农业生产的提高与增施肥料以及扩大施肥面积是密切相关的。世界银行的报告认为全世界平均粮食增产部分的40%是来自于增施肥料。因此肥料用量的增加和施肥技术的改进，对于提高农业生产起了很大的作用。

第二节　土壤和肥料在农业生产和生态系统中的重要性

土壤是绿色生命的基地，在整个陆地生态系统中维持着多种生命的生息繁衍，支撑着地球的生命活力，在自然界生态平衡中起着重要的作用。随着人类对自然界认识的加深，土壤和肥料作为一种资源不仅与农业生产、生态环境密切相关，与水利、工矿、交通、建筑甚至医学、公安、军事等行业也有着千丝万缕的关系。

一、土壤是农业生产的基地

人类生存繁衍离不开农业生产，土壤是农业生产的基本资料。人类的农业生产包括植物生产、动物生产和土壤管理三部分，其中动物生产必须在植物生产的基础上发展，而土壤的管理是以植物生产为目的，动物生产中产生的粪尿等排泄物以及大量的植物残体回到土壤中才能使土壤的地力恢复提升，因此人们常说的“粮多—猪多—肥多”，就是植物生产、动物生产和土壤管理三者辩证关系的写照。可以看出植物生产是这一循环的关键环节，也是人类目的的根本。

植物生产主要是栽培各种绿色植物，日光(光能)、热量(热能)、空气(氧及二氧化碳)、水分和养分是绿色植物生长发育的五个基本要素，其中养分和水分是植物通过根系从土壤中吸取的。植物能立足于自然界，能经受风雨的袭击而不倒伏，就是由于其根系伸展在土壤中，获得土壤的机械支撑。这说明在自然界，植物的生长繁育必须以土壤为基地。良好的土壤能够使植物获得充分的水分和养料供应，具有适宜的温度和通气条件，使其根系充分伸展，机械支撑牢固。土壤在植物生长繁育中具有下列具体的作用：

1. 提供植物生长所需要的营养元素

除二氧化碳主要来自空气外，植物需要的营养元素，如氮、磷、钾及中量、微量营养元素和水分主要来自土壤。虽然海洋的面积占地球表面积的2/3，但陆地土壤和生物系统贮备的氮磷总量要比水生生物和水体中的贮量高得多，土壤是陆地生物所必需的营养物质的重要来源。

2. 养分转化和循环作用

土壤中养分元素的转化既包括无机物质转化为有机物质的过程，也包含有机物被分解为无机物质的过程，既有营养元素的释放和散失，也有元素间的结合、固定和富集。通过这种复杂的转化过程，在地球表层系统中实现着营养元素与生物之间的循环和周转，从而保持了生物生命的生息与繁衍。

3. 涵养水分的作用

土壤是地球陆地表面具有生物活性和多孔结构的介质，具有很强的吸水、持水和过滤能力。土壤对雨水以及地表径流水分的涵养功能与土壤本身的总孔隙度、有机质含量和植被覆盖度等密切相关。植物残枝落叶、根系穿插和腐殖质层的形成都能大幅地增强土壤的雨水涵养能力，防止水土流失，净化水源，滞留在土壤中的水分明显超过江河中的水分和大气中的水分。

4. 对生物的支撑作用

植物在土壤中生长，根系在土壤中伸展和穿插，不仅能从土壤中获得营养，还能获得土壤对它的机械支撑，使植物能够稳定地站立于大自然之中。同时在土壤中还拥有种类繁多、数量巨大的生物群，它们的生存都依赖于土壤。

5. 具有缓冲外界环境变化的作用

土壤是地球表面各种物理、化学、生物化学过程的反应界面，是发生能量交换和物质迁移最复杂、最频繁的地带，这使得土壤具有抵抗外界温度、湿度、酸碱性、氧化还原性，以及营养元素变化的能力，对进入到土壤的污染物能通过土壤生物进行代谢、降解、转化、清除或降低其毒性，起到“过滤器”和“净化器”的作用，能为植物和微生物提供一个相对稳定的生长繁衍环境。

二、土壤是陆地生态系统的重要组成部分

生态系统是一个非常广泛的概念，任何生物群体与其所处的环境都会形成不同类型的生态环境。陆地生态系统是指在地球陆地表面由陆生生物与其所处环境相互作用构成的统一体。在这个统一体中，包含了大气圈、生物圈、水圈、岩石圈和处于这四个圈层中间位置的土壤圈(图 0-2)，土壤圈是生物与环境之间进行物质和能量交换的中心场所，是环境条件和有机物质结合的关键环节，是四大圈层链接的纽带。土壤圈的变动直接影响着整个陆地生态系统。

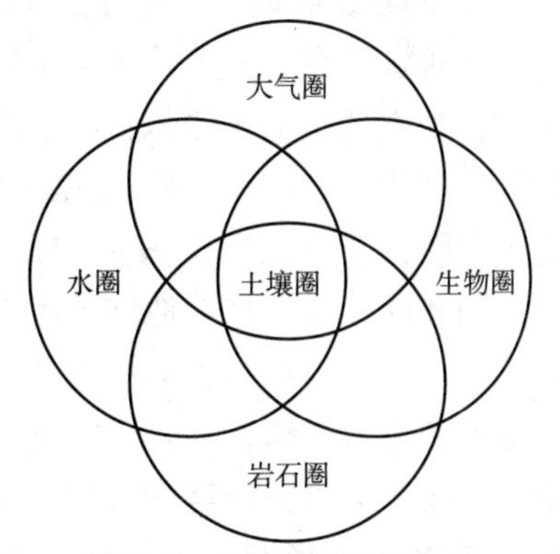

图 0-2　土壤圈在陆地生态系统中所处的位置

土壤圈和大气圈频繁地进行着水分、气体、热量的交换，例如土壤呼吸产生的 CO_2、CH_4 等气体直接影响着大气的温室效应的强弱；土壤圈中溶解的养分离子通过淋溶进入水体，从而影响水体的质量，将土壤颗粒通过径流进入水体，引起湖泊、水库、河流容纳水量的减少；土壤是生命体的家，给各种动植物，特别是微生物提供了生存环境，使生物繁衍生息；土壤

来源于岩石、矿物的风化，形成了土壤肥力，土壤的形成又保护了岩石圈存在，等等。总之，土壤圈处于陆地生态系统的特殊空间位置上，独特的结构和性质将其他四个圈层形成了一个整体，在各个断面频繁地进行物质转化和能量循环，因此，土壤圈被视为地球表面系统中最活跃、最具有生命的圈层。当然，土壤是陆地生态系统的重要组成部分，也是一个相对独立的生态系统。在土壤生态系统中，物质和能量流不断地由外界环境向土壤输入，通过在土体内的迁移，必然会引起土壤成分、结构、性质和功能的改变，从而推动土壤的发展与演变。物质与能量流从土壤向环境的输出，也必然会导致环境成分、结构和性质的改变，从而推动整个环境的不断发展和变化。

土壤生态系统作为生命体的栖息地、生态环境中的循环场所，特别是与人类生存息息相关的农业生态系统中的重要作用，其重要功能有：①维持生物的活性、多样性和生产性，土壤的性质直接影响着生物的着生，一旦土壤性质发生变化就会引起生物种群变化、数量增减以及生物迁移等；②调节水体和溶质的流动，土壤水是土壤—植物—大气—水体整个生态系统中的核心成分，是土壤、岩石中物质迁移的载体，在调节全球气候变化和溶质移动中起着关键的作用；③对生态系统中产生的有机、无机污染物，土壤具有过滤、缓冲、降解、固定和解毒作用，从而降低了污染物对环境的污染风险；④具有储存并循环生物圈及地表的养分和其他元素的功能，不断更新物质，动植物残体、大气沉降物、工业废弃物、人类产生的废弃物通过土壤系统后得到转化、释放，能再次回到系统中而被利用，这是维持地球生命不可缺少的一部分，促进系统稳定发展。因此，人类活动对生态系统不断的干预和改造中，使之更有利于人类的生产和生活，但是这种活动也会有意无意地破坏着环境的生态平衡，例如，土壤污染、水土流失、土壤退化等都会给人类带来无法弥补的损失。土壤生态系统的健康发展是维持整个陆地生态系统的关键环节，不容小视。

三、土壤是自然界中具有再生能力的最珍贵的自然资源

如果地球表面没有这层薄薄的土壤，地球将会和其他星球一样，悄无声息。土壤作为一种资源，是人类生存繁衍的必需条件，是人类生活、生产、开发利用和不断创造财富的基础，因此具有自己的特性。

1. 土壤资源是一种可再生资源，但是数量上是有限的

土壤资源在名义上是可再生资源，它与光、水、热、气资源一样称为可再生资源，土壤作为独立的历史自然体，在不断地演替和变化过程中，土壤中的养分、水分等物质被植物吸收利用，又以残体的形式归还到土壤中，这种周而复始的循环，使土壤保持用之不竭的生产活力。可是只有一个地球，土壤数量不会增加，1 cm 厚的土层需要约 300 年或更长时间才能形成。目前地球承载人口的压力越来越大，由于自然因素和人为因素造成土壤资源的损失和破坏与土壤形成之间严重失衡，例如我国的土壤资源数量非常有限，特别是耕地资源十分短缺，为此 2013 年 12 月 23 日中央农村工作会议提出要坚守 1.2 亿 hm^2 的耕地红线，如果突破这一底线，粮食保障将受到威胁，随着我国人口的不断增长，预计 2050 年将达到 16 亿人，人均土壤面积将进一步降低，人地矛盾随之加剧，土壤资源数量的有限性将成为制约经济和社会发展的重要问题。

2. 土壤资源质量上的可变性

土壤质量包括土壤肥力、环境和健康质量等，其中土壤肥力是土壤的基本属性，它的高低直接影响着土壤质量的高低。土壤肥力是在各种因素综合作用下，经过漫长的成土过程而形成的。如果用养结合，土壤肥力会不断升高，相反，在破坏性的自然因素下(水灾、地震、风沙等)或人为对土壤进行掠夺性的使用，甚至违背自然规律，高强度、无休止的滥用土壤，土壤肥力就会逐渐下降，造成土壤退化，生产力降低，所以土壤不仅仅数量上是有限的，在质量上也是有限的，人类不但要保证土壤的数量，更要注重土壤质量，尽量避免土壤荒漠化、水土流失以及土壤污染的发生，通过合理利用土壤，逐渐提升土壤的质量。

3. 土壤资源相对空间上的固定性

由于成土因素在地球表面呈现一定的规律性，使得土壤也呈现一定的规律性。在地表空间位置上，土壤表现出水平地带性(经度和纬度)和垂直地带性，例如，在我国最南端热带雨林下分布着砖红壤，亚热带常绿阔叶林下的红壤与黄壤，温带落叶阔叶林下的棕壤，干旱草原下分布的黑钙土和栗钙土，荒漠草原下分布的棕钙土和灰钙土，这是土壤资源与气候生物带的一致性。当然还有受到地形、母质以及水文地质等区域性成土因素的影响。此外，由于人类活动对土壤的影响，形成了塿土、水稻土等人为土壤。土壤资源在空间上的分布特征是人类对土壤进行区划和评价的重要依据，通过土壤间的差异，利用土壤时应因地制宜合理开发，充分了解不同土壤的特点，发挥其最大的经济效益。

土壤资源数量上的有限性、质量的可变性以及空间上的固定性充分体现了土壤资源对于人类的弥足珍贵，应该充分认识到合理利用土壤资源的重要性。

四、肥料在农业生产和生态环境中的重要性

粮食问题关系到社会安定、国家富强和人民生活水平。肥料又是粮食的保障，因此充分认识肥料的重要性是当前发展可持续性农业和国计民生的基础。农业生产离不开肥料，无论是有机肥料还是化学肥料，都给植物生产提供了养分、改善了土壤性状、提高了土壤肥力，从而增加了农作物的产量。世界银行的报告认为，全世界40%的农作物增产来自于施加肥料，我国几千年的农业发展史，也充分证实施用肥料的数量和种类是提高作物产量、改善品质的最基本的因素。在建国初期，有机肥料对植物产量提高起到至关重要的作用。随着时代发展，据统计我国粮食产量在近50年的时间里增加2.7倍，化肥的用量是建国初期用量的670多倍(图0-3)，化肥的投入量占农民总投入量的50%。中国农业科学院1981至1990年十年间的全国的肥料实验证明，肥料对作物产量的贡献率从37%升高到50%左右。同时，大量的研究也证实施肥能提高籽粒中蛋白质的含量，改善水果、蔬菜的品质。因此，施肥在现代农业中占有非常重要地位。

但是近年来有关施肥，特别是施用化学肥料，出现各种问题的报道层出不穷。由于偏重氮肥，而轻视磷肥、钾肥，特别是中微量元素肥料，盲目过量施肥，造成肥料利用率不高，生产成本变高，而且粮食产量裹足不前，品质下降，土壤肥力下降。生态环境问题凸显，据估计，沉入河、湖等水体中的氮素约有60%来自化肥，大量化肥的

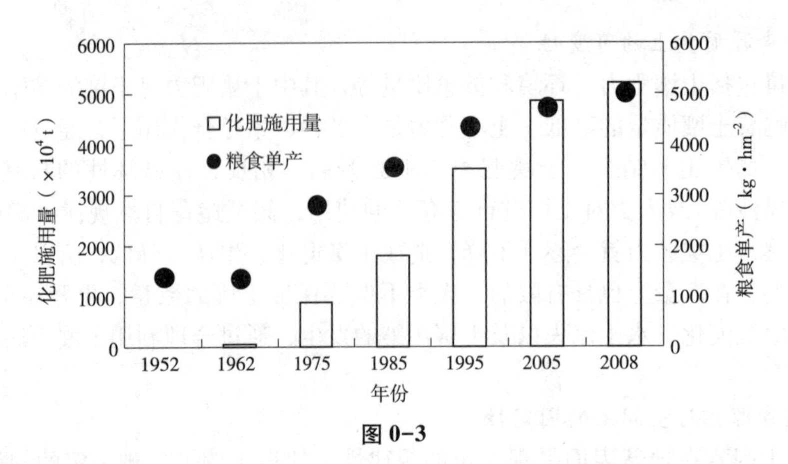

图 0-3

施用还造成地下水硝酸盐污染。对大气的污染主要集中到氮肥上，它的过量施用，引起 N_2O、CH_4、CO_2 被大量释放到大气中，使温室效应加剧，而且 CH_4、CO_2 浓度的增加还会引发臭氧层的破坏，等等，这些都对生态环境带来前所未有的压力。为此科学家们做了大量研究，发现有机、无机肥料配合施用、测土配方施肥、结合当地实际情况"以土定肥，以产定肥"等都是合理施用肥料的重要内容，但是对各种养分离子的转化去向、对生态环境的影响、食物链中养分的富集与分散、对人类生存的影响等问题还都需要进行深入研究。

第三节　土壤肥料科学发展概况

自古以来，世界各族人民在长期的生产劳动中，对土壤肥料就积累了一定的知识，早在 18000 年以前，人类就开始了农作物的种植。古希腊和古罗马时代的人民就对土壤有一定纯朴和简单的经验总结。我国早在 4100 年前的战国时代的劳动人民就依据土壤性质、肥力水平，对土壤进行了等级划分。如《禹贡》一书就记载了当时按土壤肥瘦、性状、生产力，把九州的土壤分为三等九级。《管子 · 地员篇》按土性、土宜、肥力分为 8 类，每类又各分 5 种。在后魏《齐民要术》中就有了关于旱田耕作和利用绿肥肥田的记载。元、明、清以来，对于农业生产的技术措施，有了明确的分类和更详细的归纳总结。这是我国劳动人民对土壤肥料科学的伟大贡献。然而，土壤肥料作为一门独立的学科却不到 200 年的时间，形成具有影响力的学派观点主要集中在 19 世纪的欧、美等国家。

一、世界近代土壤肥料科学的发展概况

从西欧的文艺复兴时期开始，人们开始对自然界的现象进行科学探索，非常著名的有 1640 年有万 · 海尔蒙脱在布鲁塞尔做的盆栽柳条实验，证明水是柳树生长的唯一营养物质。后来许多学者用雨水、河水、污水以及硝土做盆栽试验，肯定了空气、水、土、盐、油和燃素六种植物生长所需的营养。19 世纪初小索秀尔用精确的定量分析方法研究了大气中 CO_2 含量与植物体内碳素的关系，证明了植物同化了大气中的 CO_2，灰分元素来源于土壤，但是他的结论在当时并未被接受，而是德国的泰伊尔的腐殖质学说，认为腐殖质是植物唯一的养料，占有主导地位，这一学说包含了腐殖质对土壤肥力的重要意义，但有不

正确的形而上的内容。后来农业实验站的创始人法国的布森高通过田间试验和化学分析得出了一些有用的结论。近代发展成有影响的学说有以下三个。

(一)农业化学土壤学派

19世纪中叶，以德国化学家李比希(J. V. Liebig，1803—1873)为代表的农业化学学派，利用化学理论和化学方法来研究土壤，1840年他出版的《化学在农业和生理上的应用》提出了“植物矿质营养学说”，认为作物的营养主要依赖于土壤中的矿质成分以及有机质分解后产生的矿物质，只有不断地向土壤归还和供给矿质养分，才能维持土壤肥力。这一观点首先推翻了以前认为植物依靠吸收腐殖质而生长的错误学说，建立了植物吸收无机营养的正确观念，同时推动了化肥的广泛使用和土壤科学的发展，开辟了用化学分析的手段研究农业问题的新领域，发展了土壤农化分析、土壤化学和农业化学等分支科学，可以说大大促进了土壤肥料科学的发展。但是，此学说也有不足之处，该学说片面地认为土壤是单纯的养分贮藏库，矿质养分是土壤肥力的唯一因素，只要施用矿质肥料，把植物吸收的矿质养分归还土壤，就能保持土壤肥力，用简单的矿质养分来对待复杂的土壤问题，没有关注土壤生物、有机质、微生物等这些活的物质，特别是土壤为植物生长提供了养分，但是植物对土壤的影响却被忽略了，没有进一步分析植物与土壤之间的物质转化和能量流动。当然，这些不会影响这一学说在土壤肥料学科发展中的历史地位和对整个农业科学发展的贡献。

(二)农业地质学观点

19世纪下半叶，以德国地质学家法鲁(Fallou，1882)为代表提出了农业地质学的观点。该学说用地质学的观点研究土壤，提出了“土壤矿质淋溶学说”，认为土壤是岩石矿物的风化碎屑，土壤中可溶性物质在风化作用下会不断淋溶丧失，土壤肥力不可避免地要逐渐下降，土壤类型取决于岩石的风化类型，土壤就是风化、破碎了的岩石。同时也揭示了风化过程在土壤形成过程中的重要性，开辟了从矿物学研究土壤的新领域，但是他们只强调了土壤与岩石、母质的相互联系，却没有指出土壤与岩石、母质的本质区别，混淆了岩石、母质和土壤在本质上的差异，同样，该学说也没有看到土壤形成过程中的生物作用，否认植物对土壤肥力的巨大意义。但用地质学的观点研究土壤，在土壤肥料学的发展中同样起到了积极作用，加深了对土壤的基本“骨架”矿物质的研究。

(三)土壤发生学的观点

19世纪的70~80年代，俄罗斯学者道库恰耶夫(Dokuchaev，1846—1902)在1883年出版了著名的《俄罗斯黑钙土》，认为土壤是一个独立的历史自然体，提出了影响土壤发生和发展的因素有母质、气候、生物、地形和时间，即五大成土因素学说，他还提出土壤的分布具有地带性的规律，对土壤分类也给出了创造性的见解，拟定出土壤调查的编制土壤图的方法。这一学说从俄罗斯传到西欧，从西欧传到美国，他的继承者威廉斯在其学说的基础上，进一步指出土壤是以生物为主导的各种因子长期、综合作用的产物，土壤形成的实质是物质的地质大循环和生物小循环矛盾统一的结果，土壤的本质特点是土壤肥力，并提出团粒结构是土壤肥力的基础，制定出草田轮作制，这统称为土壤发生学的观点。土壤发生学派的主要观点，在土壤学的发展史上，曾起过不少积极影响。但是，这一学派对农业土壤的研究做得相对较少。这一学说传至美国，对美国的土壤学科发展产生了深刻影响，美国土壤的奠基者马伯特提出了第一个土壤分类系统体现出土壤发生学的观点。

到20世纪40年代美国的土壤学家H. 詹尼出版了《土壤成土因素》一书，把土壤与成土因素之间的关系用函数表达了出来，从原来的定性描述发展为定量分析，并进一步将成土因素扩大到生态系统中的所有因素，试图找到土壤与生态环境之间的关系，并构建了状态因子函数式。1938年瑞典学者马特森提出土壤圈的概念，对土壤的定义、结构和功能进行了全面阐述，深化了土壤的内涵，并以一个独立的身份出现在了陆地生态系统中，大幅拓宽了土壤的研究思路。

(四)肥料的兴起与发展

有机肥的历史源远流长，1万年以前就有有机肥使用的记载，但是化学肥料的兴起还不过200年的时间，但化学肥料对粮食增产的贡献却有目共睹。自1840年德国化学家李比希提出植物矿质营养和养分归还学说后，欧洲地区才掀起了巨大的化学工业。特别是英国洛桑实验站的创始人劳斯(J. Lawes，1841—1900)1842年取得磷酸钙的制造专利，李比希还在1850年发明了钾肥，1909年，德国化学家哈伯(F. Haber，1868—1934)与博施(C. Bosch，1874—1940)合作创立了“哈伯-博施”氨合成法，解决了氮肥大规模生产的技术问题，就开辟了大规模应用施用化肥的新纪元。由联合国粮农组织提供的数据显示，世界化肥的施用量从1921年至1981年60年间增长了30倍，从原来的380万t到11610万t，到2001年又增长到13773万t，再到2011年的22500万t。不仅化肥的数量迅猛发展，肥料品种的更新也很快，由于单一肥料的利用率较低，发展复合肥料是势在必行，同时肥料的液体化、多效化和缓效化也是现代肥料研究的方向和趋势，目前全世界复混肥料的销售量已经占化肥总量的70%以上，但缓效化、液体化以及多功能化的程度还不是很高。未来肥料的发展不仅要为农业的高产、高效和高品质服务，而且更要考虑肥料的生态效应，为可持续性农业的发展服务。

二、我国土壤肥料科学的发展

我国是一个历史悠久的农业大国，长期的生产实践中劳动人民积累了丰富的识土、用土、造肥、用肥的宝贵经验，世界上最早有文字记载的土壤分类和肥力评价是距今4100多年前的战国时期的《尚书·禹贡》，根据土壤颜色、质地以及肥力状况将土壤划分为“九州”，并细分为三等九级，这是世界古代土壤科学史上的伟大创举；《周礼》中分析了土的功能和自然属性，当土被人为耕作利用后才成为壤，揭示出土是自然的产物，人类不但利用自然资源还能改变自然环境，使之为人类服务的朴素观点；春秋战国时期的《管子·地员篇》首次提出土壤适宜中的概念，并按照土性和土宜将土壤分为上、中、下三种，十八类，每类中又包含五种。西汉《氾胜之书》比较完整地总结了耕作原理和简易判断宜耕期的方法，强调施用底肥和补施追肥的重要性；北魏贾思勰的《齐民要术》更系统地叙述了农民从事农业的经验，而且还提到绿肥种植和豆科禾本科作物的轮作制，是世界上最早、最完整的一部农业科学著作；经历唐、宋、元、明、清时代更迭，土壤肥料的发展主要体现在《农桑辑要》《陈旉农书》《王桢农书》和《农政全书》这些著作中，既有认识土壤、利用土壤和改良土壤的观点和经验，又有肥料的分类以及施肥方法，提出了土壤要用养结合的思想，这些在当今社会发展中都有重要的指导意义。

但是由于近代历史的原因，我国土壤肥料学科的发展远远落后于世界发达国家。直到20世纪30年代，在学习欧美发达国家土壤肥料知识的基础上，才开始在小范围内进行土壤调查与制图、肥料的田间试验和相应的化学分析工作，但在当时还没有专门的研究机构，更不用说应用这些研究成果，直到全国解放也才只有53人从事土壤肥料方面的工作。

新中国成立以后，我国土壤肥料研究才进入一个崭新的阶段，以前所未有的速度向前发展。在土壤学发展方面，1958年全国第一次土壤普查，普查面积2.9亿hm^2(其中耕地0.9亿hm^2)，编绘了“四图一志”(农业土壤图、土壤肥力概图、土壤改良概图、土壤利用概图、农业土壤志)，为我国有计划地开垦荒地，扩大耕地面积，合理利用土地，提供了较为全面的科学依据。从1979年开始的第二次全国土壤普查工作，在应用航片和卫片编绘土壤图上，速度是国外少有的；在查清土壤资源、普及土壤科学、培养基层土肥人员、促进农业生产等方面都取得了很大成绩。并在1995年提出了我国新的土壤系统分类制度，在土壤生态系统研究、土壤污染防治等方面做了大量的工作，特别是2016年5月28日，国务院印发了《土壤污染防治行动计划》，简称“土十条”，这一计划的发布可以说是土壤修复事业的里程碑事件。近七十多年来在肥料学发展方面也有大的突破和推进，早在1953年，党和政府就提出了“以农家肥料为主，化学肥料为辅”的肥料工作方针。1957年，中国农业科学院土壤肥料研究所在各省农业科学研究所地力检定工作的基础上开展了全国肥料试验网工作。在全国150多个试验点上获得的结果表明，我国农田土壤有80%缺乏氮素，50%左右缺乏磷素，30%缺乏钾素。这些结果对化肥生产和分配计划提供了科学根据。1974年8月《全国化肥使用座谈会总结提纲》中指出：合理用肥，要以农家肥为主，农家肥和化肥相结合。有机肥与无机肥相结合是我国坚定不移的肥料工作方针。20世纪80年代，在恢复和重建基础上开展了第二次全国肥料实验网工作。该次普查发现，化肥在粮食作物增产份额中占40%~56%，在棉花上为46.8%。化肥使用量由建国初期的0.6万t提高到1995年3595万t。据1988年报道，长期(7年)定位试验结果表明：随着时间的增加各施肥处理连续无肥区、有机肥区、化肥区和有机无机肥配合区的增产效果，以配合施肥区增产最为显著。在化肥施用上，实践表明，有机物与磷配合效果好。微量元素肥料(主要是硼、锌、钼)已在较大面积上推广应用，效果显著。自2005年开始至今在全国开展测土配方施肥工作，其结果由中国农业大学张福锁等人于2010年整理出版《测土配方施肥技术》，已经取得良好的经济效益。同时在此基础上，对根层养分调控理论、协调作物高产与环境保护的养分综合管理理论的出现，为土壤肥料科学的发展奠定了扎实的理论基础。

当然，随着人类的发展，先进的测试手段不断应用到研究土壤肥料的领域中，宏观上从原来的人工勘测到3S技术，即遥感技术(Remote Sensing，RS)、地理信息系统(Geography information systems，GIS)和全球定位系统(Global positioning systems，GPS)。尺度上和精准度的提高，使得把握土壤的变化规律变得更及时，微观上光谱法(同步辐射技术等)的应用提高了物质监测的精准度、高通量测序使得土壤中微生物分析达到了分子水平，这些都为土壤肥料学科的发展奠定了基础。

第四节 土壤肥料学的任务及与其他学科的相互关系

一、土壤肥料学的主要任务

(一)现阶段我国土壤肥料科学所面临的挑战

自20世纪90年代以来，世界已经面临人口、资源、环境、粮食等尖锐的矛盾。进入21世纪，经济全球化趋势增强，国际竞争更为激烈，我国将面临更为严峻的考验，人口与土地资源利用矛盾尤为突出。现阶段人口已经超过14亿，人均粮食不足400 kg，耕地却以每年46~67万 hm^2 的速度在减少，年沙化面积达133.3万 hm^2，草原退化面积占草原地区总面积的1/4，次生潜育化面积占沼泽地总面积的1/5，次生盐渍化面积约占盐渍土总面积的1/6，水土流失面积近150万 hm^2。根据国务院2014年发布的土壤污染公告数据显示，全国受污染的耕地约有1000万 hm^2，有机污染物污染农田达3600万 hm^2，主要农产品的农药残留超标率高达16%~20%；污水灌溉污染耕地216.7万 hm^2，固体废弃物堆存占地和毁田13.3万 hm^2，每年因土壤污染减产粮食超过1000万 t，造成各种经济损失约200亿元。所施用的肥料品种单一，复合化程度不高，在全国范围内的测土配方施肥技术的程序化和普及亟待提高远远不足等，因此土壤肥料科学的任务任重而道远。

(二)现阶段土壤肥料科学的主要任务

1. 进行土壤普查和土壤普查成果应用

我国土壤普查进行了两次，1958—1960年第一次土壤普查，是以土壤农业性状为基础，并提出全国第一个农业土壤分类系统。1979—1985年进行全国第二次土壤普查，历时15年，以成土条件、成土过程及其属性为土壤分类依据，编绘了土壤类型图、土壤资源利用图、土壤养分图和土壤改良分区图。土壤普查的目的就是要查清土壤资源的基本性状和分布规律，为土壤资源合理利用和改良土壤服务。因此，要逐步建立田间档案，开展土壤肥力定位观测，更科学地指导生产。

2. 建立测土配方施肥的长效机制

土壤普查是短期的、有阶段性的，而测土配方施肥是实时不断在应用和产生效果，所以建立测土配方施肥的长效机制，要年年做，季季做；技术路线上要将土壤养分和田间栽培两条路线有机结合起来；测试技术上测试要准而速度快、配方要准而费用低；在现有的土地政策下，和农户如何交流，和企业怎样沟通，中国农业大学自2008年在河北曲周建立第一个科技小院，进行测土配方施肥和自行建立肥料厂，不失为一种新型的科技、农民、企业之间探索模式。2015年农业部启动“减肥减药”项目，化肥到2020年实现零增长，都是测土配方施肥要长期坚持下去的首要任务。

3. 加强土壤资源保护、合理利用与开发、综合治理及防治土壤退化

重点是利用生态学的观点，对土壤、水分、空气、生物等进行协调管理，防止污染的发生、加剧。加强我国生态脆弱地区的综合治理和开发，发挥其生态效益和经济效益；开展防治各种类型土壤退化和土壤污染的理论、技术、方法的深入持续研究，保护和利用好

现有的各种土壤类型；提高现有耕地的肥力水平和集约化程度，在合理利用耕地的基础上，推行节水、节肥、节能等技术；研究土壤在复合型农业生态系统中的地位、功能和优化模式，促进农田生态系统的良性发展。

4. 建立健全土壤肥料信息系统，注重统计分析和模型技术在生产中的应用

现在有关土壤肥料信息系统的模型和软件并不少，但是真正利用起来，起到相应作用的并不多，原因主要是从信息到农户之间缺少技术人员和软件系统的可操作性不强。因此应该加强农业推广技术人员的数量、质量、必要的小型设备的购置和服务农户的态度等的建设，尽管有像科技小院等研究人员的参与，但毕竟杯水车薪，还必须依靠大量的各区县甚至镇乡等农业技术人员的力量，同时要进一步研发更便捷、直观、准确的软件系统，让农民真正把信息带到田间地头。

5. 健全土壤肥料方面的法律法规

在立法中，坚持开源和节流并重，利用与保养并举的基本指导思想。应该采取有力措施坚决制止滥占耕地。保护耕地的数量和耕地的质量，科学合理地进行土地修复，2016年5月28日，国务院印发了《土壤污染防治行动计划》，简称“土十条”。这一计划的发布可以说是土壤修复工作的里程碑事件。

总之，土壤肥料在未来整个国民经济的可持续发展中都占有重要的地位，并起着重要的作用，随着农林业生产以及整个国民经济的发展，土壤肥料的地位将越来越突出。

二、土壤肥料学研究的主要内容以及与其他学科的关系

土壤肥料学是农业科学和资源环境科学的应用基础学科，它被广泛用于农业生产、环境生态建设、区域治理、资源利用保护等领域，在人类农业生产和生态环境中占有极其重要的位置。《土壤肥料学》这门课程是高等农业院校种植类——园艺(蔬菜、果树、花卉)、园林、农学、经济林、茶桑和环境科学、土地利用与管理、植物保护等各专业本科学生的必修课程。它以“土壤、肥料、植物”为中心内容，将土壤学、肥料学、植物营养学有机地结合成一整体，主要内容包括土壤的形成、土壤的组成、土壤的性质以及肥力的发生发展规律；植物的营养特点，各种肥料的性质和施用技术；农业废弃物的综合利用。这些内容都是为合理利用土壤、科学施用肥料和保护生态环境，促进农业可持续发展作贡献，为分析和解决农业生产技术问题提供理论上、学术上的支撑。

土壤是生物地球化学作用最活跃的区域，它的基本运动规律服从于地学；又是植物生长发育的基础，故可视为生物学分支；因其离不开物理学和化学而成为应用物理学、化学的重要组成部分；随着环境科学的兴起，土壤肥料又被视为生态学和环境科学的组成部分。因此土壤肥料学是位于地学-物理化学-生物学-环境科学结合点上的一门学科。土壤肥料学是种植类各专业的一门重要专业基础课。它直接服务于各类种植业，是种植类各专业必修课程：作物栽培学、作物遗传育种学、植物保护学、地学、植物营养学、园艺学、耕作学、花卉学、水土保持学、造林学等的重要基础。而欲学好、用好土壤肥料学，还必须具有基础学科，如物理学、化学、数学、植物学、微生物学等相关学科知识。此外，它还与其他专业基础学科——农业生态学、气象学、植物生理学、营养学、环境保护学、地质地貌学等学科有着密切的交叉和联系。因此，土壤肥料学是上与各基础课程相连，下与各专业课程和周边其他专业基础课有着密切联系的一门既有深厚理论基础，又具备广泛应

用技术的重要课程。

了解了土壤肥料科学与其他学科的联系，能够更好地促进土壤肥料科学的学习。掌握了土壤肥料科学，就可以科学地管理土壤，保持和恢复土壤生态系统的养分循环与平衡，避免人类活动对生态环境的不利影响，使植物健壮地生长发育，满足人类生存和发展的需求。

思 考 题

1. 简述土壤、土壤圈、土壤肥力、土壤生产力的概念。
2. 土壤的功能是什么？
3. 如何认识土壤肥料学在农业生产中的地位和作用？
4. 土壤肥料学的主要任务是什么？
5. 阐述影响土壤肥料学发展的主要观点和意义。

主要参考文献

[1]刘克锋，等．土壤肥料学[M]．北京：气象出版社，2012.
[2]关连珠．普通土壤学[M]．北京：中国农业出版社，2006.
[3]黄昌勇．土壤学[M]．北京：中国农业出版社，2010.
[4]刘春生．土壤肥料学[M]．北京：中国农业大学出版社，2006.
[5]沈其荣．土壤肥料学通论[M]．北京：高等教育出版社，2002.
[6]谢德体．土壤肥料学[M]．北京：中国林业出版社，2004.
[7]郑宝仁，赵静夫．土壤与肥料[M]．北京：北京大学出版社，2007.
[8]奚振邦．现代化学肥料学[M]．北京：中国农业出版社，2003.
[9]陆欣．土壤肥料学[M]．北京：中国农业大学出版社，2011.
[10]卢树昌．土壤肥料学[M]．北京：中国农业出版社，2011.

土壤部分

第一章　土壤形成及发育
第二章　土壤组成
第三章　土壤的化学性质
第四章　土壤的物理性质
第五章　土壤中的养分

第一章　土壤形成及发育

摘　要　土壤是由地球表面的坚硬岩石，在漫长的岁月中，经过极其复杂的风化过程和成土过程而形成的，它经历了由岩石→母质→土壤的阶段。由于形成土壤的物质和环境不同，因而发育形成了形形色色不同的土壤。根据土壤发生所表现的特征，本章主要介绍岩石矿物的风化后母质的形成、影响土壤形成的因素和成土过程以及土壤分类等内容，重点掌握岩石矿物的风化、基本的成土过程、土壤形成的影响因素以及土壤分类的原则，通过土壤分类，来认识土壤，为合理利用、改良土壤、保护生态环境服务。

第一节　矿物、岩石的风化与母质的形成

一、土壤母质的来源

土壤由母质形成，母质来源于各种岩石矿物的风化产物，而各种岩石矿物的性质不同，所形成的母质在性质上就有差别。在不同母质的基础上形成的土壤，其物理性质和化学性质也会有所不同。可见土壤的特性会受到各种岩石和矿物等因素的影响，因此矿物岩石的特性是土壤学重要的基础内容。

(一)地壳物质的元素组成

地壳物质的元素组成很复杂，元素周期表中的全部元素几乎都能从土壤中发现，但主要的约有十余种，包括氧、硅、铝、铁、钙、镁、钛、钾、钠、磷、硫以及一些微量元素如锰、锌、铜、钼等。表 1-1 列出了地壳部分元素含量，其特点为：①氧和硅是地壳中含量最多的两种元素，两者合计占地壳重量的 76%。而氧却几乎占全部组成的一半，组成地壳的化合物，绝大多数是含氧化合物，其中以硅酸盐最多。②在地壳中，植物生长必需的营养元素含量很低，其中磷、硫均不到 0.1%，氮只有 0.01%。③作为植物生长必需的营养元素含量不仅很低，而且都以难溶的化学状态存在岩石中，处于极其分散的状态。由此可见，地壳所含的营养元素远远不能满足植物营养的需要。

表 1-1　地壳部分元素含量

元素	重量占比(%)	元素	重量占比(%)	元素	重量占比(%)
氧 O	46.40~49.52	碳 C	0.023~0.35	锂 Li	0.002~0.0065
硅 Si	25.72~29.50	硫 S	0.026~0.052	氟 F	0.027~0.08
铝 Al	7.45~8.80	锰 Mn	0.08~0.10	钒 V	0.009~0.02
铁 Fe	4.20~5.10	磷 P	0.08~0.12	铬 Cr	0.0083~0.033

（续）

元素	重量占比(%)	元素	重量占比(%)	元素	重量占比(%)
钙 Ca	2.96~4.15	氯 Cl	0.013~0.20	钴 Co	0.0018~0.01
纳 Na	2.36~2.83	氮 N	0.0019~0.04	镍 Ni	0.0058~0.02
钾 K	2.35~2.60	硼 B	0.0003~0.005	砷 As	0.00017~0.0005
镁 Mg	1.87~2.35	铜 Cu	0.0047~0.01	镉 Cd	0.000013~0.0004
氢 H	0.88~1.00	锌 Zn	0.004~0.02	铅 Pb	0.0014~0.01
钛 Ti	0.44~061	钼 Mo	0.00011~0.001	汞 Hg	—

（引自武汉地质学院《地球化学》）

（二）成土的主要矿物

矿物是一类产生于地壳中具有一定化学组成、物理性质和内部构造的单质或化合物。矿物的化学成分和内部构造都是比较均一的，因而具有一定的物理性质和化学性质，并以各种形态(固态、液态、气态)存在于自然界中。自然界中的矿物绝大多数是固体的。因此，我们可以利用矿物相对稳定的物理性质和化学性质进行矿物的识别。

矿物依其成因可分为原生矿物、次生矿物、变质矿物三大类。原生矿物也叫内生矿物，是指由地下深处呈熔融状态的岩浆沿着地壳裂缝上升过程中冷却、凝固结晶而成的矿物，如长石、石英、云母等。次生矿物也叫外生矿物，是由暴露在地表的原有矿物，在地表常温常压条件下，受到各种外力作用(如风化作用、沉积作用)所形成的一类矿物。变质矿物是经过变质作用形成的，是原有的矿物重新处于高温高压的条件下，发生形态、性质和成分的变化而形成的新矿物。地壳中矿物的种类很多，目前已经发现的有3000多种，但与土壤矿物质组成密切相关的矿物叫成土矿物，这种矿物不过数十种。就几种主要成土矿物的组成、特性列于表1-2。

表1-2 主要成土矿物

名称		化学成分	物理性质	风化特点与风化产物
石英		SiO_2	无色，乳白色或灰色，硬度大	不易风化，更难分解，当岩石中其他矿物分解后，石英常以碎屑状或粗粒状留下来，是土壤中砂粒的主要来源
长石	正长石	$CaAl_2Si_2O_8$	均为浅色矿物，正长石呈肉红色，斜长石多为灰色和乳白色，硬度次于石英	化学稳定性较低，风化较易，化学风化后产生高岭土，二氧化硅和盐基物质，特别是正长石含钾较多，是土壤中钾素和黏粒的主要来源
	斜长石	$n(CaAl_2Si_2O_8)(100-n)(Ca_2Si_2O_8)$		
云母	白云母	$KAl_2(AlSi_3O_{14})(OH)_2$	白云母无色或浅黄色，黑云母呈黑色或黑褐色，除颜色外其他特性相同，均呈片状，有弹性，硬度低	白云母抗风化分解能力较黑云母强，风化后；均能成黏粒。并释放钾素，是土壤中钾素和黏粒来源之一
	黑云母	$K(Mg,Fe)_3(AlSi_3O_{10})(OH \cdot F)_2$		

（续）

名称		化学成分	物理性质	风化特点与风化产物
角闪石		$Ca_2Na_2(Mg,Fe)(AlFe)[(Si_2Al)_3O_{22}](OH)_2$	为深色矿物，一般呈黑色，墨绿色或棕色，硬度仅次于长石，外形，角闪石为长柱状，辉石为短柱状	容易风化，风化分解后产生含水氧化铁、含水氧化硅及黏粒。并释放少量钙镁元素
辉石		$Ca(Mg,Fe,Al)[(Si,Al)_2O_6]$		
橄榄石		$(Mg,Fe)(SiO_4)$	含有铁、镁硅酸盐，颜色黄绿	容易风化，风化后形成褐铁矿、二氧化硅及蛇纹石等次生矿物
碳酸盐	方解石	$CaCO_3$	为碳酸盐类矿物，方解石一般呈白色或米黄色，美丽斜方体，白云石色灰白，有时稍带黄褐色	容易风化，易受碳酸作用溶解移动，单白云石稍比方解石稳定，风化后释放出钙、镁元素，是土壤中碳酸盐和钙、镁的主要来源
	白云石	$CaMg(CO_3)_3$		
磷灰石		$Ca_5(PO_4)_3(F \cdot Cl_3)$	常为致密状块体，颜色多样，灰白、黄绿、浅紫、深灰甚至黑色	风化后是土壤中磷素营养的主要来源
含铁的化合物	赤铁矿	Fe_2O_3	赤铁矿呈红色或黑色，褐铁矿为褐色、黄色或棕色，磁铁矿铁黑，黄铁矿呈浅黄铜色	赤铁矿、褐铁矿分布很广，特别在热带土壤中最为常见，是土壤的染色剂。磁铁矿难以风化，但也可氧化成赤铁矿和褐铁矿。黄铁矿分解形成硫酸盐为土壤中硫的主要来源
	褐铁矿	$Fe_2O_3 \cdot nH_2O$		
	磁铁矿	Fe_3O_4 或 $FeO \cdot Fe_2O_3$		
	黄铁矿	FeS_2		
黏土矿物	高岭石	$Al_4(Si_4O_{10})(OH)_8$	均为细小的片状结晶，易粉碎，干时为粉状滑腻，易吸水呈糊状	是长石、云母风化形成的次生矿物，颗粒细小，是土壤中黏粒的主要来源
	蒙脱石	$Al(Si_8O_{20})(OH)_4 \cdot nH_2O$		
	伊利石	$K_2(Si_8\text{-}2yAl2y)Al_4O_{20}(OH)_4$		

（资料来源：侯光炯，土壤学，1980）

(三)成土的主要岩石

岩石是指在各种地质作用下形成的，由一种或多种矿物组成的集合体。有些岩石只含有一种矿物称为单矿物岩石，如大理岩。大多数矿物都是由两种以上的矿物组成，称为复矿物岩石，如花岗岩。不同的岩石具有不同的矿物组成和结构形态，其组成在一定的范围内有些变动，因而不能用化学式表示其组成。

岩石的种类很多，根据其生成方式的不同，可将岩石分为三大类：岩浆岩、沉积岩和变质岩。这三类岩石在地表的分布面积以沉积岩为最广，达75%以上，虽然它仅占地壳岩石总体积的5%，是构成土壤母质的主要岩石之一。

1. *岩浆岩*

岩浆岩由地壳内部呈熔融状态的岩浆喷出地表，或者上升到接近地表的不同深度的地壳中，冷却、固化后形成的岩石。它的共同特征是没有层次、没有化石、不含有机沉淀物。

岩浆是一种富含挥发性物质的复杂的硅酸盐、金属硫化物、氧化物的熔融体，具有很高的温度和压力。由它冲破地壳直接溢出或喷出地面冷凝而成的岩石叫喷出岩。由它浸入地壳，在温度和压力逐渐降低，最后冷凝而成的岩石叫侵入岩。在地壳深处冷凝而成的叫深成岩，在地壳浅处冷凝而成的叫浅成岩。岩浆岩一般是根据其中二氧化硅的重量百分组成分为酸性岩、中性岩、基性岩、超基性岩。岩浆岩具体分类如表 1-3 所列。

表 1-3 岩浆岩分类

岩石类型		超基性岩	基性岩	中性岩	酸性岩
SiO_2 含量		<45%	45%~52%	52%~65%	>65%
颜色		深(黑，绿，深灰)→浅(红，浅灰，黄)			
主要矿物		橄榄石 辉石 角闪石	基性斜长石 辉石	中性斜长石 角闪石	正长石 酸性斜长石 石英
次要矿物		基性斜长石 黑云母	橄榄石 角闪石 黑云母	黑云母 正长石 石英	黑云母 角闪石
岩石名称	喷出岩	少见	浮岩、黑濯岩		
		少见	玄武岩		流纹岩
	浅成岩	少见	辉绿岩		花岗斑岩
	深成岩	橄榄岩	辉长岩	闪长岩	花岗岩

（资料来源：谢德体，土壤学，2014）

2. *沉积岩*

沉积岩是在地表和接近地表的常温、常压条件下，由原有岩石(岩浆岩、变质岩、原有的沉积岩)的风化剥蚀产物在原地或经过搬运、沉积和压固而形成的岩石。它的主要特征是一般具有成层性，常含有化石。

沉积岩按成因、物质成分和结构可分为碎屑岩类、泥质岩类、化学岩类及生物化学岩类，每类又可根据岩石的结构和成分细分。沉积岩具体分类如表 1-4 所列。

表 1-4 沉积岩的分类

岩 类		物质来源	沉积作用类型	结构特征	岩石分类名称
碎屑岩类	火山碎屑岩亚类	火山喷发	机械沉积为主	火山碎屑结构	火山集块岩 火山角砾岩 凝灰岩
	沉积碎屑岩亚类	母岩机械破碎产物	机械沉积为主	砾状结构 砂状结构 粉砂状结构	砾岩和角砾岩 砂岩 粉砂岩
泥质岩类		母岩化学分解过程中新形成的矿物——黏土矿物	机械沉积和胶体沉积	泥质结构	黏土 泥岩 页岩

（续）

岩　类	物质来源	沉积作用类型	结构特征	岩石分类名称
化学岩及生物化学岩类	母岩化学分解过程中形成的可溶物质和胶体物质以及生物化学作用的产物	化学沉积和生物沉积	化学结构和生物结构	碳酸盐岩 硅质岩 磷质岩 盐岩

（资料来源：谢德体，土壤学，2014）

3. *变质岩*

变质岩是由原来存在的岩浆岩、沉积岩和部分早期形成的变质岩，在内力作用下，经过变质作用所形成的岩石。使岩石发生变质作用的主要因素是：高温、高压，由岩浆中喷出的炽热气体和其他物质的作用，以及渗入岩石中的水溶液的作用。因而它的主要特征是，一是岩石重结晶明显，二是岩石具有一定的结构和构造，特别是在一定压力下矿物重结晶形成片理构造。现将常见的几种主要成土岩石列于表 1-5。

表 1-5　主要成土岩石

类别	名称	矿物成分	风化特点和分解产物
岩浆岩	花岗岩	主要由长石、石英、云母组成	抗化学风化能力强，而易发生物理风化，风化后石英变成砂粒，长石变成黏土，且钾素来源也丰富。故形成的土壤带母质砂粒配合适中
	流纹岩	与花岗岩相同	与花岗岩相似
	闪长岩	主要由斜长石、角闪石组成	易风化，风化后形成的土壤母质都具粉砂
	安山岩	与闪长岩相同	与闪长岩相似
	辉长岩	主要由斜长石和辉石组成	易风化，生成土壤母质，富含黏粒，养料丰富
	玄武岩	与辉长岩相同	与辉长岩相似
	砾岩	由直径>2 mm 的岩石碎屑经胶结而成。矿物成分多石英，胶结也大多是硅质的	坚硬，难以风化，风化后形成砾质或砂质的母质和土壤养分贫乏
沉积岩	砂岩	由直径 2~0. 01 nm 的砂粒经胶结而成，砂粒大多为石英颗粒，也有长石云母等	风化难易视胶结物而定，硅质胶结的最坚硬，难以风化，泥质胶结者硬度小，容易风化，含石英多的砂岩风化后，形成的母质和土壤一般砂性重，营养元素贫乏
	页岩	由直径<0. 01 mm 的颗粒经压实脱水和胶结硬化而成，矿物成分多为黏土矿物	硬度低，风化容易，其风化产物黏粒多，质地细，养分含量较多
	石灰岩	由 $CaCO_3$ 沉积胶结而成，矿物成分主要为方解石	易受碳酸水的溶解而风化，风化产物质地黏重，富含钙质
变质岩	片麻岩	由花岗岩经高温高压变质而成，矿物成分同花岗岩，由于压力的影响，使深浅矿物呈黑白相间的带状排列	风化特点与花岗岩相似

（续）

类别	名称	矿物成分	风化特点和分解产物
变质岩	千枚岩	由黏土岩变质而成，矿物含云母较多	容易风化，风化后形成的母质和土壤较黏重，并含钾素较多
	板岩	由黏土岩变质而成	比页岩坚硬而较难风化，风化后形成的母质和土壤与页岩相似
	石英岩	由硅质砂岩变质而成，矿物成分多石英	质坚硬，极难风化，风化后多形成砾质母质
	大理岩	由石灰岩、白云岩变质而成，矿物成分多为方解岩	风化特点与石灰岩相似

（资料来源：谢德体，土壤学，2014）

二、岩石的风化过程

风化作用是指地壳表层的岩石，在大气、水和生物的作用以及地表温度变化的影响下，在原地所发生的一系列崩解和分解作用。风化过程一方面破坏原有在较高温度和压力下形成的矿物，另一方面又形成一些在常温、常压下稳定的新矿物。风化作用是一种长期、持续而普遍的，也是极其缓慢的作用过程。

岩石按作用性质和作用因素的不同可分为物理风化、化学风化、生物风化三个类型。事实上这三者是联合进行并相互助长的，划分只是为了讨论方便。由于不同的气候区有不同的水、热条件，其风化特点也表现出明显的差异。例如，在极地气候区，主要是以水的冰冻作用产生的物理风化为主；在沙漠干旱气候区主要是温差变化剥蚀而产生的物理风化；湿润温带气候区温和多雨，植物生长茂盛，则化学风化和生物风化强烈；湿润热带气候区，因高温、多雨、植物繁茂，生物及化学风化占优势。

（一）物理风化

物理风化作用又称机械崩解作用，岩石在外力的作用下机械破碎成大小不等的碎屑，但化学成分不变，物理风化使岩石风化产物获得了通气透水性能。物理风化主要是由温度变化引起岩石矿物的差异性胀缩、水分冻融、盐类的结晶胀裂以及由风力、流水、冰川磨蚀，海浪、湖浪的冲击力所引起的岩石碎裂。

自然界不仅是昼夜而且四季都存在有明显的温度差异，岩石本身是热的不良导体，热的传递很慢。白天，气温高，岩石表面接受太阳辐射从而温度升高而膨胀，而内部升温慢，这种不均匀膨胀使岩石表层和内部之间产生与岩石表面平行的环状裂隙。夜晚气温下降，岩石表层迅速冷却收缩，而岩石内部冷却缓慢，收缩也慢，使岩石表面产生与表面相垂直的裂隙。温度差异引起岩石矿物的差异性胀缩，长期作用的结果是使岩石层层剥落、破碎。昼夜温差越大的地区这种作用越明显，如内陆荒漠地区，岩石的昼夜温差可达60~70 ℃。另外，大部分岩石是由多种矿物所组成，而各种矿物的热学性质（膨胀系数、比热、吸热性等）不同，当昼夜或季节存在温度变化时，岩石各部分产生不均匀的胀缩，相互顶挤而破碎。

存在于岩石裂隙或孔隙中的水，当气温下降结冰时，会使体积增加，对孔隙周围可产生压力，造成岩石的崩碎。落在岩隙中的碎石，起着像楔子一样的作用，当碎石受热膨胀时，使岩隙扩大；当碎石冷却收缩时则向岩隙中堕落，对岩体产生劈裂作用。

在干旱半干旱气候区，溶解于岩隙中的盐分会因过饱和而结晶析出，晶体的长大对周围岩石也会产生压力，造成破坏。此外，流水的冲刷和磨蚀作用，高山地区冰川磨蚀作用，干旱沙漠地区风沙磨蚀作用等均可促进岩石的崩解破碎。

物理风化使岩石由大块变碎块，碎块再逐渐变成细粒。碎屑颗粒越小，受热越均匀，热力状况差异越小，在地表存在状态越稳定，其物理风化速度越缓慢。物理风化改变了岩石的形状和大小，但成分发生的变化很小，形成的母质多偏砂，石砾多，养分不易释放出来，但物理风化的结果使岩石对空气、水分的通透性增强了，暴露的表面积增大，为化学风化创造了有利的条件。

(二)化学风化

化学风化指岩石在外力的作用下，外貌和化学成分发生变化，产生新的物质的过程。参与化学风化的因素主要是水、二氧化碳和氧气，作用方式包括溶解、水化、水解和氧化。

1. 溶解作用

溶解作用是指矿物和岩石为水所溶解的作用。自然界中的水或多或少地溶有二氧化碳、二氧化硫、二氧化氮和各种有机酸，它的溶解能力大大高于纯水的溶解能力。如方解石在纯水中的溶解度为10.5 g/L，但在含二氧化碳的水中它的溶解度可增加到16.75 g/L。岩石中的矿物多为无机盐类，它的溶解度会随着含水量和温度的增加而增大。

2. 水化作用

无水矿物与水结合形成含水的矿物称为水化作用。如：

$$\underset{\text{硬石膏}}{CaSO_4}+2H_2O \longrightarrow \underset{\text{石膏}}{CaSO_4 \cdot 2H_2O}$$

$$\underset{\text{赤铁矿}}{2Fe_2O_3}+nH_2O \longrightarrow \underset{\text{褐铁矿}}{2Fe_2O_3 \cdot nH_2O}$$

通常矿物经水化作用后，体积会发生膨胀，硬度下降，溶解度也增加。如硬石膏水化后体积会增加56%。

3. 水解作用

水解作用是化学风化过程中最基本也是最重要的一种作用。水有一定的解离度，离解后形成H^+和OH^-，其中的H^+将硅酸盐中的碱金属或碱土金属离子代换出来，生成可溶性酸式盐类。而自然界中的水往往溶有一定的二氧化碳，形成的碳酸，解离的氢离子增多，提高了氢离子浓度，因而加强了水解作用。水解作用实质上是矿物养分有效化的过程。如土壤中的含钾矿物(钾长石、云母及含钾的黏土矿物)经水解后形成的可溶性钾就能被农作物吸收利用。

4. 氧化作用

大气中的氧气促使矿物进行氧化作用。空气中的氧，在有水的情况下，氧化力很强，在湿润条件下含铁、硫的矿物普遍地进行着氧化过程。如：

$$\underset{\text{黄铁矿}}{FeS_2}+14H_2O+15O_2 \longrightarrow \underset{\text{褐铁矿}}{2Fe_2O_3 \cdot 3H_2O}+8H_2SO_4$$

原生矿物经过风化后，一部分以残存的原生矿物存留在风化物中，另一部分为可溶性盐及黏土矿物存留在风化层内，成为成土母质。

(三)生物风化

生物及其生命活动对岩石产生的破坏作用称为生物风化。也表现为物理风化和化学风化两种形式。如在岩石裂隙壁中生长的植物根系，不断长大对岩壁产生强大的挤压力，引起岩石崩解破碎。穴居动物的掘石翻土等会引起岩石的崩解和破坏。微生物在分解有机质过程中或活根分泌柠檬酸等有机酸类，与矿物中的盐基离子形成螯合物，可加速矿物的分解。

生物风化作用具有重要的意义。没有生物的生命活动，就不可能补充大气中的二氧化碳，没有二氧化碳，化学风化作用就不可能迅速地进行。更重要的是生物风化不仅使岩石破碎、分解，而且能积聚养分，累积有机质并不断提高土壤肥力。

三、成土母质

岩石风化后形成的风化产物，部分物质随水溶解流失，部分物质变得疏松残留于原来的地表中，但大多数会在风力、水力、冰川力或重力的作用下，沿地表进行搬运，并在一定地区不同的地形部位堆积下来，形成各种沉积物。按照其搬运方式和堆积特点，可将成土母质分为残积母质和运积母质。

(一)残积母质

残积母质是未经搬运的风化残留物。主要分布在山区比较高的位置或山区平缓的丘陵山地上，是搬运堆积较少的地段，是山区主要的成土母质之一。残留原地的岩石碎屑和难风化的矿物颗粒，多具未经磨蚀的棱角，颗粒分布极不均匀，有大的带棱角的岩石碎块，也有小的砂粒、黏粒，没有明显的层理。残积物的组成和性质与基岩的关系密切，与基岩呈逐渐过渡的状况。

(二)运积母质

运积母质根据不同搬运作用的外力方式，可分为各种自然沉积物。

1. *坡积物*

坡积物为山坡靠上部的风化产物，在重力和片流的联合作用下迁移和沉积在山坡的中部或山麓处形成疏松沉积层。在气候湿润的山区较为常见，尤其在上坡植被稀少易受冲刷和下坡地势较平缓的山地最为常见。坡积母质中的颗粒分布不均匀，有带棱角的岩石碎块，也有砂粒、黏粒，呈杂乱分布，没有明显的层理。坡积物的组成与上坡的基岩成分密切相关，但与下覆的基岩不一定一致。

2. *洪积物*

洪积物指山洪(间歇性的线状流水)将山上各种岩石的风化物携带搬运至山前坡麓、山口及山前平原沉积下来的物质。在干旱半干旱地区的山地，易发生这种堆积。沉积面积大的称洪积扇，面积小的称洪积锥。洪积物的分选性差，粗细混杂，在扇顶处是无分选或分选不好的砾石和粗砂，沉积层次不明显。在扇缘处颗粒较细，主要是细砂和粉砂，有不规则交错排列的层理。颗粒的磨圆度差，棱角明显。在洪积扇的上部，透水好，在洪积扇的中部，有时有泉水出露，洪积扇边缘处则地下水位高，排水不畅，常形成沼泽化(如地下水含盐量高易产生盐渍化)。

3. 冲积物

是风化产物经河流(经常性的线状流水)的侵蚀、搬运、沉积在河流的两岸及河流的出口处形成的。因河流冲积物多经过长距离的搬运，颗粒的磨圆度较好，颗粒的分选性也由于河流的有规律的变化而较好。从冲积物的垂直剖面来看，冲积物的层次分明，层间界线清晰而整齐。在水平分布上，距河床越近，沉积物越粗，越远，沉积物越细。冲积物在河流两岸一般呈带状分布。在河道的上、中、下游，由于流水流速的变化，冲积物的颗粒粗细不同，一般是上游颗粒粗，下游颗粒细。冲积物多是近代沉积物，分布面积广泛，土层深厚，地势平坦，养分丰富，常为重要的农业生产区。

4. 湖积物

湖积物是湖相静水沉积物，分布在湖泊的周围。它可以是由湖水携带的物质沉积而成，也可是由湖水中藻类等生物残体的累积而成。湖积物一般颗粒较细、质地黏重、有机质较多，多呈暗褐色或黑色，往往形成肥沃的土壤。颗粒分选度较高，从湖边向湖心，颗粒由粗到细，在垂直剖面中有腐殖质层或泥炭夹层，在寒冷的地区较易发生泥炭的积累，这种物质是很好的肥源。湖积物中的铁，由于排水条件差，易与磷酸结合形成蓝铁矿，或菱铁矿，使湖泥呈青灰色，这是湖积物的一个重要特征。

5. 海积物

由河流携带入海的物质，在潮水的顶托及海水盐分对黏粒的絮凝作用下，将其携带的物质在海岸沉积，由于海退，使海滩露出海面。海积物颗粒均匀、磨圆度高、具层理、多有石灰性反应、并含有大量易溶性盐类，盐分类型主要是氯化物。由于盐分含量高，形成的土壤须洗盐后方可利用。

6. 风积物

风积物是风力所夹带的矿物碎屑，经吹扬作用后沉积而成的。我国西北地区的大陆性沙丘、沿黄河一带有旧河道两旁的河岸沙丘及滨海沙丘都是风积产物。我国的黄土也是风积物，沙漠也是风积的产物。风积物颗粒粗细均匀，分选性好，砂粒磨圆度不等，表面光泽暗淡。多呈黄色、浅棕色，大多不具层理，很少有生物残骸。风积物的成分单一，以石英为主，有少量的长石、云母、石膏、方解石等，这些矿物的风化是风积物养分的主要来源，风积物因缺水而土壤肥力低。

7. 黄土母质

黄土是第四纪陆相沉积物，一般认为典型的黄土是由风力搬运堆积而成的，也有风积后被流水搬运后沉积的。它广泛分布在南北半球中纬度内陆温带的干旱、半干旱地区，位于温带荒漠和半荒漠的外缘。我国是黄土面积分布最大的国家，主要分布在太行山以西、大别山、秦岭以北的干旱半干旱地区，尤其是黄河中游地区。

黄土为淡黄色或暗黄色，土层厚度可达数十米，质地轻，颗粒是粉砂质的，粗细适宜，疏松多孔，通透性好，具发达的直立性状，易受侵蚀，能形成很高的峭壁，柱状结构发育，矿物组成以石英为主，其次是长石，还有少量的白云母，碳酸盐和黏土矿物等。黏土矿物以蒙脱石及伊利石为主。化学成分以二氧化硅为主，氧化铝为次，还有一定数量的碳酸钙，黄土层的剖面中有石灰质结核层，黄土中还含有相当多的钾及磷，是一种相当肥沃的土壤母质。

8. 第四纪红色黏土

第四季红色黏土是指第四纪温暖湿润气候条件下形成的红色黏质残积物或运积物。我国南方地区红壤区域相当部分是这种产物。它质地黏重，呈红色、棕红色，养分含量少，酸至强酸反应。有些网纹红土层，并非发育在沉积物上，而是由砂岩或泥岩类的残积堆积风化物在第四纪的湿热气候条件下发育而成。

第二节　土壤的形成

一、土壤形成因素

土壤形成的因素又称为成土因素，是影响土壤形成和发育的基本因素。早在19世纪末，俄罗斯的土壤学家道库恰耶夫创立了土壤形成因素学说，认为土壤是五大自然成土因素(即母质、生物、气候、地形、时间)综合作用的产物。这五大成土因素是同时地、不可分割地影响土壤的发生和发展，成土因素在土壤形成过程中具有同等重要、不可替代的作用，制约着土壤的形成和演化，土壤分布由于受到成土因素的影响而具有地理规律性。

土壤是成土母质在一定的水热条件和生物作用下，经过一系列物理、化学和生物化学作用而形成的。在这个过程中，母质与成土环境之间发生了一系列的物质、能量交换和转化，形成了层次分明的土壤剖面，出现了肥力特性。此外，人类的生产活动对土壤的形成具有特别重要的作用和意义。

(一)母质

母质是岩石矿物的风化产物，是土壤形成的物质基础，是土壤的前身，是土壤中植物所需矿质养分的最初来源。母质疏松多孔，有一定的吸附作用、透水性和蓄水性，母质含有一定的矿质养分，但养分易受雨水淋失，对养分不易累积，不能满足植物生长的需要。

母质是土壤形成的物质基础，可占土壤总重量的95%以上，母质的各种性质深刻地残留给土壤。

母质的颗粒组成会影响土壤的颗粒组成。如花岗岩风化物疏松多孔，通透性能好，有利于土壤发育，常形成质地中等的壤质肥沃土壤；而砾岩，抗风化能力强，常形成岩屑、岩块和砾石，保水保肥性能差，对土壤形成发育不利，多形成土层薄、质地粗的土壤；在基性岩上发育的土壤一般质地较为黏重，不易渗水，土壤的盐基代换量也高，植物所需的矿质养料含量也较丰富。

母质不同对土壤的影响还表现在母质的矿物与化学元素组成会直接影响到土壤的矿物、元素组成和物理化学特性，而且对土壤形成发育方向和速率也有决定性的影响。在富含碳酸盐的母质上发育的土壤，因其盐基含量丰富从而保持高的pH值，同时抑制了土壤中的铁、铝的迁移转化。含长石、白云母多的岩石风化后母质含K丰富。在一定的地理区域内，其他成土条件相似的情况下，土壤发生和土壤母质的性状有着紧密的发生学关系，土壤类型的不同主要是母质不同造成的。不同成土母质的土壤其矿物组成也有较大的差别，如盐基含量多的母岩发育形成土壤中常含较多的蒙脱石，酸性花岗岩形成的土壤中有较多的高岭石。

母质的组成和性状直接影响土壤发生过程的速度和方向，这种作用越是在土壤形成的初期越加明显，成土过程进行的越久，母质与土壤的性质差别越大。

（二）生物

生物因素是影响土壤发生发展的最活跃的因素。生物包括植物、动物、微生物。当母质上有了生命有机体后，土壤才开始形成，它们的生理代谢过程就构成了地表营养元素的生物小循环。生物活动及其死体所产生的物理化学作用不断地改善着土壤的肥力性状，从而形成腐殖质层，并使各种大量营养元素及微量营养元素向表层富集。由此可见，有了生物的存在和发展，才有了土壤肥力的发生和发展，土壤形成过程才出现了质的飞跃。

绿色植物选择性地吸收营养元素，合成有机体，又以枯落物形式归还到土壤中，植物残落物在地表形成一层覆盖层。木本植物的残落物在不同的气候区数量差异大，残落物中含木质素较多，疏松多孔，富有弹性，通气透水性好，对土壤有一定的抗蚀作用。土壤微生物和小动物分解残落物，释放养分，同时合成腐殖质，改善土壤的物理性质，形成各种土壤结构，增加土壤有机质，使土壤肥力不断得到发展。

（三）气候

气候对土壤形成的影响十分复杂，气候是土壤形成的能量源泉。土壤与大气之间经常进行水分和热量的交换。气候在土壤形成过程中决定着水、热条件，在很大程度上决定植被类型的分布和控制微生物活动，从而影响有机质的分解与积累，影响营养物质的生物小循环的速度和范围。

水热条件的差别直接影响土壤中的物理作用、化学作用、物理化学作用及生物化学作用过程的强度和方向。在寒冷地区，植物生长慢，有机质年增长量少，微生物活动弱，有机质的分解转化慢，养分的循环速率慢；热带地区，植物生长迅速，有机质形成量大，土壤微生物活动旺盛，生物小循环较寒冷地区快。温度影响矿物的风化速率，一般来说，温度每升高 10 ℃，化学反应速度可增加 2~3 倍。因此，热带地区岩石矿物风化速率、土壤形成速率、风化层厚度、土壤厚度比温带和寒带地区都要大得多。如花岗岩风化壳在广东可厚达 30~40 m，而在干旱寒冷的西北高山区，岩石风化壳很薄，母质风化度低，形成粗骨性土壤。

水、热条件不仅影响岩石、矿物的化学分解速率，还影响土壤中矿物质的迁移状况，在湿润气候区，降水量大，淋溶作用强，盐类由于水分下行而淋失，这种土壤具有 Ca、Mg 等盐基饱和度低、酸性强等特点；而在干旱气候区，降水量少而蒸发量大，盐类不断地积累起来，则使土壤发生盐渍化。

（四）地形

在成土过程中，地形是影响土壤和环境之间进行物质、能量交换的一个重要条件，它与母质、生物、气候等因素的作用不同，不提供任何新的物质。其主要通过影响其他成土因素对土壤形成起作用。地形在成土过程中的作用主要表现在两个方面，一是地形对母质或土壤物质的再分配；二是不同地形所处的土壤接受光、热的差别以及降水在地表的再分配。

1. 地形与母质的分配

分布于不同地形部位的地表风化产物或沉积体均可发生不同程度的侵蚀、搬运和沉积，导致土壤成土过程及发育程度的差异。不同的地形部位，常分布有不同的母质。如山地上部或台地上，主要是残积母质，因冲刷严重，土壤物质不断被搬运流失，一般土层浅薄，质地粗，养分贫瘠，土壤发育年轻；坡地和山麓地带的母质多为坡积物，形成的土层深厚，且常有埋藏土壤出现；在山前平原的冲积扇地区，成土母质多为洪积物；而河流阶地、泛滥地和冲积平原、湖泊周围、滨海附近地区，相应的母质为冲积物、湖积物和海积物。平原地带形成的土壤土层深厚，土质细而均一。在洼地，土质黏重，使可溶性盐分聚集或水分聚集，常形成盐渍土或沼泽土。

2. 地形与热量的分配

地形不同会引起热量分配的差异。不同坡度和不同坡向的斜坡，接受太阳辐射能力不同，南坡比任何方位接受的热量都多，所以南坡的土温高，北坡土温低。

3. 地形与水分的分配

地形支配着地表径流、土内径流、排水情况，因而在不同的地形部位会有着不同的土壤水分状况类型。在平坦的地形上，接受降水量基本相近，土壤湿度比较均一而且稳定；在丘陵地带，其顶部和斜坡上部，因径流发达，又无地下水涵养，常呈局部干旱，而且干湿变化剧烈；低洼地段和斜坡下部，因上部径流水汇集常呈过湿状态；在洼陷地段，地下水埋藏较浅，常有季节性局部积水或滞涝现象。

地形会引起水热条件的重新分配，由于在不同的坡向、不同海拔高度上，温度和湿度的不同，植物的分布不同，因而在某些地区，土壤类型在不同坡向、不同海拔高度上的分布也会有所不同。

(五)时间

土壤的发生、发育是在成土因素长时间综合作用下进行的。时间是土壤发育的函数，即土壤形成的相对年龄越长，土体层次分化越明显，与母质的差异越明显；反之，则分化越弱，与母质的差别小。

地表的岩石转变为母质，形成土壤都需要一定的时间。但母质和环境条件的差异会影响风化作用和土壤形成速率。当土壤处于幼年阶段时，土壤的特性随时间的变化很快，但随着成土时间的增长，速率逐渐转慢。如有机质在年幼的土壤中，积累速率大于矿化速率，有机质含量迅速增加。随着成土年龄的增加，有机质的矿化率增加，逐渐使矿化量与积累量相当，趋于平衡，若成土年龄继续增大，则矿化量会大于有机质的积累量，使土壤有机质的含量下降。

任何一种土壤类型都不能看成固定不变，一个类型的土壤只是土壤进化发育的某一个阶段，随着土壤进化，土壤类型将会发生转变。

(六)人为因素

人类活动在土壤形成过程中具有独特的作用。首先是人为活动对土壤的影响是有意识的、有目的的、定向的，在利用和改造土壤，定向地培育土壤，最终形成了具有不同熟化程度的耕种土壤，它的影响可以是较快的。其次是人为活动是有社会性的，它受社会制度和生产力水平的制约，人类活动对土壤形成和发育的影响效果，在不同的社会制度和生产力水平下是不同的。再次是人类活动对土壤的影响具有双重性。如果对土壤的利用方式方法合理得当，则土壤会朝着土壤肥力提高的方向发育；若利用不当，则造成土壤破坏，从而引起土壤退化。

各种成土因素对土壤的作用各不相同，但都相互影响，相互制约。母质是土壤形成的物质基础；气候中的热量要素是能量的基本来源，水是最重要的溶解和迁移介质；生物的活动将无机物转变为有机物，把太阳能转化为化学能，促进有机质的积累和土体分化，完善土壤肥力，使母质转变为土壤；地形通过水热条件的重新分配间接地影响土壤的形成和发育；而母质、生物、气候、地形等因素或它们的综合影响都随着时间的加长而加强。人类活动影响土壤的形成速度、发育程度和方向。

二、土壤形成的基本规律

土壤形成是一个综合性的过程，是一个极其复杂的物质与能量的迁移和转化的过程，它是物质的地质大循环和生物小循环的矛盾统一过程，这是自然土壤形成的基本规律。

(一)物质的地质大循环

物质的地质大循环是指地面的岩石在矿物经风化后所释放出来的可溶性养料和黏粒等，受雨水的淋溶，随雨水流到低处进入河流，最后汇入海洋，沉积以后，经漫长的地质年代和各种成岩作用又重新形成岩石。经地壳抬升作用，海底变为陆地，岩石重新出露地表，又可再次进行风化、淋溶和沉积等过程。这种由岩石→风化产物→岩石的过程称为物质的地质大循环。地质大循环是一个漫长的过程，涉及的范围极广，在这个过程中矿物遭受破坏，养分释放，并由于雨水的作用而有向下淋失趋势，但地质大循环形成了次生矿物，尤其是大量黏土矿物，从而形成了一定的保蓄性能，并初步发展出对水分、空气的通气透水性能。

(二)物质的生物小循环

地质大循环过程中形成了母质，母质的松散性、多孔性、透气性、透水性和保水性等条件，为植物的生长提供了水分、空气、养分等条件，也就是提供了植物在母质上生长的可能性。着生在岩石风化物中的植物，从中吸收养分，利用光能、二氧化碳和水等合成生物有机体，而植物体又可供动物生长，动植物残体回到土壤中，在微生物的作用下转化为植物需要的养分，供下一代生物吸收利用。这样就使地质大循环中的一些可溶性养分得到保存，通过生物的反复吸收利用，营养物质得到不断的循环累积，从而促进土壤肥力的形成和发展。生物循环是一个生物学过程，作用时间短、范围小，对养分起着累积作用，使土壤中有限的养分发挥作用，生物小循环形成了土壤腐殖质，促进土壤结构体的形成，促进土体分化，土壤肥力得到提高。

（三）地质大循环与生物小循环的关系

地质大循环和生物小循环的共同作用是土壤发生的基础。两者既是相互矛盾又是相互关联、相互统一的。地质大循环是营养元素的淋失过程，但无地质大循环，就无营养元素的释放，生物小循环就不能进行，就没有生物小循环对养分的集中累积，就没有肥力的产生与发展。生物小循环是构成地质大循环中地表物质运动过程的一个部分。在土壤形成过程中，两种循环过程相互渗透和不可分割地同时同地地进行着，它们之间通过土壤互相连结在一起。

三、主要成土过程

土壤形成过程是一个复杂的物质与能量迁移和转化过程。其中，母质与生物之间的物质和能量交换是这一过程总体的主导，母质与气候中的辐射能是物质交换的基本动力；土体内部物质迁移、转化、能量流动则是土壤形成过程中的实质内容。根据我国的具体情况，现对主要的十二种成土过程进行阐述。

（一）原始成土过程

从岩石露出、地表着生微生物和低等植物开始到高等植物定居之前形成的土壤过程，称为原始成土过程。根据过程中生物的变化，可把该过程分为三个阶段：首先是“岩漆”阶段，出现的生物为自养型微生物，如绿藻、蓝藻、硅藻等，以及其共生的固氮微生物，将许多营养元素吸收到生物地球化学过程中，该阶段是原始成土过程开始的标志；其次为“地衣”阶段，在这一阶段，各种异养型微生物（如细菌、黏液菌、真菌、地衣）组成的原始植物群落着生于岩石表面与细小孔隙中，通过生命活动促使矿物进一步分解，不断增加细土和有机质；第三阶段为苔藓阶段，生物风化与成土过程的速度大幅增加，为高等绿色植物的生长准备了肥沃的基质。在高山寒冻气候条件下的成土作用主要以原始过程为主。

（二）有机质积累过程

有机质积累过程是在木本或草本植被下，有机质在土体上部积累的过程。这一过程在各种土壤中都存在。根据成土环境的差异，我国土壤中的有机质积聚过程可分为六种类型：①土壤表层有机质含量在 1.0%以下的漠土有机质积聚过程；②土壤有机质集中在 20~30 cm 以上，含量为 1.0%~3.0%的草原土有机质积聚过程；③土壤表层有机质含量达 3.0%~8.0%或更高，腐殖质以胡敏酸为主的草甸土有机质积聚过程；④地表有枯枝落叶层，有机质积累明显，其积累与分解保持动态平衡的林下有机质积聚过程；⑤腐殖化作用弱，土壤剖面上有毡状草皮，有机质含量 10%以上的高寒草甸有机质积聚过程；⑥地下水位高，地面潮湿，生长喜湿和喜水植物，残落物不易分解，有深厚泥炭层的泥炭积聚过程。

（三）黏化过程

黏化过程是土壤剖面中黏粒形成和积累的过程，可分为残积黏化和淀积黏化，前者是土内风化作用形成的黏粒产物，由于缺乏稳定的下降水流，黏粒没有向土层移动，而就地积累，形成一个明显黏化或铁质化的土层，其特点是土壤颗粒只表现由粗变细，结构体上的黏粒胶膜不多，黏粒的轴平面方向不定(缺乏定向性)，黏化层厚度随土壤湿度的增加而增加。后者是风化和成土作用形成的黏粒，由上部土层向下悬迁和淀积而成，这种黏化层有明显的泉华状光性定向黏粒，结构面上胶膜明显。残积黏化过程多发生在温暖的半湿润和半干旱地区的土壤中，而淀积黏化则多发生在暖温带和北亚热带湿润地区的土壤中。

(四)钙积与脱钙过程

钙积过程是干旱、半干旱地区土壤钙的碳酸盐发生移动积累的过程。在季节性淋溶条件下，易溶性盐类被降水淋洗，钙、镁部分淋失，部分残留在土壤中，土壤胶体表面和土壤溶液多为钙(或镁)饱和，土壤表层残存的钙离子与植物残体分解时产生的碳酸结合，形成重碳酸钙，在雨季向下移动在剖面中部或下部淀积，形成钙积层，其碳酸钙含量一般在10%~20%。碳酸钙淀积的形态有粉末状、假菌丝体、眼斑状、结核状或层状等。

与钙积过程相反，在降水量大于蒸发量的生物气候条件下，土壤中的碳酸钙将转变为重碳酸钙从土体中淋失，这一过程称为脱钙过程。

(五)盐化与脱盐过程

盐化过程是指土体上部易溶性盐类的聚积过程，即地表水、地下水以及母质中含有的盐分，在强烈的蒸发作用下，通过土壤水的垂直和水平移动，逐渐向地表积聚，或是已脱离地下水和地表水的影响，而表现为残余积盐特点的过程。盐化土壤中的盐分主要是一些中性盐，如 $NaCl$、Na_2SO_4、$MgCl_2$、$MgSO_4$。

土壤中可溶性盐通过降水或人为灌溉洗盐、开沟排水、降低地下水位，迁移到下层或排出土体，这一过程称为脱盐过程。

(六)碱化与脱碱过程

碱化过程指钠离子在土壤胶体上积累，使土壤呈强碱性反应，并形成物理性质恶化的碱化层的过程，该过程又称为钠质化过程。碱化过程的结果可使土壤呈强碱性反应，pH>9.0，土壤物理性质极差，作物生长困难，但含盐量一般不高。

脱碱过程是指通过淋洗和化学改良，使土壤碱化层中钠离子及易溶性盐类减少，胶体的钠饱和度降低。在自然条件下，碱土因 pH 值较高，可使表层腐殖质扩散淋失，部分硅酸盐被破坏后，形成 SiO_2、Al_2O_3、Fe_2O_3、MnO_2 等氧化物，其中 SiO_2 留在土表使表层变白，而铁锰氧化物和黏粒向下移动淀积，部分氧化物还可胶结形成结核，这一过程的长期发展，可使表土变为微酸性，质地变轻，原碱化层变为微碱。

(七)富铝化过程

富铝化过程又称脱硅过程、脱硅富铝化过程，是指土体中脱硅、富铁铝的过程，它是热带、亚热带地区土壤物质由于矿物的风化，形成弱碱性条件，随着可溶性盐、碱金属和碱土金属盐基及硅酸的大量流失，而造成铁铝在土体内相对富集的过程。因此它包括两方面的作用，即脱硅作用和铁铝相对富集作用。

(八)灰化、隐灰化和漂灰化过程

灰化过程是指在土体表层 SiO_2 残留，R_2O_3 及腐殖质淋溶、淀积的过程。即在寒温带、寒带针叶林植被和湿润的条件下，土壤中铁铝与有机酸性物质螯合淋溶淀积的过程。

当灰化过程未发展到明显的灰化层出现，但已有铁、铝、锰等物质的酸性淋溶有机螯迁淀积作用，称为隐灰化作用(或准灰化)，实际上它是一种不明显的灰化作用。

漂灰化是酸性淋溶灰化过程与还原性的铁、锰离子及铁、锰腐殖质淀积的现象。漂白现象主要是还原离子铁造成的，而矿物蚀变又是在酸性条件下水解造成的，在形成的漂灰层中铝减少不多，而铁的减少量大，黏粒也无明显下降。该过程在热带、亚热带山地的凉湿气候条件下常有发生。

(九)潜育化和潴育化过程

潜育化过程是土壤长期渍水，受到有机质嫌气分解，而铁锰强烈还原，形成灰蓝-灰绿色土体的过程，即在土体中发生的还原过程。有时，由于“解铁”作用，而使土壤胶体破坏，土壤变酸。该过程主要出现在排水不良的水稻土和沼泽土中，往往发生在剖面下部。

潴育化过程实质上是一个氧化还原交替过程，即土壤形成过程中的氧化还原过程，指土壤渍水带经常处于上下移动，土体中干湿交替比较明显，促使土壤中氧化还原反复交替，结果在土体内出现锈纹、锈斑、铁锰结核和红色胶膜等物质，该过程又称为假潜育化。

(十)白浆化过程

白浆化过程是指表层由于上层滞水而发生的潴育漂水过程，即土体中出现还原离铁、离锰作用而使某一土层漂白的过程。在季节性还原淋溶条件下，黏粒与铁锰的淋溶淀积过程，它的实质是潴育淋溶，与假潜育过程类同，也称为假灰化过程。在季节性还原条件下，土壤表层的铁锰与黏粒随水侧向或向下移动，在腐殖质层下形成粉砂含量高、铁锰贫乏的白色淋溶层，在剖面中、下部形成铁锰和黏粒富集的淀积层，该过程的发生与地形条件有关，多发生在白浆土中。

(十一)熟化过程

土壤熟化过程是在耕作条件下，通过耕作、培肥与改良，促进水肥气热诸因素不断谐调，使土壤向有利于作物高产方面转化的过程。通常把种植旱作条件下定向培肥的土壤过程称为旱耕熟化过程：而把淹水耕作，在氧化还原交替条件下培肥的土壤过程称为水耕熟化过程。

(十二)退化过程

退化过程是因自然环境不利因素和人为利用不当而引起土壤肥力下降，植物生长条件恶化和土壤生产力减退的过程。土壤退化一般分为三类，即土壤物理退化(包括坚实硬化、铁质硬化、沙化)、土壤化学退化(酸化、碱化、肥力减退、化学污染)、土壤生物退化(有机质减少、动植物区系减少)。

四、土体构型

土体构型是各土壤发生层在垂直方向有规律的组合和有序的排列状况。不同的土壤类型有不同的土体构型，因此，土体构型是识别土壤的最重要的特征。

(一)自然土壤剖面

作为一个发育完全的土壤剖面，从上至下一般由最基本的几个发生层组成(见图1-1)。

1. 有机质层

一般都出现在土体的表层，它是土壤的重要发生学层次。依据有机质的聚集状态，尚可分出腐殖质层，泥炭层和凋落物(或草毡)层。参考传统的土层代号和国际土壤学会拟定和讨论的土层名称，拟将上述三个有机质层分别用大写字母O、H、A表示。

2. 淋溶层

由于淋溶作用而使物质迁移和损失的土层(如灰化层，白浆层)。传统的代号为A_2，国际的为大写字母E，本教材拟采用后者。在正常情况下，E层区别于A层的主要标志是有机质含量较低，色泽较淡。

3. 淀积层

这是物质绝对累积的层次，该层次往往和淋溶层相对立而存在，即上部为淋溶层，下部为淀积层。淀积层的代号以大写字母B表示。但B层的性质差别很大，经常用词尾(小字母)加以限制，给予充分指明。如“腐殖质B”为B_h，“铁质B”为B_s，“质地B”为B_t等。

4. 母质层

严格地讲，母质层和母岩层不属于土壤发生层，因为它们的特性并非由土壤形成所产生，这里仅作为一个土壤剖面的重要成分列出。较疏松的母质层用大写字母C表示，坚硬的母岩以R示之。

凡兼有两种主要发生层特性的土层，称过渡层。其代号用两个大写字母联合表示，例如AE、EB、BA等，第一个字母标志占优势的主要土层。

从上到下各层的名称	传统代码	国际代码
凋落物层	A_0	H
腐殖质层	A_1	A
淋溶层	A_2	E
淀积层	B	B
母质层	C	C
母岩层	D	R

图1-1　土体构型的一般图式

此外，为了使主要土层名称更为确切，可在大写字母之后附加组合小写字母。词尾字母的组合是反映同一主要土层内同时发生的特性。但一般不应超过两个词尾。适用于主要土层的常用词尾字母。

(二)耕作土壤剖面

耕作土壤是在不同的自然土壤剖面上发育而来的，因此也是比较复杂的。在耕作土壤中，旱田和水田由于长期利用方式、耕作、灌溉措施和水分状况的不同，明显会形成不同的层次构造。

1. 旱地土壤的层次构造

(1)耕作层　代号 A，厚度一般为 20 cm 左右，是受耕作、施肥、灌溉等生产活动和地表生物、气候条件影响最强烈的土层，作物根系分布最多，含有机质较多，颜色较深，一般为灰棕色—暗棕色。疏松多孔，物理性状好，有机质多的耕层常有团粒粒状结构；有机质少的耕作层往往是碎屑或碎块状结构。

(2)犁底层　代号 P，位于耕作层以下，厚度约为 10 cm。由于长期受耕犁的压实及耕作层中的黏粒被降水和灌溉水携带至此层淀积的影响，故土层紧实，一般较耕作层黏重，结构呈片状，此层具有保水保肥作用。

(3)心土层　代号 B，位于犁底层或耕作层以下，厚度约为 20~30 cm。此层受上部土体压力而较紧密，受气候和地表植物生长的影响较弱，土壤温度和湿度的变化较小，通气透水性较差，微生物活动微弱，物质的转化和移动都比较缓慢，植物根系有少量分布。有机质含量极少，颜色较耕作层浅，如土质粘则呈核状或棱柱状结构，土体较紧实。

(4)底土层　代号 C，位于心土层以下，一般在土表 50~60 cm 以下的深度。受气候、作物和耕作措施的影响很小，但受降雨、灌溉、排水的水流影响仍然很大。一般把这层称母质层。

2. 水田土壤的层次构造

水田土壤由于长期种植水稻，受水浸渍，并经历频繁的水旱交替，形成了不同于旱地的剖面形态和层次构造。一般水田土壤可划分为：耕作层(淹育层)，代号 A；犁底层，代号 P；斑纹层(潴育层)，代号 W；青泥层(潜育层)，代号 G 等土层。

我们在野外观察土壤时，要把土壤剖面中发生层次的形态特征，如质地、颜色、结构、松紧度等记录下来，以找出各种土壤类型的特点。但要注意，不是所有土壤都具有这么多层次，一般土壤只有其中几个层次，另外，不要把冲积母质中的沉积层误认为土壤发生层。

第三节　土壤的分类与分布

一、土壤分类的目的和意义

土壤是独立的历史自然体，它和其他自然客体一样，有着自身发生演变规律。土壤分类就是根据土壤发生所表现的特征对土壤类型所作的科学区分。

土壤分类是土壤科学水平的反映，是认识和管理土壤的工具，是进行土壤调查和制图、土地评价、土地利用规划和制定农业区划的基础，是农业技术传播的依据，也是国内外土壤科学学术交流的媒介。

通过土壤分类，来认识土壤，为合理利用、改良土壤、保护生态环境服务。

二、中国土壤发生分类

(一)分类思想

中国土壤发生分类体系源于俄国 B. B. 道库恰耶夫的土壤发生分类思想，是充分考虑到了土壤剖面形态特征，并结合中国特有的自然条件和土壤特点而建立的土壤分类体系。

中国土壤发生分类系统的核心指导思想是：每一个土壤类型都是在各成土因素的综合作用下，由特定的主要成土过程所产生，且具有一定的土壤剖面形态和理化性状的土壤。因此，在鉴别土壤和分类时，比较注重将成土条件、土壤剖面性状和成土过程相结合而进行全面研究，即将土壤属性和成土条件以及由前两者推论的成土过程联系起来，这就是所谓的以成土条件、成土过程和土壤性质统一来鉴别和分类土壤的指导思想。

不过，实际工作中，当遇到成土条件、成土过程和土壤性质不统一时，往往以现代成土条件来划分土壤，而不再强调土壤性质是否与成土条件吻合。该分类系统对于用发生学的思想研究认识分布于陆地表面形形色色的土壤发生分布规律，特别是宏观地理规律，在开发利用土壤资源时，充分考虑生态环境条件，地理环境，因地制宜是十分有益的。但这个系统也有定量化程度差、分类单元之间的边界比较模糊的缺点。

(二)分类原则

据《中国土壤》(1998)，中国土壤发生分类系统从上至下共设土纲、亚纲、土类、亚类、土属、土种、变种七级分类单元。其中土纲、亚纲、土类、亚类属高级分类单元，土属、土种、变种属低级分类单元。

1. 土纲

土纲是土壤分类的最高级单元，是土类共性的归纳，其划分突出土壤的形成过程、属性的某些共性以及重大环境因素对土壤发生性状的影响。如铁铝土纲，是将在湿热条件下、在富铁铝化过程中产生的黏土矿物以三氧化物、二氧化物和 1∶1 型高岭石为主的一类土壤，如砖红壤、赤红壤、红壤、黄壤等土类归集在一起，这些土类都发生过富铁铝化过程，只是其表现程度不同。

2. 亚纲

亚纲是在土纲范围内，根据土壤现实的水热条件划分，反映了控制现代成土过程的成土条件，它们对于植物生长和种植制度也起着控制性作用。如铁铝土纲分成湿热铁铝土亚纲和湿暖铁铝土亚纲，两者的差别在于热量条件。

3. 土类

土类是高级分类中的基本分类单元。基本分类单元的意思是，即使归纳土类的更高级分类单元可以变化，但土类的划分依据和定义一般不改变，土类是相对稳定的。划分土类时，强调成土条件、成土过程和土壤属性的三者统一和综合；认为土类之间的差别，无论在成土条件、成土过程方面，还是在土壤性质方面，都具有质的差别。如砖红壤土类代表热带雨林下高度化学风化、富含游离铁、铝的酸性土壤；黑土代表温带湿润草原下发育的有大量腐殖质积累的土壤。在实际工作中，往往更注重以成土条件或土壤发生的地理环境来划分土类。

4. 亚类

亚类是在同一土类范围内，由于其发育阶段不同，或为土类之间的过渡类型；或在主导成土过程以外，尚有一个附加的成土过程。一个土类中有代表土类概念的典型亚类，即它是在定义土类的特定成土条件和主导成土过程下产生的最典型的土壤；也有表示一个土类向另一个土类过渡的过渡亚类，它是根据主导成土过程以外的附加成土过程来划分的。如潮土中的盐化与碱化潮土；赤红壤中的水化黄化层与黄色赤红壤，均作为亚类划分。

5. 土属

土属是由高级分类单元过渡到基层分类单元的一个中级分类单元。其划分主要根据成土母质的类型与岩性，区域水文控制的盐分类型等地方性因素进行划分。如母质可粗略地分为残坡积物、洪积物、冲积物、湖积物、海积物、黄土状物质、第四纪红色黏土等；残积物根据岩性的矿物学特征细分为基性岩类、酸性岩类、石灰岩类、石英岩类、页岩类；洪积物和冲积物多为混合岩性，可根据母质质地分为砾石的、沙质的、壤质的和黏质的等等。

6. 土种

土种是土壤分类系统中的基层分类单元，根据土壤剖面构型和发育程度来划分。一般土壤发生层的构型排列反映主导成土作用和次要成土作用的结果，由此决定了该土壤的土类和亚类。但在土壤发育程度上，则因成土母质、地形等条件的差异，形成了在土层厚度、腐殖质层厚度、盐分含量多少、淋溶深度、淀积程度等方面的不一致性。根据这些量或程度上的差别，划分土种。如山地土壤根据土层厚度，分为薄层(<30 cm)、中层(30~60 cm)和厚层(>60 cm)三个土种。

7. 变种

变种是土种范围内的变化，一般以表土层或耕作层的某些差异来划分，如表土层质地、砾石含量等，对于土壤耕作影响大。

该分类系统中的高级分类单元主要反映的是土壤在发生学方面的差异，而低级分类单元则主要考虑到土壤在其生产利用方面的不同。高级分类用来指导小比例尺的土壤调查制图，反映土壤的发生分布规律；低级分类用来指导大、中比例层的土壤调查制图，为土壤资源的合理开发利用提供依据。

(三)命名

中国土壤发生分类系统采用连续命名与分段命名相结合的方法。

土纲和亚纲为一段，以土纲名称为基本词根，加形容词或副词前缀构成亚纲名称，亚纲段名称是连续命名，如铁铝土土纲中的湿热铁铝土是含有土纲与亚纲名称。

土类和亚类为一段，以土类名称为基本词根，加形容词或副词前辍构成亚类名称，如黄色砖红壤、黄红壤，可自成一段单用，但它是连续命名法。

土属名称不能自成一段，多与土类、亚类连用，如氯化物滨海盐土、酸性岩坡积物草甸暗棕壤，是典型的连续命名法。

土种和变种名称也不能自成一段，必须与土类、亚类、土属连用，如黏壤质(变种)、厚层、黄土性草甸黑土。

表 1-6　中国土壤分类系统中的土纲、亚纲和土类

土纲	亚纲	土类
铁铝土	湿润铁铝土	砖红壤　赤红壤　红壤
	湿暖铁铝土	黄壤
淋溶土	湿暖淋溶土	黄棕壤　黄褐土
	湿温暖淋溶土	棕壤
	湿温淋溶土	暗棕壤　白浆土
	湿寒温淋溶土	棕色针叶林土　漂灰土　灰化土
半淋溶土	半湿热半淋溶土	燥红土
	半湿温暖半淋溶土	褐土
	半湿温半淋溶土	灰褐土　黑土　灰色森林土
钙层土	半湿温钙层土	黑钙土
	半干温钙层土	栗钙土
	半干温暖钙层土	栗褐土　黑垆土
干旱土	温干旱土	棕钙土
	暖温干旱土	灰钙土
漠土	温漠土	灰漠土
	温暖漠土	灰棕漠土　棕漠土
初育土	土质初育土	黄绵土　红黏土　新积土　龟裂土　风沙土
	石质初育土	石灰(岩)土　火山灰土　紫色土　磷质石灰土　石质土　粗骨土
半水成土	暗半水成土	草甸土
	淡半水成土	潮土　砂姜黑土　林灌草甸土　山地草甸土
水成土	矿质水成土	沼泽土
	有机水成土	泥炭土
盐成土	盐土	草甸盐土　滨海盐土　酸性硫酸盐土　漠境盐土　寒原盐土
	碱土	碱土
人为土	人为水成土	水稻土
	灌耕土	灌淤土　灌漠土
高山土	湿寒高山土	草毡土(高山草甸土)、黑毡土(亚高山草甸土)
	半湿寒高山土	寒钙土(高山草原土)、冷钙土(亚高山草原土)、冷棕钙土(山地灌丛草甸土)
	干寒高山土	寒漠土(高山漠土)、冷漠土(亚高山漠土)
	寒冻高山土	寒冻土(高山寒漠土)

(资料来源：全国土壤普查办公室，中国土壤，1998)

三、中国土壤系统分类

在美国土壤系统分类的影响下，由中国科学院南京土壤研究所主持，先后由30多个高等学校与科研院所合作，进行了多年的中国土壤系统分类的研究，建立了中国土壤系统分类系统，使中国土壤分类发展步入了定量化分类的崭新阶段。

中国土壤系统分类是以诊断层和诊断特性为基础的系统化、定量化的土壤分类。由于成土过程是看不见摸不着的，土壤性质也不见得与现代的环境成土条件完全相符，以成土条件和成土过程来分类土壤必然会存在着不确定性，而只有以看得见测得出的土壤性状为分类标准，才会在不同的分类者之间架起沟通的桥梁，建立起共同鉴别确认的标准。因此，尽管在建立诊断层和诊断特性时，考虑到了它们的发生学意义，但在实际鉴别诊断层和诊断特性，以及用它们划分土壤分类单元时，则不以发生学理论为依据，而以土壤性状本身为依据。

(一)诊断层和诊断特性

凡用于鉴别土壤类别、在性质上有一系列定量规定的土层称为诊断层。

如果用于分类目的的不是土层，而是具有定量规定的土壤性质(形态的、物理的、化学的)，则称为诊断特性。

中国土壤系统分类设33个诊断层和23个诊断特性。

33个诊断层包括11个诊断表层(有机表层、草毡表层、暗沃表层、暗瘠表层、淡薄表层、灌淤表层、堆垫表层、肥熟表层、水耕表层、干旱表层、盐结壳)、20个诊断表下层(漂白层、舌状层、雏形层、铁铝层、低活性富铁层、聚铁网纹层、灰化淀积层、耕作淀积层、水耕氧化还原层、黏化层、黏磐、碱积层、超盐积层、盐磐、石膏层、超石膏层、钙积层、超钙积层、钙磐、磷磐)和2个其他诊断层(盐积层、含硫层)。

诊断特性包括土壤有机物质、岩性特征、石质接触面、准石质接触面、人为淤积物质、变性特征、人为扰动层次、土壤水分状况、潜育特征、氧化还原特征、土壤温度状况、永冻层次、冻融特征、腐殖质特性、火山灰特性、铁质特性、富铝特性、铝质特性、富磷特性、钠质特性、石灰性、盐基饱和度、硫化物物质等。

此外，中国土壤系统分类还把在性质上已发生明显变化，不能完全满足诊断层或诊断特性规定的条件，但在土壤分类上具有重要意义的土壤性状，即足以作为划分土壤类别依据的称为诊断现象(主要用于亚类一级)，如碱积现象、钙积现象、变性现象等。

(二)分类原则

中国土壤系统分类为谱系式多级分类，共六级，即土纲、亚纲、土类、亚类、土族和土系。前四级为高级分类级别，主要供中小比例尺土壤图确定制图单元用；后二级为基层分类级别，主要供大比例尺土壤图确定制图单元用。

1. 土纲

土纲为最高土壤分类级别，主要根据成土过程及其产生的诊断层和诊断特性划分(表1-7)。

表 1-7　作为划分土纲依据的过程和诊断层或诊断特性

土纲	主要过程	诊断层或诊断特性
有机土	泥炭化过程	有机物质
人为土	水耕或旱耕过程	人为层（水耕表层、水耕氧化还原层、灌淤表层、堆垫表层、肥熟表层、磷质耕作淀积层）
灰土	灰化过程	灰化淀积层
火山灰土	可风化矿物占优势的土壤物质蚀变过程、有机-短序矿物或铝的络合作用	火山灰特性
铁铝土	强度富铁铝化过程	铁铝土
变性土	土壤扰动作用	变性特征
干旱土	荒漠结皮过程、弱腐质化过程	干旱表层
盐成土	盐积过程、碱积过程	盐积层、碱积层
潜育土	潜育过程	潜育特征
均腐土	腐质化过程	暗沃表层　均腐殖质特性
富铁土	中度铁铝化过程	低活性富铁层
淋溶土	黏化过程	黏化层
雏形土	矿物蚀变过程	雏形层
新成土	无明显成土过程	除有淡薄表层外，无剖面发育

（资料来源：龚子同，中国土壤系统分类，2003）

2. 亚纲

亚纲是土纲的辅助级别，主要根据影响现代成土过程的控制因素所反映的性质（如水分状况、温度状况和岩性特征）划分。如人为土纲中的水耕人为土和旱耕人为土，淋溶土纲中的冷凉淋溶土，新成土纲中的砂质新成土、冲积新成土和正常新成土。

3. 土类

土类是亚纲的续分。土类类别多根据反映主要成土过程强度或次要成土过程或次要控制因素的性质划分。根据主要过程强度的表现性质划分，如正常有机土中反映泥炭化过程强度的高腐正常有机土，半腐正常有机土，纤维正常有机土土类。

4. 亚类

亚类是土类的辅助级别。主要根据是否偏离中心概念，是否具有附加过程的特性和是否具有母质残留的特性划分。

5. 土族

土族是土壤系统分类的基层分类单元。它是在亚类范围内，主要反映与土壤利用管理有关的土壤理化性质发生明显分异的续分单元。同一亚类的土族划分是地域性（或地区性）成土因素引起土壤性质变化在不同地理区域的具体体现。不同类别的土壤划分土族所依据的指标各异。供土族分类选用的主要指标是剖面控制层段的土壤颗粒大小级别，不同颗粒级别的土壤矿物组成类型，土壤温度状况，土壤酸碱性、盐碱特性、污染特性，以及人为活动赋予的其他特性等。

6. 土系

土系是土壤系统分类级别最低的分类单元，它是由自然界中性态相似的单个土体组成的聚合土体所构成，是直接建立在实体基础上的分类单元。其性状的变异范围较窄，在分类上更具直观性。

(三)命名原则

采用分段连续命名。高级单元土纲、亚纲、土类、亚类为一段。土族是在此基础上加颗粒大小级别、矿物组成、土壤温度状况等构成，而其下土系则单独命名。

名称结构以土纲名称为基础，其前叠加反映亚纲、土类和亚类的性质术语，分别构成亚纲、土类和亚类的名称。性质的术语尽量限制为2个汉字，这样土纲的名称一般为3个汉字，亚纲为5个汉字，土类为7个汉字，亚类为9个汉字。例如表蚀黏化湿润富铁土(亚类)，属于富铁土(土纲)、湿润富铁土(亚纲)、黏化湿润富铁土(土类)。

表1-8 中国土壤系统分类表

土纲	亚纲	土类
有机土	永冻有机土	落叶永冻有机土、纤维永冻有机土、半腐永冻有机土
	正常有机土	落叶正常有机土、纤维正常有机土、半腐正常有机土、高腐正常有机土
人为土	水耕人为土	潜育水耕人为土、铁渗水耕人为土、铁聚水耕人为土、简育水耕人为土
	旱耕人为土	肥熟旱耕人为土、灌淤旱耕人为土、泥垫旱耕人为土、土垫旱耕人为土
灰土	腐殖灰土	简育腐殖灰土
	正常灰土	简育正常灰土、
火山灰土	寒性火山灰土	寒冻寒性火山灰土、简育寒性火山灰土
	玻璃火山灰土	干润玻璃火山灰土、湿润玻璃火山灰土
	湿润火山灰土	腐殖湿润火山灰土、简育湿润火山灰土
铁铝土	湿润铁铝土	暗红湿润铁铝土、黄色湿润铁铝土、简育湿润铁铝土
变性土	潮湿变性土	钙积潮湿变性土、简育潮湿变性土
	干润变性土	钙积干润变性土、简育干润变性土
	湿润变性土	腐殖湿润变性土、钙积湿润变性土、简育湿润变性土
干旱土	寒性干旱土	钙积寒性干旱土、石膏寒性干旱土、黏化寒性干旱土、简育寒性干旱土
	正常干旱土	钙积正常干旱土、盐积正常干旱土、石膏正常干旱土、黏化正常干旱土、简育正常干旱土
盐成土	碱积盐成土	龟裂碱积盐成土、潮湿碱积盐成土、简育碱积盐成土
	正常盐成土	干旱正常盐成土、潮湿正常盐成土
潜育土	永冻潜育土	有机永冻潜育土、简育永冻潜育土
	滞水潜育土	有机滞水潜育土、简育滞水潜育土
	正常潜育土	有机正常潜育土、暗沃正常潜育土、简育正常潜育土

（续）

土纲	亚纲	土类
均腐土	岩性均腐土	富磷岩性均腐土、黑色岩性均腐土
	干润均腐土	寒性干润均腐土、堆垫干润均腐土、暗厚干润均腐土、钙积干润均腐土、简育干润均腐土
	湿润均腐土	滞水湿润均腐土、黏化湿润均腐土、简育湿润均腐土
富铁土	干润富铁土	黏化干润富铁土、简育干润富铁土
	常湿富铁土	钙质常湿富铁土、富铝常湿富铁土、简育常湿富铁土
	湿润富铁土	钙质湿润富铁土、强育湿润富铁土、富铝湿润富铁土、黏化湿润富铁土、简育湿润富铁土
淋溶土	冷凉淋溶土	漂白冷凉淋溶土、暗沃冷凉淋溶土、简育冷凉淋溶土
	干润淋溶土	钙质干润淋溶土、钙积干润淋溶土、铁质干润淋溶土、简育干润淋溶土
	常湿淋溶土	钙质常湿淋溶土、铝质常湿淋溶土、简育常湿淋溶土
	湿润淋溶土	漂白湿润淋溶土、钙质湿润淋溶土、黏磐湿润淋溶土、铝质湿润淋溶土、酸性湿润淋溶土、铁质湿润淋溶土、简育湿润淋溶土
雏形土	寒冻雏形土	永冻寒冻雏形土、潮湿寒冻雏形土、草毡寒冻雏形土、暗沃寒冻雏形土、暗瘠寒冻雏形土、简育寒冻雏形土
	潮湿雏形土	叶垫潮湿雏形土、砂姜潮湿雏形土、暗色潮湿雏形土、淡色潮湿雏形土
	干润雏形土	灌淤干润雏形土、铁质干润雏形土、底锈干润雏形土、暗沃干润雏形土、简育干润雏形土
	常湿雏形土	冷凉常湿雏形土、滞水常湿雏形土、钙质常湿雏形土、铝质常湿雏形土、酸性常湿雏形土、简育常湿雏形土
	湿润雏形土	冷凉湿润雏形土、钙质湿润雏形土、紫色湿润雏形土、铝质湿润雏形土、铁质湿润雏形土、酸性湿润雏形土、简育湿润雏形土
新成土	人为新成土	扰动人为新成土、淤积人为新成土
	砂质新成土	寒冻砂质新成土、潮湿砂质新成土、干旱砂质新成土、干润砂质新成土、湿润砂质新成土
	冲积新成土	寒冻冲积新成土、潮湿冲积新成土、干旱冲积新成土、干润冲积新成土、湿润冲积新成土
	正常新成土	黄土正常新成土、紫色正常新成土、红色正常新成土、寒冻正常新成土、干旱正常新成土、干润正常新成土、湿润正常新成土

（资料来源：龚子同，中国土壤系统分类，2003）

四、中国土壤的分布规律

（一）土壤水平分布规律

1. 土壤纬度地带性分布规律

土壤纬度地带性分布规律是指地带性土壤大致沿经度（东西）方向延伸，按纬度方向（南北）逐渐变化的规律。

不同纬度上热量的差异，引起温度、降水等的差异，相应地引起生物呈带状分布，从而引起土壤呈带状分布。表1-9总结了中国东部的自北向南各种土壤类型及其基本特性和生物气候条件。

表1-9 我国东部的森林土壤类型的形成条件及其基本特性

项目	棕色针叶林土	暗棕壤	棕壤	褐土	黄棕壤	黄壤	红壤	赤红壤	砖红壤
气候带	寒温带湿润	温带湿润	暖温带湿润半湿润	暖温带半湿润	北亚热带湿润	中亚热带湿润	中亚热带湿润	南亚热带湿润	热带湿润
年均温(℃)	<-4	-1~5	5~15	10~14	15~16	14~16	16~20	19~22	21~26
年降水量(mm)	450~750	600~1100	500~1200	500~800	1000~1500	2000左右	1000~2000	1000~2600	1400~3000
干燥度	<1	<1	0.5~1.4	1.3~1.5	0.5~1.0	<1	<1	<1	<1
植被	针叶林	针叶与落叶阔叶混交林	落叶阔叶林	森林灌木	常绿与落叶阔叶混交林	常绿阔叶林	常绿阔叶林	季雨林	季雨林与雨林
土体构型*	O-Ah-AB-(Bhs)-C	O-Ah-AB-Bt-C	Ah--Bt-C	Ah-Btk-C	Ah-Bts-C	Ah-Bs-C	Ah-Bs-Cs	Ah-Bs-C	Ah-Bt-Bsv-C
有机质(g/kg)	30~80	50~100	10~30	10~30	20~30	30~80	15~40	20~50	30~50
pH	4.5~5.5	5.5~6.0	5.5~7.0	7.0~8.4	5.0~6.7	4.5~5.5	4.2~5.9	4.5~5.5	4.5~5.0

（资料来源：张凤荣，土壤地理学，2002）

*O为枯枝落叶层；Ah为腐殖质层；AB为过渡层；Bhs为腐殖质和氧化物淀积层；C为母质曾；Bt为黏化淀积层；Btk为黏化和碳酸钙淀积层；Bts为黏化和氧化物淀积层；Bs为氧化物淀积层；Cs为氧化物母质层；Bsv为氧化物聚集网纹层。

2. *土壤经度地带性分布规律*

土壤经度地带性分布规律是指地带性土壤大致沿纬度(南北)方向延伸，而按经度(东西)方向由沿海向内陆变化的规律。

由于海陆分布以及由此产生的大气环流造成不同位置受海洋影响程度不同，使水分条件和生物等因素，从沿海至内陆发生有规律的变化，使得地带性土壤相应地呈大致平行于经线的带状变化。表1-10总结了中国温带地区的自东向西主要土壤类型及其基本特性和生物气候条件。

表1-10 中国温带草原土壤类型的形成条件及其基本特性

	黑土	黑钙土	栗钙土	棕钙土	灰钙土	灰漠土	棕漠土
气候带	温带湿润、半湿润	温带半干旱半湿润	温带半干旱	温带干旱	暖温带干旱	温带极干旱	暖温带极干旱
年均温(℃)	0~6.7	-2~5	-2~6	2~7	5~9	5~8	10~12
年降水量(mm)	500~650	350~500	250~400	150~280	200~300	100~200	<100

（续）

	黑土	黑钙土	栗钙土	棕钙土	灰钙土	灰漠土	棕漠土
干燥度	0.75~0.9	>1	1~2	2~4	2~4	>4	>4
植被	草原化 草甸、草甸	草甸草原	干草原	荒漠草原	荒漠草原	荒漠	荒漠
土体构型*	Ah-Bt-C	Ah-Bk-Ck	Ah-Bk-Ck	Ah-Bw- Bk-Cyz	Ah-Bw- Bk-Cyz	Al1-Al2- Bw-Cyz	Ar-Al2- Bw-Cyz
有机质(g/kg)	50~80	40~70	10~45	6~15	9~25	<10	3~6
钙积层位	无钙积层	B层或C层	B层	不明显	不明显	无	无
石膏、易溶盐	无	无	无	底部	底部	中部	中部
pH	6.5~7.0	7.0~8.4	7.5~8.5	8.5~9.0	8.4~9.0	8.4~10	7.5~9.0

（资料来源：张凤荣，土壤地理学，2002）

* Bk为碳酸钙淀积层；Ck为碳酸钙母质层；Bw为强风化淀积层；Cyz为石膏和盐分聚集母质层；Al1为结壳表层1；Al2为结壳层2；Ar为砾石表层；其余同表1-9。

（二）土壤垂直分布规律

土壤垂直分布规律是指土壤随着地形高度的升高（或降低）依次地、有规律地、相应于生物气候带的变化而变化的规律。

山地土壤垂直分布规律取决于山体所在的地理位置（基带）的生物气候特点。一般而言，气温与湿度（包括降水）随海拔的变异，在不同的地理纬度与经度的变幅特点是不一样的。在中纬度的半湿润地区，海拔每上升100 m，气温下降0.5~0.6 ℃，降水增加20~30 mm。

山体的迎风面与背风面的气候也有差异，这些差异影响土壤垂直带谱的结构。特别是我国许多东西走向和东北—西南走向的山体往往是气候的分界线（如秦岭、南岭等）。由于山体两侧基带土壤类型不同，这种坡向性的垂直带结构差异就更大。

（三）隐地带性土壤（非地带性土壤）

由于成土母质、水文条件、土壤侵蚀等区域成土因素的影响，还有一些土壤与地带性土壤不同，称为隐地带性土壤，如紫色土、石灰岩土、黄绵土、风沙土、潮土、草甸土等。这些土壤虽然受区域成土因素影响，而没有发育成地带性土壤，但仍然有着地带性的烙印，如潮土和草甸土都受地下水影响，在心土或底土具有潴育化过程形成的锈纹锈斑层，土壤剖面有些冲积层理，但因为它们的气候温度不同，腐殖质层有机质含量不一样，潮土因地处暖温带（黄淮海平原），其有机质含量低于地处温带（东北平原）的草甸土。

思　考　题

1. 什么是造岩矿物？主要的造岩矿物各有何特点？

2. 什么是岩石？岩石是如何分类的？各类岩石各有何特点？

3. 影响岩石风化作用的因素有哪些？

4. 试述岩石矿物、母质、土壤之间的联系与区别。

5. 什么是地质大循环和生物小循环？二者的关系如何？

6. 什么是五大自然成土因素？它们在土壤形成过程中各有何作用？

7. 人类是如何影响土壤形成的？

8. 简述我国的土壤分类体系和原则。

9. 简述中国的土壤分类系统和中国的土壤系统分类的区别。

10. 土壤分布规律性的特点有哪些？

11. 说说你家乡当地主要的土壤类型、它们的形成条件、特点、基本性状及利用与改良情况。

主要参考文献

[1]侯光炯．土壤学(南方本)[M]．北京：中国农业出版社，1980.
[2]林成谷．土壤学(北方本)[M]．北京：农业出版社，1983.
[3]朱祖祥．土壤学[M]．北京：农业出版社，1983.
[4]沈其荣．土壤肥料学通论[M]．北京：高等教育出版社，2001.
[5]陆欣．土壤肥料学[M]．北京：中国农业大学出版社，2002.
[6]吴礼树．土壤肥料学[M]．北京：中国农业出版社，2004.
[7]关连珠．普通土壤学[M]．北京：中国农业出版社，2006.
[8]黄昌勇．土壤学[M]．北京：中国农业出版社，2000.
[9]刘凡．地质与地貌学(南方本)[M]．北京：中国农业出版社，2009.
[10]吴启堂．环境土壤学[M]．北京：中国农业出版社，2011.
[11]吕贻忠，李保国．土壤学[M]．北京：中国农业出版社，2006.
[12]谢德体．土壤学(南方本)[M]．北京：中国农业出版社，2014.
[13]潘剑君．土壤资源调查与评价[M]．北京：中国农业出版社，2015.

第二章　土壤组成

摘　要　存在于自然界中的土壤多种多样，从形态学的角度看土壤都是由土壤固相(矿物质、有机质、土壤生物)、液相(土壤水分)和气相(土壤空气)三相五种物质组成的多相多孔分散体系。本章主要介绍土壤中矿物质、有机质、生物、水分、空气的组成、转化、交换以及生物有效性等内容。通过学习本章内容，重点掌握土壤中次生矿物的特性、土壤有机质组成、转化及性质、土壤生物的多样性、土壤水分类型及其生物有效性、土壤水势及与土壤水分数量的关系、土壤空气特性及通气性、土壤热量特性和土壤温度的变化，特别是应该深入理解固、液、气三相之间是相互联系、相互转化、相互制约的不可分割的有机整体，是构成土壤肥力的物质基础及其与土壤肥力的关系。

第一节　土壤中的矿物质

土壤矿物质是地壳中的岩石、矿物经风化作用后形成的，是土壤固相的主体物质，一般占土壤固相总质量的90%以上，是土壤的骨骼和植物营养元素的重要供给来源。土壤矿物质的组成、结构和性质对土壤物理性质(结构性、水分性质、通气性、热学性质、力学性质和耕性等)、化学性质(吸附性能、表面活性、酸碱性、氧化还原电位和缓冲作用等)、生物及生物化学性质(土壤微生物、生物多样性、酶活性等)有深刻的影响。

一、土壤中的矿物质

(一)原生矿物

土壤原生矿物是指那些经过不同程度的物理风化，未改变化学组成和结晶结构的原始成岩矿物，主要分布在土壤的砂粒和粉砂粒中。土壤原生矿物主要是石英和原生铝硅酸盐矿物等(表2-1)。石英是土壤中最常见、最稳定的矿物，是土壤砂粒的主要成分。石英本身不含养分，对养分保持能力极差，所以含砂粒较多的土壤常较贫瘠。原生铝硅酸盐矿物有长石、云母、辉石、角闪石。长石和白云母抗风化力相当强，所以常在土壤中存在。不过它们比石英容易风化，在成土过程中不断进行风化，放出钾、钙、镁和铁等养分。辉石、角闪石因易风化，在土壤中很少出现，它们在风化和成土过程中大部分变为次生矿物和简单的化合物。原生矿物是植物养分的重要来源，大量的Ca、Mg、K、P、S等植物必需的大量元素以及Fe、Mn、Zn、Cu微量元素都由原生矿物提供。

(二)次生矿物

原生矿物经风化和变质作用后，改变了其形态、性质和成分，形成的新矿物称为次生矿物。土壤中的次生矿物种类繁多，主要包括以下三种类型：①成分简单的盐类，如各种碳酸盐、重碳酸盐、硫酸盐和氯化物等；②结构复杂的次生层状铝硅酸盐矿物，主要有高岭石、蒙脱石、伊利石等；③晶质和非晶质氧化物及其水合氧化物，主要是硅、铁、铝氧化物和它们的含水氧化物，如针铁矿、褐铁矿、三水铝石等。其中后两类是土壤黏粒的主要组成部分，因而习惯上称这两种矿物为次生黏土矿物，或黏土矿物，黏粒矿物。

表 2-1 主要成土矿物

原生矿物	分子式	稳定性	常量元素	微量元素
橄榄石	$(Mg, Fe)_2SiO_4$	易风化	Mg, Fe, Si	Ni, Co, Mn, Li, Zn, Cu, Mo
角闪石	$Ca_2Na(Mg, Fe)_2(Al, Fe^{3+})(Si, Al)_4O_{11}(OH)_2$	↑	Mg, Fe, Ca, Al, Si	Ni, Co, Mn, Li, Se, V, Zn, Cu, Ga
辉石	$Ca(Mg, Fe, Al)(Si, Al)_2O_6$		Mg, Fe, Ca, Al, Si	Ni, Co, Mn, Li, Pb, Cu, Mo
黑云母	$K(Mg, Fe)(Al, Si_3O_{10})(OH)_2$		K, Mg, Fe, Al, Si	Rb, Ba, Ni, Co, Se, Mn, Li, V, Zn, Cu
斜长石	$CaAl_2Si_2O_8$		Ca, Al, Si	Sr, Cu, Ga, Mo
钠长石	$NaAlSi_3O_8$		Na, Al, Si	Cu, Ga
石榴子石		较稳定	Cu, Mg, Fe, Al, Si	Mn, Cr, Ga
正长石	$KAlSi_3O_8$		K, Al, Si	Ra, Ba, Sr, Cu, Ga
白云母	$KAl_2(AlSi_3O_{10})(OH)_2$		K, Al, Si	F, Rb, Sr, Ga, V, Ba,
钛铁矿	Fe_2TiO_3		Fe, Ti	Ni, Co, Cr, V
磁铁矿	Fe_3O_4		Fe	Zn, Ni, Co, Cr, V
电气石			Cu, Mg, Fe, Al, Si	Li, Ga
锆英石		↓	Si	Zn, Ga
石英	SiO_2	极稳定	Si	Zn, Hg

（引自：黄昌勇，土壤学，2000）

(三)成土矿物的化合物组成

土壤矿物的化学组成极为复杂，与构成地壳固体部分的岩石矿物的化学组成大体相似，元素周期表中的元素几乎都有，但是主要约有 20 多种，包括氧、硅、铝、铁、钙、镁、钛、钾、钠、磷、硫以及一些微量元素如锰、锌、硼、钼等。其中氧、硅含量最高，分别占总量的47%和29%，其次是铝和铁，这四种元素共占 88. 7%。所以，矿物主要是含氧的矿物，铝硅酸盐最多。若以二氧化硅(SiO_2)、氧化铝(Al_2O_3)、氧化铁(Fe_2O_3)的形式表示，三者之和通常占土壤矿物质部分的75%以上，常把它们作为骨干成分。一般骨干成分中以 SiO_2 所占比例最大，其次是 Al_2O_3 及 Fe_2O_3。

土壤中主要原生矿物所含的化学成分有一定规律性。矿质颗粒越粗则含 SiO_2 越多，但 Al_2O_3、Fe_2O_3、CaO、MgO、P_2O_5、K_2O 等养分元素则有相反的趋势，如表 2-2 所列。

表 2-2　土壤中主要原生矿物的近似化学组成　%

矿　物	SiO_2	Al_2O_3	Fe_2O_3	CaO	MgO	K_2O	Na_2O
石　英	100	—	—	—	—	—	—
正长石	62~66	18~20	—	0~3	—	9~15	9~4
钠长石	61~70	19~26	—	0~9	—	0~4	6~11
钙长石	40~45	28~37	—	10~20	—	0~2	0~5
白云母	44~46	34~37	0~2	—	0~3	8~11	0~2
黑云母	33~36	13~30	3~17	0~2	2~20	6~9	—
辉　石	45~55	3~10	0~6	16~26	6~20	—	—
橄榄石	35~43	—	0~3	—	27~51	—	—

（引自：雄顺贵，基础土壤学，2001）

土壤中的主要次生矿物的化学组成仍以 SiO_2、Al_2O_3、Fe_2O_3 三者为主要成分，这与土壤中普遍存在次生铝硅酸盐类矿物有关，如表 2-3 所示。

表 2-3　土壤中主要次生矿物的近似化学组成　%

矿物	SiO_2	Al_2O_3	Fe_2O_3	TiO_2	CaO	MgO	K_2O	Na_2O
伊利石	50~56	18~31	2~5	0~0.8	0~2	1~4	4~7	0~1
蒙脱石	42~45	0~28	0~30	0~0.5	0~3	0~25	0~0.5	0~3
高岭石	45~48	38~40	—	—	—	—	—	—
缘泥石	31~33	18~20	—	—	—	35~38	—	—
褐铁矿	—	—	75~90	—	—	—	—	—
水铝石	—	85	—	—	—	—	—	—
三水铝石	—	65	—	—	—	—	—	—

（引自：刘克峰等，土壤肥料学，2010）

二、黏土矿物

（一）层状硅酸盐黏土矿物

1. 基本结构单位

构成层状硅酸盐黏土矿物晶格的基本结构单位是硅氧四面体和铝氧八面体。

（1）硅氧四面体（或简称四面体）

四面体基本的结构是由一个硅离子（Si^{4+}）和 4 个氧离子（O^{2-}）所构成。其排列方式是以 3 个氧离子构成三角形为底，硅离子位于底部 3 个氧离子之上的中心低凹处，第四个氧则位于硅离子的顶部，正好盖在氧离子的下面。这样的构造单位，如果连接相邻的 3 个氧离子的中心，可构成假想的 4 个三角形的面，硅离子位于这 4 个面的中心，所以称这种结构单位为硅氧四面体（或简称四面体），如图 2-1 所示，若用构造图表示，则如图 2-2 所示。

（2）铝氧八面体（或简称八面体）

八面体的基本结构是由一个铝离子（Al^{3+}）和 6 个氧（O^{2-}）离子（或氢氧离子）所构成。6 个氧离子（或氢氧离子）排列成两层，每层都由 3 个氧离子（或氢氧离子）排成三角形，但上层氧的位置与下层氧交错排列，铝离子位于两层氧的中心孔穴内。这样的构造单位，如果连接相邻的3个氧离子的中心，可构成假想的8个三角形的面，铝离子位于这8个面的中心，所以称这种单位为铝氧八面体(简称八面体)，如图2-3所示，若用构造图表示，则如图2-4所示。

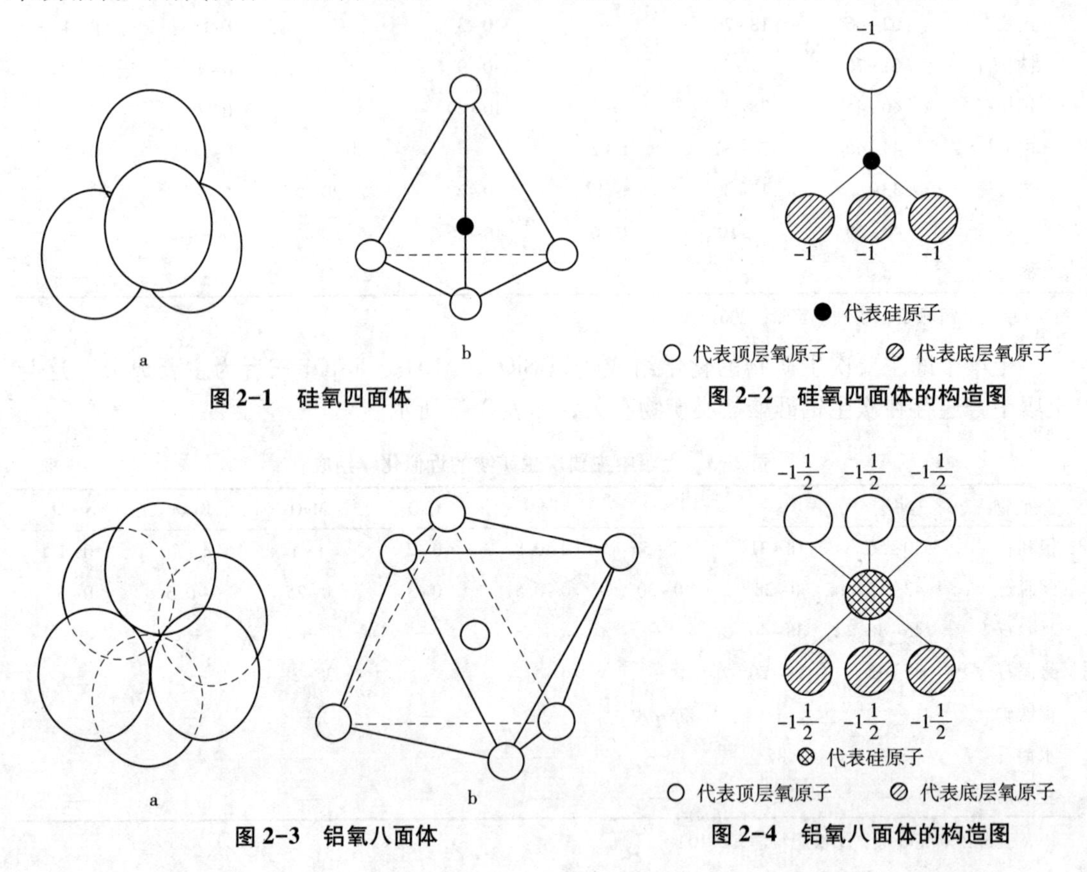

图2-1 硅氧四面体

图2-2 硅氧四面体的构造图

图2-3 铝氧八面体

图2-4 铝氧八面体的构造图

2. 单位晶片

从化学组成上看，四面体为$(SiO_4)^{4-}$，八面体为$(AlO_6)^{9-}$，它们不是化合物，在形成硅酸盐黏土矿物之前，四面体和八面体分别各自聚合，聚合的结果，在水平方向上四面体通过共用底部氧的方式在平面二维方向上无限延伸，排列成近似六边形蜂窝状的四面体片(简称硅片)，如图2-5所示。硅片顶端的氧原子仍然带负电荷，硅片可用$n(Si_4O_{10})^{4-}$表示。八面体在水平方向上相邻八面体通过共用两个氧离子的方式，在平面二维方向上无限延伸，排列成八面体片(简称铝片)，如图2-6所示。铝片两层氧都有剩余的负电荷，铝片可用$n(Al_4O_{12})^{12-}$。

3. 单位晶层

由于硅片和铝片都带有负电荷，不稳定，必须通过重叠化合才能形成稳定的化合物。硅片和铝片以不同的方式在C轴方向上堆叠，形成层状铝硅酸盐的单位晶层。两种晶片的配合比例不同，而构成1∶1型、2∶1型和2∶1∶1型晶层。

1∶1型单位晶层由一个硅片和一个铝片构成。硅片顶端的活性氧与铝片底层的活性氧通过共用的方式形成单位晶层。这样1∶1型层状铝硅酸盐的单位晶层有两个不同的层面，一个是由具有六角形空穴的氧原子层面，一个是由氢氧构成的层面。如图2-7所示。

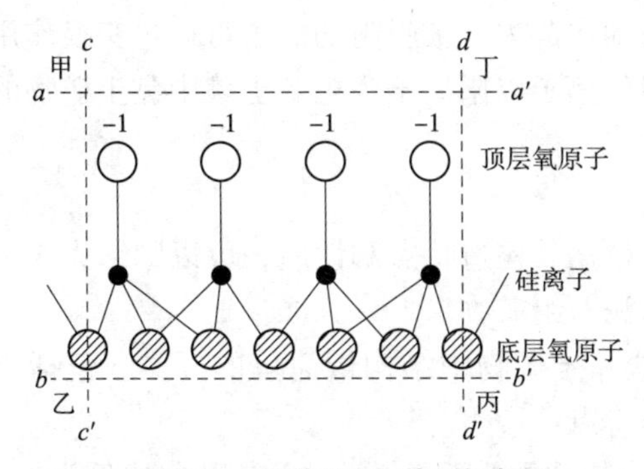

图 2-5　硅片(硅氧片)构造图

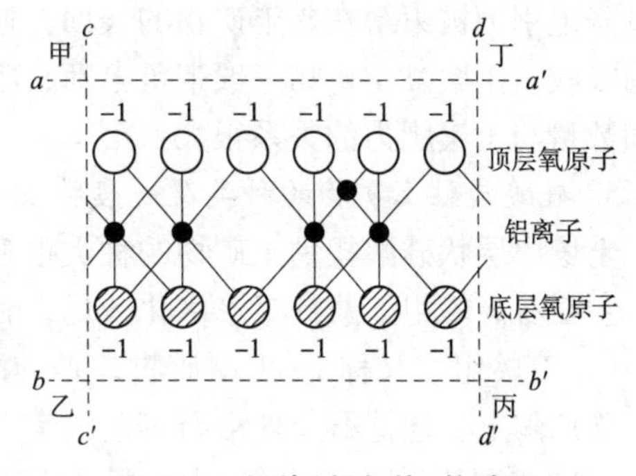

图 2-6　铝片(铝氧片)构造图

2∶1 型单位晶层由两个硅片夹一个铝片构成。两个硅片顶端的氧都向着铝片，铝片上下两层氧分别与硅片通过共用顶端氧的方式形成单位晶层。这样 2∶1 型层状硅酸盐的单位晶层的两个层面都是氧原子面。如图 2-8 所示。

2∶1∶1 型单位晶层在 2∶1 单位晶层的基础上多了一个八面体片水镁片或水铝片，这样 2∶1∶1 型单位晶层由两个硅片、一个铝片和一个镁片(或铝片)构成。

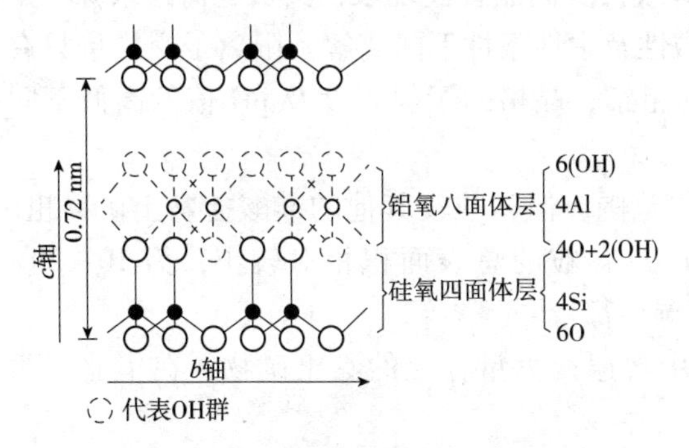

图 2-7　1∶1 型层状硅酸盐(高岭石)晶体结构示意图

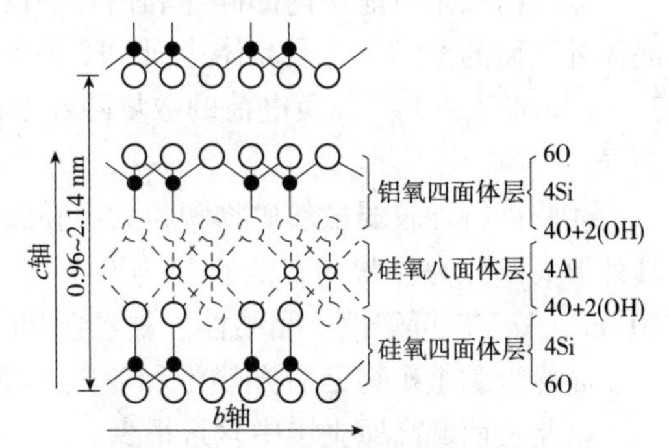

图 2-8　2∶1 型层状硅酸盐(蒙脱石)晶体结构示意图

4. 同晶代换

同晶代换(又称同晶替代、同晶替换)是指组成矿物的中心离子被电性相同、大小相近的离子所替代而晶格构造保持不变的现象。替代和被替代离子的大小要相近，只有这样才能保证替代后晶形不发生改变。如 Fe^{3+} 离子的半径为 0.064 nm，与八面体的中心离子 Al^{3+}(半径 0.057 nm)的半径相近，可发生替代而不改变晶形。尽管 La 和 Al 在周期表中是同族元素，性质更相近，但 La^{3+} 的半径比 Al^{3+} 大一倍以上，La^{3+} 离子不能替代 Al^{3+} 离子。

替代和被替代离子的电性必须相同，电价可以同价或不等价。如果替代的两个离子是同价的，互换的结果不仅晶形不变，而且晶体内部仍保持电性中和。如果替代的离子电价不等，互换的结果使晶体带电，其电性或正或负，如晶体中心阳离子被电价低的阳离子所替代，则晶体带负电荷，反之晶体带正电荷。在硅酸盐黏土矿物中，最普遍的同晶代换现象是晶体中的中心离子被低价的离子所代替，如四面体中的 Si^{4+} 被 Al^{3+} 离子所替代，八面体中 Al^{3+} 被 Mg^{2+} 替代，所以土壤黏土矿物一般以带负电荷为主。同晶替代现象在 2∶1 和 2∶1∶1 型的黏土矿物中较普遍，而 1∶1 型的黏土矿物中则相对较少。

同晶代换使土壤产生永久电荷，能吸附土壤溶液中带相反电荷的离子，被吸附的离子通过静电引力被束缚在黏土矿物的表面，避免随水流失。被吸附的离子可通过交换作用被植物吸收。土壤黏土矿物一般带负电荷，吸附的离子以阳离子为主。土壤中黏土矿物的类型和数量与土壤肥力的关系很大。

5. 硅酸盐黏土矿物的种类及一般特性

土壤中层状硅酸盐黏土矿物的种类很多，根据其构造特点和性质，可以归纳为 4 个类组，主要有高岭组、蒙蛭组、水化云母组和绿泥石组矿物。

(1)高岭组　又称 1∶1 型矿物，是硅酸盐黏土矿物中结构最简单的一类。包括高岭石、珍珠陶土、迪恺石及埃洛石等。具有以下特点：

①1∶1 型的晶层结构晶层由一层硅片和一层铝片重叠而成，硅片和铝片的比例为 1∶1，故又称 1∶1 型矿物。高岭石是土壤中最常见的一种 1∶1 型硅酸盐黏土矿物，见图 2-7。单位晶胞的分子式可表示为 $Ai_4Si_4O_{10}(OH)_8$。

②无膨胀性由于在 C 轴方向上相邻晶层的层面不同，一个是硅片的氧面，一个是铝片的氢氧面，这样两个晶层的层面间产生了键能较强的氢键，使相邻晶层间产生了较强的连接力，晶层的距离不变，不易膨胀，膨胀系数一般小于 5%。高岭石层间间距约为 0.72 nm。

③电荷数量少晶层内部硅片和铝片中没有或极少同晶替代现象，其负电荷的来源一是晶体外表面的断键，二是晶体边面 OH 基在碱性及中性条件下的离解。阳离子交换量只有 3~15 $cmol^{(+)}g \cdot kg^{-1}$，负电荷的数量随颗粒的粗细、晶格的歪斜程度及 pH 值的高低不同而异。

④胶体特性较弱虽然矿物颗粒大小在胶体范围，但颗粒较其他的硅酸盐黏土矿物粗。其外形大部分为片状，有效直径为 0.2~2 μm。颗粒的总表面积相对较小，为 $10\sim20\times10^3\ m^2 \cdot kg^{-1}$。可塑性、黏结性、黏着性和吸湿性都较弱。

高岭组黏土矿物是南方热带和亚热土壤中普遍而大量存在的黏土矿物，在华北、西北、东北及西藏高原土壤中含量很少。

(2)蒙蛭组　又称 2∶1 型膨胀性矿物，包括蒙脱石、绿脱石、拜来石、蛭石等。具有以下特征：

①2∶1 型的晶层结构　晶层由二层硅片夹一层铝片构成，硅片和铝片的比例为2∶1，故又称 2∶1 型膨胀性矿物。单位晶胞的分子式可表示为 $Al_4Si_8O_{20}(OH)_4 \cdot nH_2O$。蒙脱石是其典型代表，如图 2-8。

②胀缩性大　该组矿物晶层的顶层和底层两个基面都由 Si-O 面所构成，所以当两个晶层相互重叠时，晶层相互间只能形成很小的分子引力。晶层间的结合力很弱，故晶层的间距因水分的进入而扩张，因失水而收缩，蒙脱石晶层间距变化在 0.96~2.14 nm 之间，具有很大的胀缩性。蛭虫的膨胀性比蒙脱石小，其晶层间距变化在 0.96~1.45 nm 之间。

③电荷数量大　同晶替代现象普遍，蒙脱石主要发生在铝片中，一般以 Mg^{2+} 代 Al^{3+}，而蛭石的同晶替代主要发生在硅片中。替代的结果使这组黏土矿物都带大量的负电荷，蒙脱石的阳离子交换量可高达 80~120 $cmol^{(+)} \cdot kg^{-1}$，而蛭石可高达 150 $cmol^{(+)} \cdot kg^{-1}$。

④胶体特性突出　颗粒呈片状，蒙脱石颗粒细微，有效直径为 0.01~1 mm；颗粒的总表面积大，为 $600\sim800\times10^3\ m^2 \cdot kg^{-1}$，且 80% 是内表面。其可塑性、黏结性、黏着性和吸湿性都特别显著，对耕作不利。蛭石的颗粒比蒙脱石大，其表面积比蒙脱石小，一般为 $400\times10^3\ m^2 \cdot kg^{-1}$。

蒙脱石组在我国东北、华北和西北地区的土壤中分布较广。蛭石广泛分布于各大土类中，但以风化不太强的温带和亚热带排水良好的土壤中最多。

(3)水化云母组 又叫2∶1型非膨胀性矿物或伊利石组矿物，具有以下特征：

①2∶1型晶层结构 晶层结构与蒙脱石相似，同样是由两层硅片夹一层铝片组成，硅片和铝片的比例为2∶1，故又称2∶1型非膨胀性矿物。伊利石是其主要代表，见图2-9。分子式为$K_2(Al\cdot Fe\cdot Mg)_4(SiAl)_8O_{20}(OH)_4\cdot nH_2O$。

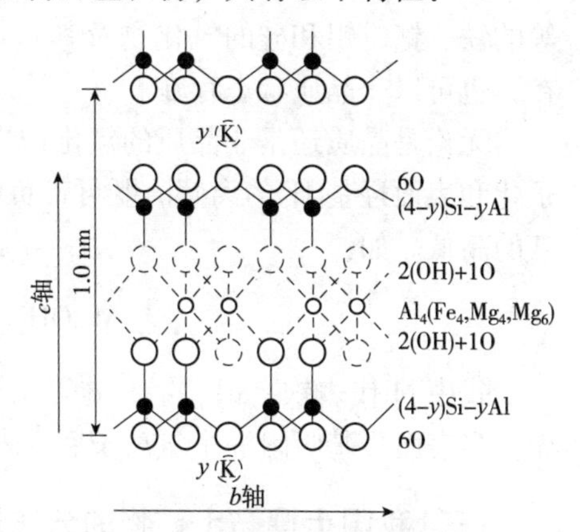

图2-9 水云母(伊利石)晶体结构示意图

②无膨胀性 在伊利石晶层之间吸附有钾离子，如图2-9所示。钾离子半陷在晶层层面六个氧离子所构成的晶穴内，它同时受相邻两晶层负电荷的吸附，因而对相邻两晶层产生了很强的键联效果，连接力很强，使晶层不易膨胀，伊利石晶层的间距为1.0 nm。

③电荷数量较大 同晶替换现象较普遍，主要发生在硅片中，但部分电荷被K^+离子所中和，阳离子交换量介于高岭石与蒙脱石之间，其值为20~40 $cmol^{(+)}\cdot kg^{-1}$之间。

④胶体特性一般 颗粒大小介于高岭石和蒙脱石之间，总表面积为70~120×10^3 $m^2\cdot kg^{-1}$，其可塑性、黏结性、黏着性和吸湿性都介于高岭石和蒙脱石之间。

伊利石广泛分布于我国多种土壤中，尤其是华北干旱地区的土壤中含量很高，而南方土壤中含量很低。

(4)绿泥石组 这类矿物以绿泥石为代表，绿泥石是富含镁、铁及少量铬的硅酸盐黏土矿物，具有以下特性：

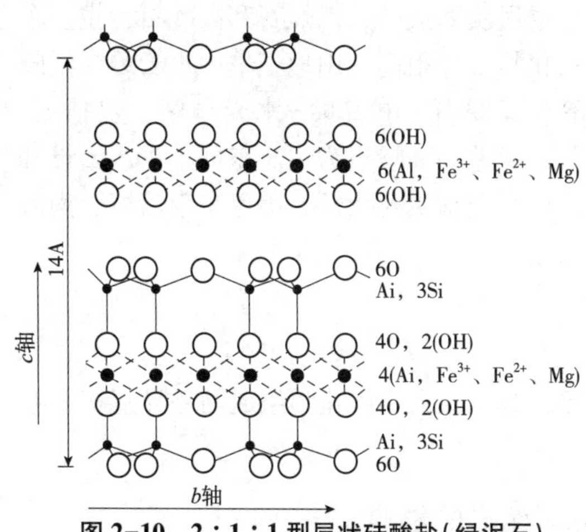

图2-10 2∶1∶1型层状硅酸盐(绿泥石)晶体结构示意图

①2∶1∶1型晶层结构 晶层由滑石(属2∶1型，与蒙脱石结构相似，但其中铝片中Al^{3+}为Mg^{2+}所替代)和水镁石[$Mg_6(OH)_{12}$]或水铝石[$Al_4(OH)_{12}$]片相间重叠而成。由于滑石的晶层构造由两层硅片夹一层铝片组成，再加上与之重叠的水镁石或水铝石片也是八面体片，所以绿泥石的晶层结构为2∶1∶1型。如图2-10所示。绿泥石的分子式为$(Mg\cdot Fe\cdot Al)_{12}(SiAl)_8O_{20}(OH)_{16}$。

②同晶替代较普遍 硅片、铝片和水镁片中都存在程度不同的同晶替代现象，除含有Mg、Al、Fe、等离子外，有时也含有Cr、Mn、Ni、Cu和Li等离子。因而绿泥石元素组成变化较大，阳离子交换量为10~40 $cmol^{(+)}\cdot kg^{-1}$。

③颗粒较小 总面积为70~150×10^3 $m^2\cdot kg^{-1}$，其可塑性、黏结性、黏着性和吸湿性居中。土壤的绿泥石大部分是由母质遗留下来，但也可能由层状硅酸盐矿物转变而来。沉积物和河流冲积物中含较多的绿泥石。

(二)非硅酸盐黏土矿物

土壤黏土矿物组成中，除层状硅酸盐外，还含有一类矿物结构比较简单、水化程度不等的铁、锰、铝和硅的氧化物及其水合物和水铝英石。氧化物矿物既可呈结晶质状态存在，也可以非晶质状态存在。

无论是晶质还是非晶质的氧化物，电荷的产生都不是通过同晶替代获得，而是通过质子化和表面羟基 H^+的离解。既可带负电荷，也可带正电荷，决定于土壤溶液中 H^+离子浓度的高低。如：

$$M-OH_2^+ \underset{-H^-}{\overset{+H^+}{\rightleftharpoons}} M-OH \underset{+H^+}{\overset{-H^+}{\rightleftharpoons}} M-O^-$$

式中 M 代表铁、铝、锰、硅等原子。当表面羟基失去一个氢离子后，表面就带负电荷。当表面羟基吸附一个氢离子后，表面就带正电荷。

(三)我国土壤黏土矿物的分布规律

根据我国不同地区、山地高原和平原丘陵地带土壤黏土矿物组成，把全国土壤黏土矿物分布划分为 7 个区：①水云母区，包括新疆、内蒙古古高原西部、柴达木盆地、青藏高原大部分。土壤黏土矿物以水云母为主，其次为蒙脱石和绿泥石。②水云母-蒙脱石区，包括内蒙古古高原东部、大小兴安岭、长白山地和东北平原大部分。土壤黏粒中蒙脱石明显增多。③水云母-蛭石区，包括青藏高原东南边缘山地、黄土高原和华北平原。西部山地土壤黏粒中绿泥石，东部多蛭石，华北平原土壤黏粒中蒙脱石也不少。④水云母-蛭石-高岭区，包括秦岭山地和长江中下游平原，为一狭长的过渡地带，在适宜条件下，水云母、蛭石和高岭石都可成为土壤黏粒中的主要成分。⑤蛭石-高岭区，包括四川盆地、云贵高原、喜马拉雅山东南端。土壤黏粒中云母退居次要成分，以蛭石和高岭石为主。东部蛭石尤多，并多三水铝石；西部蛭石较少，氧化物含量很高，山地土壤中水云母含量随海拔高度升高而增加。四川盆地土壤中还有不少蒙脱石。⑥高岭-水云母区，包括浙、闽、湘、赣大部和粤、桂北部。土壤中黏粒部分结晶差的高岭石为主。东部不少水云母和蛭石伴存，铁铝氧化物含量也显著增多。⑦高岭区，包括贵州南部、闽粤东南沿海、南海诸岛及台湾。气候湿热，土壤黏粒中以高岭石为主。

三、土壤矿物质土粒的组成与特性

土壤矿物质土粒是土壤固体组成的基本单元，其粒径大小和化学组成的差异直接影响所形成土壤的物理化学性质。

(一)粒径对矿物质土粒的矿物组成与化学组成的影响

土壤中的各种固体颗粒简称土粒。土粒又可分单粒(原生颗粒)和复粒(次生颗粒)。前者主要是岩石矿物风化的碎片、屑粒，完全分散时可单独存在，常称为矿质颗粒或矿质土粒；后者是各种单粒在物理化学和生物化学作用下复合而成的黏团、有机矿质复合体和微团聚体。单粒的粒径对矿质土粒的矿物组成与化学组成有重要影响。粒径粗的矿质土粒主要由原生矿物组成，其中以石英含量最多，此外还有长石、云母等原生硅酸盐矿物，以及少量赤铁矿、针铁矿、磷灰石等；粒径细的则基本上由次生矿物组成，如高岭石、水云母、蒙脱石等，以及铁、铝氧化物的水合物，而原生矿物很少，在化学组成上，矿质土粒愈粗，SiO_2 含量愈高。随着颗粒由粗到细，SiO_2 含量降低，而铝、铁、钙、镁、钾、磷等含量增高。所以矿质土粒粗细不同，所含的植物营养元素也是有差别的。

(二)矿物质土粒的大小分级——粒级与粒级分类

1. 粒级的概念

土壤矿质颗粒大小参差不齐，大的直径在数毫米以上，小的尚不足 1 nm，大小相差达百倍。通常根据矿质土粒(单粒)粒径大小及其性质上的变化，将其划分为若干组，称为土壤粒级(粒组)。同一粒级矿质土粒在成分和性质上基本一致，不同粒级矿质土粒之间则有较明显的差别。

2. 粒级的分类

粒级分类常用的标准有国际制、美国制、卡钦斯基制和中国制四种，详见表 2-4。

(1)国际制　国际制矿质土粒分级标准是由瑞典土壤学家爱特伯首先提出的，1930 年第二次国际土壤学大会采用的土粒分级制。其特点是十进位制，级别少便于记忆，但分级界线的人为性太强。

表 2-4　常用的土壤粒级制

<table>
<tr><th>粒径(mm)</th><th>中国制</th><th colspan="3">卡钦斯基制</th><th>美国农业部制</th><th>国际制</th></tr>
<tr><td>3~2</td><td rowspan="2">石砾</td><td colspan="3" rowspan="2">石砾</td><td>石砾</td><td>石砾</td></tr>
<tr><td>2~1</td><td>极粗砂粒</td><td rowspan="4">粗砂粒</td></tr>
<tr><td>1~0.5</td><td rowspan="2">粗砂粒</td><td rowspan="7">物理性砂粒</td><td colspan="2">粗砂粒</td><td>粗砂粒</td></tr>
<tr><td>0.5~0.25</td><td colspan="2">中砂粒</td><td>中砂粒</td></tr>
<tr><td>0.25~0.2</td><td rowspan="3">细砂粒</td><td colspan="2" rowspan="3">细砂粒</td><td rowspan="2">细砂粒</td></tr>
<tr><td>0.2~0.1</td><td rowspan="3">细砂粒</td></tr>
<tr><td>0.1~0.05</td><td>极细砂粒</td></tr>
<tr><td>0.05~0.02</td><td rowspan="2">粗粉粒</td><td colspan="2" rowspan="2">粗粉粒</td><td rowspan="4">粉粒</td></tr>
<tr><td>0.02~0.01</td><td rowspan="3">粉粒</td></tr>
<tr><td>0.01~0.005</td><td>中粉粒</td><td rowspan="6">物理性粘粒</td><td colspan="2">中粉粒</td></tr>
<tr><td>0.005~0.002</td><td>细粉粒</td><td colspan="2" rowspan="2">细粉粒</td></tr>
<tr><td>0.002~0.001</td><td rowspan="2">粗黏粒</td><td rowspan="4">黏粒</td><td rowspan="4">黏粒</td></tr>
<tr><td>0.001~0.0005</td><td rowspan="3">黏粒</td><td>粗黏粒</td></tr>
<tr><td>0.0005~0.0001</td><td rowspan="2">细黏粒</td><td>细黏粒</td></tr>
<tr><td><0.0001</td><td>胶体</td></tr>
</table>

(2)卡庆斯基制　卡庆斯基制是由苏联土壤科学家卡庆斯基提出的，在卡庆斯基制中，将>1 mm 的颗粒划为石砾，<1 mm 的划为细土部分，其中 1~0.05 mm 的粒级称为细砂粒，0.05~0.001 mm 称为粉粒，<0.001 mm 称为黏粒，在上述粒级中又可分别细分为粗、中、细三级(黏粒级分为粗黏粒、细黏粒和胶粒)。在工作中广泛使用的是卡庆斯基简

易分级，即将1~0.01 mm的粒级划为物理性砂粒，<0.01 mm的粒级则划为物理性黏粒。与我国北方农民所称的“沙”和“泥”的概念很相近。

（3）中国制　中国制是在卡庆斯基粒级制的基础上修订而来，在《中国土壤》（第二版，1987）正式公布。它把黏粒的上限移至公认的2 mm，而把黏粒级分为粗（<0.002~0.001 mm）和细（<0.001 mm）两个粒级，后者即是卡庆斯基制的黏粒级。

四、矿物质土粒的机械组成（颗粒组成）和质地分类

（一）机械组成和质地的概念

土壤中各级土粒所占的百分含量即土壤颗粒的机械组成，也称颗粒组成。土壤质地是根据机械组成划分的土壤类型。土壤质地的类型和特点主要继承了成土母质的类型和特点，又受人类耕作、施肥、灌溉、平整土地的影响。一般分为砂土、壤土和黏土三大类。质地是土壤的一种十分稳定的自然属性，反映母质来源及成土过程的某些特征，对肥力有很大影响，因而在制定土壤利用规划、确定施肥用量与种类、进行土壤改良和管理时必须重视其质地特点。

（二）土壤质地分类制

质地分类制与粒级分类制一样，各国的标准也不统一。常用的有国际制、美国农业部质地制、卡庆斯基制和中国制四种土壤质地分类制。

（1）国际制土壤质地分类　是1930年与其粒级制一起在第二届国际土壤学大会上通过的。根据土壤中砂粒、粉粒和黏粒三种粒级的百分含量将土壤划分为砂土、壤土、黏壤土和黏土四类12个质地级别（图2-11），可以确定土壤的质地名称。使用该图的要点是：以黏粒含量为主要标准，<15%为砂土质地组和壤土质地组；15~25%者为黏壤组；>25%为黏土组。当土壤含粉粒>45%时，在各组质地的名称前均冠以“粉质”字样；当土壤砂粒含量在55%~85%时，则冠以“砂质”字样，当砂粒含量>85%时，则为壤砂土或砂土（表2-5）。

表2-5　国际制土壤质地分类

质地名称	黏粒（<0.002 mm，%）	粉砂（0.02~0.002 mm，%）	砂粒（2~0.02 mm，%）
1. 壤质砂土	0~15	0~15	85~100
2. 砂质壤土	0~15	0~45	55~85
3. 壤土	0~15	30~45	40~55
4. 粉砂质壤土	0~15	45~100	0~55
5. 砂质黏壤土	15~25	0~30	55~85
6. 黏壤土	15~25	20~45	30~55
7. 粉砂质黏壤土	15~25	45~85	0~40
8. 砂质黏土	25~45	0~20	55~75
9. 壤质黏土	25~45	0~45	10~55
10. 粉砂质黏土	25~45	45~75	0~30
11. 黏土	45~65	0~55	0~55

(2)美国农业部土壤质地分类　根据砂粒(2~0.05 mm)、粉粒(0.05~0.002 mm)和黏粒(<0.002 mm)3个粒级的比例，划分为12个类型的质地名称，见图2-12。具体的确定方法：先从左侧找到黏粒的百分含量，经过该含量做平行于底边的直线，然后在底边找到砂粒含量值，通过该值向内做平行于粉粒含量的直线，两条直线的交点所在区域的名称即为该土壤样品的质地名称。

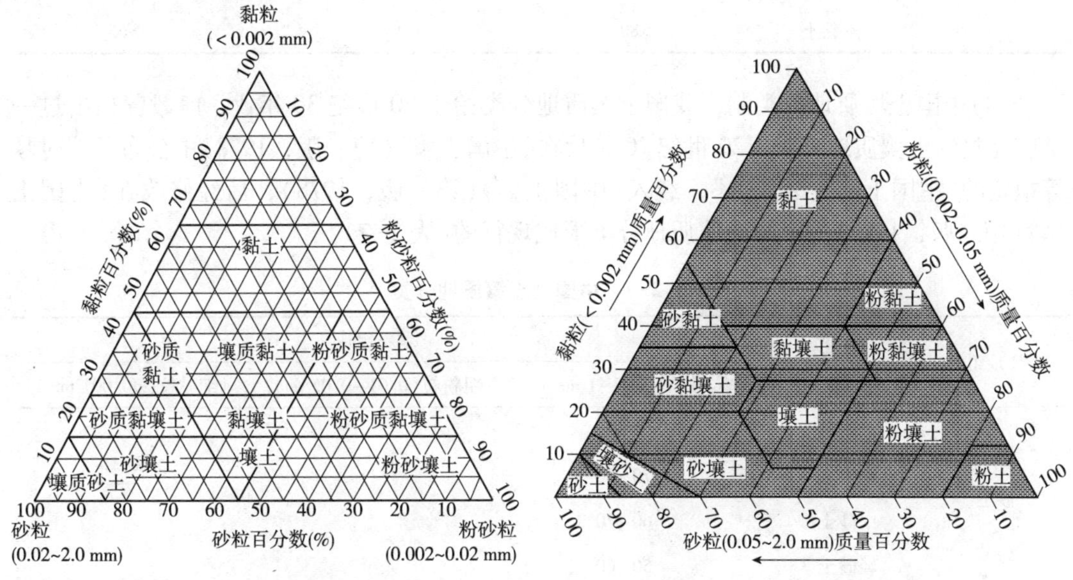

图 2-11　国际制土壤质地分类　　　图 2-12　美国制土壤质地分类

(3)卡庆斯基制土壤质地分类　卡庆斯基制土壤质地分类有简制和详制两种，其中简制应用较广泛。卡庆斯基简制是根据物理性砂粒与物理性黏粒的相对含量并按不同土壤类型——灰化土、草原土、红黄壤、碱化土和碱土将土壤划分为砂土类、壤土类、黏土类三类九级(表2-6)。卡庆斯基质地分类的详制是在简制的基础上，按照主要粒级而细分的，把含量最高和次高的粒级作为冠词，放在简制名称前面，用于土壤基层分类及大比例尺制图使用。例如，某土壤黏粒45%，粉粒(中、细)25%，粗粉粒20%，砂粒10%，占优势的粒级为黏粒和粉粒，质地名称定名为黏粉质中黏土。

表 2-6　卡庆斯基土壤质地分类(简制)

质地组	质地名称	不同土壤类型的<0.01 mm粒级(物理性黏粒)的百分含量(%)		
		灰化土	草原土(红黄壤)	碱化土和碱土
砂土	松砂土	0~5	0~5	0~5
	紧砂土	5~10	5~10	5~10
壤土	砂壤土	10~20	10~20	10~15
	轻壤土	20~30	20~30	15~20
	中壤土	30~40	30~45	20~30
	重壤土	40~50	45~60	30~40

（续）

质地组	质地名称	不同土壤类型的<0.01 mm 粒级（物理性黏粒）的百分含量（%）		
		灰化土	草原土（红黄壤）	碱化土和碱土
黏土	轻黏土	50~65	60~75	40~50
	中黏土	65~80	75~85	50~65
	重黏土	>80	>85	>65

（4）中国土壤质地分类制　我国土壤质地分类始于 20 世纪 30 年代，熊毅曾提出过一个较完整的土壤质地分类。20 世纪 70 年代在《中国土壤》（第一版，1978）中公布了邓时琴等拟定的“中国土壤质地分类”，载入《中国土壤》（第一版，1978），后经修改在《中国土壤》（第二版，1987）的中国土壤质地分类形成现行的（表 2-7）。

表 2-7　中国制土壤质地分类

质地组	质地名称	颗粒组成		
		砂粒（0.05~1 mm）	粗粉粒（0.01~0.05 mm）	细黏粒（<0.001 mm）
砂土	极重砂土	>80		
	重砂土	70~80		
	中砂土	60~70		
	轻砂土	50~60		
壤土	砂粉土	≥20	≥40	<30
	粉土	<20		
	砂壤土	≥20	<40	
	壤土	<20		
黏土	轻黏土	30~35	60~75	
	中黏土	35~40	75~85	
	重黏土	40~60	>85	
	极重黏土	>60		

（三）不同质地土壤的肥力特点与利用改良措施

1. 不同质地土壤的肥力特点与利用

（1）砂质土（砂土）　砂质土含砂粒较多，颗粒间多为大孔隙，土壤通透性良好，透水排水快，但缺乏毛管孔隙，土壤持水量小，蓄水保水抗旱能力差。由于砂质土主要矿物为石英，缺乏养分元素和胶体，土壤保蓄养分能力低，养分易流失，因而表现为养分贫乏，保肥耐肥性差，施肥时肥效来得快且猛，但不持久。砂质土水少气多，土温变幅大，昼夜温差大，早春土温上升快，称热性土。土表的高温不仅直接灼伤植物，也造成于热的近地层小气候，加剧土壤和植物的失水。砂质土疏松，结持力小，易耕作。

施肥时应多施未腐熟的有机肥，化肥施用则宜少量多次，并注意解决“发小不发老”，后期脱肥早衰、结实率低、籽粒不饱满等问题。在作物种植上宜选种耐贫瘠、耐旱、生长期短、早熟的作物，以及块根、块茎和蔬菜类作物。

(2)黏质土(黏土)　黏质土含砂粒少，黏粒多，毛管孔隙特别发达，大孔隙少，土壤透水通气性差，排水不良，不耐涝。土壤持水量大，但水分损失快，保水抗旱能力差，有“晴三天张大嘴，雨三天淌黄水”的说法。因此，在雨水多的季节要注意沟道通畅以排除积水，夏季伏旱注意及时灌溉和采用抗旱保墒的耕作法。

这类土壤含矿质养分较丰富，但通气性差，有机质分解缓慢，腐殖质累积较多；土壤保肥能力强，养分不易淋失，肥效慢、稳而持久，“发老不发小”；此类土壤宜施用腐熟的有机肥，化肥一次用量可比砂质土多，苗期注意施用速效肥促早发。黏质土土温变幅小，早春土温上升缓慢，有冷性土之称。土壤胀缩性强，干时田面开大裂、深裂，易扯伤根系。适宜种植粮食作物以及果、桑、茶等多年生的深根植物。

(3)壤质土(壤土)　壤质土由于所含砂粒、黏粒比例较适宜，它兼有砂土类和黏土类土壤的肥力优点，既有砂质土的良好通透性和耕性，发小苗等优点，又有黏土对水分、养分的保蓄性，肥效稳而长等优点，适种范围广，是农业生产较为理想的土壤质地，也是高产的土壤类型。

2. 土壤质地层次性(质地剖面)

土壤表层的质地对植物生长来说很重要，质地在土层中的垂直分布对植物生长的影响更深远。在同一土壤的上下层之间的质地也可能有很大不同。有的土壤的质地层次表现为上粘下砂，也有的表现为上砂下粘，或砂粘相间。产生质地层次性的原因：一是自然因素；二是人为。

(1)自然条件产生的层次性　最常见的是冲积母质上发育的土壤质地层次性。由于不同时期的水流速率和母质来源不等，所以各个时期沉积物的粗细不一样。所谓“紧出砂，慢出淤，不紧不慢出两合(即壤土)”。此外，在土壤形成过程中，由于黏粒随渗漏水下移或因下层化学分解使黏粒增多，也会使土体各层具有不同的质地。

(2)耕作的作用　经常不断地耕作，犁的重压使土壤形成犁底层，不仅使这层土壤变得紧实，而且土壤质地也发生分化，对水稻土的作用尤为突出。耕地土壤上的串灌也可使表层中细土粒大量流失，造成上砂下粘的土层。

质地层次对土壤肥力的影响，侧重在质地层次排列方式和层次厚度上，特别是土体1 m内的层次特点。一个良好的质地层次，应该易于协调供应作物整个生长过程中水、肥、气、热的需要，一般来讲，“上砂下黏”型即0~20 cm质地偏砂性，20 cm以下质地偏黏性，这种土壤有利于作物早期的种子萌发、根系生长以及耕作，下部土壤的黏粒较高，有利于保水保肥，从而保证作物的产量，在华北平原上这种土被群众称为“蒙金土”。与之相反的是“上黏下砂”型，即黏土-砂土剖面，上层紧实不透气，下层松散不保水肥，是一种不良的之地剖面，被群众称为“倒蒙金土”。

3. 不同质地土壤的改良

良好的土壤质地一般应是砂黏适中，有利于形成良好的土壤结构，具有适宜的通气透水性，保水保肥，土温稳定，适种植物广泛。而砂质土和黏质土，往往不同程度地制约了植物的正常生长，须对其进行改良。常用的改良方法与措施有：

（1）客土法　对过砂或过黏的土壤，可分别采用“泥掺砂”或“砂掺泥”的办法来调整土壤的黏砂比例，以达到改良质地，改善耕作，提高肥力的目的。这种搬运别地土壤（客土）的方法称为“客土法”。一般使粘砂比例以3∶7或4∶6为好，可在整块田进行，也可在播种行或播种穴中客土。

（2）耕翻法　也称“翻淤压砂法”或“翻砂压淤法”。是指对于砂土层下不深处有黏土层或黏土层下不深处有砂土层（隔沙地）者，可采用深翻，使之砂粘掺和，以达到合适的砂粘比例，改善土壤物理性质，从而提高土壤肥力。

（3）引洪漫淤法　对于沿江沿河的砂质土壤，可以采用引洪漫淤法改良。即通过有目的把洪水有控制地引入农田，使细泥沉积于砂质土壤中，就可以达到改良质地和增厚土层的目的。在实施过程中，要注意边灌边排，尽可能做到留泥不留水。为了让引入的洪水中少带砂粒，要注意提高进水口，截阻砂粒的进入。

（4）增施有机肥　通过增施有机肥，可以提高土壤中的有机质含量，改良土壤结构，从而消除过粘或过砂土壤所产生的不良物理性质。因为土壤有机质的黏结力比砂粒强，而比黏粒弱，增加有机质含量，对砂质土壤来说，可使土粒比较容易黏结成小土团，从而改变了它原先松散无结构的不良状况；对黏质土壤来说，可使黏结的大土块碎裂成大小适中土团。此外，通过种植绿肥也可以增加土壤有机质，创造良好的土壤结构。

第二节　土壤中的有机质

土壤有机质是土壤的重要组成部分，尽管土壤有机质只占土壤总重量的很少一部分，但是其数量和组成时表征土壤质量的重要指标。土壤有机质是指存在于土壤中的所有含碳的有机物质，包括土壤中的动植物残体、微生物体及其分解、合成的各种有机物质。

有机质含量在不同的土壤中差异很大，高的可达200 $g \cdot kg^{-1}$或300 $g \cdot kg^{-1}$以上（如泥炭土、一些森林土壤等），低的不足5 $g \cdot kg^{-1}$（如一些漠境土和砂质土壤）。在土壤学中，一般把耕层含有机质200 $g \cdot kg^{-1}$以上的土壤，称为有机质土壤，含200 $g \cdot kg^{-1}$以下的称为矿质土壤。我国耕地土壤耕层的有机质百分含量，通常在50 $g \cdot kg^{-1}$以下，东北地区的土壤，却有不少超过此数。华北、西北地区大部分低于10 $g \cdot kg^{-1}$；华中、华南一带的水田，一般在15~35 $g \cdot kg^{-1}$之间。土壤中有机质含量虽少，但在土壤中的作用是很重要的。

一、土壤有机质的来源及组成

（一）土壤有机质的来源及类型

动物、植物、微生物的残体和有机肥料是土壤有机质的基本来源，根据B·丘林的统计，各种动、植物和微生物的残体，每年进入土壤表层的有机质，每公顷不过3.5 t。因此，自然界每年进入土壤中的有机质的数量是有限。随着生产技术的发展，增施有机肥料，使土壤有机质的成分、数量受到深刻影响。显然人类生产活动所增加的土壤有机质数量是最重要的。

进入土壤的有机质一般呈现三种状态：①新鲜的有机质：是指土壤中未分解的、仍保留着原有形态结构的生物遗体；②半分解有机质：是新鲜有机质经微生物的部分分解，已破坏了原始形态和结构，多成分散的褐色小块。两者都可用机械方法把它们从土壤中完全分离出来，在土壤中占有机质总量的10%~15%，是土壤有机质的基本组成部分和作物养分的重要来源，也是形成土壤腐殖质的原料；③腐殖质：是有机质经过微生物分解和再合成的一种深色或暗褐色的大分子胶体物质，它与矿物质土粒紧密结合，不能用机械方法直接分离，是有机质的主要成分，占有机质总量的85%~90%，土壤腐殖质是改良土壤性质，供给作物营养的主要物质，也是土壤肥力水平的主要标志之一。

(二)土壤有机质的组成及性质

1. 元素组成

土壤有机质的主要元素组成是 C、H、O、N，分别占 52%~58%、34%~39%、3.3%~4.8%和3.7%~4.1%，其次是P和S，C/N比大约在10~12之间。

2. 化合物组成

(1)糖类、有机酸、醛、醇、酮类以及相近的化合物　糖类包括单糖、双糖和多糖三大类，如葡萄糖($C_6H_{12}O_6$)、蔗糖($C_{12}H_{22}O_{11}$)和淀粉($(C_6H_{10}O_5)_n$)等。酸类有葡萄糖酸($C_6H_{12}O_7$)、柠檬酸($C_6H_8O_7$)、酒石酸($C_4H_6O_6$)、草酸($C_2H_{22}O_4$)等；另外还有一些乙醛、乙醇和丙酮等。以上各类物质都溶于水，在植物残体破坏时，能被水淋洗流失。这类有机质被微生物分解后产生 CO_2 和 H_2O；在空气不足的情况下，可能产生 H_2 及 CH_4 等还原性气体。

(2)纤维素和半纤维素　半纤维素$(C_6H_{10}O_5)_n$在酸和碱性稀溶液处理下，易水解，纤维素则在较强的酸和碱性溶液处理下，才可以水解。它们均能被微生物所分解。

(3)木质素　木质素是复杂的有机化合物，是木质纤维的主要成分，比较稳定，不易被细菌和化学物质分解，但可被真菌、放线菌所分解，其成分随植物种类不同而异。

(4)脂肪、蜡质、树脂和单宁等　是一类不溶于水而溶于醇、醚及苯，而且结构十分复杂的有机化合物。在土壤中除脂肪分解相对较快外，一般都很难彻底被分解。

(5)含氮化合物　土壤的含氮化合物95%以上是有机态的，无机态的含量不到5%，一般含氮化合物容易被微生物所分解。生物残体中主要的含氮物质为蛋白质。各种蛋白质经过水解以后，一般可产生许多种氨基酸。蛋白质的元素组成除C、H、O、N外，还含有S、P和Fe等植物营养元素。

(6)灰分物质　植物残留体燃烧后所留下的部分称为灰分物质。植物体中灰分的含量与植物的种类、年龄以及土壤性质有关，一般平均占植物体干物质重量的5%，构成灰分的主要元素为Ca、Mg、K、Na、Si、P、S、Fe、Mn等，这些元素在生物的活动中有着重要的意义。

二、土壤有机质的转化过程

进入土壤的有机质在微生物的作用下，进行着两个方面的转化：一是有机质的矿质化

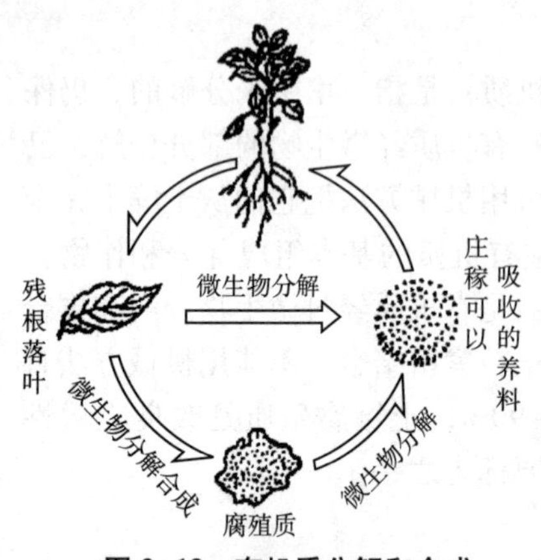

图 2-13 有机质分解和合成过程的相互关系

过程；二是有机质的腐殖质化过程，前者是有机质的分解过程，后者是腐殖质的合成过程。这两个过程是不可分割和互相联系的，随条件的改变而互相转化（图 2-13）。矿化过程的中间产物又是形成腐殖质的基本材料，腐殖化过程的产物——腐殖质并不是永远不变的，它可以再经过分解释放其养分。对于农业生产而言，矿化作用为作物生长提供养分，但过强的矿化作用，会使有机质分解过快，造成养分因无法被植物及时利用而损失，腐殖质的难于形成会使土壤肥力水平下降。因此适当的调控土壤有机质的矿化速度，促使腐殖化作用的进行，有利于改善土壤的理化性质和提高土壤的质量。必须辩证的认识两者的相互关系。

(一)土壤有机质的矿质化过程(有机质的分解过程)

土壤有机质的矿质化过程是指有机化合物进入土壤后，在微生物所分泌酶的作用下发生氧化反应，彻底分解为 CO_2、H_2O 等无机物质并释放能量的过程。其中所含氮、磷、硫等元素也将转化为植物可利用的矿质养分，因此有机质的矿化是养分和能量的释放过程。下面是主要的几种有机化合物的矿化过程。

1. 碳水化合物

多糖类化合物首先在土壤中微生物分泌的酶的作用下水解成单糖，单糖进一步分解为结构更简单的化合物。如葡萄糖在酵母菌和乙酸细菌等微生物作用下，生成简单的有机酸（如乙酸、草酸等）、醇类以及酮类化合物。这些中间物质在通气良好的土壤中，最后可以完全分解成 CO_2 和 H_2O，同时释放热量。上述过程可表示为：

$$(C_6H_{10}O_5)n+nH_2O \rightarrow nC_6H_{12}O_6$$

$$C_6H_{12}O_6+9(O) \rightarrow 3C_2H_2O_4+3H_2O$$

$$2C_2H_2O_4+O_2 \rightarrow 4CO_2+2H_2O$$

土壤碳水化合物分解过程是极其复杂的，在不同的环境条件下，受不同类型微生物的作用，具有不同的分解过程。这种分解进程实质上是能量释放过程，这些能量是促进土壤中各种生物化学过程的基本动力，是土壤微生物生命活动所需能量的重要来源。当氧气不充足时，碳水化合物分解形成还原性产物时释放出的能量，比在好气条件下所释放的能量要少得多，所产生的 CH_4、H_2 等还原物质将对植物生长产生不利影响。以丙酸为例，该过程可用下式表示：

$$4C_2H_5COOH+2H_2O \rightarrow 4CH_3COOH+CO_2+CH_4$$

$$CH_3COOH \rightarrow CO_2+CH_4$$

$$CO_2+4H_2 \rightarrow 2H_2O+CH_4$$

2. 含氮化合物

土壤中含氮有机物只有一小部分是可溶性的，绝大多数是以复杂的蛋白质、腐殖质以及生物碱等形态存在。土壤微生物作用下，这些化合物最终分解为无机态氮。下面以蛋白质为例，它在土壤中矿化过程可分为以下 3 个过程：

第一 水解过程　蛋白质在微生物所分泌的水解酶的作用下，分解成为简单的氨基酸类含氮化合物。具体过程：蛋白质→水解蛋白质→消化蛋白质→多肽→氨基酸

第二 氨化过程　生成的氨基酸在多种微生物及其分泌酶的作用下，产生氨气或铵根离子的过程。氨化过程在好氧、厌氧条件下均可进行，只是不同种类微生物的作用不同。

$$RCHNH_2COOH+H_2O \xrightarrow{\text{水解酶}} RCHOHCOOH+NH_3\uparrow$$

$$RCHNH_2COOH+O_2 \xrightarrow{\text{氧化酶}} RCOOH+CO_2\uparrow+NH_3\uparrow$$

$$RCHNH_2COOH+H_2 \xrightarrow{\text{还原酶}} RCH_2COOH+NH_3\uparrow$$

第三 硝化过程　在通气良好的情况下，氨化作用产生的氨在土壤微生物的作用下，经过亚硝酸的中间阶段，最终被氧化成硝酸，其反应式如下：

$$2NH_4^++O_2 \xrightarrow{\text{亚硝酸盐细菌}} 2NO_2^-+2H_2O+4H^++\text{热量}$$

$$2NO_2^-+O_2 \xrightarrow{\text{亚硝酸盐细菌}} 2NO_3^-+\text{热量}$$

第四 反硝化过程　硝态氮在土壤通气不良情况下，还原成气态氮（N_2O 和 N_2），该过程可造成土壤氮素损失，其反应式如下：

$$2NO_3^- \xrightarrow{\text{反硝化细菌}} 2NO_2^- \xrightarrow{\text{反硝化细菌}} N_2O \text{ 或 } N_2$$

3. 含磷有机物的转化

磷主要存在于核蛋白、核酸、磷脂和植素等有机化合物中，这些物质在多种腐生性微生物作用下，最终分解为正磷酸及其盐类，供植物吸收利用，其反应过程如下：

$$\text{核蛋白} \xrightarrow{\text{水解}} \text{核酸} + \text{蛋白质}$$

$$\text{核酸} \xrightarrow{\text{水解}} \text{核苷酸}$$

$$\text{核苷酸} \xrightarrow{\text{水解}} H_3PO_4 + \text{核苷}$$

在厌氧条件下，很多厌氧土壤微生物能引起磷酸还原作用，产生亚磷酸，并进一步还原成磷化氢。

4. 含硫有机物的转化

土壤中含硫的有机化合物如含硫蛋白质、胱氨酸等，经微生物分解产生硫化氢。硫化氢在通气良好的条件下，在硫细菌的作用下氧化成硫酸，并和土壤中的盐基离子生成硫酸盐，不仅消除硫化氢的毒害作用，而且能成为植物易吸收的硫素养分。在土壤通气不良条件下，已经形成的硫酸盐也可以还原成硫化氢，即发生反硫化作用，造成硫素散失。当硫化氢积累到一定程度时，对植物根系有毒害作用，应尽量避免。含硫有机物的转化过程可表示如下：

$$\text{土壤有机态硫} \xrightarrow{\text{分解}} H_2S(\text{无机态硫}) \xrightarrow{\text{氧化}} SO_4^{2-}$$

$$SO_4^{2-} \xrightarrow{\text{还原(通气不良条件)}} H_2S$$

在碳水化合物中，糖和淀粉容易降解，而纤维素和半纤维素不容易降解。含氮化合物中蛋白质比较容易降解，但包含在叶绿素中的杂环态氮素不容易降解。大多数有机酸容易降解，而脂肪、蜡质、树脂等可以在土壤中存留很长时间。木质素是一类复杂的酚类聚合物，比碳水化合物要稳定得多，容易在土壤中积累。有机化合物分解的从易到难的顺序

为：①单糖、淀粉和简单蛋白质；②粗蛋白质；③半纤维素；④纤维素；⑤脂肪、蜡质等；⑥木质素。在好氧条件下，微生物活动旺盛，分解作用进行得较快，最后大部分有机物质变成 CO_2 和 H_2O，而 N、P、S 等则以 NH_4^+、NO_3^-、HPO_4^{2-}、$H_2PO_4^-$、SO_4^{2-} 等矿质的无机形式被释放出来。但在嫌气条件下，好氧微生物的活动受到抑制，分解速度慢，产物不彻底，还产生 CH_4、H_2 等还原性物质，而养分和能量释放很少，对植物生长不利。但无论是好氧条件还是嫌气条件，有机物质降解的最终产物主要是 CO_2，其释放速率通常是衡量土壤有机质分解率和微生物活性的重要指标。

（二）土壤有机质的腐殖化过程

土壤有机质的腐殖化是相当复杂的过程，是原有的有机质形成新的、更复杂的有机化合物的过程。有研究表明，有机质的分解主要靠水解酶，合成腐殖质则主要是氧化酶的作用。一般认为腐殖质的形成经过以下两个阶段：

第一阶段是微生物将动植物残体转化为腐殖质的组成成分（结构单元），如芳香族化合物（多元酚）和含氮化合物（氨基酸）等。

第二阶段是在微生物的作用下，各组分合成（缩合作用）腐殖质。这一阶段中微生物分泌的酚氧化酶将多元酚氧化为醌类，醌与其他成分（氨基酸、肽）进行缩合成腐殖酸的单体分子。

腐殖质形成的生物学过程可用图 2-14 表示。

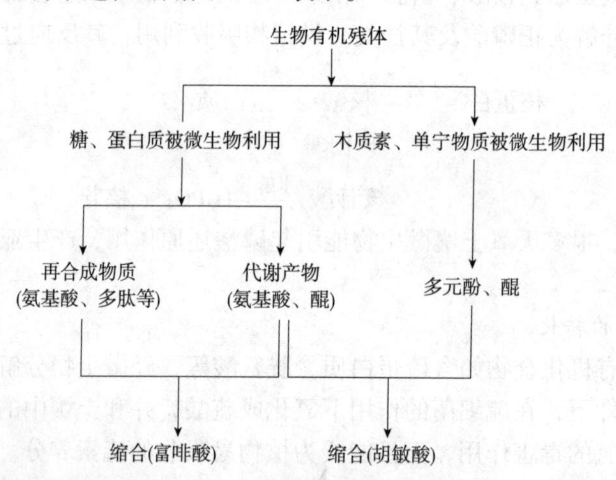

图 2-14 腐殖酸形成的生物学过程

腐殖质一旦形成就很难分解，具有相当的稳定性，除非条件改变，微生物种群改变，新的微生物才能促进腐殖质分解。所以腐殖质的形成和有机质的分解是对立的两个过程，它们与土壤肥力都有密切的关系，协调和控制这两种过程是农业生产中的重要问题。

（三）影响土壤有机质转化的因素

土壤有机质的转化受各种外界环境条件的影响，由于微生物是土壤有机质分解和周转的驱动力，因此凡是能影响微生物活动及其生理作用的因素都会影响有机物质的分解和转化。

1. 有机残体的特性

新鲜多汁的有机物质因含有较高比例的简单碳水化合物和蛋白质，比含有较高比例、难于降解的纤维素、木质素等干枯的残体易于分解。另外，有机物质的细碎程度因影响其与外界的接触面，从而也影响其矿化速率。

特别重要的是有机物质组成中的碳氮比（指有机物中碳素总量和氮素总量之比）对其分解速度影响很大。氮是组成微生物体细胞的要素，而有机质中的碳既是微生物活动的能源，又是构成体细胞的主要成分。一般来说，微生物组成自身的细胞需要吸收 1 份氮和 5 份碳，同时还需 20 份碳作为生命活动的能源，因此微生物在生命活动过程中，需要有机质的碳氮比约为 25∶1。当有机残体的碳氮比在 25∶1 左右时，微生物活动最旺盛，分解速度也最快，如果被分解有机质的碳氮比<25∶1，对微生物的活动比较有利，有机质分解迅速，同时分解释放出的无机氮除被微生物自身吸收利用外，还有多余的氮素留在土壤中，可供作物吸收。如果碳氮比>25∶1，氮素生成较少，微生物发育受到限制，必然会造成有机质分解变慢，同时有可能使微生物和植物争夺土壤中原有的有效氮素，影响到作物的生长发育。所以有机残体的碳氮比会影响其分解速度和土壤有效氮的供应。各种植物残体的碳氮比不同，禾本科的根茬和茎秆的碳氮比为 50~80∶1，故残体的分解较慢，土壤硝化作用受阻的时间也较长，而豆科植物的碳氮比为 20~30∶1，故分解速度快，对硝化作用的阻碍很小。此外成熟残体比幼嫩多汁残体碳氮比要高。为了防止植物缺氮，并促使其迅速分解，在使用含氮量低的水稻、小麦等作物秸秆时应同时适当补施速效氮肥。但无论有机物质的 C/N 比大小如何，当它进入土壤后，经过微生物的反复作用，在一定条件下，它的 C/N 比或迟或早都会稳定在一定的数值。一般耕作土壤表层有机质的 C/N 在 8∶1~15∶1，平均在 10∶1~12∶1 之间，处于植物残体和微生物 C/N 之间，土壤 C/N 的变异主要受地区的水热条件和成土作用特征的控制，如我国湿润温带的土壤中稳定于 10∶1~12∶1 之间，而热带、亚热带地区的红黄壤则可达 20∶1。总之，在土壤中施用植物残体时，应该考虑上述的共同特点。

2. 土壤的水分和通气状况

有机质的分解强度与土壤含水量有关。当土壤在风干状态（只含吸湿水）时，微生物因缺水活动能力降低，分解作用缓慢，当土壤湿润时，微生物活动旺盛，分解作用加强。但若水分太多，使土壤通气性变坏又会降低分解速度。植物残体分解的最适水势在-0.1~0.03 MPa 之间，当水势降到-0.3 MPa 以下，细菌呼吸作用迅速降低，而真菌一直到-5~-4 MPa 时可能还有活性。

土壤有机质的分解转化也受土壤干湿交替作用的影响，干湿交替一方面可使土壤的呼吸作用短时间内大幅度提高，并使其在几天内保持稳定的土壤呼吸强度，从而增强土壤有机质的矿化作用。另一方面会引起土壤胶体，尤其是蒙脱石、蛭石等黏土矿物的收缩和膨胀，使土壤团聚体崩裂，其结果：一是使原先不能被分解的有机物质因团聚体的分散而暴露于外，加速了分解；二是干燥引起部分土壤微生物死亡。

土壤通气良好时，好气性微生物活跃，有机质进行好气分解，其特点是分解迅速，分解完全，矿化率高，中间产物累积少，有利于植物的吸收利用。但不利于土壤有机质的累积和保存；反之，在土壤通气不良时，嫌气性微生物活动旺盛，有机质分解的特点是速度慢，分解不完全，矿化率低，中间产物容易积累，还会产生甲烷和氢气等对作物生长有毒害影响的还原性气体，但有利于有机质的积累和保存。

由上可知，土壤通气性过盛或过差，都对土壤肥力形成不太有利。土壤中好气性分解和嫌气性分解能够伴随配合进行，才能既保持适当的有机质水平，又能使作物吸收利用足够的有效养分。因此调节土壤通气状况，是提高土壤肥力的一种有效手段。

3. 温度

温度影响到植物的生长和有机质的微生物降解。一般在0 ℃以下土壤有机质的分解速率很小。在0~35 ℃范围内，有机质的分解随温度升高而加快。温度每升高10 ℃，土壤有机质的最大分解速率提高2~3倍，土壤微生物活动的最适宜温度范围为25~35 ℃，超出这个范围，微生物活性就会明显受到抑制。另外土壤中有机质能否积累和消失，也要看湿度及其他条件。在高温干燥条件下，植物生长差，有机物质产量低，而微生物在好气条件下分解迅速，因而土壤中有机质积累少；在低温高湿的条件下，有机质因为嫌气分解，故一般趋于累积。当温度更低、有机质来源少时，微生物活性低，则土壤中有机质同样也不会积累。

4. 土壤特性

气候和植被在较大范围内影响土壤有机质的分解和积累，而土壤质地在局部范围内影响土壤有机质的含量。土壤有机质含量与其黏粒含量有极显著的正相关，黏质和粉砂质土壤通常比砂质土壤含有更多的有机质。腐殖质和黏粒胶体结合形成的黏粒—腐殖质复合体，可免受微生物的破坏，防止有机质遭受分解。

土壤pH值也通过影响微生物的活性而影响有机质的降解。各种微生物都有最适宜生存的pH值范围，真菌适宜于酸性环境（pH 3~6），大多数细菌的最适pH值在中性范围（pH 6.5~7.5），放线菌适合于微碱性条件。真菌在分解有机质过程中产生酸性很强的腐殖质酸，会使土壤酸度增高，肥力降低。细菌则能产生提高土壤肥力的腐殖质酸，同时细菌中的固氮细菌能固定空气中的游离氮素，是提高土壤肥力的重要一环。在通气良好的微碱性条件下，硝化细菌容易活动，因而土壤中的硝化作用旺盛。因此在农业生产中，改良过酸或过碱的土壤，对促进有机质的矿化有显著效果。

三、土壤腐殖质

（一）腐殖质的分离与组成

腐殖质是一类组成和结构都很复杂的天然高分子聚合物，其主体是各种腐殖酸及其与金属离子相结合的盐类，它与土壤矿物部分密切结合形成有机无机复合体，因而难溶于水。因此要研究土壤腐殖酸（腐殖质主要成分）的性质，首先必须用适当的溶剂把它从土壤中分离提取出来。目前采用的方法是先把土壤中未分解或部分分解的动植物残体分离掉，然后用不同的溶剂浸提土壤，把腐殖酸划分为三个组分：富啡酸（黄腐酸）、胡敏酸（褐腐酸）与胡敏素（黑腐素），具体步骤如下：

一般采用的方法是：用水浮法、手选和静电吸附法去掉未分解、半分解的有机质部分，或者采用比重为1.8或者2.0的重液把它们分离出去。然后将剩余的部分利用在酸、碱液的溶解程度进行分组，首先用碱液溶解，不溶解部分为胡敏素，将可溶部分进行酸化至pH=1，这时不溶解的部分为胡敏酸，溶解的部分称为富啡酸。其中富啡酸酸、碱、水都溶解，颜色最浅、分子质量最小；胡敏酸溶解于酸，不溶解于碱和水，颜色和分子质量中等；胡敏素是酸、碱、水都不溶解，其颜色最深、分子质量最大。需要特别提醒的是：这种分组是人为上的一种操作，而不是化学组分的划分。

在以上浸提和分离过程中，各组分中都有许多混杂物。例如，在富啡酸组分中混有某些多糖类及多种低分子的非腐殖化有机化合物；在胡敏酸组分中混有高度木质化的非腐殖质部分。胡敏素是褐腐酸的同素异构体，分子量较大，并与矿质部分紧密结合，以致失去水溶性和碱溶性，在腐殖酸中所占的比例不大，不是腐殖酸的主要组分。腐殖酸的主要组成是胡敏酸和富啡酸，通常占腐殖酸总量的60%左右。

（二）腐殖质在土壤中存在的形态

土壤中腐殖质存在的形态大致有四种：

（1）游离状态的腐殖质，在一般土壤中占极少部分，常见于红壤中。

（2）与矿物成分中的强盐基化合成稳定的盐类，主要是腐殖酸钙和镁，常见于黑土中（强酸性土壤除外）。

（3）与含水土壤中的氧化物如 $Al_2O_3 \cdot xH_2O$、$Fe_2O_3 \cdot yH_2O$ 等化合成复杂的凝胶体。

（4）与层状硅酸盐黏土矿物部分结合成有机无机复合体。根据它们结合的稳定性可分为以下几个类型：用 0.1 $mol \cdot L^{-1}$ 氢氧化钠提取的腐殖质称为松结态腐殖质或称活性腐殖质；继续用 0.1 $mol \cdot L^{-1}$ 焦磷酸钠和 0.1 $mol \cdot L^{-1}$ 氢氧化钠处理，所提取的腐殖质称为联结态腐殖质；再继续加入 0.1 $mol \cdot L^{-1}$ 焦磷酸钠和 0.1 $mol \cdot L^{-1}$ 氢氧化钠并经过超声波处理，所提取的腐殖质称为稳定结合态腐殖质；最后残余物质内的腐殖质为紧结态腐殖质或称残余腐殖质。

在上述四种形态中，以第四种占比最大，也最为重要。腐殖质与黏粒结合的方式，据现有资料认为有两种可能：第一，由于钙离子的关系而结合着。这样的结合在农业上特别重要，因为它和水稳性团粒的形成有关。第二，由于铁、锰、铝（特别是铁）离子的关系而结合着。这种结合有高度的坚韧性，有时甚至可以把腐殖质和砂粒结合起来，但不一定具备水稳性。因此腐殖质在土壤中主要与矿物胶体结合，形成土壤的有机无机复合体而存在。

（三）腐殖酸的性质

1. 腐殖酸的元素组成

腐殖酸主要由碳、氢、氧、氮、硫等元素组成，此外在灰分中还含少量的钙、镁、铁、硅等元素。各种土壤中腐殖酸的元素组成是不完全相同的。就腐殖质整体来说，含碳55%~60%（平均为58%，在计算土壤腐殖质含量时，常以土壤的有机碳百分数含量乘以100/58，即1.724作为其腐殖质含量）。含氮3%~6%，其C/N比值平均为10：1~12：1。就不同的腐殖酸相比较，胡敏酸的碳、氮含量一般高于富啡酸，而氧和硫的含量则低于富啡酸。

2. 腐殖酸的分子结构和相对分子质量

腐殖酸的化学结构式虽然还没有确定，但它们有若干共同点是可以肯定的，即分子结构非常复杂，都属于大分子聚合物，以芳香族为主体，附以各种功能团。其中主要的功能团为酚基、羧基、甲氧基，并有含氮的环状化合物等，这部分氮较难分解，只有在芳香核被破坏后才能释放出来。

腐殖酸的分子质量因土壤和组分的不同而异，一般褐腐酸的分子质量大于黄腐酸。根据中国科学院南京土壤研究所的报道，我国黑土和砖红壤的褐腐酸平均分子质量为2500和2000，黄腐酸为680~1450。关于腐殖酸分子的形状，研究报告并不一致，过去认为成网状多孔结构，近来通过电子显微镜拍照或通过黏性特征的推断，有的认为是球形的，有的认为是棒状的，也有报道说两种形状都有，腐殖酸分子内部有很多交联构造，因此就整体来说结构并不紧密，尤以表面一层更为疏松。整个分子表现出非晶质特征。

3. 腐殖酸的电性

由于腐殖酸的组分中有多种含氧功能团的存在，故腐殖酸表现出多种活性，如离子交换，对金属离子的络合能力以及氧化还原性等。这些性质都与腐殖酸的电性有密切关系。腐殖酸是两性胶体，在它表面既带负电又带正电，通常以带负电为主。电性的来源主要是分子表面的含氧基，如羧基和酚羟基的解离以及胺基的质子化。

由于含氧基的解离和胺基质子化的程度是随周围溶液中 H^+ 浓度而变化的，所以其带电荷的数量会随土壤的pH值而变化，属可变电荷。

4. 腐殖酸的溶解性和凝聚性

胡敏酸不溶于水，它与钾、钠等形成的一价盐类可溶于水，而与钙、镁、铁、铝等高价盐基离子形成的盐类，其溶解度就大幅降低；富啡酸在水中的溶解性很大，其溶液的酸性较强，它和一价及两价金属离子所形成的盐类都能溶于水。

腐殖酸可与铁、铝、铜、锌等高价金属离子形成络合物，一般认为羧基、酚羟基是参与络合的主要基团。络合物的稳定性随介质pH值的升高而增大(例如，腐殖酸在pH值4.8时能和铁、铝、钙等离子形成水溶性络合物，在中性或碱性条件下会产生沉淀)，但随着介质氢离子浓度的增大而降低。此外，络合物的稳定性还和金属离子本身的性质及腐殖酸的性质有关。据研究，络合物稳定性随腐殖酸的腐殖化程度的增高而增大。

5. 吸水性

腐殖质是一种亲水胶体，有强大的吸水能力，单位质量腐殖物质的持水量是硅酸盐黏土矿物的4~5倍。最大吸水量可以超过500%。从饱和大气中吸收的水汽量约可达到其本身质量的1倍以上。

6. 稳定性

腐殖酸的化学稳定性很强，抗微生物分解的能力较强，分解周转时间长。一般腐殖酸的年矿化速率平均在0.1%~2%之间。但新旧程度不同的腐殖酸分解的速度有很大的差异。在温带条件下，一般新鲜植物残体的半分解期少于3个月，而新形成的腐殖质的半分解期为4.7~9年，胡敏酸的平均存留时间为780~3000年，富啡酸为200~630年。

四、我国主要土壤有机质的特征

土壤中有机质的含量，因气候、生物、地形、耕作等因素的影响而差异很大。温度和雨量不仅影响作物的生长，同时也影响到有机质的分解速度和累积量。同一类型的腐殖质成分，由于土壤条件不同，其元素组成、分子结构及各种性能会有规律的变化。不同土壤中有机质各种组成之间的比例是不同的。影响这种比例变化的主要因素是不同土壤上有不同的生物(植物、微生物)类型及其所处的水热条件，如在森林环境条件下，真菌活动旺盛，富啡酸多；而在草类植物环境条件下，细菌活动旺盛时胡敏酸多。

我国不同土类中有机质的组成不同。由黄土母质在较干旱条件下发育的土壤所含腐殖质以胡敏酸为主，且多与 Ca^{2+} 相结合；按碳计算，全部胡敏酸占腐殖质的38%~56%；淋溶黑钙土的腐殖质中胡敏酸仅占30%左右，且有相当数量与 R_2O_3 相结合；红壤的腐殖质中胡敏酸含量仅在6%~7%之间，且多属游离状态。

胡敏酸与富啡酸的比值(HA/FA)是土壤腐殖质的组成和性质的指标之一，可作为土壤肥力和熟化程度的标志。我国土壤腐殖质的组成具有明显的水平地带性变异，表现在：由黑土带往南，经棕壤、黄棕壤到红壤、砖红壤带，HA/FA 逐渐减小。在同一地带内，由于母质或植被不同，腐殖质的组成也因之而异，无论在任何土带，森林植被条件下的土壤与同一土带内草本植被条件下的土壤相比，前者的 HA/FA 常较小。石灰性母质发育的土壤与非石灰性母质发育的土壤相比，前者的 HA/FA 常较大。此外，耕作制度的不同也会引起腐殖质组成的明显差异。长期种植水稻的土壤，由于其水热状况等发生了很大的改变，反映在腐殖质的组成上 HA/FA 常显著地较毗邻的旱地土壤或自然植被条件下的土壤为大。因此，在作土壤评价时，不仅要了解土壤有机质含量的多少，而且也需要了解胡敏酸和富啡酸的比值。

五、土壤有机质的作用及其调节

(一)土壤有机质的作用

土壤有机质在土壤肥力、植物生长以及生态环境中具有多方面的重要作用。主要包括以下几个方面：

1. 提供作物需要的各种养分

土壤有机质不仅是一种稳定而长效的氮源物质，而且它几乎含有作物和微生物所需要的各种营养元素。大量资料表明，我国主要土壤表土中大约80%以上的氮、20%~76%的磷以有机态存在，在大多数非石灰性土壤中，有机态硫占全硫的75%~95%。随着有机质的矿质化，这些养分都以矿质盐类(如硫酸盐、磷酸盐等)的形式，以一定速率释放出来，供作物和微生物利用。

另外，据估计土壤有机质的分解以及微生物和根系呼吸作用所产生的 CO_2 每年可达 1.35×10^{11} t，于陆地植物的需要量相当，可见土壤有机质的矿化分解是大气中 CO_2 的重要来源，也是植物碳素营养的重要来源。

此外，土壤有机质在分解过程中，还可产生多种有机酸(包括腐殖酸本身)，这对土壤矿质部分有一定溶解能力，促进风化，有利于某些养分的有效化，还能络合一些多价金属离子，使之在土壤溶液中不致沉淀而增加了有效性。

2. 增强土壤的保水保肥能力和缓冲性

腐殖质疏松多孔，又是亲水胶体，能吸持大量水分，故能大大提高土壤的保水能力。此外腐殖质改善了土壤渗透性，可减少水分的蒸发等，为作物提供更多的有效水。

腐殖质因带有正负两种电荷，故可吸附阴、阳离子；又因其所带电性以负电荷为主，所以它具有较强的吸附阳离子的能力，其中作为养分的 K^+、NH_4^+、Ca^{2+}、Mg^{2+} 等阳离子一旦被吸附后，就可避免随水流失，而且能随时被根系附近的其他阳离子交换出来，供作物吸收，仍不失其有效性。

腐殖质保存阳离子养分的能力，要比矿质胶体大许多倍至几十倍。一般腐殖质的吸收量为 150~400 $cmol^{(+)} \cdot kg^{-1}$。因此，保肥力很弱的砂土中增施有机肥料后，不仅增加了土壤中养分含量，改良砂土的物理性质，还可提高其保肥能力。

腐殖质是一种含有多酸性功能团的弱酸，其盐类具有两性胶体的作用，因此有很强的缓冲酸碱变化的能力。所以提高土壤有机质含量，可增强土壤缓冲酸碱变化的性能。

3. 改善土壤的物理性质

有机质腐殖质在土壤中主要以胶膜形式包被在矿质土粒的外表。由于它是一种胶体，黏结力和黏着力都大于砂粒，施于砂土后能增加砂土的黏性，可促进团粒结构的形成。由于它松软、絮状、多孔，黏结力又比黏粒小 11 倍，黏着力比黏粒小一半，所以黏粒被它包被后，易形成散碎的团粒，使土壤变得比较松软而不再结成硬块。表明有机质能使砂土变紧，黏土变松，土壤的保水、透水性以及通气性都有所改变。同时使土壤耕性也得到改善，耕翻省力，适耕期长，耕作质量也相应地提高。

腐殖质对土壤的热状况也有一定影响。主要由于腐殖质是一种暗褐色的物质，它的存在能明显地加深土壤颜色，从而提高了土壤的吸热性。同时腐殖质热容量比空气、矿物质大，而比水小，而导热性质居中。因此在同样日照条件下，有机质含量高的土壤土温相对较高，且变幅不大，利于保温和春播作物的早发速长。

4. 促进土壤微生物的活动

土壤微生物生命活动所需的能量物质和营养物质均直接和间接来自土壤有机质，并且腐殖质能调节土壤的酸碱反应，促进土壤结构等物理性质的改善，使之有利于微生物的活动。这样就促进了各种微生物对物质的转化能力。土壤微生物生物量是随着土壤有机质含量的增加而增加，两者具有极显著的正相关。但因土壤有机质矿化率低，所以不像新鲜植物残体那样会对微生物产生迅猛的激发效应，而是持久稳定地向微生物提供能源。正因为如此，含有机质多的土壤肥力平稳而持久，不易产生作物猛发或脱肥等现象。

5. 促进植物的生理活性

腐殖酸在一定浓度下可促进植物的生理活性。①腐殖酸盐的稀溶液能改变植物体内糖类代谢，促进还原糖的积累，提高细胞渗透压，从而增强了作物的抗旱能力。黄腐酸还是某些抗旱剂的主要成分。②能提高过氧氢酶的活性，加速种子发芽和养分吸收，从而增加生长速度。③能加强作物的呼吸作用，增加细胞膜的透性，从而提高其对养分的吸收能力，并加速细胞分裂，增强根系的发育。

6. 减少农药和重金属的污染

腐殖质有助于消除土壤中的农药残毒和重金属污染以及酸性介质中 Al、Mn、Fe 的毒性。特别是胡敏酸能使残留在土壤中的某些农药，如 DDT、三氮杂苯等的溶解度增大，加速其淋出土体，减少污染和毒害。腐殖酸还能和某些金属离子络合，由于络合物溶解度升高，而使有毒的金属离子有可能随水排出土体，减少对作物的危害和对土壤的污染。

7. 土壤有机质是全球碳循环的重要部分

土壤有机质是全球碳平衡过程中的重要碳库。根据研究估算全球土壤有机质中的碳量

是 $14\times10^{14}\sim17\times10^{14}$ kg，大约是陆地生物碳总量的 2.5~3 倍。每年因土壤有机质分解释放到大气中的碳量是 68×10^{12} kg，而全球因焚烧燃料释放到大气中的碳仅为它的 8%~9%，其值为 6×10^{12} kg。因此土壤中有机碳的分解对地球自然环境的影响非常大。

(二)土壤有机质含量的调节

1. 土壤有机质含量的调节原理

土壤中有机质与腐殖质含量的多少是土壤肥力高低的一项重要标志。在一定的有机质含量范围内，土壤肥力随有机质含量增加而提高，作物产量也随有机质含量增加而增加，但当土壤有机质超过一定范围时，这种相关性就不明显。土壤有机质的含量决定于年生成量和年矿化量的相对大小。当两者相等时，有机质含量将保持不变；当生成量大于矿化量时，有机质含量将逐渐增加，反之将逐渐降低。年生成量与施用有机物质的腐殖化系数有关。通常把单位重量的有机碳(干重)施入土壤 1 年后的残余碳量(干重)称为腐殖化系数。腐殖化系数通常在 0.2~0.5 之间，同一物质的腐殖化系数，因不同的生物、气候条件、土壤组成性质及耕作等条件而有差别，一般水田较旱地腐殖化系数高，木质化程度高的有机物腐殖化系数也较高，黏重土壤中的腐殖化系数比轻质土壤要高。每年因矿质化而消耗的有机质量占土壤有机质总量的百分数，称为土壤有机质的矿化率。土壤有机质的年矿化量受生物、气候条件、水热状况、耕作措施等各种因素的影响。一般而言，我国北方冷凉地区土壤有机质的年矿化量低于东南温湿地区；山区低于丘陵平川；水田低于旱地；耕作频繁的土壤其年矿化量较高。我国耕地土壤有机质年矿化率在 1%~4%之间。只有每年加入各种有机物质所生成的土壤有机质量等于年矿化量时，才能保持土壤有机质的平衡。

要提高土壤中有机质含量需要把积累和分解这一对矛盾统一起来，以达到既能保证土壤的基本肥力，又能适当的分解以向作物提供必需的养分，这是农业生产管理上的一个重要课题。主要措施有：一方面要增加土壤有机质的来源；另一方面要明确影响有机质积累和分解的因素，以便调节有机质的积累和分解过程，使土壤有机质的积累和消耗达到动态平衡。

2. 调节土壤有机质含量的途径

我国农业土壤的有机质含量大多偏低，特别是华北平原和黄土高原。提高这些地区土壤的有机质含量将可有效地提高土壤的生产力。增加土壤有机质的途径有：

①种植绿肥作物　种植绿肥、实行绿肥与粮食作物轮作，历来是我国农业生产中用以补给土壤有机质的一种重要肥源。绿肥产量高，有机物质含量高(一般为 10%~20%)，养分丰富(一般平均含 N 0.5%，P_2O_5 0.1%，K_2O 0.5%)，分解也较快，形成腐殖质较迅速，可不断地更新土壤腐殖质。

与单一作物连作相比，实行绿肥或牧草与作物轮作可显著提高土壤有机质的含量。据全国绿肥试验网在 16 个省(自治区、直辖市)进行的定位试验结果表明，无论是我国的南方或北方，旱地或水田，连续 5 年翻压绿肥，土壤有机质均有明显提高，其增加量平均为 1~2 $g\cdot kg^{-1}$土。但土壤肥力不同，其积累有机质的效果有较大差异。在肥力高的土壤上，绿肥一般只能起到维持土壤有机质水平的作用；而在肥力低的土壤上，绿肥则有明显增加土壤有机质含量的良好效果。

为了防止土壤原有有机质的大量消耗及绿肥分解时可能产生的有毒物质，可以采用沤肥办法，先把绿肥和稻草、河泥等一起沤腐，然后再施入土中，或用换肥办法，把一部分绿肥割出作为饲料，再以一部分厩肥代替绿肥使用。

②增施有机肥料　我国农民素有施用有机肥的习惯，而且施用的种类和数量都很多，如：粪肥、厩肥、堆肥、青草、幼嫩枝叶、饼肥、蚕沙、鱼肥等，其中粪肥和厩肥是普遍使用的主要有机肥。这就应该在大力发展畜牧业的同时，鼓励农民积极发展有机肥。养畜积肥一般以养猪为主，若以平均每公顷养猪 30 头，每公顷年积厩肥 22500 kg 计，则每公顷土壤中增加的有机质干重可达 7500 kg 以上。

③秸秆还田　秸秆直接还田是增加土壤有机质和提高作物产量的一项有效措施。作物秸秆含纤维素、木质素较多，在腐解过程中，腐殖化作用比豆科植物进行慢，但能形成较多的腐殖质。对于含氮较多的土壤，秸秆还田的效果较好；瘦田采用秸秆还田时，应适当施入速效性氮肥，避免秸秆分解过慢以及作物缺氮现象的发生。在秸秆还田时，最好采用禾本科植物的秸秆与豆科植物的秸秆或厩肥等混合使用，这样可以调节 C/N 值，加速残体分解、腐殖质的形成及预防作物缺氮的发生，比单用禾本科秸秆或豆科秸秆的增产效果为好。

应该指出，增加有机质的途径，要因地制宜。例如，以牧业为主的地区可以采用粮草轮作；在山区应结合山区综合治理，发展林业和畜牧业；在平原地区，除发展绿肥外，应积极发展林业，四旁绿化，使秸秆还田的数量不断增加。

3. 调节土壤有机质的分解速率

土壤有机质的分解速率和土壤微生物活动是密切相关的，因此可以通过控制影响微生物活动的因素，来达到调节土壤有机质分解速率的目的。调节途径主要有以下几方面：

①调节土壤水、气、热状况，控制有机质的转化　土壤水、气、热状况影响到有机质转化的方向与速度。在生产中常通过灌排、耕作等措施，改善土壤水、气、热状况，从而调节土壤有机质转化的效果。

②合理的耕作和轮作　合理耕作和轮作，既能调节进入土壤中的有机质种类、数量及其在不同深度土层中的分布，又能调节有机质转化的水、气、热条件。在保持和增加土壤有机质的质和量上往往是影响全局的有力措施。我国人民在长期生产实践中形成的良好的粮肥轮作、水旱轮作制等，都是用地养地的良好的农业耕作措施，既利于发挥地力，又提高了有机质含量，培肥了土壤。

③调节碳氮比率和土壤酸碱度　根据有机质的成分，调节其碳氮比来调节土壤有机质的矿质化和腐殖化过程。在施用碳氮比大的有机肥时，可同时适当加入一些含氮量高的腐熟的有机肥和化学氮肥，以缩小碳氮比，加速有机质的转化。土壤微生物一般适宜在中性至微碱性范围生活，通过改良土壤的酸碱性，以增强微生物的活性，改善土壤有机质转化的条件。

第三节　土壤中的生物

土壤有机质是指存在于土壤中的所有含碳的有机物质，它包括土壤中各种动物、植物残体，微生物体及其分解和合成的各种有机物质。显然土壤有机质是由生命体和非生命体两大部分有机物质组成的。本节重点阐述土壤微生物和动物的多样性以及在土壤中的作用。土壤生物是自然界整个生态系统的一部分，主要包括生活在土壤中的动物、植物和微生物。它们有多细胞的后生生物，单细胞的原生生物，真核细胞的真菌(酵母、霉菌)和藻类，原核细胞的细菌、放线菌和蓝细菌及没有细胞结构的分子生物(如病毒等)。它们是土壤具有生命力的主要成分，在土壤形成和发育过程中起着主导作用。

一、土壤微生物的多样性及其功能

(一)土壤微生物种群的多样性及其功能

地球上分布广、数量多、生物多样性最复杂和生物量最大的是土壤微生物。目前已知的微生物绝大多数都是从土壤中分离、驯化、选育出来的，但只占土壤微生物实际总数的10%左右。一般1 kg土壤可含5亿个细菌、100亿个放线菌和近10亿个真菌，5亿个微小动物。其种类主要有原核微生物、真核微生物和分子生物。它们是土壤生物中最活跃的部分，直接参与土壤有机质的分解、腐殖质合成，养分转化和推动土壤的发育和形成。主要作用表现为：调节植物生长的养分循环；产生并消耗CO_2、CH_4、NO_2、N_2O、CO和H_2等气体，影响全球气候的变化，分解有机废弃物，是新物种和基因材料的源与库。土壤中还包含有使动物、植物和人类致病的病原微生物。

1. 原核微生物

(1)细菌　细菌是土壤微生物中分布最广泛、数量最多的一类，占土壤微生物总数的70%~90%，因为个体小、代谢强、繁殖快、与土壤接触的表面积大，是土壤中最活跃的因素，对有机残体的分解起着主要的作用。根据分析，10 g肥沃土壤的细菌总数相当于全球人口的总数。

土壤中存在着各种细菌生理群，其中纤维分解菌、固氮细菌、硝化细菌、亚硝化细菌、硫化细菌、氨化细菌等在土壤碳、氮、硫、磷循环中担当着重要角色。

(2)蓝细菌　蓝细菌是光合微生物，过去称为蓝(绿)藻，由于原核特征现改称为蓝细菌，与真核藻类区分开来。分布很广泛，自热带到两极都有。但以热带和温带较多，淡水、海水和土壤是它们生活的主要场所。在潮湿的土壤和稻田中培养繁殖可作为生物肥料，其中固氮的种类在热带和亚热带地区是保持土壤氮素平衡的重要因素。

(3)黏细菌　黏细菌在土壤中的数量不多，但在施有机肥的土壤中常见，它是已知的最高级的原核生物，具备形成子实体和黏孢子的形态发生过程。子实体含有许多黏孢子，具有很强的抗旱性、耐温性，对超声波、紫外线辐射也有一定抗性，条件合适萌发为营养细胞。因此黏孢子有助于黏细菌在不良环境中，特别适宜在干旱、低温和贫瘠的土壤中存活。

(4)放线菌　放线菌广泛分布在土壤、堆肥、淤泥、淡水水体等各种自然生境中，其中土壤中数量及种类最多，仅次于细菌。一般农田土壤高于其他土壤。除极少数是寄生型的外，都是腐生型的。其作用主要是分解有机质，对新鲜的纤维素、淀粉、脂肪、木质素、蛋白质等均有分解能力。并且产生抗生素，对其他有害菌能起拮抗作用。高温型放线菌在堆肥中对其养分转化起着重要作用。放线菌都是好气性的，在土壤pH值5.5以下时，生长即受抑制，适于在pH值7~8的中性偏碱土壤中生活。

2. 真核微生物

(1)真菌　土壤真菌在数量上仅次于细菌和放线菌。我国土壤真菌种类繁多，资源丰富，分布最广的是青霉属、曲霉属、镰刀霉属、木霉属、毛霉属、根霉属等。真菌必须从土壤有机物中获得能量和碳源，大多数是腐生型的，具有降解主要植物成分——纤维素、半纤维素、果胶、淀粉、脂肪以及木质素的能力。真菌很多成为作物的病原菌。真菌适于通气良好和酸性的土壤，最适宜的 pH 值为 3~6，并要求较高的土壤湿度。有的真菌侵入植物根部(如松柏科植物)，与高等植物形成共生体称为菌根。根据菌根的形态结构，可分为两类：一类是外生菌根，真菌在根系表面生长的菌丝体成菌套包围在根部外面，菌套有菌丝向四周土壤中伸展，在这种情况下，植物一般没有根毛，靠外生菌根为植物吸取水分和养分。松柏科、桦木科、壳斗科、杨柳科、胡桃科等许多森林乔木的根上都生有外生菌根。内生菌根是真菌菌丝侵入根组织，在皮层及其细胞内发育，但不进入中柱部分，内生菌根不像外生菌根那样明显，根的外部形态与未感染的根没有大的差异，小麦、玉米、大豆、棉花、麻类以及洋葱、葛芭、胡萝卜和马铃薯等植物都有内生菌根。另一类是过渡类型，称为周生菌根，既在根面生长，又能侵入根内。菌根菌能加强植物对土壤养分—氮、磷、硫、锌等的吸收，特别是磷的吸收。同时，也从植物根部获得了碳水化合物。此外还可以保护根系免受各类土壤病原菌的感染。

(2)藻类　藻类为单细胞或多细胞的真核原生生物，土壤中藻类主要由硅藻、绿藻和黄藻组成。有很多含有叶绿素，它生长在土壤表层，能进行光合作用，吸收二氧化碳而放出氧气，有利于其他植物的根部吸收利用，水稻田中的藻类在这方面起着重要的作用。不含叶绿素的藻类，多半生长在土壤的较下层，其作用是分解有机质。另外，有些藻类如蓝绿藻，有固定氮素的能力，硅藻能分解高岭石使硅酸盐中的钾素释放出来。

(3)原生动物　原生动物为单细胞真核生物，简称原虫。其细胞结构简单，数量多，分布广。海洋、各种淡水水体和潮湿土壤都是它们的主要生境，少数寄生于动植物体内外。不同土壤类型和不同地区原生动物的种类和数量有差异。主要有鞭毛虫和变形虫等，鞭毛虫以取食细菌作为食料，可以通过叶绿素制造有机物；变形虫在酸性土壤上层以动植物的碎屑作为食料，纤毛虫以细菌和小型的鞭毛虫为食料。原生动物在土壤中可以调节细菌数量，促进有效养分的转化，并参与土壤植物残体的分解。

(4)地衣　地衣是真菌和藻类形成的不可分离的共生体。广泛分布在荒凉的岩石、土壤和其他物体表面，通常是裸露岩石和土壤母质的最早定居者，在土壤发生的早期起重要作用。

3. 分子生物即非细胞型生物——病毒

病毒是一类超显微的非细胞生物，每一种病毒只有一种核酸，它们是一种活细胞内的寄生物，凡有生物生存之处，都有其相应的病毒存在。土壤中病毒一般以休眠状态存在，并且在控制杂草及有害昆虫的生物防治方面已显示出良好的应用前景。

(二)土壤微生物营养类型的多样性

根据微生物对营养和能源的要求，一般可将其分为四大类型。

1. 化能有机营养型

又称为化能异养型，所需能量和碳源直接来自土壤有机物质。土壤中大多数细菌和几乎全部真菌以及原生动物都属于此类。又可分为腐生和寄生两类：

(1)腐生型细菌　能够分解死亡的动植物残体获得营养、能量而生长发育。

(2)寄生型细菌　必须寄生在活的动植物体内，以活的蛋白质为营养，离开寄主便不能生长繁殖。是使动植物产生病害的病原菌。

2. 化能无机营养型

又称为化能自养型，无须现成的有机物质，能直接利用空气中二氧化碳或无机盐类生存的细菌。这种类型微生物数量、种类不多，但在土壤物质转化中起重要作用。根据它们氧化不同底物的能力，可分为硫化细菌、硝酸细菌、亚硝酸细菌、铁细菌、氢细菌等。

3. 光能有机营养型

又称光能异养型，其能源来自光，但需要有机化合物作为供氢体以还原 CO_2，并合成细胞物质。

4. 光能无机营养型

又称光能自养型，利用光能进行光合作用，以无机物作供氢体以还原 CO_2，合成细胞物质。藻类和大多数光合细菌都属于光能自养微生物。

(三) 土壤微生物呼吸类型的多样性

根据土壤微生物对氧气的要求不同，可分好气性、嫌气性和兼嫌气性三类。

好气性微生物是指在生活中必须有游离氧气的微生物，土壤中大多数细菌如芽孢杆菌、假单胞菌、根瘤菌、固氮菌、硝酸化细菌、硫化细菌以及霉菌、放线菌、藻类和原生动物等都属于好氧性微生物；在生活中不需要游离氧气而能还原矿物质、有机质，以获得氧的来源的称嫌气性微生物，如梭菌、产甲烷细菌和脱硫弧菌等；兼嫌气性微生物在有氧条件下进行有氧呼吸，在缺氧环境中进行无氧呼吸，但在两种环境中呼吸产物不同，这类微生物对环境变化的适应性较强，最典型的是酵母菌和大肠埃希菌。同时土壤中存在的反硝化假单胞菌、某些硝酸还原细菌、硫酸还原细菌是一类特殊的兼嫌气性细菌。在有氧环境中，与其他好氧性细菌一样进行有氧呼吸。在缺氧环境中，能将呼吸基质彻底氧化，使硝酸还原为亚硝酸或分子氧，使硫酸还原为硫或硫化氢。

二、土壤动物的多样性及其功能

每公顷的土壤中约含有几百千克的各类动物，主要由蚯蚓、线虫、蠕虫、蜗牛、前足虫、蜈蚣、蚂蚁、螨、蜘蛛和昆虫等混合组成。

(一) 蚯蚓

蚯蚓是土壤中无脊椎动物的主要部分，是最重要的土壤动物。一般农地土壤每公顷蚯蚓的数量可达 30 万条，在森林土壤、肥沃的菜园土壤及种植多年生牧草或绿肥的土壤中数量更多。每年通过蚯蚓体内的土壤每公顷约有 37500 kg 干重。这些土壤不但其中的有机质可作为它们的食料，而且矿物质成分也受到蚯蚓体内的机械研磨和各种消化酶类的生物化学作用而发生变化。因此蚯蚓粪中含有的有机质、全氮、硝态氮、代换性钙和镁、有效态磷和钾、盐基饱和度以及阳离子代换量都明显高于土壤。排泄的粪是有规则的长圆形、卵圆形的团粒，这种结构具有疏松、绵软、孔隙多、水稳性强、有效养分多并能保水保肥的特点。蚯蚓在最适宜的气候条件下，每天形成的土壤结构可超过体重的 1~2 倍，一般情况下相当于本身的体重。

此外，蚯蚓的穿行活动可显著增强土壤的通气透水性，并将作为食物的叶片、植株搬运到土壤的深层，与土壤混合，更加速了土壤有机质的分解转化，促进结构的形成。因此，土壤中蚯蚓的数量往往可以作为评定土壤肥力的因素之一。大量的蚯蚓是高度肥沃土壤的标志。

(二) 其他土壤动物

(1) 线虫　线虫又称圆虫、丝线虫或发状虫，是土壤后生动物中最多的种类，它是一种严格的好气动物，一般生活在土壤团块或土粒间隙的水膜中，每平方米可达几百万个，许多种寄生于高等植物和动物体上，常常引起多种植物根部的线虫病。土壤中线虫取食微生物和其他动物。

(2) 螨类　栖息在土壤中的蜡类，体形大小变化在 0.1~1 mm 之间，在土壤中的数量十分庞大，通常以分解中的植物残体和真菌为食物，也蚕食其他微小动物为生。它们在有机质分解中的作用，是把大量的残落物加以软化，并以粪粒形态将这些残落物散布开来。

(3) 蚂蚁　蚂蚁是营巢居生活的群居昆虫，在土壤中进行挖孔打洞的活动，对改善土壤通气性和促进排水流畅起着极显著的作用。并可破碎并转移有机质进入深层土壤。而蚁粪在促进作物生长方面与蚯蚓具有同样的效果。

(4) 蜗牛　蜗牛大多在土壤表面觅食，出没于潮湿土壤中，是典型的腐生动物。以植物残落物和真菌为食物，能使一些老植物组织以侵软和部分消化状态排出体外。

此外，一些鼠类在森林土壤和湿草原土壤中也具有相当的数量，由于挖穴筑巢，常将大量亚表土和心土搬到表层，而将富含有机质的表土填塞到下层洞穴中，因此对表层土壤的疏松起一定作用。

在土壤中还有许多昆虫，对疏松土壤都具有一定的作用，但有许多是咬食作物根部的害虫，如地老虎、蝼蛄等，对于这些作物的害虫要加强防治。

第四节　土壤水

土壤水是土壤的重要组成部分，是作物生长发育所需水分的最主要来源，又是土壤中许多物理、化学和生物学过程的必要条件和参与者，同时土壤水也是自然界水循环的一个重要环节，处于不断地运动和变化中，直接影响作物生长和土壤中各种物质的转化过程。因此土壤水分的研究是土壤研究工作中开始最早和文献最丰富的部分之一。

土壤水是一种溶有有机、无机和胶体颗粒悬浮物等多种物质的极稀薄的溶液，它除了供作物直接吸收外，还影响着土壤的其他肥力性状，如矿质养分的溶解、土壤有机质的分解与转化、土壤酸碱性、土壤氧化还原状况、土壤热特性、土壤物理机械性与耕性等。因此，土壤水分是土壤肥力诸因素中最重要、最活跃的因素。

一、土壤水研究的形态学类型及性质

(一) 土壤水所受作用力

土壤水分是自然界水循环的一个组成部分，主要来源于降雨或灌溉水。由于土壤是一个具有多孔结构的多相体系，当水分进入土体时，同时受到三种作用力，即土粒和水界面

的吸附力、土体的毛管引力和重力的作用，使其沿土粒表面和土粒之间的孔隙移动和渗透。一部分水在吸附力和毛管引力的作用下保留在土壤孔隙内，另一部分水在重力的作用下排出土体。

1. 吸附力

吸附力指土粒表面分子和水分子之间的吸引力(范德华力)，以及土壤胶体表面电荷对水分子的极性吸引力等。土-水界面的吸附力包括：①水分子与固体颗粒(特别是胶体颗粒)表面的氧所形成的氢键，其吸附力很强，但作用仅限于极短程的距离范围。②因胶体表面带电荷，而使其外围具有带相反电荷的离子，从而产生静电场，而水因其本身的极性在静电场作用下呈定向排列，水分子间通过氢键相互吸引，这种吸附力所作用的有效距离与前者相比稍长，但其作用力要弱得多。

吸附力的大小以及由吸附力保持的水分含量，主要取决于土壤的比表面积、胶体及其吸附离子的种类。通常质地越黏重、有机胶体和2：1型黏土矿物越多，吸附力也越强，借此保持的水分含量也越多。

2. 毛管力

土壤孔隙中水分和空气界面呈现弯月面状，在这个弯月面下，水承受的张力，即毛管力。土壤孔隙中的水分借由毛管力而被保持在土壤中，传统上称之为毛管水。毛管力的大小与毛管孔径成反比例关系。

此外，土壤水分还受到重力的作用，当水分含量过多，土壤孔隙不能保持的多余水分将在重力的作用下沿孔隙向下移动而迁移出土体。

(二)土壤水分的类型及性质

土壤水分类型划分与土壤水分的研究方法有关。土壤水分的研究方法主要有两种，即能量法和数量法。能量法主要从土壤水分受各种力作用后自由能的变化，去研究土壤水分的能态和运动、变化规律。数量法则是按照土壤水分受不同力的作用而研究水分的形态、数量、变化和有效性。在目前土壤水分研究中，由于能量法能精确定量土壤水分的能态，因而在研究分层土壤中的水分运动、不同介质中水分的转化以及在土壤-植物-大气连续体(SPAC)中水分的迁移等过程中，一般用此法。而数量法着眼于土壤水分的形态和数量，其在一般农田条件下容易被应用，也容易被农民所理解和采用，具有很强的实用价值，因而在我国农业、气象、水利等学科和生产中被广泛应用。数量法根据土壤水分所受的不同作用力把土壤水分划分为三种类型：即吸附水或束缚水(又可分为吸湿水和膜状水)、毛管水和重力水。

1. 吸湿水

干燥的固相土粒及其表面的分子引力和静电引力从大气和土壤空气中吸附的气态水，附着于土粒表面成单分子或多分子层，称为吸湿水(又称紧束缚水)。

吸湿水是土粒表面吸附水汽分子的结果，所以它事实上是土壤风干后所持的水量，其含量的高低主要取决于土粒的比表面积和大气相对湿度。土壤质地愈黏重，有机质含量愈高，其比表面积愈大，吸湿水含量愈高(表2-8)。因此，凡是影响土壤比表面积的因素，如质地、有机质含量、胶体的种类和数量、盐类组成等，均会影响土壤吸湿水的含量。同时，大气相对湿度愈大，土壤吸湿水含量也愈高，当大气相对湿度为94%~98%时，吸湿水达到最大值，此时的土壤含水量称作最大吸湿量或吸湿系数。对于一定的土壤，其最大吸湿量是一常数。土壤最大吸湿量因质地不同而异，质地越黏，最大吸湿量越大，质地越砂，最大吸湿量越小。

吸湿水受土粒表面的吸附力极强，最内层可高达1000~2000 MPa，其外层也有3.1 MPa，因此被紧紧束缚于土粒的表面，水分子呈定向紧密排列，密度高达1.2~2.4 g·cm^{-3}，平均1.5 g·cm^{-3}，具有固态水的性质，对溶质无溶解能力，不能在土壤中以液态水形态自由流动，只能在相对湿度较低、温度较高时转变为水汽分子以扩散的形式进行移动。

在水分有效性上，由于植物根细胞的渗透压一般为1.5 MPa左右，所以吸湿水不能被植物吸收，属于无效水。但在土壤分析工作中，必须以烘干土作计算基数，所以常需测定风干土的吸湿水含量。

表2-8 土壤质地与土壤吸湿水和最大吸湿量

土壤质地	砂土	轻壤土	中壤土	粉砂质黏壤土	泥炭
吸湿水(g·kg^{-1})	5~15	15~30	25~40	60~80	180~220
最大吸湿量(g·kg^{-1})	>15	30~50	50~60	80~100	—

（引自：熊顺贵，基础土壤学，2001）

2. 膜状水

当土壤水分达到最大吸湿量时，土粒表面还有剩余的引力吸附液态水，在吸湿水的外层定向排列为水膜，称为膜状水(又称松束缚水)。

膜状水在吸湿水的外层，所受到的引力比吸湿水要小，其靠近土粒的内层，受到的引力为3.1 MPa；外层距土粒相对较远，受到的引力为0.625 MPa。由于一般作物根系的吸水力平均为1.5 MPa，因此膜状水的外层部分受力低于植物细胞的渗透压，可被作物吸收，属于有效水。但膜状水移动缓慢，只有与植物根毛相接触的很小范围才能被利用，常常补充不及，当土壤水分受到的引力超过1.5 MPa时，作物便无法从土壤中吸收水分而呈现永久凋萎，此时的土壤含水量称为凋萎系数。凋萎系数主要受土壤质地的影响，通常土壤质地愈黏重，凋萎系数愈大(表2-9)。当膜状水达到最大厚度时的土壤含水量称为最大分子持水量，它包括吸湿水和膜状水，其数值相当于最大吸湿量的2~4倍。

表2-9 不同质地土壤的凋萎系数

土壤质地	粗砂土	细砂土	砂壤土	壤土	黏壤土
凋萎系数(%)	0.96~1.11	2.7~3.6	5.6~6.9	9.0~12.4	13.0~16.6

（引自：熊顺贵，基础土壤学，2001）

3. 毛管水

当土壤水分含量超过最大分子持水量后，水分就不再受土粒分子引力的作用，成为可以移动的自由水。该部分水分在土壤毛管孔隙产生的毛管力作用下保持在土壤孔隙中，称为毛管水。这种毛管力来自于水的表面张力以及管壁对水分的压力。

毛管水所受的毛管力在0.625~0.01 MPa范围内，远小于作物根系的平均吸水力(1.5 MPa)，因此它既能保持在土壤中，又可被作物吸收利用。毛管水在土壤中可上下左右移动，并且具有溶解各种养分和输送养分的能力，可不断地满足作物对水分和养分的需要，所以毛管水的数量对作物的生长发育具有重要意义，是土壤中最宝贵的水分。

毛管水的数量主要取决于土壤质地、腐殖质含量和土壤结构状况。通常有机质含量低的砂土，大孔隙多，毛管孔隙少，仅土粒接触处能保持少部分毛管水；而质地过于黏重，结构不良的土壤中，细小的孔隙中吸附的水分几乎全是膜状水；只有砂、粘比例适当，有机质含量丰富，具有良好团粒结构的土壤，其内部发达的毛管孔隙才能保持大量的水分。

根据土层中毛管水与地下水的联通状况，通常将毛管水分为：

(1)毛管上升水　是指地下水借助毛管力而上升进入并保持在土壤中的水分。

毛管上升水的上升高度因地下水位的变化而异，地下水位上升，毛管上升水层的高度随之上升；地下水位下降时，毛管上升水的高度也随之下降；毛管水上升的高度和速度也与土壤孔隙的粗细有关，在一定的孔径范围内，孔径越粗，上升的速度越快，但上升高度低，反之，孔径越细，上升速度越慢，上升的高度则越高。在毛管水上升高度范围内，土壤含水量的多少也不相同。靠近地下水面处，土壤孔隙几乎全部充满水分，称为毛管水封闭层。从封闭层至某一高度处，毛管上升水上升快，含水量高，称为毛管水强烈上升高度，再往上，只有更细的毛管中才有水，含水量减少。但孔径过细的土壤，毛管水上升的速度极慢，上升的高度也有限。

不同质地的土壤中，沙土的孔径粗，毛管水上升快，高度低；无结构的黏土，孔径细，非活性孔隙多，毛管水上升速度慢，高度也有限；而壤土中毛管水上升速度较快，高度也最高。当毛管上升水达到最大时的土壤含水量称为毛管持水量，它实质上是吸湿水、膜状水和毛管上升水的总和。

当地下水位适当时，毛管水上升高度对农业生产有重要意义，毛管上升水可达根系分布层，是作物所需水分的重要来源之一；当地下水位很深时，毛管上升水达不到根系分布层，不能发挥补水作用；若地下水位过浅，则易发生渍害；当地下水中含可溶性盐分较多时，毛管上升水还可引起土壤盐渍化，危害作物，这是必须加以防止的。

(2)毛管悬着水　是指当地下水埋藏较深时，降雨的雨水或灌溉水靠毛管力保持在土壤上层毛管孔隙未能下渗的水分。它与地下水无关联，因此不受地下水位升降的影响。毛管悬着水是作物所需水分的重要来源，尤其在地下水位较深的地区，这种水分更加重要。

土壤毛管悬着水达到最大时的土壤含水量称为田间持水量。它是农田土壤所能保持的最大水量，也是旱地作物灌溉水量的上限，超过的水分就会受重力的作用流失到下层。在数量上它包括吸湿水、膜状水和毛管悬着水。通常田间持水量的大小主要取决于土壤孔隙的大小和数量，而孔隙的大小和数量又依赖于土壤质地、腐殖质含量、结构状况和土壤耕耙整地的状况。因此，不同土壤的田间持水量变化范围很大，砂土一般为160~220 $g \cdot kg^{-1}$，壤土为220~300 $g \cdot kg^{-1}$，黏土为280~350 $g \cdot kg^{-1}$。

当湿润的土壤逐渐干燥时，毛管悬着水的连续状态开始断裂，此时的土壤含水量称毛管断裂含水量。

4. 重力水

当土壤含水量超过田间持水量之后，过量的水分不能被毛管吸持，而在重力的作用下沿着大孔隙向下渗漏，这一部分不被土壤保持而受重力支配向下流动的水称为重力水。当重力水达到饱和，即土壤所有孔隙都充满水分时的含水量称为土壤全蓄水量或饱和持水量，它是计算稻田灌水定额的依据。

土壤重力水是可以被作物吸收利用的，但由于它会很快渗漏到根层以下，因此不能持续被作物吸收利用，且在重力水过多时，土壤通气不良，影响旱地作物根系的发育和微生物的活动。而在水田中则应设法保持重力水，防止漏水过快。当重力水渗漏到不透水层时就在会聚积形成地下水，若地下水埋藏深度适宜，可借助毛管作用满足作物需要；若地下水埋藏深度过浅，则可能引起土壤沼泽化或盐渍化。

上述几种水分类型，彼此密切交错联结，很难严格划分。在不同的土壤中，其存在的形态也不尽相同。如粗沙土中毛管水只存在于沙粒与沙粒之间的触点上，称为触点水，彼此呈孤立状态，不能形成连续的毛管运动，含水量较少。在无结构的黏质土中，非活性孔隙多，无效水含量高。而在沙粘适中的壤质土和有良好结构的黏质土中，孔隙分布适宜，水、气比例协调，毛管水含量高，有效水也多。

二、土壤水分的能态

土壤中的水分，由于受到不同的作用力，而形成各种不同的水分类型。但在实际情况中，各种类型的水分往往是受到几种力的共同作用，只是作用的强度不同，如各类型的土壤水都受到重力的作用，且相互之间往往没有明确的界限。同时从形态学观点很难对水分运动进行精确的定量。对于形态学观点的这些弱点，可用能量观点来解决。

(一)土水势及其分势

1. 土水势的含义

土壤水在各种力如吸附力、毛管力、重力等作用下，与同样温度、高度和大气压等条件下的纯自由水相比，其自由能必然不同，假定纯自由水的势能(或自由能)为零，而土壤水的自由能与它的差值用势能来表示，称为土水势(符号为ψ)。国际土壤学会土壤物理委员会给的定义是："每单位数量纯水可逆地等温地无限小量从标准大气压下规定水平的水池移至土壤中某一点所作的有用功"。若完成此过程，土壤水对环境做了功，土水势为正值；若需环境对它做功，则土水势为负值。这里的纯水池系指没有土壤基质和溶质，且与土-水系统处于相同大气压力和同一高度的参比系统。由于土壤水分受到各种吸力的作用，有时还存在附加压力，所以其水势必然与参比系统不同，两者之差为土水势的量度。

土水势表示土壤水分在土-水平衡体系中所具有的能态。土壤水总是由土水势高处流向土水势低处。同一土壤，其湿度愈大，土壤水能量水平愈高，土壤水便由湿度大的地方流向湿度小的地方，否则相反。但是不同土壤则更重要的是依据土水势的高低确定土壤水的流向。如含水量为15%的黏土，其土水势一般低于含水量只有10%的砂土。如果这两种土壤互相接触时，水流将由砂土流向黏土。所以用土水势研究土壤水有许多优点：可以作为判断各种土壤水分能态的统一标准和尺度；土水势的数值可以在土壤-植物-大气之间统一使用，把土水势、根水势、叶水势等统一比较，判断它们之间的水流方向、速度和土壤水的有效性。对土壤水势的研究还能提供一些更为精确的测定手段。

2. 土水势的分势

由于引起土水势变化的原因或动力不同，由物理学知识可知，势能绝对值的测试很难做到，通常规定纯水池参比系统的水势能为零。因此，土水势一般为负值，它主要由以下几个分势组成：

(1)基质势　通常用ψ_m表示，它是指将单位水量从一个平衡的土-水体系移到另一个没有土壤基质，而其他状态完全相同的水池时所做的功。即由于土壤基质(固相颗粒)吸附力和毛管力产生的土水势变化值称为基质势。制约基质势的作用力的大小受固相土粒的组成性质及其土粒间的孔隙状况所决定。对于非饱和土壤而言，由于基质吸力对水分的吸持，完成这一过程需要环境对它做功，所以基质势为负值；而饱和土壤中的土壤水不受基质吸持，故其基质势为零。土壤含水量越低，基质势也越低；反之，基质势越高。

(2)压力势　通常用ψ_p表示，它是指将单位水量从一个土-水体系移到另一个压力不同，而温度、基质、溶质等状态完全相同的参比系统时所做的功。即在土壤水饱和的情况下，由于受到静水压力作用而产生的土水势变化叫压力势。参比系统的压力一般设定为当地的大气压，故土壤水的压力势以其受到的压力与大气压力之差计算。在水分不饱和的土壤中，其孔隙与大气相通，水受到的压力同大气压力相等，其压力势为零；而在土壤水分饱和的土壤中，由于连续水柱产生的静水压力高于参比大气压力，故地下水位以下的土壤水压力势为正值，其势值可由地下水位与待测点的垂直距离(h)度量。

(3)溶质势　通常用ψ_s表示，是指由土壤水中溶解的溶质而引起土水势的变化，也叫渗透势。规定参比标准的水是纯水(溶质势为零)，土壤水中溶有溶质称为稀薄溶液，其自由能(或水势)低于参比标准的纯水，故溶质势一般为负值。土壤水中溶解的溶质愈多，溶质势愈低。溶质势只有在土壤水运动或传输过程中存在半透膜时才起作用，在一般土壤中不存在半透膜，所以溶质势对土壤水运动影响不大，但对植物吸水却有重要影响。因此，在盐碱土中，对于具有一定盐分浓度的土壤，由于溶质势低，植物吸水困难。

(4)重力势　通常用ψ_g表示，它是指由于重力作用而引起的土水势的变化。所有土壤水都受重力作用的影响，与参比标准的高度相比，高于参比标准的土壤水，重力势为正值，高度愈高则重力势的正值越大；反之亦然。重力势的符号可正可负，其计算公式$\psi_g=\rho gh$，式中ρ为水的密度，g为重力加速度，h为高度。参比标准高度一般根据研究需要而定，也可设在地表或地下水面。若规定某特定海拔高度的重力势为零，则超过这一高度，重力势增加；低于这一高度，重力势下降。

(二)土壤水吸力

土壤水吸力是指土壤水在承受一定吸力的情况下所处的能态，简称吸力、张力或负压力，但并不是指土壤对水的吸引力。土壤水因受到土壤基质的吸附作用和毛管作用，其表面通常形成一个凹形的弯月面，表明其压力低于大气压力。若以大气压力作为参比，则土壤水的压力为负。为了使用方便，将负压力定义为吸力，以便将负号消除，故土壤水吸力在数量上与土壤水负压力相等，通常简称为土壤吸力，它既能较形象地描述土壤基质对水分的吸持作用，又可避免使用负数，故被广泛接受。土壤水吸力同样可用于判明土壤水的流向，土壤水是由土水势高处流向低处，而土壤水吸力是由吸力低处向吸力高处流动。

(三)土壤水分特征曲线

土壤水的基质势或土壤水吸力是随土壤含水量而变化的，在研究土壤水的保持、运动和植物供水时，除了解土壤水吸力的大小，还要了解土壤对水的保持特征。土壤水分特征曲线是土壤水的能量指标(水吸力)与数量指标(含水量)之间的关系曲线，是用原状土样，测定其在不同水吸力条件下的土壤含水量后绘制而成的。土壤水分特征曲线能够表征土壤在某一含水量时的水吸力大小，或处于某一水吸力条件下的土壤含水量。这样就把土壤水的两个重要性状(土壤含水量和水吸力)以及它们的关系反映出来，便于说明土壤的持水特性。

土壤水分特征曲线在土壤水分运动研究中具有重要的实用价值。首先，可利用它来进行土壤水势和含水量之间的换算；其次，可用来分析不同质地土壤的持水特性，判断土壤有效水分储量及其有效度；再次，可以间接反映出土壤的孔隙性质；最后，是应用数学物理方法对土壤水的运动进行定量分析时必不可少的参数。

需要注意的是，同一土壤从干燥到饱和的吸水过程和从饱和到干燥的脱水过程测得的水分特征曲线并不重合。通常在相同基质势条件下，脱水过程的含水量要高于吸湿过程；而在相同土壤含水量条件下，脱水过程的基质吸力要高于吸湿过程(即脱水过程的基质势要低于吸湿过程)。土壤水分特征曲线脱水过程和吸湿过程不重合的现象称为“滞后现象”。

三、土壤水分含量的表示方法及其测定

(一)土壤水分含量的表示方法

土壤含水量又称土壤湿度、土壤含水率等，它是表示土壤水分状况的数量化指标，是研究和了解土壤水分运动变化及其在各方面作用的基础，一般以一定质量或容积土壤中的水分含量表示，常用的表示方法有以下几种：

1. 质量含水量

是指土壤中水分的质量与干土质量的比值，符号为 θ_m，单位用 $g \cdot kg^{-1}$ 或百分数表示。由于在同一地区重力加速度相同，所以又称为重量含水量。在自然条件下，土壤含水量变化范围很大，为了便于比较，大多采用烘干土重(指 105 ℃烘干下土壤样品达到恒重，轻质土壤烘干 8 小时可以达到恒重，而黏土需烘干 16 小时以上才能达到恒重)为基数。其计算公式如下：

$$\text{土壤质量含水量}(\%)=\frac{\text{土壤水质量}}{\text{干土质量}}\times 100$$

用数学公式表示为：

$$\theta_m=\frac{W_1-W_2}{W_2}\times 100$$

式中：θ_m为土壤质量含水量(%)；W_1 为湿土质量(g)；W_2 为干土质量(g)。

例如，某土壤样品湿土重量为 100 g，烘干后土样重量为 80 g，则其质量含水量应为 25%，而不是 20%。

2. 容积含水量

尽管土壤重量含水量应用较广泛，但要了解土壤水分在土壤孔隙容积所占的比例，或水、气容积的比例等情况则不方便。因此，需用土壤容积含水量来表示，它是指土壤水分

容积与土壤容积之比，符号为 θ_v，单位为 $cm^3 \cdot cm^{-3}$。用百分数表示时，称为容积百分率(%)。其计算公式如下：

$$土壤容积含水量(\%)=\frac{土壤水容积}{土壤总容积}\times100$$

若已知土壤质量含水量(%)，水的密度按 1 $g \cdot cm^{-3}$ 计算，只要知道土壤容重($g \cdot cm^{-3}$)，即可按以下公式换算求得：

$$土壤容积含水量(\%)=土壤质量含水量\times土壤容重$$

容积含水量可表明土壤水分填充土壤孔隙的程度，从而可以计算出土壤三相比(单位容积原状土中，土粒、水分和空气容积间的比)。土壤孔隙度减去 θ_v 就是土壤空气所占的容积百分数。1 减去孔隙度就是土壤固相物质所占的容积百分数，这样即可得出土壤三相物质的容积比率。

例如，某地耕层土壤质量含水量为 20%，容重为 1.2 $g \cdot cm^{-3}$，土壤的总孔隙度为 50%，则：

$$土壤容积含水量=20\%\times1.2=24\%$$

$$土壤空气容积=50\%-24\%=26\%$$

该土壤的固、液、气三相的容积比为 50∶24∶26。

一般来说，土壤质量含水量多用于需计算干土重的工作中，如土壤农化分析等。在大多数情况下，容积含水量被广泛使用。这是由于灌溉排水设计需以单位体积土体的含水量计算，因此，土壤容积含水量在农田水分管理及水利工程上应用比较广泛。

3. 土壤相对含水量

土壤相对含水量是指土壤实际含水量占田间持水量的百分数。它可以说明土壤水分对作物的有效程度和土壤中水、气的比例状况等，是农业生产上常用的土壤含水量的表示方法。

$$土壤相对含水量(\%)=\frac{土壤含水量}{田间持水量}\times100$$

例如，某土壤田间持水量为 300 $g \cdot kg^{-1}$，现测得其质量含水量为 200 $g \cdot kg^{-1}$，则其相对含水量为 66.7%。

相对含水量可以衡量各种土壤持水性能，能更好地反映土壤水分的有效性和土壤水气状况，是评价不同土壤供给作物水分的统一尺度。通常旱地作物生长适宜的相对含水量是田间持水量的 70%~80%，而成熟期则宜保持在 60%左右。

4. 水层厚度

指一定深度土层中的水分总量相当于若干水层厚度，单位为 mm。它便于将土壤含水量与降雨量、蒸发量等进行比较和计算，以便确定灌溉定额。其换算公式为：

$$水层厚度=土壤质量含水量\times土壤容重\times土层深度/1000$$

(二) 土壤水分含量的测定方法

土壤含水量的测定方法很多，常用的有以下几种。

1. 经典烘干法

这是目前国际上仍在沿用的标准方法。其测定的简要过程是：先在田间地块中选择具有代表性的取样点，按所需深度用土钻(或在土壤剖面上用采样刀)分层采集土样，放入铝盒并立即盖好盖(以防止水分蒸发)，尽快称重(即湿土加空铝盒重，记为 W_1)，然后打开盖，置于烘箱中，在 105~110 ℃条件下，烘至恒重(需 6~8 h)，再称重(即干土加铝盒重，记为 W_2)。设空铝盒重为 W_3，该土壤质量含水量为：

$$\theta_m = \frac{W_1 - W_2}{W_2 - W_3} \times 100$$

一般应采集 3 个以上平行土样，求取平均值。

2. 快速烘干法

包括红外线烘干法、微波炉烘干法、酒精燃烧法等。这些方法虽然可缩短烘干和测定的时间，但是需要特殊设备或消耗大量药品。同时，仍有各自的缺点，也不能避免由于每次取出土样和更换位置等操作所带来的误差。

3. 中子法

此法是把一个快速中子源和慢中子探测器置于套管中(探头部分)，埋入土内的封闭套管中。其中的中子源(如镭-铍、镅-铍源)以很高速度放射出快中子，当这些快中子与水中的氢核质子碰撞时，就会改变运动方向，并失去一部分能量而变成慢中子。土壤水分愈多，氢核质子愈多，产生的慢中子就愈多。慢中子被探测器和一个定标器量出显示数据，经过标定公式求出土壤含水量。此法虽然较为精确，但目前绝大多数的设备只能测定出较深土层(10 cm 以下)中的土壤水分含量，而不能用于表层土壤水分的测定。另外在有机质含量高的土壤中，有机质的氢也有同样作用而影响水分测定的结果。

4. 电阻法

此法在测定非盐碱土的含水量时，可取得较精确的结果。其原理是：把合适的电极放在一个由石膏、尼龙或玻璃纤维等多孔体制成的块状传感器内，然后把它埋在待测的土壤中。多孔体从土壤中吸水并与土壤水达到平衡，其吸水的数量因土壤含水量而异。把安置在传感器中的电极用导线联到一个测定电阻的装置上测出电阻。利用已校订的土壤含水量与所测电阻的关系，便可求得土壤含水量。此法和中子法一样可在原地连续测定，不需取出土样。但是缺点是受水分物理形态和土壤溶质的变化影响比较明显。因此要注意施肥前后，因土壤水的溶质浓度变化而影响到测试结果。

5. TDR 法

TDR 法是 20 世纪 80 年代初发展起来的一种测定方法，它首先发现可用于土壤含水量的测定，继而又发现可用于土壤含盐量的测定。TDR(time domain reflectometry)中文译为时域反射仪，在国外已较普遍应用于土壤水分运移研究，在国内也有些研究机构开始引进和开发 TDR。

TDR 系统类似一个短波雷达系统，可以在同一地点同时、直接、快速、方便、可靠地监测土壤水、盐状况，具有较强的独立性，测定结果几乎与土壤类型、密度、温度等无关。将 TDR 技术用于结冰条件下的测定，可得到满意的结果。它正逐渐成为测定土壤水分的一种新仪器。

四、土壤水分的有效性

（一）土壤水分有效性的含义

土壤水分有效性是指土壤水分能否被植物利用及其被利用的难易程度。在土壤所保持的水分中，可被植物利用的水分称为有效水，而不能被植物利用的称为无效水。土壤水分从完全干燥到饱和持水量，按其含水量的多少及水分与土壤能量的关系，可分为若干阶段，每一阶段根据受土壤各种力的作用达到某种程度的含水量，对于同一种土壤来说基本不变或变化极小，此时的含水量称为水分常数。如前面介绍的吸湿系数、凋萎系数、最大分子持水量、毛管断裂含水量、田间持水量、毛管持水量、饱和持水量等都是土壤水分常数。根据这些水分常数可划分土壤水分为有效水和无效水，它们对作物的生长有重要意义。

（二）土壤有效水的范围

土壤水分的有效性，传统上是以土壤水分的数量指标（含水量）来度量。土壤最大的有效水范围是从田间持水量到凋萎系数。凋萎系数是作物可利用水的下限，田间持水量是作物可利用水的上限。

土壤最大的有效水范围（%）= 田间持水量（%）-凋萎系数（%）

土壤中有效水对作物而言都能被吸收利用，但是由于其形态、所受的吸力和移动的难易程度有所不同，有效程度也有差异。自凋萎系数至毛管断裂含水量，其所受的吸力虽小于植物的吸水力，但由于移动缓慢，植物只能吸收这部分水分以维持其蒸腾消耗，而不能满足植物生长发育的需要，故称之为难有效水。自毛管断裂含水量到田间持水量之间的水分，因受土壤吸力小，可沿毛管自由运动，能不断满足植物对水分的需求，称为易有效水。田间持水量、毛管断裂含水量、凋萎系数为土壤有效水分级的 3 个基本常数。

土壤有效水的含量和土壤质地、结构、有机质含量等因素有关。土壤质地的影响主要是由土粒比表面积大小和土壤孔隙性质引起的。砂土的有效水范围小，壤土的有效水范围大，黏土的田间持水量虽略大于壤土，但凋萎系数也高，所以有效水范围反而小于壤土（表 2-10）。

表 2-10　不同质地土壤的有效水范围　　%

土壤质地	砂土	砂壤土	轻壤土	中壤土	重壤土	轻黏土
田间持水量	12	18	22	24	26	30
凋萎系数	3	5	6	9	11	15
有效水范围	9	13	16	15	15	15

（引自：黄昌勇，土壤学，2000）

具有团粒结构的土壤，由于田间持水量增大，从而扩大了有效含水量的范围。通常土壤中增加有机质含量，对提高有效水范围的直接作用不大，但土壤有机质可以通过改善土壤结构和增大土壤渗透性，使土壤可以接收更多的降水，从而间接地改善土壤有效水的供应状况。

五、土壤水分的运动

土壤中的水分由于受到各种力的作用以及含水量的差异，产生不同方向和不同速度的运动，主要是液态水和气态水两种类型的运动。

(一)液态水的运动

土壤液态水的运动是在土壤孔隙中进行的。由于土壤是一个多孔体，土壤孔隙虽然可以连接成管状，但和一般水管中的水流差异很大，水管中水的流速在一定的水压下与水管半径的4次方成正比，而土壤孔隙的形状极其复杂，粗细相间并连通各个方向，且土壤本身又是不均匀的。

土壤液态水的运动有两种情况：一种是饱和流，即土壤孔隙全部充满水时的水流，主要是重力水运动；另一种是不饱和流，即只有部分孔隙中有水时的水流，主要是毛管水和膜状水的运动。

1. 土壤水分的饱和流

在土壤中，按照水分流动的方向不同可分为下面三种情况。

(1)垂直向下的饱和流　一般在降雨或大量灌溉时，土壤上层因滞水而达到完全饱和，这时主要的水流是垂直向下的饱和流。对于饱和导水率小排水不良的土壤，研究垂直饱和流有重要意义。

(2)垂直向上的饱和流　出现在一些特殊的情况，如山丘地区的冷浸田中，地下泉水向上涌出的现象，或山体下部有不透水层而有坡降的地方，在低平地常有向上浸水，称为上浸现象。

(3)水平饱和流　多出现在土体中有不透水层时，下渗的水在此形成饱和的滞水层，从而出现沿不透水层方向的水平饱和流动。如平原水库库底周围则可以出现水平方向的饱和流。

以上几种饱和流方向也不一定是单方向的，大多数是多向的复合流。

饱和流的推动力主要是重力势和压力势梯度，基本上服从饱和状态下多孔介质的达西定律(Darcy，1856)，即单位时间内通过单位面积土壤的水量(土壤水通量 q)与土水势梯度成正比：

$$q=-K_s\frac{\Delta H}{L}$$

式中：q 为单位面积土壤水通量；K_s 为饱和导水率；ΔH 为总水势差；L 为水流路径直线长度。

在饱和流动中的土壤导水率称为饱和导水率，即单位水势梯度下的土壤水分流动。饱和导水率的大小主要取决于孔隙因素，任何影响土壤孔隙大小和形状的因子都会影响导水率。依据普氏定律，在土壤孔隙中总的流量与孔隙半径的4次方成正比，粗孔隙数量愈多，饱和导水率就愈高，水分愈容易通过。一般来说，在无团粒结构的情况下，砂土饱和导水率>壤土>黏土。当土壤中的虫孔、根孔和裂隙较多时，饱和导水率显著增大。土壤中的有机质有助于维持土壤具有较高比例的大孔隙，而某些类型的黏土矿物则有助于小孔隙的增加，会降低土壤导水率。

2. 土壤水分的不饱和流

土壤中部分孔隙充满水时的水流称为不饱和流。在自然情况下，除暴雨、灌溉、低洼地积水等情况，一般土壤水分均以不饱和流的形式在土壤中进行运动。土壤水分不饱和流的推动力主要是基质势和重力势梯度。不饱和流也可用达西定律来描述：

$$q=-K(\psi_m)\frac{\mathrm{d}\psi}{\mathrm{d}x}$$

式中：q 为单位面积土壤水通量；$K(\psi_m)$ 为不饱和导水率；$\frac{\mathrm{d}\psi}{\mathrm{d}x}$ 为总水势梯度。

土壤不饱和流的导水率，也与土壤质地和土壤孔隙有关。在不饱和流情况下，低吸力水平时，砂质土中的导水率要比黏土中的导水率高一些；在高吸力水平时，则与此相反。这可能是因为质地粗的土壤中促进饱和水流的大孔隙占优势；相反黏土中的细孔隙（毛管）比砂土中突出，它具有较强的水分连续性，故其不饱和导水率反而比砂土高。

（二）气态水运动

土壤中保持的液态水可以汽化为气态水，气态水也可以凝结为液态水。在一定的条件下，两者处于互相平衡的状态。气态水一般存在于土壤非毛管孔隙中，是土壤空气的组成部分。土壤气态水的运动表现为水汽扩散和水汽凝结两种现象。

气态水的扩散运动，服从于一般气体的扩散规律，即水汽的扩散量与水汽压梯度成正比，数学表示式为：

$$q_v=-D_v\frac{\mathrm{d}p_v}{\mathrm{d}x}$$

式中：q_v 为水汽扩散量（水汽通量）；D_v 为水汽扩散系数（单位时间单位水汽压梯度下，通过单位面积的水汽扩散量）；$\frac{\mathrm{d}p_v}{\mathrm{d}x}$ 为水汽压梯度（单位距离内的水汽压差）。

土壤中水汽运动的推动力是水汽压梯度，水汽由水汽压高处向低处扩散。而土壤中水汽压的高低与土壤的湿度梯度有关，土体中含水量差异愈大，则水汽压梯度也愈大，水汽的扩散速度也愈快。此外土壤温度的上升可明显引起水汽压的上升，因此土壤水汽的扩散总是由湿土向干土扩散，由温度高的地方向温度低的地方扩散。一般情况下土壤温度梯度的作用远大于湿度梯度。

当土壤中的水汽由暖处向冷处扩散遇冷时便可凝结成液态水，这就是水汽凝结。水汽凝结有两种现象：一是“夜潮”现象；二是“冻后聚墒”现象。

“夜潮”现象多出现在地下水位深度较浅的壤质土壤中。白天土壤表层被晒干，夜间降温，底土温度高于表土，所以水汽由底土向表土移动，遇冷便凝结，使白天晒干的表土又恢复潮湿，对作物需水有一定的补给作用。

“冻后聚墒”现象，是我国北方由于冬季表土冻结，水汽压降低，而冻土层以下土层的水汽压较高，于是下层水汽不断向上部冰层聚集、冻结，使冻结层不断加厚，其含水量有所增加，这就是“冻后聚墒”现象。虽然它对土壤上层的含水量增加有限（2%～4%），但对缓解土壤旱情有一定的意义。“冻后聚墒”的多少，主要决定于土壤的含水量和冻结的强度，含水量高，冻结强度大，“冻后聚墒”就比较明显。

此外，在干旱期间，土壤水分不断以水汽的形式由表土向大气扩散而散失的现象称为土面蒸发。土壤蒸发的强度是由大气蒸发力(即由辐射、温度、空气湿度以及风速等气象因素所决定，通常用单位时间从单位自由水面所蒸发的水量表示，也称为潜在蒸发量)和土壤的导水性质共同决定的，这将在后文详细叙述。

六、土壤水分状况及水分平衡

(一)土壤水的入渗和再分布

水进入土壤有两个过程即入渗(也叫渗吸、渗透)和再分布。

入渗是指地面供水期间，水进入土壤的运动和分布过程；再分布是指地面水层消失后，已进入土内的水分进一步运动和分布的过程。

1. 水分入渗

是液态水从地表进入土壤的过程，通常是指地面供水期间，水自土表进入土壤内部的运动和分布过程。在地面平整，上下层均一的土壤上，水进入土壤的情况由两方面因素决定：一是供水速率，一是土壤入渗能力。在供水速率小于入渗能力时(如低强度的喷灌、滴灌或降雨时)，土壤对水的入渗主要是由供水速率决定的。当供水速率超过入渗能力时，则水的入渗主要决定于土壤的入渗能力。

土壤的入渗能力是由土壤的干湿程度和孔隙状况(质地、结构、松紧等)决定的。如干燥的土壤、质地粗的土壤以及有良好结构的土壤，入渗能力就强。相反，土壤愈湿、质地愈细和愈紧实的土壤，入渗能力就弱。但是，不管入渗能力是强还是弱，入渗速率都会随入渗时间的延长而减慢，最后达到一个比较稳定的数值。这种现象在壤土和黏土上都很明显。土壤入渗能力的强弱，通常用入渗速率来表示，即在土面保持有大气压的水层，单位时间通过单位面积土壤的水量，单位是 $mm \cdot s^{-1}$、$cm \cdot h^{-1}$等。

对于某一特定的土壤，一般只有最后入渗速率是比较稳定的参数，故常用其表达土壤渗水的强弱，又称之为透水率(或渗透系数)。

对于不同质地层次的土壤，如北方常见的沙盖垆(上砂下粘型)和垆盖沙(上粘下砂型)，其入渗情况略有不同。沙盖垆最初的入渗速率高，当湿润前锋(简称湿润锋，即入渗水与干土交界的平面)达到黏土层时，因为黏土层的导水率低，入渗速率急剧下降。若供水速度过快，在黏土层上可能出现暂时的饱和层。在垆盖沙的土体构型中，最初的入渗速率是由黏土层控制的，当湿润锋到达砂土层时，由于湿润锋处的土壤水吸力大于砂土层中粗孔对水的吸力，所以水并不立即进入砂土层，而在黏土层中积累，待其土壤水吸力低于粗孔的吸力时，水才能进入砂土层。由于砂土层的饱和导水率高，渗入的水很快向下流走。因此，无论表土下是砂土层还是黏土层，在不断入渗中最初都能使上层土壤先积蓄水，以后才下渗。

2. 土壤水的再分布

在地表水层消失后，水分入渗过程便告结束。由于土壤水入渗而被湿润的土层内的水分在水势梯度作用下还将继续运动。在土壤剖面深厚，没有地下水出现的情况下，该土壤水运动过程，称为土壤水的再分布过程。土壤水再分布过程也是随着时间的推移而速率逐渐变慢的，但其过程很长，可达数十天乃至几个月甚至1~2年或更长时间。在此过程中，土壤剖面的上层释水，下层吸水，经过一定时间之后，起初吸水的地方又逐渐释水。因此，某些土层经历着吸水—释水以至再吸水—再释水的交替过程。

土壤水再分布的存在，对于研究植物从不同深度土层吸水有较大意义，因为某一土层中水分的损失量，不完全是被植物所吸收利用，而是上层来水与本层向下再分布的以及植物吸水量三者共同作用的结果。

(二)土壤水分蒸发

土壤水不断以水汽的形态由土壤表面向大气扩散而损失的现象称为土面蒸发。它是自然界水循环的重要环节，也是造成土壤水分损失、导致干旱的一个重要原因。在一定条件下，蒸发还可以引起土壤沙化或盐渍化。土壤蒸发的强度由大气蒸发力(通常用单位时间，单位自由水面所蒸发的水量表示)即气象因素和土壤的导水性质共同决定的。如太阳辐射强度大、温度高、空气湿度小、风速大、土壤导水率高，则土壤蒸发的强度就大，反之则小。当土壤供水充分时，由大气蒸发能力决定的最大可能蒸发强度称为潜在蒸发强度。根据大气蒸发能力和土壤供水能力所起的作用，土面蒸发所出现的特点及规律，将土面蒸发过程分为三个阶段：

第一，大气蒸发力控制阶段(稳定蒸发阶段)。开始蒸发初期，土壤几乎被水饱和，导水率高，在大气蒸发力的作用下，土壤表层不断地从土体内部吸水补充，最大限度地供给表土蒸发，这时土面蒸发率保持不变，主要由大气蒸发力所控制。在灌溉或降雨后表土湿润，这个阶段可持续几天，大量的土壤水分因蒸发而损失，在质地黏重的土壤上尤为明显，因此在灌溉(或降雨)后及时中耕覆盖，是减少水分损失的重要措施。

第二，土壤导水率控制阶段(蒸发率降低阶段)。经过第一阶段后，土壤水分明显减少，表层土壤尤其明显。随着土壤含水量的降低，土壤导水率则以指数关系迅速下降，因而向地表运动的土壤水通量将小于大气蒸发力。这时，由下层土壤向地表传导多少水，就会蒸发掉多少水，因此被称为土壤导水率控制阶段，此阶段水分蒸发率随着导水率降低而逐渐减少。

第三，扩散控制阶段(蒸发率最低阶段)。当表土含水率很低，蒸发率越来越小时，土面的水汽压逐渐降到与大气的水汽压平衡，土壤表面形成干土层。此时的土壤导水率很低，接近于0，到达地表的辐射难以向下传导，下层的水分也不能向土面运行。这时的水分是在干土层以下的稍潮湿的土层中，逐渐吸热汽化，以气体形式通过干土层的孔隙扩散至表层，然后散失到大气中。因此，表层出现干土层也是土壤自我保护，减少土壤水分过快蒸发的一个有效措施。

(三)田间土壤水分平衡

土壤水是自然界水分循环的一个重要环节。大气降水或灌溉水进入地面，一部分可能通过地表径流汇入江河湖泊，另一部分则入渗成为土壤水。入渗进入土壤的水分经过再分布，形成土壤含水剖面，土壤水进一步下渗，补充地下水。另外，在有植被的地块，根系周围土壤水经作物吸收并通过植物蒸腾、地面水分蒸发等途径又回到大气中。土壤水分在自然环境中收支水流的过程，即土壤水分平衡过程。田间土壤水分平衡，是指对于一定面积和厚度的土体(农田一般指根层1~2 m内)和在一段时间内(一般是指在作物生育期内)

土壤水分的收支状况。

(四)田间土壤水分状况

1. 土壤水分状况

土壤水分状况是指周年中土壤剖面上下各层的含水量及其变化情况。它是土壤水分平衡和土壤水性质(导水、入渗、再分布、蒸发等)共同作用的结果。在不同地区、不同年份和不同土壤类型之间，土壤水分状况存在着明显的差异。

农田土壤主要考虑的是根层 1~2 m 深度内土壤水分状况，对于土壤性质、土壤形成和土壤中各种植物生长因素的周年动态，以及预防旱涝灾害等都有重要意义。在季风影响下，我国北方土壤水分季节性动态通常可分为以下几个时期：

(1)冬季至早春土壤湿度相对稳定期　大约在 11 月中旬至翌年 3 月，由于土壤冻结，土壤蒸发与下渗基本停止，土壤水分含量基本稳定不变。

(2)春夏之间强烈蒸发干旱期　大约在 4~6 月，由于春季气温逐渐升高，蒸发强烈，降雨量少，表层土壤水分降低，是土壤中失水最大的时期，这时正是春播以及越冬作物返青生长发育的关键时期，受春旱严重威胁。因此在此期间灌水与保墒工作至关重要。

(3)夏季土壤水分聚集期　大约在 7~9 月份，由于雨季降水集中，土壤表层含水量最高，可达到田间持水量的 70%~100%，土壤水分主要以下渗为主。此时期应注意防止水土流失，搞好排水、防涝工作。

(4)晚秋至冬初的土壤失水期　大约在 10~11 月份，降水逐渐减少，气温开始下降，土壤水分蒸发消耗较快，土壤湿度下降，地下水位降低。该期时间较短，但可形成秋后旱，影响越冬作物播种，有时需要灌水造墒。为了防止春旱也可在此时灌水增加底墒，促进冻后聚墒。

2. 土壤水分状况的调节

土壤水分调节就是要尽可能地减少土壤水分的损失，尽量地增加作物对降雨、灌溉水及土壤中原有贮水的有效利用，有时还包括多余水的排除等。通常可采取以下措施：

(1)控制地表径流，增加土壤水分入渗　①合理耕翻：合理耕翻的目的是创造疏松深厚的耕作层，保持土壤适当的透水性以吸收更多的天然降雨和减少地表径流损失。②等高种植，建立水平梯田：在地面坡度陡、地表径流量大、水土流失严重的地区可采取改造地形、平整土地、等高种植或建立水平梯田等方法，以减少水土流失。当表土有薄蓄水层时可增加入渗能力，使梯田层层蓄水，坎地节节拦蓄，从而做到小雨不出地，中雨不出沟，大雨不成灾。③改良表土质地和结构：表土质地黏重、结构不良又缺乏孔隙的土壤，其蓄墒能力强，但往往透水性差，若降雨强度超过渗透速率，则水分以地表径流形式损失。对于此类土壤应采用掺砂与增施有机肥料相结合的方法，大力提倡秸秆还田或留高茬等，以改善土壤结构，增加土壤大孔隙的数量和总孔隙度，加强土壤水分的入渗。

(2)减少土壤水分蒸发　①中耕除草：通过中耕既可消灭杂草，减少其蒸腾对水分的散失；又可切断上下土层之间的毛管联系，降低土表蒸发，减少土壤水分损失。②地面覆盖：在干旱和半干旱地区，可使用地膜、作物秸秆等进行土表覆盖，以减少水分蒸发损失。③免耕覆盖技术与保水剂的施用：大力推广少、免耕技术，降低土壤水分的非生产性消耗；使用高分子树脂保水剂也可减少土壤水分的蒸发。

(3)合理灌溉　当土壤水分供应不能满足作物需要时，根据作物需水量的多少及土壤水分含量状况，确定合理的灌溉定额，是土壤水分调节的重要环节。①灌溉的基本原则：灌溉的目的是在自然条件下，对整个根层补充水分，使土壤水分含量达到田间持水量，应根据该土壤自然含水量与其田间持水量之差确定灌溉定额。最常用的方法是在不同深度土层中埋设张力计，依其基质势读数再参考不同作物所要求灌水后达到的基质势数值，确定灌溉定额与时间。②灌溉方法：依据土壤特性和作物种类选择适宜的灌溉方法。地面平整、质地偏粘的土壤，大田作物和果园可采用畦灌；土壤质地偏砂、土层透水过强或丘陵旱地、菜园地等可选喷灌；设施栽培的蔬菜也可滴灌；水分渗漏过快、深层漏水严重的土壤不宜采用沟灌。

(4)提高土壤水分对作物的有效性　通过深耕结合施用有机肥料，不仅可降低凋萎系数，提高田间持水量，增加土壤有效水的范围；而且还能加厚耕层，促进作物根系生长，扩大根系吸水范围，增加土壤水分对作物的有效性。研究结果表明，施用有机肥后，土壤自然含水量、田间持水量和饱和含水量有明显增加(表 2-11)，尤其是有机肥与化肥配施区，较对照单施化肥和有机肥区其田间持水量分别增加 6.23%~6.41%、2.83%~3.01% 和 0.43%~2.11%；饱和含水量则分别增加 5.50%~5.53%、5.58%~5.61% 和 1.48%~3.78%；此外，自然含水量也有不同程度的增加。连续十年翻压稻草还田的试验结果表明，田间持水量和毛管持水量分别比对照增加了 7.1% 和 8.3%，土壤的贮水能力增大。

表 2-11　有机无机配施对土壤水分状况的影响　%

项目	对照	化肥	猪粪	秸秆	化肥+猪粪	化肥+秸秆
自然含水量	9.90	11.76	15.08	14.10	16.92	15.71
田间持水量	25.00	28.40	30.98	29.12	31.23	31.41
饱和含水量	35.18	35.10	39.23	36.90	40.71	40.68

(引自：熊顺贵，基础土壤学，2001)

(5)化学保墒增温剂的应用　利用石蜡氧化物提取脂肪酸后的残渣，经皂化反应制成黑色 C16~C18 高碳酸乳化液，稀释后喷洒到土壤表面形成薄膜，可减少土壤蒸发。春播时应用，同时可提高土温。

(6)多余水的排除　对于旱地作物而言，土壤水分过多就会产生涝害、渍害。因此必须排除土壤多余的水分，主要包括排除地表积水、降低过高的地下水和除去土壤上层滞水。在地势低洼或地下水位高时可建立排水系统工程，以排除地表积水或降低地下水位，保证作物正常生长。也有因土质粘，心土层或底土层透水不良，加上雨季降水集中，造成土壤表层水分饱和即所谓的沥涝危害，都需进行排水。

七、土壤水分与植物生长及土壤肥力的关系

(一)植物对土壤水分的需求

1. 土壤水分是植物的重要组成部分

一般植物体内含水约 60%~80%，蔬菜瓜果的含水量高达 90% 以上。水是光合作用的

原料之一，光合产物的运移和利用必须有水分的参与；植物的新陈代谢也必须有水的参与才能进行。农作物从土壤中吸收的水分，大部分用于叶面蒸腾而散失热量，以维持植物体温稳定。因此，土壤水分是维持作物正常的生理和生命活动所必需的重要条件。

2. 土壤水分是影响植物出苗率的重要因素

土壤水分是植物种子发芽和出苗的必需条件。植物种子的吸水量因种子大小及淀粉、蛋白质、脂肪等物质的含量不同而异，从而不同植物种子适宜的土壤湿度也不相同。由表 2-12 可看出，不同植物种子出苗对土壤水分的要求存在很大差异。

表 2-12　种子出苗对土壤水分的要求

作物	最低含水量($g \cdot kg^{-1}$)			
	砂土	砂壤土	壤土	黏土
谷子	60~70	90~100	120~130	140~150
高粱	70~80	100~110	120~130	140~150
小麦	90~100	110~120	130~140	160~170
玉米	100~110	110~130	140~160	160~180
棉花	100~120	120~140	150~170	180~200
一般作物出苗最适含水量	120~160	160~200	180~230	220~300

（引自：熊顺贵，基础土壤学，2001）

3. 作物不同生育期对土壤水分的要求不同

一般作物的需水特点是苗期需水较少；随着作物的生长需水量逐渐增大，至生育盛期达到最大；随着作物的成熟需水量又减少。若某一生育期土壤缺水，对作物产量影响最为严重，这一时期称为需水临界期，不同作物的需水临界期不同，麦类为抽穗至灌浆期，玉米在抽雄期，高粱在花序形成至灌浆期，棉花在花铃期，豆类、花生在开花期，水稻在孕穗抽穗期，马铃薯在开花至块茎形成期，向日葵在花盘形成到开花期。一般植物苗期与成熟期供水可较少，在需水临界期则应满足作物对土壤水分的要求。所以掌握各种作物的需水特点，是调节土壤水分的重要前提。

(二) 土壤水分影响作物对养分的吸收

土壤水分是土壤的重要物质组成，是土壤中极其活跃的因素。它一方面直接供给作物吸收利用，另一方面又影响和制约土壤中其他性状和肥力因素，是土壤肥力因素中不可分割的组成部分。

1. 土壤水分对土壤形成有极其重要的作用

水分直接参与了土体内各种物质的转化淋溶过程，如矿物的风化、母质的形成与运移等，因此造成了各种物质及元素在不同区域、不同土壤剖面中的分异特点，从而影响到了土壤肥力的产生、变化和发展。

2. 土壤水分影响土壤的养分状况

土壤养分的释放、转化、迁移以及被植物吸收都离不开土壤水分，水分是土壤有机质及各种养分转化分解的主要因素。有机质转化首先必须要有微生物的参与，水是微生物生命活动的必需条件。水分适宜时，微生物活动旺盛，利于有机质和养分的分解释放；而水多气少时，嫌气微生物占优势，利于有机质的积累，所以土壤水分是影响土壤中好气与嫌气微生物活动以及有机质消耗与积累矛盾的重要因素。另外，土壤中的各种养分只有溶于水中才能被植物吸收，土壤水分多少直接影响到土壤溶液浓度及养分对作物的有效性，只有适宜的水分才能发挥养分的作用。

3. 土壤水分直接影响土壤空气和热量状况

水、气共存于土壤孔隙中，水多则气少，气多则水少。从而，水分的多少会影响土壤的氧化还原过程，在地势低洼的地区，由于水分太多，造成土壤通气不良，还原过程占优势，易产生一些还原性物质如甲烷、硫化氢等，对作物有毒害作用。水与气的比例还会影响土壤的热状况，土壤水多气少时，由于水的热容量大，土温不易上升，比较稳定，如黏土即是如此。反之高燥的砂性土则水少气多，土温易随气温变化而升降。

4. 土壤水分影响土壤的物理机械性和耕性

黏质土的水分少则黏结性强，水分增多时则黏着性和可塑性强。这些都使耕作阻力变大，耕作质量差，对生产不利。各种土壤只有在适宜的水分条件下才会表现出良好的耕性。

第五节　土壤空气

土壤空气是土壤的重要组成部分，也是土壤的肥力因素之一。土壤空气源自大气，它存在于未被土壤水分所占据的孔隙中，其含量与土壤水分互为消长。因此，凡影响土壤孔隙和土壤水分的因素，都会影响土壤的空气状况。肥力水平高的土壤，其空气数量及组成比例，均应满足作物正常生长发育的需要。

一、土壤空气的组成和特点

土壤空气与近地表大气不断地进行着气体交换，其组成成分与大气相似，但在各组成成分的含量上存在差异(表 2-13)。

表 2-13　土壤空气与大气组成的差异(容积%)

气体	氮(N_2)	氧(O_2)	二氧化碳(CO_2)	其他气体
土壤空气	78.80~80.24	18.00~20.03	0.15~0.65	0.98
大气	78.05	20.94	0.03	0.98

(引自：黄昌勇等，土壤学，2011)

土壤空气组成的特点与大气不同之处具体表现在如下几方面。

1. 土壤空气中的二氧化碳含量高于大气

土壤空气中 CO_2 的含量通常比大气高几倍至数十倍，甚至百倍以上。一是由于植物根系呼吸会产生大量的 CO_2；二是土壤有机质在其分解过程中释放大量的 CO_2；三是土壤中碳酸盐遇无机酸或有机酸的作用可产生 CO_2，以上原因使得土壤空气中的 CO_2 浓度较高。

2. 土壤空气中氧气的含量低于大气

这是由于土壤中植物根系、动物和土壤微生物的呼吸消耗使土壤空气中 O_2 含量下降。当土壤空气中 CO_2 含量增加时，O_2 的含量必会同时因生物的消耗而相应减少。在严重情况下会对植物根系的呼吸和好气微生物的活动产生不利影响。

3. 土壤空气中的水汽含量高于大气

这是因为土壤含水量通常都高于最大吸湿量，气态水的蒸发使水汽不断产生，所以土壤中经常保持着水汽饱和状态；而大气只有在多雨季节才接近水汽饱和。这对植物生长和微生物活动都有利。

4. 土壤空气中有时含有少量还原性气体

在通气不良时土壤有机质嫌气分解常会产生 CH_4、H_2S、H_2 等还原性气体，影响作物根系的正常生长。

5. 土壤空气数量和组成经常处于变化之中

大气成分相对比较稳定，而土壤空气数量和成分常随时间和空间变化而异，CO_2 含量随着土层加深而增加，O_2 则随着土层加深而减少。在耕层土壤中，CO_2 含量以冬季最少，夏季含量最高；降雨或灌水后，CO_2 含量有所减少，O_2 含量有所增加。这些变化与土壤通气性条件有着密切关系。

二、土壤通气性

土壤通气性，又称土壤透气性，是指土壤空气与近地层大气进行气体交换，以及土体内部允许气体扩散和流动的性能。通过和大气的气体交换，使得土壤空气能够得到不断地更新，从而使土体内部各部位的气体组成趋于一致。土壤维持适当的通气性，也是保证土壤空气质量、提高土壤肥力、促进植物根系正常生长所必需的。如果土壤通气性太差，土壤空气中的 O_2 在短时间内被耗竭，而 CO_2 含量随之升高，作物根系的呼吸就会受到严重抑制。

(一) 土壤通气性的机制

土壤是一个开放的耗散体系，时刻和外界进行着物质和能量的交换，土壤空气的 CO_2 不断进入大气，大气中的 O_2 不断进入土壤。土壤空气与大气之间气体交换的机制有两种：气体对流和气体扩散。

1. 气体对流

也叫气体质流，是指土壤空气与大气之间由总压力梯度推动的气体整体流动。它使气流总体由高压区向低压区运动。对流过程主要受温度、气压、风、降雨或灌水的挤压作用等因素影响，如白天土壤温度升高，土温高于气温，土内空气受热膨胀而被排出土壤；夜间土壤温度下降，土壤空气冷却后体积缩小，大气整体进入土体。大气压增加时，土壤空气受压缩使体积变小，近地层大气渗入土壤；大气压降低则使土壤空气体积膨胀，部分土壤空气逸出土体。风也可以将大气吹入土壤或把表土空气整体抽出。灌水或降雨使土壤水分含量增加，使土壤孔隙中的气体整体挤出。反之当土壤水分减少时，大气中的新鲜空气又会进入土体的孔隙内。在水分缓缓渗入时，土壤排出的空气数量多，但在暴雨或大水漫灌时，会有部分土壤空气来不及排出而封闭在土壤空气中，这种被封闭的空气往往阻碍水分的运动。土壤空气的整体交换方式是短暂的，而土壤中主要的气体交换过程是以气体扩散的方式进行的。

2. 土壤气体扩散

是指某种气体组分由于其分压梯度而产生的移动，即某气体分子由浓度(或分压)大的地方向浓度(或分压)小的地方运动。土壤空气是由多种成分组成的，各种气体的浓度不同，所以扩散的方向和速度就有明显差异。浓度梯度(分压梯度)越大，扩散也越容易。它是土壤空气与大气之间进行交换的主要因素，其原理服从气体扩散公式：

$$q=-D_s\frac{\mathrm{d}c}{\mathrm{d}x}$$

式中：q 为扩散通量(单位时间气体扩散通过单位面积的数量)；$\frac{\mathrm{d}c}{\mathrm{d}x}$为气体浓度梯度或气体分压梯度；$D_s$为扩散系数，负号表示其从气体分压高处向低处扩散。

由上式可知，气体分压梯度是引起土壤空气扩散的主要动力。由于植物根系的呼吸及土壤微生物对有机残体的好气分解，使土壤中 O_2 不断被消耗，CO_2 浓度不断增加，从而产生了与大气的不平衡，使得土壤中 CO_2 的分压比大气中 CO_2 的分压高，而 O_2 的分压则低于大气。即使在土壤空气与大气的总压力完全相等时，由于大气中 O_2 的分压较高，使这种气体向土壤扩散；而 CO_2 在土壤空气中的分压较大，使得其不断从土壤向大气逸出。土壤空气与大气间通过气体扩散作用不断地进行着气体交换，使土壤空气得到更新，此过程也称为土壤呼吸。

由于土壤是一个多孔体，它的断面上能供气体分子扩散通过的孔隙只是未被水分占据的部分，而且这些孔隙又曲折迂回粗细不等，这样气体分子扩散所经的路程就必然远大于土层的厚度，因此气体在土壤中的扩散系数 D_s 明显小于其在空气中的扩散系数 D_0，其具体数值因土壤的含水量、质地、结构、松紧程度、土层排列等状况而异。如含水量高时，有效的扩散孔隙少，D_s 值较小；砂土、疏松的土壤和有团粒结构的土壤 D_s 值高于黏土，通气就容易。同一土壤，在相同条件下，不同气体的扩散系数也不相同，如 O_2 的扩散系数比 CO_2 约大 1.25 倍，不同压力和温度下的气体扩散系数变化也很大。

(二)土壤通气性的调节

土壤通气性是土壤空气与大气不断进行气体交换的基础，只有在通气性较好的土壤中，才能进行顺利的气体交换，土壤中消耗的 O_2 得到补充，并排出过多的 CO_2 和其他有害气体，使土壤空气不断得到更新。

土壤通气性主要取决于通气孔隙的数量和大小，要求土壤不仅有适当的孔隙总量，更重要的是要有一定的通气孔隙度。对旱地土壤来说，其通气孔隙度最低要保持在 10%以上，否则气体交换将受到影响，表现出 O_2 不足。

通常采取以下农业措施来调节土壤三相容积比例关系，以达到调节土壤通气孔隙和改善土壤通气状况的目的。

(1)深耕结合施用有机肥　培育和创造良好的土壤结构和耕层构造，增加土壤总孔隙度和通气孔隙度，改善土壤通气性，从根本上解决水、气之间的矛盾。

（2）客土调节　通过掺砂土或掺黏土的方式，改良质地过砂、过粘的土壤，提高土壤的通气性。

（3）及时中耕除草　降雨、灌水后及时中耕，消除土壤板结，以利通气；拔除杂草，以防止杂草的生长和覆盖，影响土壤的通气性。

（4）灌溉结合排水　利用调节土壤墒情的办法来改善土壤通气状况。目前采用喷灌、滴灌等先进的灌水方法，既能节水又能改善土壤的通气状况。

三、土壤通气状况与作物生长及土壤肥力的关系

土壤通气状况与植物生长发育以及土壤水分和养分的转化供应都有着极其密切的关系，主要表现在以下几方面。

（1）土壤通气状况影响种子的萌发　种子的萌发首先需要吸收一定的水分和 O_2，通常作物种子萌发需要 O_2 的浓度大于 10%，若土壤通气不良（O_2 含量低于 5%），土壤中因缺氧进行嫌气呼吸而产生醛类、有机酸类等物质，会影响和抑制种子发芽。

（2）土壤通气状况影响作物根系生长及其吸收水肥的功能　在通气良好的土壤中，作物根系生长健壮，根系长、根毛多；通气不良则根系短而粗，色暗，根毛稀少。如水稻黑根数量大大增加，严重时甚至腐烂死亡。通常当土壤空气中氧的浓度低于 9%～10%时，作物根系的发育就会受到影响，若降低到 5%以下，则绝大多数作物根系停止发育。此外，根系对 O_2 浓度的要求还受到温度条件的影响，一般在低温时，根系可忍受较低的 O_2 浓度，随着温度的升高，对 O_2 浓度的要求也增高，这是由于温度增高时，作物根系呼吸作用所需的 O_2 增加所致。

作物根系对水肥的吸收受根系呼吸作用的影响，缺氧时根系呼吸作用受阻，其吸收水分和养分的功能也因而降低，严重时甚至停止。研究结果表明，在低氧条件下，各种作物第一天的相对蒸腾减少量为：烤烟 70%、番茄 10%、玉米 40%。此外，土壤通气性对根系吸收养分的影响还因养分的种类而异。据研究，玉米在缺氧时对各种养分吸收能力依下列顺序递减：K>Ca>Mg>N>P。可见通气良好的土壤可提高肥效，特别是钾肥的肥效。

（3）土壤通气状况影响微生物的活性和养分状况　土壤空气的数量和 O_2 含量对微生物的活动有显著的影响。O_2 充足时，大多数好气微生物活动旺盛，土壤有机质分解迅速而彻底，氨化过程加快，也有利于硝化过程的进行，所以土壤中有效态氮丰富，还可以释放更多的其他速效养分供植物吸收利用；若 O_2 不足，有机质进行嫌气分解缓慢而不彻底，不利于向植物供应有效养分。

土壤通气状况差，CO_2 含量增多，使土壤溶液中碳酸和重碳酸离子浓度增加，这有利于土壤矿物质中的 Ca、Mg、P、K 等养分的释放和溶解，但过多的 CO_2 会使 O_2 的供应不足，从而影响根系对这些养分的吸收。此外，土壤通气性对氮素的影响也很大，在嫌气条件下，只有少量的嫌气性固氮菌能够活动，而固氮能力强的根瘤菌和好气性自生固氮菌的活动受到抑制。土壤氨化作用可以在任何条件下进行，但是硝化作用则需要有足够的 O_2 供应，如通气不良，土壤缺 O_2，不但影响硝化作用的进行，还可能引起土内的反硝化过程，造成土壤氮素的损失。

（4）土壤通气状况影响植物生长的土壤环境状况　土壤通气状况会影响土壤的氧化还

原状况和土壤中有毒物质的积累。土壤的通气性对其氧化还原状况的影响很大，土壤通气良好时，土壤呈氧化状态，反之则呈还原状态。土壤氧化还原状况直接影响土壤有机质的分解程度和速度，以及土壤中变价元素的赋存形态。通气不良条件下，还原反应占优势，有机质分解不彻底，可能产生过多的还原性气体，如 CH_4、H_2S 等，对作物生长有毒害作用。另外土壤缺氧时，Fe^{2+}、Mn^{2+} 等还原性物质增加，也会对作物产生毒害作用；同时，缺氧还使土壤酸度增大，适于致病霉菌的发育，使植物生长不良、抗病力下降而易感染病害。

思　考　题

一、名词解释

原生矿物　次生矿物　同晶代换　粒径　质地　土壤有机质　土壤有机质的矿质化过程　土壤有机质的腐殖化过程　激发效应　氨化过程　硝化作用　反硝化作用　吸湿水　膜状水　毛管上升水　毛管悬着水　凋萎系数　田间持水量　最大持水量　吸湿系数　土水势　吸力　土壤水分特征曲线　滞后作用

二、简述题

1. 简述质地与土壤肥力的关系。
2. 简述有机质的 C/N 与有机质的分解速度、微生物的活性、植物生长之间的关系。
3. 简述硅酸盐黏土矿物的种类及一般特性。
4. 土壤主要微生物的种类、特性以及对土壤肥力的影响。
5. 一般将土壤腐殖质分为几组？其根据是什么？
6. 简述农业生产中提高土壤有机质含量的途径。
7. 什么是土壤质地的层次性？不同土壤质地的土壤如何进行改良和利用？
8. 土壤动物和微生物在有机质转化过程中有哪些主要作用？
9. 土壤含水量的表示方法有哪些？各种表示方法的含义是什么？
10. 什么是蒸发？蒸发过程的特点是什么？农业生产中如何控制？
11. 简述土壤空气与大气的组成差异。
12. 土壤空气交换的方式及其影响因素有哪些？

三、论述题

1. 试述“上砂下黏”型与“上黏下砂”型两种类型土壤的肥力特点。
2. 试述如何调节土壤中有机质的转化。
3. 试述土壤有机质在土壤肥力和生态环境中的作用。

主要参考文献

[1]黄昌勇．土壤学[M]．北京：中国农业出版社，2010.
[2]沈其荣．土壤肥料学通论[M]．北京：高等教育出版社，2008.
[3]吴礼树．土壤肥料学[M]．北京：中国农业出版社，2004.

[4]陆欣．土壤肥料学[M]．北京：中国农业大学出版社，2011.
[5]熊顺贵．基础土壤学[M]．北京：中国农业大学出版社，2001.
[6]李学垣．土壤化学[M]．北京：高等教育出版社，2001.
[7]邵明安，王全九，黄明斌．土壤物理学[M]．北京：高等教育出版社，2006.
[8]窦森．土壤有机质[M]．北京：科学出版社，2010.
[9]曹志平．土壤生态学[M]．北京：化学工业出版社，2007.

第三章　土壤的化学性质

摘　要　土壤的化学性质包括土壤的胶体性质、土壤的酸碱性、土壤的氧化还原性以及土壤的缓冲性能等。这些性质与土壤肥力发挥和土壤在生态环境中的作用关系密切，土壤的带电性、阳离子交换作用使得土壤具有了保肥和缓冲能力；土壤酸碱性不仅与土壤养分的供应有关，而且与植物生长直接相关；土壤中的许多理化性质：土壤的氧化还原性与营养元素的价态、有效态等有关；土壤的吸收性能和缓冲性能也是土壤非常重要的性质。

第一节　土壤的胶体性质

一、土壤胶体概述

（一）土壤胶体的概念

胶体一般指半径小于 0.1 μm 的颗粒，它可以分散在液相中，称为溶胶，也可以凝聚在一起，即凝胶。土壤胶体是土壤中最细微的颗粒，是土壤中一种高度的分散系，实际上在土壤中直径小于 1 μm 的土壤颗粒都具有胶体的性质，这些颗粒是土壤中的黏粒部分，所以在土壤学中，通常把这些黏粒作为土壤胶体颗粒。土壤胶体粒径的大小范围不是绝对的，因为胶体性质的出现，是随着粒径的减小逐渐加强的，没有截然划分的界限。

（二）土壤胶体的构造

土壤胶体颗粒分散在土壤溶液中，形成分散系，它的基本构造是胶核和双电层。其构造示意图如图 3-1 所示。

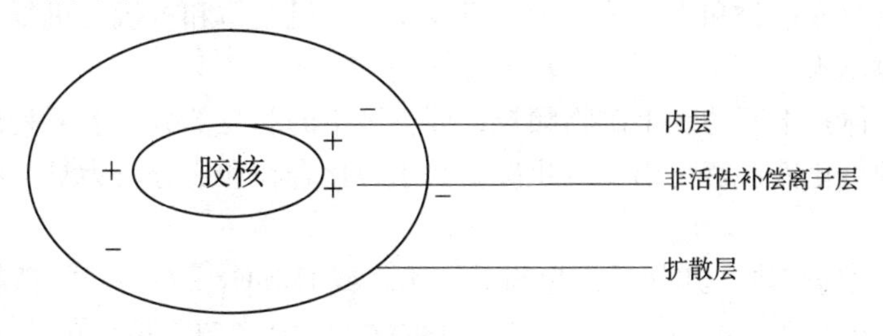

图 3-1　土壤胶体微粒的构造示意图

1. 胶核（也称微粒核）

胶核是胶体颗粒的基本部分。土壤胶体胶核的主要成分是无机的黏土矿物、腐殖质以及它们的复合物组成。表层土壤多以有机无机复合体的形式存在，而土壤下部土层主要是以无机矿物为主。

2. 双电层

胶核表面的一层分子可以解离成离子，胶核带上电荷，再通过静电引力吸附和它带相反电性的电荷，形成两层电荷，即称为双电层。内层是决定电动电位离子层，它固定在核表面而决定电荷和电位。电位高低决定其吸收离子的多少，一般铝硅酸盐和有机胶体多带负电，铁胶体多带正电，而铝胶体则多是两性的，视土壤溶液的 pH 值而有差异。外层也称补偿离子层，它的组成是由内层电荷的种类和数量来决定，其电位的大小与内层相同。根据距离胶核表面距离的远近，其所受引力差异很大，这也决定了被吸附电荷的解析能力，它可分为两个亚层：①靠近核表面的离子层称为非活性补偿离子层，被吸附得较紧，难以解离，被植物吸收利用较困难，因此将胶核与非活性补偿离子层合称为胶粒；②距离胶核相对较远的电荷形成了扩散层，在非活性补偿离子层之外，距决定电位离子层较远，受静电引力小，离子活度大，分布疏松，可以与周围环境中的其他离子进行交换，容易从被吸附转化为自由状态，从而被植物吸收利用。胶体微粒由扩散层过渡到溶液，其所显示的电位，由扩散层电位决定。因土壤胶体多带负电，补偿离子层多由阳离子组成。

从整体上看，双电层的电性是中和的，但是补偿离子分布的并不密集，所以由整个不活动的胶粒的表面到扩散层的外缘就有一段距离，因此就有一定的电位，称为电动电位。电动电位的大小受扩散层的厚薄的制约。而扩散层的厚薄，在一定的浓度条件下，决定于补偿离子的性质，即受离子所带的电荷的多少(或离子的价数)、离子本身的大小和它的水化程度等的制约。离子价数越高，离子半径越大，它所带的水膜越薄。反之，扩散层就越厚，电动电位也就越高，胶粒的电性也就显示的越充分。胶粒电性显示的充分与否，直接关系到胶体的存在状态，后者又影响到土壤的一系列物理性质，如结构性、黏性、耕性和胀缩性等。

由于胶粒与扩散层离子有吸引力，因此扩散层离子始终只能够随胶粒移动，而与溶液中的自由离子不同。这就是交换性阳离子可以不随水移动，土壤可以保存它们的原因。

(三)土壤胶体的种类

土壤胶体按组成成分和来源可分为无机胶体、有机胶体和有机无机复合胶体三种。

1. 土壤无机胶体

土壤无机胶体是土壤的次生矿物颗粒，即土壤中的黏粒部分，主要是成分较为简单的晶质、非晶质的氧化铁、氧化铝、氧化硅及其水合化合物和成分较为复杂的层状硅酸盐类矿物。

(1)含水氧化硅胶体　其分子式为 $SiO_2 \cdot H_2O$ 或 H_2SiO_3，在一般的情况下，含水氧化硅的外层分子发生解离，解离出 H^+，而把 $HSiO_3^-$ 或 SiO_3^{2-} 留在胶粒的表面，组成决定电位离子层，使胶粒带负电荷。土壤溶液的 pH 值越大，硅酸的解离度也越大，所带的负电荷也越多。

$$SiO_2 \cdot H_2O \longrightarrow H_2SiO_3 \longrightarrow H^+ + HSiO_3^- \longrightarrow H^+ + SiO_3^{2-}$$

(2)水合氧化铁、氧化铝的胶体　常见的有：褐铁矿($Fe_2O_3 \cdot xH_2O$)、针铁矿

($Fe_2O_3 \cdot H_2O$)、水铝矿($Al_2O_3 \cdot H_2O$)和三水铝石($Al_2O_3 \cdot 3H_2O$)等的次生矿物，它们均为两性胶体，表面分子解离产生电荷，其数量因土壤溶液的 pH 值和电解质浓度的变化而变化。当介质 pH 值低于等电点时，它带正电荷；介质 pH 值高于等电点时，它带负电荷。

例如：含水氧化铝胶体，其电性随环境的酸碱反应而改变，是南方红壤、砖红壤中主要胶体类型之一。

$$Al(OH)_3 + H^+ \longrightarrow Al(OH)_2^+ + H_2O \quad (pH<5)$$

$$Al(OH)_3 + OH^- \longrightarrow Al(OH)_2O^- + H_2O \quad (pH>5)$$

(3)层状硅酸盐黏土矿物　黏土矿物粒径一般小于 1 μm，是一般土壤中胶体矿物的主要部分，是原生矿物风化作用形成的，是无机胶体的最主要的部分，影响着土壤的许多物理化学以及生物的性质，对土壤的形成和肥力都有巨大影响，主要包括高岭石、蒙脱石、水云母(伊利石)、绿泥石等多种类型。

2. 有机胶体

有机胶体中最主要的成分是土壤中的腐殖质，还包括少量的木质素、蛋白质、纤维素以及有机质分解的中间产物。腐殖质是一类结构复杂的高分子化合物，具有明显的胶体性质，含有羧基(—$COOH^-$)、羟基(—OH^-)、酚羟基(C_6H_5—OH^-)等，当官能团解离后形成—COO^-，—O^-留在胶体的微粒核上，使胶粒带负电，带电量较大。一般有机胶体带负电。腐殖质所带的电荷量比黏粒矿物大，因此，腐殖质在耕作土壤中含量虽然不多，但起的保肥作用较大。有机胶体容易受微生物的作用而分解，不如无机胶体稳定，但很容易通过施用有机肥料、秸秆还田、绿肥等加以调节和控制，对农业生产的意义重大。

3. 有机无机复合胶体

在植物根系影响所及的土层，特别是农业用土的耕作层，胶体主要是以有机无机复合胶体的形式存在，而单一的无机或有机胶体含量很低。它们结合的方式很多，有机胶体主要以薄膜状紧密覆盖于黏粒矿物的表面，还可能进入黏粒矿物的晶层之间。通过结合可形成很好的土壤团粒结构，肥沃土壤多以复合胶体存在。这实际上就是“土肥相融”，改善了土壤保肥性能和各种物理性质。

(1)有机无机胶体通过钙相结合　通过 Ca^{2+}结合的无机复合胶体与水稳性结构形成有关，对土壤肥力起着良好的作用。但是这种胶体并不十分牢固。

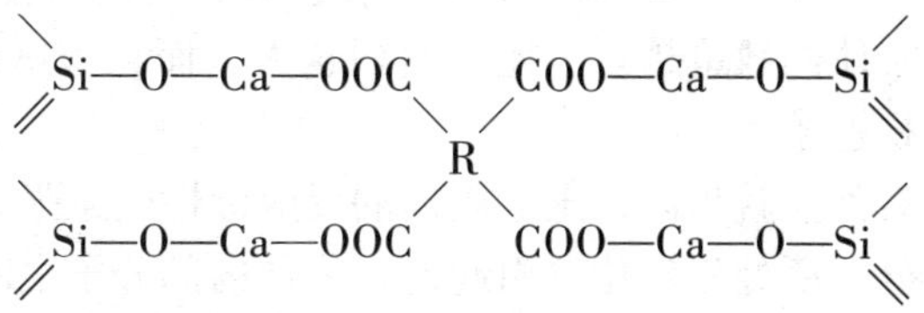

```
\                                     /
 Si—O—Ca—OOC         COO—Ca—O—Si
//            \     /             \\
                 R
\             /     \             /
 Si—O—Ca—OOC         COO—Ca—O—Si
//                                 \\
```

(2)有机胶体与铁铝胶体的结合　胡敏酸与铁铝的结合有两种方式，可与 Fe^{3+}、Al^{3+}结合，形成铁铝或铝的胡敏酸化合物，也可与胶态铁铝结合形成铁、铝胡敏酸凝胶。在高温多雨(砖红壤、红壤)和冷湿地区(黄壤、灰化土)的土壤中，铁、铝与有机胶体的结合对土壤结构的稳定性也有很大的意义。

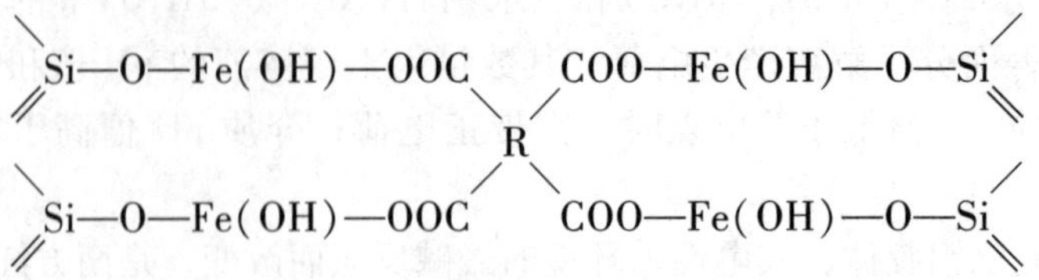

```
 \                                          /
  Si—O—Fe(OH)—OOC       COO—Fe(OH)—O—Si
 //                  \   /                   \\
                      R
 \                   /   \                   /
  Si—O—Fe(OH)—OOC       COO—Fe(OH)—O—Si
 //                                          \\
```

(3)有机与无机胶体的直接结合　有机胶体可借高度分散的状态，直接渗入黏土矿物的晶层或包围整个晶体的外部而进行结合。新形成的腐殖质也可以键状结构形成胶膜，把无机胶体包围起来，经过高湿、干燥、冰冻或氧化等作用，即固定在矿物胶体或较粗颗粒的表面上形成一层胶膜。

土壤有机无机复合胶体的存在，有利于土壤良好结构的形成，这不但改善土壤理化性质，还可以大大提高土壤中养分的生物有效性，如复合体中的胡敏酸，比单独存在时分解显著减慢，这增强土壤的缓冲性能，并可使土壤中有效磷含量显著提高。

二、土壤胶体的性质

土壤胶体的性质很多，但最能表明土壤胶体并对土壤性质有巨大影响的主要特征有以下三种性质。

(一)土壤胶体具有巨大的比表面积和表面能

比表面积的大小通常用单位质量或体积物体的总表面积来表示，称为比表面积或比面，其单位为 $cm^2 \cdot g^{-1}$或 $cm^3 \cdot cm^{-3}$，它是评价物体表面活性的重要指标。物体的颗粒越细小，则比面越大，比如：一个边长为 1 cm 的立方体，总表面积为 1 cm^3，如果把它分割成边长为 1 μm 的小立方体，虽然其总质量和总体积不变，但其总表面积达 6 m^2 (60000 cm^2)，增加了 1 万倍。如果把它继续分割至胶体大小时，表面积就会大的惊人了。土壤胶体的颗粒细小，其比表面就很大。比面大小首先与胶体的种类有关，无机胶体中的层状硅酸盐矿物中 2∶1 型的蒙脱石、蛭石的比面(分别是 700~850 $m^2 \cdot g^{-1}$和 400~800 $m^2 \cdot g^{-1}$)比 1∶1 型的高岭石(5~40 $m^2 \cdot g^{-1}$)以及水铝英石氧化物(260~800 $m^2 \cdot g^{-1}$)的比面要大得多，因为蒙脱石不仅有外表面(15~150 $m^2 \cdot g^{-1}$)，还有巨大的内表面(700~750 $m^2 \cdot g^{-1}$)，而 1∶1 型矿物和氧化物只有外表面。有机胶体的表面要比无机胶体的表面还要大，例如腐殖质的比面平均为 2000 $m^2 \cdot g^{-1}$；其次比面与有机成分和无机胶膜也有一定的贡献。因此，土壤中胶体的数量越多，比表面积越大，而且土壤中 2∶1 型的黏土矿物和有机质越高，其表面积也越大。

比表面积越大，其表面能就越高，土壤胶体的反应活性就越强，土壤的吸附能力就越强。这是由于物体表面分子所处特殊位置引起的，物体内部分子之间，在各个方向上受到相等的引力，而互相抵消，而它们与外界的液体或气体介质接触，外部分子对它的引力小于内部分子，表面分子外侧有多余的吸引力，这种能量是由于表面的存在而产生的，故称为表面能。通常这种能量使土壤能够吸附无机离子和低分子有机化合物。

(二)土壤胶体的带电性

土壤中所有胶粒都是带电的，这是土壤产生离子吸附和交换、离子扩散、酸碱平衡、氧化还原反应以及胶体的分散与凝集现象的根本原因。而这些反应都直接或间接关系到土壤的水、肥、气、热性质。因此，土壤胶体的带电性对土壤肥力性质有重要的影响。

胶体的种类不同，产生电荷的机制也不一样。土壤所带的净电荷的符号和数量，是由土壤中胶体的种类、数量以及土壤溶液的反应状况来决定。根据电荷的性质和来源主要有以下几种：

1. 同晶代换作用

组成硅酸盐矿物晶层的硅四面体和铝八面体中的硅离子和铝离子，可以被其他大小相近的离子所代换，当 Si^{4+} 被 Al^{3+} 所取代，或 Al^{3+} 被 Fe^{2+}、Mg^{2+} 所取代后，晶体中产生了剩余负电荷；如果 Al^{3+} 被 Si^{4+} 所替代就会产生多余的正电荷，因此胶体会带上正电荷，一般情况下同晶代换使胶体带上了负电荷。这种电荷是次生矿物晶体形成时本身产生的，一旦产生即为该矿物所有，因此称为永久电荷，它不会随介质中 pH 值的变化而变化。数量的多少由同晶代换的数量决定，不同的黏土矿物其带电荷的数量是不同的，例如蒙脱石同晶代换量较大，所带电荷多，水云母次之，而高岭石最少。

2. 晶格破碎边缘的断键

在岩石矿物风化过程中，引起晶层断裂，在晶格边缘的分子被解离，而产生的剩余价键，使晶层带电。黏土矿物因破裂断键而产生的电荷，大多数为负电荷。例如晶格在硅层或铝层截面上断裂，Si—O—Si，Al—O—Al 在断裂后，断面上留下 $Si—O^-$，$Al—O^-$，从而带负电。因破裂断键产生的负电荷，产生数量多少与次生矿物的种类有关，其中 1∶1 的高岭石类最多，2∶1 非膨胀型的水云母次之，2∶1 膨胀型的蒙脱石较少，当然电荷的多少与矿物的破碎程度也有关系，破碎程度越大，所带电荷越多。

3. 胶体表面分子的解离

结晶的黏土矿物大部分表面都裸露着—OH 基团，在一定的条件下，当 H^+ 解离后，则使胶核带负电，如 H_2SiO_3 解离后 H^+ 则使胶核带负电。当 OH^- 发生解离时，则胶核带正电，如 $Fe(OH)_3$ 或 $Al(OH)_3$ 中的 OH^- 解离后则带正电，这种作用与普通酸碱解离一致。因此，将解离出 OH^- 而带正电的胶粒称为碱胶基。土壤中很多胶体都存在着两种胶基，在不同的 pH 值时，或解离 H^+ 而成为带负电的胶体（当介质 $pH<5$），或解离 OH^- 而成为带正电的胶体（当介质 $pH>5$）。如：

$$Al(OH)_3+OH^- \rightleftharpoons Al(OH)_2O^-+H_2O \qquad Al(OH)_3+H^+ \rightleftharpoons Al(OH)_2^+ +H_2O$$

土壤中的有机胶体主要是腐殖质部分，腐殖质类有机胶体，其分子上官能团的解离，羧基和酚羟基上的 H^+ 解离而带负电，胺基、亚胺基则可吸附 H^+ 而带上正电荷。所带电荷的种类和数量与土壤中 pH 值与官能团的等电点直接相关。因此，像这些随外界 pH 值改变而产生的电荷，称为可变电荷。一般情况下，土壤的 pH 值为 5~8 的范围，腐殖质和铝硅酸盐等胶体都带负电，所以土壤胶体经常带负电。

由于土壤一般带负电荷，所以土壤胶体表现为对阳离子的吸附，故土壤胶体在通常情况下以带负电为主，其扩散层中吸收 Ca^{2+}、Mg^{2+}、K^+、Na^+、H^+ 等各种不同的阳离子，这些吸附性阳离子与土壤的理化性质、保肥性、供肥性关系密切。当然也有例外，例如 $Fe(OH)_3$ 或 $Al(OH)_3$ 也会带正电，而吸附土壤溶液中的阴离子。

(三)土壤胶体的分散和凝聚性

胶体以凝胶和溶胶两种状态存在，土壤胶体也不例外，胶粒均匀分散在溶液中，即为溶胶状态；当胶粒彼此凝聚在一起，呈絮状游离于分散相中时，即为凝胶状态。胶体的凝聚作用，即为胶体由溶胶变为凝胶。而胶体由凝胶状变为溶胶状，称为胶体的分散作用。

胶体的分散和凝聚主要取决于胶体的内层即电动电位层。胶体带的电荷越多，胶粒间相互排斥，而形成稳定的溶胶；当胶体所带电荷越少，电动电位趋近于零时，此时胶粒彼此的吸引能力超过电荷之间的排斥能力，胶粒相互凝聚。不同的离子对胶体的凝聚有很大影响，因为离子的电荷数和离子水化程度决定了扩散层的厚度，而扩散层的厚度决定了电动电位的高低。一般电荷数量少、水化程度高的离子形成的扩散层厚，整体胶粒的电动电位高，使土粒分散；相反电荷数量多、水化程度低的离子形成的扩散层薄，当电动电位降低到一定程度时，胶粒开始凝聚。一般一价阳离子所引起的凝聚是可逆的，当电解质浓度降低后，凝胶可分散成溶胶，而二、三价阳离子引起的凝聚作用是不可逆的，即为水稳性团聚体。阳离子凝聚力顺序如下：

$$Fe^{3+}>Al^{3+}>Ca^{2+}>Mg^{2+}>H^{+}>NH^{4+}>K^{+}>Na^{+}$$

胶体凝聚，有助于土壤结构的形成和土壤物理性状的改善，钙离子与土壤腐殖质共同作用形成的土壤结构很稳固。农业生产上，通过烤田、晒垡、冻垡等措施，增加土壤电解质浓度，促进胶体的凝聚，效果较佳。在高温多雨和排水良好的地区，土壤胶体上吸附的 Ca^{2+}、Mg^{2+}等离子，多被 H+交换下来而遭淋失，使土壤酸化，这是因为氢的水化半径小，交换时以 H_3O^+形态参加，单位面积电性强，易被胶体吸附。人们可通过增大交换力小的良性离子浓度的办法，达到改良土壤的目的。如酸性土壤施用石灰，增大 Ca^{2+}浓度，代换下 H^+，使土壤良性化发展。

三、土壤吸收性能

土壤具有吸收保留土壤溶液中的分子和离子、悬液中的悬浮颗粒、气体以及微生物的能力，称为土壤的吸收性能。吸收性能是土壤的一种重要性质，它关系到土壤的保肥、耐肥和供肥性能，影响土壤的其他理化性质。首先，施入到土壤中的肥料，无论是有机、无机还是固体、液体或气体等，都会因为土壤吸收能力而被较长久的保存在土壤之中，而且还可以随时释放供植物利用，所以土壤吸收性能与土壤的保肥供肥能力关系非常密切。其次，影响土壤的酸碱度和缓冲能力等化学性质。最后，土壤结构性、物理机械性、水热状况等都直接或间接与吸收性能有关。因此，土壤吸收性能在农业生产中起着多方面的作用，其中最主要的是表现在土壤保肥能力的大小、供肥程度的难易方面，因此，土壤吸收性能也称土壤吸收保肥性能。

土壤吸收性能按照其吸收的原理可分为以下 5 种类型。

(1)机械吸收性　机械吸收是指土壤对不溶性的固体物质的机械阻留作用。土壤是一个多孔介质，土壤里大小不等的孔隙，它能把大于孔隙的物质滞留在土壤中。例如，施用有机肥，其中大小不等的颗粒，均可被保留在土壤中；还有污水灌溉，其一些土粒及其他不溶物，也可因机械吸收性而被保留在土壤中。这种吸收能力的大小，主要决定于土壤的孔隙状况，孔隙过粗，阻留物少，过细又造成下渗困难，易于地面径流和土壤冲刷。故土壤机械吸收性能与土壤质地、结构、松紧度等特性有关。

(2)物理吸收性　物理吸收性能是指土壤对分子态物质的保持和吸收能力，它表现在某些养分聚集在胶体表面，其浓度比在溶液中为大，另一些物质则胶体表面吸附较少而溶液中浓度较大，前者称为正吸附，后者称为负吸附。产生这种作用的原因是由于固体颗粒表面自由能的作用。表面自由能越小，物体的状态越稳定，正吸附的物质减少了土壤颗粒表面的自由能，而负吸附的物质与之相反，自然界中的任何物质都力求表面自由能达到最小程度，土壤颗粒也不例外。表面自由能的大小与表面积和表面张力成正比，自由能减小必须相应减小表面积和表面土壤颗粒吸附表面张力较小的分子物质，就能降低其本身的表面张力，如各种有机物质分子、土壤中的水汽、CO_2、NH_3 等气体分子也能降低土壤颗粒的表面张力，同时表面张力较大的分子物质使之远离表面，如无机酸和各种无机盐类。结果表现为正吸附和负吸附。此外，土壤对细菌也是一种物理吸附。

(3)化学吸收性　化学吸收性是指易溶性盐在土壤中转变为难溶性盐而沉淀保存在土壤中的过程，这种吸收作用是以纯化学反应为基础的，所以叫作化学吸收性。例如，可溶性磷酸盐可被土壤中的铁、铝、钙等离子所固定，生成难溶性的磷酸铁、磷酸铝或磷酸钙，这种作用虽可将一些可溶性养分保存下来，减少流失，但却降低了养分对植物的有效性。因此，通常在生产上应尽量避免有效养分的固定作用发生，但在某些情况下，化学吸收也有好处，如嫌气条件下产生的 H_2S 与 Fe^{2+}，生成 FeS 沉淀，可消除或减轻 H_2S 的毒害。因此，土壤的这种化学吸收性对农业生产有利有弊。

(4)物理化学吸收性　物理化学吸收性是指土壤对可溶性物质中离子态养分的保持能力，由于土壤胶体带有电荷，能吸附溶液中带相反电荷的离子，这些被吸附的离子又可与土壤溶液中的同号电荷的离子交换而达到动态平衡。这一作用是以物理吸附为基础，而又呈现出化学反应相似的特性，所以称为物理化学吸收性或离子交换作用。土壤中胶体物质越多，电性越强，物理化学吸收性也越强，则土壤的保肥性和供肥性就越好。因此，它是土壤中最重要的一种吸收性能。

(5)生物吸收性　生物吸收性是指土壤中植物根系和微生物对营养物质的吸收，这种吸收作用的特点是有选择性和创造性的吸收，并且具有富集养分的作用。上述四种吸收性都不能吸收硝酸盐，只有生物吸收性才能吸收硝酸盐，生物的这种吸收作用，无论对自然土壤还是农业土壤，在提高土壤肥力方面都有着重要的意义。

当然，土壤这五种吸收性能不是孤立的，而是互相联系、互相影响的，同样都具有重要的意义。

四、土壤阳离子的吸附与交换作用

(一)土壤阳离子交换作用

1. 定义

自然条件下，土壤胶体通常带有大量的负电荷，因而能从土壤溶液中吸附带正电荷的阳离子，使得电荷得以中和。被吸附的阳离子在一定的条件下又可被土壤溶液中其他阳离子从胶体表面上交换出来，这种能够相互交换的阳离子称为交换性的阳离子，把交换性的阳离子发生在胶体表面的交换作用称为土壤阳离子交换作用。

例如，土壤胶粒上原来吸附着Ca^{2+}，当施入钾肥氯化钾后，土壤溶液中的K^+含量升高，Ca^{2+}就会被K^+交换出来进入土壤溶液中，而K^+则被土壤胶粒所吸附。其反应如下：

$$\boxed{土壤胶体}=Ca^{2+}+2KCl \rightleftharpoons \boxed{土壤胶体}\begin{matrix}-K^+\\-K^+\end{matrix}+CaCl_2$$

离子从溶液中转移到胶体上的过程，称为离子的吸附过程；原来吸附在胶体上的离子转移到溶液中的过程，称为离子的解吸过程。

2. 土壤阳离子交换作用的特点

(1)可逆性　当溶液中的离子被土壤胶体吸附到它的表面并与溶液达成平衡后，如果溶液的组成或浓度改变，则胶体上的交换性离子就与溶液中的离子产生逆向交换，把已被胶体表面吸附的离子重新归回到溶液中建立新的平衡。

$$\boxed{土壤胶体}\begin{matrix}-K^+\\=Ca^{2+}\end{matrix}+3NH_4Cl \rightleftharpoons \boxed{土壤胶体}\begin{matrix}-NH_4^+\\-NH_4^+\\-NH_4^+\end{matrix}+CaCl_2+KCl$$

这种特点在农业生产中具有重要的实际意义。例如当施入氮肥NH_4Cl后，土壤溶液中的NH_4^+浓度升高，平衡被打破，NH_4^+就会与胶体上的其他阳离子进行交换，而自身被胶体所吸附，重新建立新的平衡，NH_4^+在土壤中被保存下来；当植物生长过程中吸收了NH_4^+，使得溶液中NH_4^+的浓度下降，平衡又被打破，这时胶体上的NH_4^+又重新被交换到土壤溶液中，从而成为游离状态，可以随水移动到根系表面，被植物所利用。如上反应所示。所以可逆反应是一个不断调节土壤胶体与溶液中离子浓度的过程，使土壤具备了保肥、供肥、耐肥、缓冲等性能。

(2)等电量交换　如一个二价的阳离子可以交换两个一价的阳离子，一个三价阳离子可以交换三个一价阳离子。如用重量计算，则0.5 mol的Ca^{2+}可以和1 mol的Na^+或1 mol的H^+或1 mol的K^+进行交换，而1 mol的Fe^{3+}需要3 mol的Na^+或3 mol的H^+或3 mol的K^+进行交换。当然也有例外，例如在酸性条件下，Al^{3+}水解时可产生$Al(OH)^{2+}$和$Al(OH)_2^+$，这些羟基性络合物容易与土壤发生物理吸附，从而使吸附量大于解吸量。

(3)遵循质量作用定律　阳离子交换作用的实质是可逆反应，在一定温度条件下，当反应达到平衡时，根据质量作用定律有：

$$K=\frac{[产物1][产物2]}{[反应物1][反应物1]}$$

K为平衡常数。根据这一原理，可以通过改变某一反应物(或产物)的浓度达到改变产物(或反应物)浓度的目的。例如，通过改变土壤溶液中某种交换性阳离子的浓度使胶体表面吸附的其他交换性阳离子的浓度发生变化，这对施肥实践以及土壤阳离子养分的保持等有重要意义。

3. 影响阳离子交换能力的因素

一种阳离子将胶体上另一种阳离子代换出来的能力，称为阳离子的代换能力。各种阳离子的代换能力大小是有差异的。阳离子代换力的大小顺序为：

$$Fe^{3+}>Al^{3+}>H^+>Ca^{2+}>Mg^{2+}>K^+>NH^{4+}>Na^+$$

影响阳离子代换力的因素有：

（1）所带电荷的多少　离子带的电荷电价越多，受胶体的吸持力越大，因而具有比低价离子要高的代换能力，三价离子的代换力强于二价离子。

（2）离子的半径及水化程度影响　同价离子半径越大，代换能力越强。离子半径大，对水分子的吸引力小，水化力弱，离子水化半径小，易接近胶粒，代换能力便较强。离子半径小，水化半径大，代换能力便较弱。H^+虽是一价阳离子，但水化能力很弱，仅与一个水分子结合而成H_3O^-，水化半径很小，表面电荷密度高。又因H^+运动速度高，易被胶粒吸附，故其交换力强，在交换排列顺序中强于Ca^{2+}。高温多雨地区土壤酸化就是因为土壤排水好，较多Ca^{2+}离子被H^+离子代换后，随水淋失，使土壤H^+离子增多而酸化。

（3）离子浓度　阳离子交换作用受质量作用定律支配，交换力弱的离子，若溶液中浓度增大，也可将交换力强的离子从胶体上交换出来，这就是盐碱土土壤胶体上的Na^+能够占显著地位的原因。

4. 阳离子交换量

土壤胶体吸附保持阳离子数量的多少，可用土壤阳离子代换量（或称阳离子交换量）（Cation Exchange Capacity 简称 CEC）表示。土壤阳离子代换量是指土壤溶液为中性（pH值=7）时，单位重量的土壤能吸附阳离子的摩尔数。其单位为 $cmol^{(+)} \cdot kg^{-1}$ 或者 $mmol^{(+)} \cdot 100\ g^{-1}$。因为土壤胶体一般多带负电，通常所称的代换量，就是阳离子代换量。而代换性盐基量或吸附性盐基量，则是指代换量中H^+以外的阳离子的最大量。阳离子代换量的大小，主要决定于土壤胶体的数量、种类以及土壤的酸碱反应。

（1）土壤胶体的数量　从有机胶体数量看，有机质含量高的土壤，其代换量一般也较高。土壤腐殖质具有极大的表面积，腐殖质胶体的代换量平均可达 200～500 $cmol \cdot kg^{-1}$，其含量对土壤阳离子代换量影响很大。由于土壤无机胶体占的比重数量大，对土壤代换量往往起决定性的影响。据南京土壤所调查，土壤代换量中的80%以上是由小于2 μm的黏粒所提供。土壤质地越黏重，所含胶体越多，代换量也就越大。一般沙土的阳离子代换量为 1～5 $cmol \cdot kg^{-1}$，壤土为 15～18 $cmol \cdot kg^{-1}$，黏土为 25～350 $cmol \cdot kg^{-1}$。所以黏重土壤一般代换量大，保肥耐肥力强，肥效长。沙质土代换量低，土壤保肥耐肥力差，肥效短。

（2）土壤胶体的种类　土壤胶体的种类不同，对代换量的大小有很大影响，见表3-1。有机质含量高，代换量高，保肥耐肥力强。矿质土壤含有机质不多，代换量大小主要决定于无机胶体部分。一般规律为蒙脱石>伊利石>高岭石>含水氧化铁铝。我国北方土壤含蒙脱石较多，所以代换量也较高。南方的红壤有时很黏重，但胶体种类以高岭石和含水氧化铁铝为主，故代换量反而低。

表 3-1　不同土壤类型胶体的阳离子代换量　　$cmol^{(+)} \cdot kg^{-1}$

胶体种类	一般范围	平均
蒙脱石	75～95	80
高岭石	3～15	10
蛭　石	100～150	120
腐殖质	200～500	350

(3)土壤酸碱反应　由于土壤胶体包括有机胶体和无机胶体，其表面的H^+解离，使土壤胶体带负电。因此，土壤越趋于碱性，溶液中OH^-越多，胶体表面的H^+解离就越多，剩余的负电荷也越多，代换量增大。酸性条件可大大降低土壤的代换量(表3-2)。

表3-2　不同土类在不同pH值的代换量　$cmol^{(+)} \cdot kg^{-1}$

土类	栗钙土	黑土	生草灰化土	红壤
pH=4.5	100	100	100	100
10>pH>10.9	188	280	480	493

一般认为，土壤阳离子代换量大于20 $cmol \cdot kg^{-1}$，为保肥力强的土壤；10~20 $cmol \cdot kg^{-1}$的为保肥力中等土壤；小于10 $cmol \cdot kg^{-1}$的为保肥力弱的土壤。保肥力弱的土壤，施肥要少量多次，防止养分随水流失。

(二)土壤盐基饱和度

1. 定义

土壤胶体上吸附的阳离子分为两类：一类是盐基离子，包括Ca^{2+}、Mg^{2+}、K^+、Na^+、NH_4^+等；另一类是致酸离子，即H^+、Al^{3+}。当土壤胶体所吸附的阳离子都是盐基离子时，土壤呈盐基饱和状态，此时的土壤称盐基饱和土壤。土壤胶体上吸附的盐基离子数量和相对程度，常用土壤盐基饱和度来表示。它是指代换性盐基离子所占土壤代换性阳离子总量的百分数。

$$盐基饱和度=\frac{代换性盐基离子量}{代换性阳离子总量}\times 100\%$$

2. 盐基饱和度的物理意义

土壤胶体上的交换性阳离子，若有一部分为H^+或者Al^{+3}，则为盐基不饱和土壤。从对土壤肥力的影响来说，以盐基饱和度为70%~90%的土壤为好。不同土壤类型有不同的盐基饱和度，我国南方红、黄酸性土壤，受多雨淋洗的影响，土壤盐基饱和度一般小于20%，寒湿的东北针叶林下，盐基饱和度也很低；而北方石灰性土壤和盐土的盐基饱和度几乎可达100%。盐基饱和度的大小，是改良土壤的重要依据之一，如果土壤的阳离子代换量大，而盐基饱和度很低，则表明该土壤蓄积速效养分的潜在能力大，但速效养分不足，一般是带负电荷的，由于静电引力使阳离子集中在胶体表面及附近，与扩散层以外溶液离子浓度产生差异。阳离子代换作用，是指土壤胶体表面所吸收的阳离子与土壤溶液中的阳离子相互取代的作用。相互取代的阳离子，按其性质可以分为两类，一类是H^+，另一类是除H^+以外的其他阳离子：Ca^{2+}、Mg^{2+}、NH_4^{4+}、K^+、Na^+等。这些阳离子，因能和阴离子结合成盐，所以又称为盐基离子。因此阳离子代换作用也称盐基代换作用。盐基离子多为易被植物利用的营养物质。

(三)影响交换性阳离子有效度的因素

交换性阳离子是否能被植物吸收，在很大程度上取决于它们从胶体上解吸或交换的难易，影响这些过程的因素有：

1. 交换性阳离子的饱和度

植物根系从土壤溶液中主要吸收的是离子态养分(土壤胶体吸附的离子须先解吸到溶液中)，但也可通过根部表面离子与胶体上的离子进行接触交换而直接吸收。交换性离子的有效度，不仅与某种交换性离子的绝对数量有关，而且与该离子的饱和度(即被土壤吸附的该离子量占土壤阳离子交换量的百分数)的关系较大。某离子的饱和度越大，从胶体上被解吸下来的机会越多，则有效度越大。因此在施肥技术上应采用集中施肥的原则，即将肥料以条施或穴施方法施于植物根系附近，使局部土壤中该离子浓度较高，饱和度增大，从而提高肥效。正如农民所说，“施肥一大片，不如一条线”。

交换性阳离子饱和度与土壤阳离子交换量的大小有关，因而施同样数量化肥于砂土和黏土中，由于砂土阳离子交换量比黏土小，交换性阳离子饱和度大，有效度也大，施肥后见效快，但肥效短，故在砂土中施肥应采用“少量多次”的方法。

2. 陪补离子效应

在土壤胶体上同时吸附着多种阳离子(如 Al^{3+}、H^+、Ca^{2+}、Mg^{2+}、K^+、Na^+等)，对其中某种离子(如 K^+)来说，其余的各种离子(Al^{3+}、H^+、Ca^{2+}、Mg^{2+}、Na^+等)都称为它的陪补离子。这些交换性阳离子的有效度，与陪补离子的种类有关。从表 3-3 可以看出，甲土 Ca^{2+}的有效性比乙土和丙土都高。

表 3-3　陪补离子对交换性钙有效性的影响(小麦的盆栽实验)

土壤	交换性阳离子的组成	盆钵中幼苗干重(g)	盆中幼苗钙含量(mg)
甲土	$40\%Ca^{2+}+60\%H^+$	2. 80	11. 15
乙土	$40\%Ca^{2+}+60\%Mg^{2+}$	2. 79	7. 83
丙土	$40\%Ca^{2+}+60\%Na^+$	2. 34	4. 36

陪补离子和被陪补离子吸附的先后顺序也影响有效度。如胶体上 K^+的饱和度相同，如先施铵盐后施钾盐，因为 K^+被吸附在外，结合松弛，易于被交换释放，所以 K^+的有效度高；如先施钾盐而后施铵盐，则 NH_4^+ 被吸附在外，易于交换释放，从而降低了 K^+的有效度。所以说，陪补离子的种类和吸附顺序，对于施肥都有一定的参考价值。

3. 阳离子的非交换性吸收

土壤中的阳离子一部分被胶体所吸附，一部分游离于土壤溶液中，还有一部分进入 2∶1 型黏土矿物的晶层中，因为晶层中由 6 个硅氧四面体联合形成的六角形网孔的孔穴半径为 0. 14 nm，其大小与 K^+(大小为 0. 133 nm)和 NH_4^+(大小为 0. 143 nm)非常接近，当 K^+和 NH_4^+ 一旦进入这些部位，就被固定下来，其有效性大幅降低，这与阳离子交换作用完全不同。但是在土壤交换性离子总量中，钾(铵)的饱和度越大，则越易发生上述的固定作用。造成这种固定的黏土矿物主要是伊利石、蒙脱石和蛭石。

五、土壤胶体对阴离子的吸附与交换作用

(一)概念

阴离子交换作用是指土壤中带正电荷胶体吸附的阴离子与土壤溶液中阴离子相互交换

的作用。同阳离子交换作用一样，有些是可逆的，并能很快达到平衡，服从于质量作用定律。但是土壤中的阴离子往往和化学固定作用等交织在一起，很难截然分开，所以它不具有像阳离子交换作用那样明显的当量关系。

(二)土壤吸收阴离子的原因

(1)两性胶体带正电荷

酸性 $Al(OH)_3+HCl=Al(OH)_2^{+}+Cl^{-}+H_2O$

碱性 $Al(OH)_3+NaOH=Al(OH)_2O^{-}+Na^{+}+H_2O$

(2)土壤腐殖质中的$—NH_2$ 在酸性条件下吸收H^+成为$—NH_3^+$而带正电。

(3)黏粒矿物表面上的—OH原子团可与土壤溶液中的阴离子代换。

(三)阴离子的交换吸附能力和影响因素

阴离子吸附在很大程度上取决于胶体矿物硅酸与铁、铝氧化物的比例(即胶体矿物全量化学组成中SiO_2与$Fe_2O_3+Al_2O_3$的克分子比率，简写SiO_2/R_2O_3。S. Mattson认为$SiO_2/R_2O_3=1$时，阴离子吸附较强；$SiO_2/R_2O_3=2$时，阴离子与阳离子吸附相当；$SiO_2/R_2O_3=3$或更大时，阴离子吸附减弱，而阳离子吸附增强。土壤中1∶1型黏土矿物越多，铁、铝、锰的氢氧化物的无定形胶体物质越多，pH值越低，则阴离子吸附越强。

不同土壤的阴离子吸附量证实了上述规律。表3-4说明从黑钙土到红壤，阴离子吸附量增加，正是由于从黑钙土到红壤，pH值降低、1∶1型黏土矿物和铁(铝)氢氧化物增多、SiO_2/R_2O_3减小的结果。

表3-4 土壤对阴离子的吸附量 $cmol^{(+)}\cdot kg^{-1}$

土壤	PO_4^{3-}	SO_4^{2-}	NO_3^-	Cl^-
红壤	74.0	7.8	↑	弱吸附
灰化土	41.0	4.2	负吸附	或
黑钙土	18.3	3.0	↓	负吸附

(1)易于被土壤吸附的阴离子 如磷酸离子($H_2PO_4^-$、HPO_4^{2-}、PO_4^{3-})、硅酸离子($HSiO_3^-$、SiO_3^{2-})及某些有机酸的阴离子。这一类阴离子常和土壤中的阳离子进行化学反应，产生难溶性化合物而被固定在土壤中，即所谓化学固定作用。磷酸的化学固定是土壤养分上极为突出的问题。

(2)很少被吸附或不能被吸附而产生负吸附的阴离子 如Cl^-、NO_3^-、NO_2^-等。这些阴离子在土壤溶液中的浓度往往超过它们在胶粒与溶液界面上的浓度，即负吸附现象。

(3)介于以上两者之间的阴离子 如SO_4^{2-}、CO_3^{2-}及某些有机酸的阴离子。

据实测，阴离子吸附能力的次序如下：

$F^->$草酸根$>$柠檬酸根$>H_2PO_4^->HCO_3^->H_2BO_3^->CH_3^-COO>SCN^->SO_4^{2-}>Cl^->NO_3^-$

B. A. 柯夫达提出了下列阴离子吸附的一般顺序：

$$OH^->PO_4^{3-}\geqslant SiO_3^{2-}>SO_4^{2-}>Cl^->NO_3^-$$

磷酸根离子和某些有机酸根离子易被土壤吸收。实际上，磷酸根常被某些阳离子所固定，失去有效性。而土壤中的氯离子和硝酸根离子代换吸收力最弱，甚至不能被土壤吸收，或负吸收发生流失。硫酸根离子介于磷酸根离子与硝酸根离子之间。土壤阴离子吸收作用受土壤溶液浓度的影响，外液浓度大，吸收量增多。一般情况下，随 pH 值的增高，阴离子吸收量降低，并在某一 pH 值以下出现负吸附。阴离子不被土壤胶体吸附而在溶液中浓度增高的现象，称为阴离子的负吸附。根据阴离子吸收的特点，在施肥时宜采取相应措施，磷肥施用防止固定，硝酸态氮肥施用防止流失。

（四）土壤阴离子的负吸附

阴离子的负吸附，指距带负电荷的土壤胶粒表面越近，对阴离子的排斥力越大，因此，负电胶粒表面的阴离子数量反较自由溶液少。前已说明，土壤中大多数胶体或大多数情况下带负电，根据库仑定律，这些带负电的胶粒必然对阴离子产生负吸附现象。只是由于土壤中多少带有一些正电荷，以及阴离子的化学固定作用而掩盖了负吸附。阴离子的负吸附随阴离子价数的增加而增加，但随阳离子价数的增加而减少。如在钠质澎润土中，不同钠盐的陪伴阴离子负吸附次序为：

$$Fe(CN)_6^{3-}>SO_4^{2-}>Cl^-=NO_3^-。$$

在其他条件不变时，阴离子的负吸附还随平衡体系中土壤阳离子交换量的增加而增加。从不同的黏土矿物来说，对阴离子负吸附的次序为：蒙脱石>伊利石>高岭石。其原因可从不同黏土矿物的负电荷和阳离子交换量不同来说明，因为按负电荷量和阳离子交换量也是：蒙脱石>伊利石>高岭石。

第二节　土壤的酸碱性

土壤的酸碱性是土壤非常重要的化学性质之一，它反应的是土壤溶液中 H^+浓度和 OH^-浓度比值不同的差异。如果土壤溶液中 H^+浓度高于 OH^-浓度，土壤呈现酸性；如果 OH^-浓度高于 H^+浓度土壤则呈现碱性；两者相等则土壤为中性。土壤的酸碱性直接影响着植物的生长、养分的有效性与土壤肥力关系密切。

一、土壤酸性

（一）土壤酸性的形成

土壤胶体上吸附着大量的阳离子，当外界的降雨量远远大于蒸发量的时候，淋溶作用强烈，钙、镁、钾等大量的盐基离子随水移出土体，土壤胶体上的负电位点慢慢地被 H^+ 或 Al^{3+}所替代，土壤的盐基饱和度下降，引起土壤酸化。土壤中 H^+的来源。

（1）水的解离　土壤水分可以解离出氢离子，一旦 H^+被胶体吸附，水总能再解离出来。

$$H_2O=H^++OH^-$$

（2）碳酸的解离　植物根系呼吸释放及有机质分解产生的 CO_2 溶解于土壤水中可形成 H_2CO_3，碳酸的解离可以产生 H^+。

(3)有机酸的解离　土壤中的有机质在转化的过程中产生的中间产物是有机酸(例如：草酸、醋酸、柠檬酸等)，在土壤溶液中可以电离出 H^+。而且本身腐殖质中的胡敏素上的羧基也可电离出 H^+。

(4)酸性物质的沉降　大气中的酸性化学物质(pH<5.6 如 SO_4、NO_x)降落到土壤中或随降水进入土壤后，转化为无机酸，无机酸的电离都能产生氢离子。

(5)施肥等农业措施　随施肥等农业措施将一些无机酸带进了土壤中，例如磷肥中本身就含有磷酸、硫酸等无机酸，农田施用磷肥时，无机酸进入土壤。还有在土壤上长期施用一些生理酸性肥料(NH_4Cl、KCl 等)，会导致土壤中 H^+变多。

(6)土壤中 Al^{3+}的活化　随着盐基饱和度的降低，胶粒的晶体结构遭到破坏，铝八面体的一些结构被解体，使铝离子脱离了八面体晶格的束缚，变成活性铝离子，铝离子的电离将产生大量的氢离子。

(二)土壤酸的类型

按照存在的位置而引起的酸性将土壤酸分为两种，存在于土壤溶液中的 H 引起的土壤酸性叫活性酸；吸附在土壤胶体表面上的致酸离子(H^+和 $A1^{3+}$)转移到土壤溶液中，转变成溶液中的氢离子时，所引起的酸性称为潜性酸。土壤活性酸与潜性酸处于同一个体系，二者可以相互转化，即土壤溶液中 H^+和 $A1^{3+}$的数量发生变化时，它可以被吸附到土壤胶体上或从土壤胶体上解析到土壤溶液中，二者始终处于土壤溶液与土壤胶体的可逆动态平衡中，是属于一个体系中的两种酸。

(三)酸的表示

1. 活性酸

通常用 pH 来表示，即土壤溶液中 H^+浓度的负对数，是土壤酸碱性的强度指标。土壤的酸碱性根据 pH 值高低可分为以下五级(表 3-5)。

表 3-5　土壤酸碱度级别

pH	土壤的酸碱性	pH	土壤的酸碱性
<4.5	极强酸性	7.5~8.5	弱碱性
4.5~6.5	弱酸性	>8.5	强碱性
6.5~7.5	中性		

按照此分级制度我国土壤的酸碱度 pH 值大多数在 4.5~8.5，并呈地带性分布具有“南酸北碱”的特点，大致以长江为界，长江以南土壤多数为强酸性，例如华南、西南地区分布的红壤、砖红壤等 pH 值绝大多数在 4.5~5.5。华东、华中地区的红壤 pH 值在 5.5~6.5；长江以北的土壤多数为中性和碱性土壤。华北、西北的土壤 pH 值通常在 7.5~8.5，部分碱土 pH 值在 8.5 以上，少数为强碱性土壤 pH 值可高达 10.0 左右。

2. 潜性酸

土壤胶体上吸附的氢、铝离子所反映的潜性酸量，一般情况下这些离子表现不出酸性，只有这些离子从胶体上解离下来或被其他离子交换到土壤溶液中才能表现出酸性，所以称为潜性酸，它是土壤酸碱的容量指标。潜性酸度的大小通常用土壤交换性酸度或水解性酸度表示。

(1)交换性酸　通常用中性盐溶液 1 mol·L^{-1}KCl、NaCl 或 0.06 mol·L^{-1} $BaCl_2$(pH=7)作为浸提剂，土壤胶体表面吸附的铝离子与氢离子的大部分均被浸提剂的阳离子交换而进入溶液，其反应方程如下：

$$\boxed{土壤胶体}\begin{matrix}-H^+\\ \equiv Al^{3+}\end{matrix} + 4KCl \rightleftharpoons \boxed{土壤胶体}\begin{matrix}-K^+\\ \equiv 3K^+\end{matrix} + 4HCl + Al(OH)_3\downarrow$$

浸提液由原来的中性变为酸性，再用标准的碱液滴定盐酸的量，其结果即交换性酸度。从以上反应可以看出，此反应是可逆的，测定的结果只是土壤潜性酸量的一部分，而不是它的全部。交换性酸量的大小在酸性土壤改良估算石灰用量时有重要的参考价值。

(2)水解性酸　用弱酸强碱盐类的溶液例如 1 mol·L^{-1}的醋酸钠(pH=8.2)作为浸提液，因弱酸强碱盐溶液本身的水解作用，在胶体表面发生的交换反应如下：

$$CH_3COONa+H_2O \quad CH_3COOH+NaOH$$

$$\boxed{土壤胶体}\begin{matrix}-H^+\\ \equiv Al^{3+}\end{matrix} + 4NaOH \rightleftharpoons \boxed{土壤胶体}\equiv 4K^+ + Al(OH)_3\downarrow + H_2O$$

再用标准的碱液滴定醋酸的总量，其结果即为水解性酸度。交换性酸度和水解性酸度所表示的都是潜性酸，但水解性酸度比交换性酸度大得多，这是因为用弱酸强碱盐类的溶液所进行的交换程度比用中性盐类溶液完全的多，胶体上吸附的 H^+ 和 Al^{3+} 绝大部分能被交换下来，同时水合氧化物表面的羟基以及腐殖酸某些官能团(如羧基)也会解离出 H^+ 而进入溶液。土壤水解性酸度用于酸性土壤改良时计算石灰需要量的数据。

二、土壤碱性

1. 土壤碱性的形成机理

土壤中 OH^- 的来源主要是钙、镁、钠等碱金属和碱土金属的碳酸盐和重碳酸盐的水解，以及胶体上吸附的交换性钠交换到土壤溶液中造成的。

(1)石灰性土壤中碳酸钙的水解　在石灰性土壤和交换性钙含量高的土壤中，主要是碳酸钙、土壤空气中的 CO_2 和土壤水处于同一个平衡体系中而产生的 OH^-。其反应方程式如下：

$$CaCO_3+H_2O \rightleftharpoons Ca^{2+}+HCO_3^-+OH^-$$

(2)碳酸钠以及碳酸氢钠的水解　母质中钠与碳酸反应、岩石矿物风化产生的碳酸钠以及钠离子与碳酸钙共存时产生的碳酸钠水解，会使土壤产生较强的碱性，其反应方程式如下：

$$Na_2CO_3+H_2O \rightleftharpoons 2Na^++HCO_3^-+OH^-$$

$$NaHCO_3+H_2O \rightleftharpoons Na^++H_2CO_3+OH^-$$

(3)胶体上交换性钠的解析　在碱土中碳酸钠的水解会使土壤呈强碱性反应。交换性钠的水解使土壤呈强碱性反应，是碱化土的重要特征。土壤碱化与盐化有着发生学上的联系。盐土在积盐过程中，胶体表面吸附有一定数量的交换性钠，但因土壤溶液中的可溶性盐浓度较高，阻止交换性钠的水解。所以，盐土的碱度一般都在 pH8.5 以下，物理性质也不会恶化，不显现碱土的特征。只有当盐土脱盐到一定程度后，土壤交换性钠发生解吸，土壤才出现碱化特征。但土壤脱盐并不是土壤碱化的必要条件。土壤碱化过程是在盐土积盐和脱盐频繁交替发生时，促进钠离子取代胶体上吸附的钙、镁离子，而演变为碱化土壤。

2. 土壤碱性的表示方法

土壤碱性除可以用 pH 表示外，还可以用总碱度和碱化度表示。

总碱度是指每千克土壤溶液中 CO_3^{2-} 和 HCO_3^- 的厘摩尔数。由于 Na_2CO_3、$NaHCO_3$、$CaHCO_3$ 溶解度很大，所以它们引起的土壤碱性很强，而 Ca_2CO_3、$MgCO_3$ 的溶解度较低，它们产生的碱性不强，在一般情况下，石灰性土壤的 pH 值不会高于 8.5。

土壤的碱性还取决于土壤胶体上交换性 Na 的相对数量，所以将交换性 Na^+ 占土壤阳离子交换量的百分数称为碱化度（ESP）。此指标可以作为碱土分类的依据。当碱化度为 5%~20%时称此土壤为碱化土，如果碱化度大于 20%时则称为碱土。

三、影响土壤酸碱性的因素

（1）母质　母质中含有的矿物会直接影响到形成土壤的酸碱性，酸性的母岩如花岗岩、流纹岩等形成的土壤 pH 值较低，而基性岩、超基性岩因含有较多的碱性物质，所以形成的土壤 pH 值多呈碱性。

（2）气候因素　我国土壤的酸碱度在地理位置上有“南酸北碱”的分布规律，这一规律的形成与气候特征关系密切，长江以南的气候高温多雨，降雨量远多于蒸发量，这样使得土壤中易溶性的盐基离子随水淋溶，胶体上阳离子的位置逐渐被氢、铝离子所替代，土壤的 pH 值降低，变为酸性土壤。而碱性土壤一般分布在干旱、半干旱以及漠境地区，在这些区域的蒸发量远远大于降雨量，尤其在冬春干旱季节的蒸降比一般为 5~10，甚至 20 以上。水分向上移动，盐基离子逐渐向地表积聚，季节性积盐和脱盐过程明显，从而形成碱性土壤。

（3）生物因素　高等植被的庞大根系以及土壤微生物的呼吸产生 CO_2 会使土壤的 pH 值下降，同时有机质分解还产生大量的有机酸也会使土壤酸性增强。当然由于高等植物的选择性吸收，富集了钾、钠、钙、镁等盐基离子，特别是有一些植物（如盐蒿、盐爪爪等荒漠植被）能在干旱土壤上生长，它们富集盐分的能力很强，它们死亡后的残体会使土壤碱化。

（4）其他环境条件　在某些重工业区，空气中 SO_2、NO_x 的浓度增加，这些物质遇到降雨则形成酸雨，会使土壤酸化加剧；长期使用生理酸性肥料[如：$(NH_4)_2SO_4$]和生理碱性肥料，也会使土壤的酸碱性发生变化；同时用含酸或含碱的废水灌溉会使土壤的酸碱度发生改变。

四、土壤酸碱状况对生物生存以及土壤养分、其他性质的影响

（一）土壤酸碱状况对生物生存的影响

大多数植物适宜生长在中性至微碱性土壤上。但有些植物由于长期自然选择的结果，

使它们只能在一定的酸碱范围的土壤上生长，例如茶、映山红只能在酸性土壤上生长，而盐蒿、碱蓬等只能在碱性土壤上生长。常见植物适宜的酸碱环境见表 3-6。一般作物适应的 pH 范围较广，如大豆、小麦、豌豆等。而有些作物不然，紫花苜蓿在 pH7.0~8.0 的范围内生长良好；而马铃薯、烟草、柑橘等则要求在 pH 5.0~6.5 的酸性土壤栽培。

表 3-6　常见植物适宜的酸碱范围

植物类型	适宜的 pH	植物类型	适宜的 pH	植物类型	适宜的 pH
小麦	6.0~7.0	莴笋	7.0~8.0	苹果	6.0~8.0
水稻	5.5~6.5	番茄	6.0~7.0	橙柑	5.0~6.5
玉米	6.0~7.5	黄瓜	6.0~8.0	桃树	6.0~7.0
大豆	6.5~8.5	花椰菜	7.0~8.0	茶树	5.0~6.0
棉花	6.5~7.5	南瓜	6.0~8.0	橄榄	6.0~7.0
大麦	7.0~8.0	西红柿	4.5~6.5	荔枝	6.0~7.0
花生	5.5~6.5	马铃薯	5.5~7.5	桑树	6.0~7.0
甜菜	7.0~8.0	洋葱	5.8~7.0	板栗	5.5~7.0
甘薯	5.0~6.0	胡萝卜	5.5~7.0	核桃	6.0~8.0

土壤中存在着大量的微生物，不同种类的微生物对酸碱度也有不同的要求，例如细菌和放线菌，固氮菌、纤维菌、硝化细菌等，适合在中性和微碱性土壤中生存，而真菌则在强酸性土壤(pH5.0~5.5)中数量及种类最多。

(二)土壤酸碱度对土壤养分生物有效性的影响

土壤酸碱度直接影响着土壤中养分的释放、淋失与固定，土壤养分的生物有效性与 pH 值关系密切。植物必需的营养元素的生物有效性与土壤 pH 值的关系见图 3-2。可以看出，土壤养分的有效性在微酸至微碱的范围内都较高，这与 pH 值对土壤微生物的活性有关系，因为特别是有机态的养分由无效转化为有效，绝大部分需要微生物的参与，而微生物的适宜生存的土壤 pH 值就是微酸至微碱的范围。其中氮、钾、硫在微酸、中性、碱性土壤中的有效性较高，这是因为在强酸性条件下，这些元素容易随水流失；磷元素只有在 pH 6.0~7.0 的范围内有效性较高，当土壤在 pH<5.0 时土壤中的活性铁、铝的含量增加，容易形成磷酸铁、磷酸铝的沉淀，而当 pH>7.0 时，土壤中的钙、镁等离子和磷易形成磷酸钙、磷酸镁的沉淀，从而降低了磷的有效性；pH 6.5~8.5 的土壤中有效钙、镁的含量较高，酸性土壤的淋溶作用强烈，钾、钙、镁容易流失，导致这些元素缺乏，pH>8.5 时，土壤钠离子增加，钙、镁离子被取代形成碳酸盐沉淀；而铁、铜、锌、锰等微量元素只有在酸性、强酸性土壤上的有效含量高，当 pH>7.0 时这

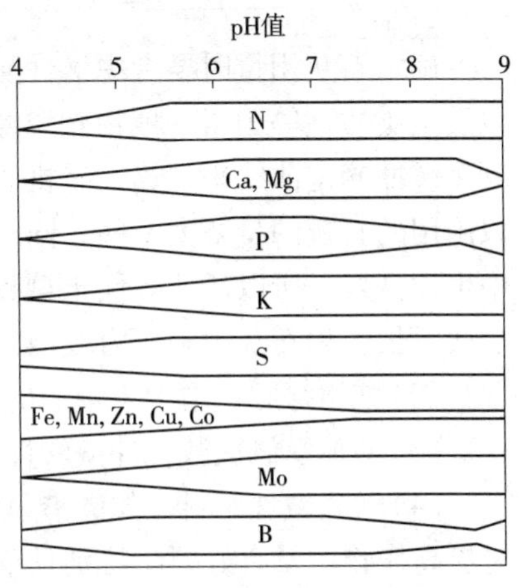

图 3-2　土壤中养分的生物有效性与 pH 值的关系

些离子的有效性明显降低，植物经常出现铁、锰等离子的不足症状；在酸性土壤中植物容易出现钼的缺乏症，因为钼酸盐不溶于酸而溶于碱，所以在碱性条件下，钼的有效性较高；硼的有效性与土壤酸碱性之间关系较复杂，硼在 pH 5~7.5 和 pH>8.5 时有效性较好。

(三)土壤酸碱度对土壤结构的影响

酸性土壤中土壤胶体上吸附的致酸离子(Al^{3+}、H^{+})或碱性土壤中的钠离子较多时，土壤的结构分散，理化性质恶劣，不利于肥力较高的团粒结构的形成。

(四)土壤酸碱性对有毒物质的积累

过酸土壤中的游离态的 Al^{3+} 和有机酸(例如：丁酸、草酸等)大量产生，这些物质使植物根系变粗、变短、发黑，甚至死亡。而土壤的碱性过强，土壤中可溶盐分达一定数量后，同样会直接影响作物的发芽和正常生长。含碳酸钠较多的碱化土壤，对作物更有毒害作用。

五、土壤酸碱的调节

土壤过酸或过碱都不适合作物的生长，因此需要适当调节，使其满足作物的要求。

1. 对于过酸土壤(pH<6.0)的改良

这样的土壤一般是又酸又贫瘠，养分含量低，土质黏重。其改良培肥的具体措施是：

(1)施用石灰 $CaCO_3$、CaO、$Ca(OH)_2$ 以中和酸性，加入的石灰主要是中和了土壤中的活性酸和潜性酸，特别是后者。其反应如下：

$$\boxed{\text{土壤胶体}}\begin{matrix}-H^{+}\\ \equiv Al^{3+}\end{matrix} + 4NaOH \rightleftharpoons \boxed{\text{土壤胶体}}\equiv 4K^{+} + Al(OH)_3\downarrow + H_2O$$

确定石灰用量时要考虑潜性酸的量、土壤阳离子交换量、盐基饱和度、有机质的含量以及土壤质地等因素，植物对酸碱的要求以及石灰的类型和施用技术。其中潜性酸的量应利用缓冲滴定曲线来计算，有机质含量高、质地黏重的土壤，由于土壤的缓冲能力强，所以施用的石灰的量要大一些，同时必须考虑植物所适应的酸碱范围，一般植物在中性土壤中生长良好，所以调节酸性土壤到 pH6.5 左右即可，同时应注意施用熟石灰见效快，但后效不长，生石灰中和能力较慢，但后效较长。

(2)施用绿肥，增加土壤中的有机质，达到改善土壤酸性的效果。

(3)增加灌溉次数，冲淡酸性对作物的危害。

(4)增施碱性肥料，如碳酸氢铵、氨水、石灰氮、钙镁磷肥、磷矿石粉、草木灰等，对提高作物产量有好处。特别是草木灰既能中和土壤酸度，又能提高土壤的含钾量。

2. 对于碱性土壤(pH>8.5)的改良

首先可以施加石膏、硅酸钙、硫黄粉和硫酸铵、过磷酸钙、磷酸二氢钾、硫酸钾等酸性肥料，定向中和碱性。其次多施农家肥，改良土壤，培肥地力，增强土壤的亲和性能，如施入腐熟的粪肥、泥炭、锯木屑、食用菌的土等。最后进行客土，有条件的施入一些沙土，和农家肥一起翻入土壤 10~15 cm。当然还可以种植比较耐盐碱的植物，如水稻等，同时进行合理的田间管理，防止次生盐渍化。

第三节　土壤的氧化还原性

土壤氧化还原性是土壤的一个重要的化学性质。由于土壤中存在着大量的可以发生氧化还原反应的物质，所以在土壤生物的影响下这些物质表现出不同的状态，从而表现出不同的性质，这种性质对土壤肥力和植物生长发育影响深刻。

一、土壤氧化还原体系

氧化还原反应的实质是电子的得失过程，其中一种物质得到电子，必有另一物质失去电子，前者即被还原，称为氧化剂，后者被氧化，称为还原剂。土壤中含有很多可以发生氧化还原反应的物质，可以得到电子作为氧化剂的有 O_2、NO_3^-、Fe^{3+}、Mn^{4+}、SO_4^{2-} 等，它们依次可以作为电子的受体，其中最容易得到电子的是土壤空气中的氧，它是最主要的氧化剂，最容易失去电子的是土壤中的有机质，特别是新鲜的有机质是主要的还原剂。

二、土壤氧化还原电位(E_h)

土壤中氧化态物质的浓度与还原态物质的浓度的相对比例决定了土壤的氧化还原状况，当土壤中的物质由氧化态转化为还原态时，氧化态物质的浓度升高，而还原态物质的浓度降低，这种浓度的变化，引起土壤溶液电位的变化，这种由于氧化物质和还原物质浓度的变化而造成的电位即氧化还原电位，用 E_h 来表示，其单位是伏或毫伏。其表示如下：

$$E_h = E_0 + \frac{0.059}{n}\ln\frac{(\text{氧化态})}{(\text{还原态})} 0.059\frac{m}{n}\text{pH}$$

式中：E_0 为标准氧化还原电位；n 为氧化还原反应中的电子转移数目。

三、影响土壤氧化还原的因素

(1)土壤通气性　土壤通气状况直接决定土壤空气中 O_2 的浓度，土壤通气良好，说明土壤空气与大气间气体交换速度快，土壤空气中 O_2 的浓度较高，物质多处于氧化态，E_h 值较高。相反土壤通气不良，土壤空气与大气间的交换速度缓慢，O_2 的浓度较低，E_h 值下降，因此 E_h 可以用来反应土壤的通气状况，E_h 值越高，说明土壤的通气良好。

(2)土壤中微生物的活动　微生物活动需要氧，微生物活动愈强烈，消耗的氧就愈多，所以土壤中的 O_2 降低，或使氧化态化合物中的氧被微生物消耗，致使氧化还原电位降低。因此在一定条件下，E_h 值可以反映土壤微生物的活动。

(3)土壤中易分解有机质的含量　土壤中有机质的分解主要是微生物参与下的耗氧过程。当向土壤中加入新鲜的有机质，易分解的有机质变多，微生物活动加剧，耗氧越多，使 E_h 值降低。

(4)植物根系的代谢作用　植物根系的呼吸需要 O_2，造成根系 E_h 降低，同时植物根系分泌多种有机酸，造成特殊的根际微生物的活动条件，当然还有一部分分泌物能直接参与根际土壤的氧化还原反应，所以一般旱作植物的根际 E_h 值较土体低数十毫伏。而对于水田例如水稻，由于其根系能分泌氧，使根际土壤 E_h 值较根外土壤高。

(5)土壤的 pH 值　土壤的氧化还原电位与 pH 值之间有一定的关系，因为氢直接参与氧化还原反应。从理论上看土壤的 pH 值与 E_h 关系固定(在通气条件不变下，每上升一个单位 pH，E_h 要下降 59 mV)，但实际情况并不完全有非常固定的数值，一般情况下土壤 E_h 是随 pH 值的升高而下降。

四、土壤的氧化还原状况对生物生存、养分有效性及有毒物质积累的影响

土壤的氧化还原电位一般在-450~700 mV，旱地土壤的 E_h 值一般较高，在 400~700 mV 的范围之内，而水田的 E_h 值较低，一般为-200~300 mV，所以不同的植物对 E_h 值有不同的要求，特别是植物根际微域内的环境中，旱地的根际内比土体的低一些，而水田的根际内比土体的高一些。土壤的氧化还原状况与微生物活性之间关系密切，E_h 值较高微生物的活性就越强，特别是好气性微生物；反之，微生物的活性就越弱。因此，氧化还原状况直接与微生物的数量、活性关系密切。

土壤的氧化还原状况能直接影响土壤中养分的生物有效性，例如，土壤中的铁元素，它的氧化形式 Fe^{3+} 对于大多数植物来说难以被吸收利用，而还原态的 Fe^{2+} 对植物生长有效；但是硫元素的氧化形式(SO_4^{2-})对植物有效，而还原形式(S^{2-})却是无效的。氧化还原性还影响着土壤养分的形态，进而影响植物对养分的吸收，当 E_h 值低于 200 mV 时，氮元素以铵态氮为主，适合水稻的吸收，当 E_h 值高于 480 mV 时，以硝态氮为主则适合旱地作物的利用。一般 Eh 值在 200~700 mV 时，养分供应正常，植物根系生长良好。

当土壤的氧化还原电位高于 700 mV 时，土壤处于完全的氧化状态，好气性微生物活动剧烈，大部分微量元素(例如 Mn、Fe 等)处于氧化状态，有效性较低，植物生长受到影响。

当电位低于 200 mV 时，土壤主要进行还原反应，积累了大量的还原态的物质，

如 CH_4、H_2S、有机酸等，这些物质对根系的生长都有一定的抑制作用，造成根系呼吸困难，甚至死亡。特别是在长期淹水的强还原性土壤中，往往有 Fe^{2+} 和 S^{2-} 等还原物质的大量积累。水溶性 Fe^{2+} 可高达 400 mg·g^{-1}，如锈水田，可毒害水稻根系。H_2S 在土壤富铁条件下，形成 FeS，但如果土壤缺铁或在 pH<6 的条件下，就可出现较多 H_2S 对水稻发生毒害。水田在大量施用新鲜有机肥时可积累较多的丁酸等有机酸，抑制水稻根系呼吸和养分吸收。H_2S(>0.07 mg·L^{-1})和丁酸(>10^{-3} mol·L^{-1})对水稻吸收养分抑制程度的顺序为：$H_2PO_4^-$、K^+>Si^{4+}>NH_4^+>Mg^{2+}、Ca^{2+}，水田土壤大量施用绿肥等有机肥时经常发生 FeS 的过量积累，使稻根发黑，土壤发臭变黑，影响其地上部分的生长发育。因此，保持一定范围内的氧化还原电位对植物的生长是非常重要的。

五、土壤氧化还原状况的调节

对于氧化性非常强的土壤来说，如所谓的“望天田”，主要是解决水源问题，用淹水灌溉的方法，以促进土壤适度还原，并增施有机肥料，提高土壤中养分的有效性，改善土壤的理化性状，使土壤的保水蓄水能力提高，从而适当降低土壤的氧化还原电位。

对于强还原性的、水分过多的下湿田、深脚烂泥田，由于排水不畅，渗漏量过小，还原性强，E_h 为负值，还原性物质大量积累，导致作物低产，则应该采取开沟排水，降低

水位等措施，改善土壤的通气条件，以提高土壤的氧化性。

当然对于培肥水稻土来说，施用有机肥料和适当灌水，氧化还原经常交替进行，使土壤还原条件适度发展，然后根据水稻生长状况和土壤性质，采用排水、烤田等措施。有助于高肥力水稻土的形成。如在耕作还原条件下，土色较黑，排水落干后出现血红色的“绣纹、绣斑”，整个剖面有一定的层次排列。这是肥沃水稻土的剖面形态特征。

第四节 土壤的缓冲性

土壤的缓冲性是土壤非常重要的一种性质，它是表征土壤质量及土壤肥力的重要指标。从狭义上讲，土壤的缓冲性是指土壤在一定的范围内抵御外界酸碱变化的能力。随着人们对自然界认识的不断提高，土壤不但对加入土壤的酸性物质、碱性物质有一定的缓冲，而且对氧化还原电位、营养元素的有效性以及污染物质的毒性等都有一定的缓解能力，所以土壤具有抗衡外界环境(酸碱物质、营养物质、污染物质、氧化还原等)变化的能力即土壤的缓冲性。土壤是一个巨大的缓冲体系，这个体系是固、液、气三相组成的多组分开放的生物地球化学系统，在这个系统中发生着各种各样的物理的、化学的以及生物化学的反应，从某种角度上说，这些反应就是土壤自我调节的能力，当施肥、灌溉、喷洒农药等外界环境发生改变时，土壤在一定程度上保持自身的相对稳定，在这种相对稳定的环境中，植物、微生物的生存才有了保障。下面是土壤对外界酸碱变化进行缓冲的讨论。

一、土壤对酸、碱缓冲的机制

(一)土壤酸、碱缓冲作用的原理

(1)土壤中弱酸及弱酸盐或弱碱及弱碱性盐共存时，则土壤对外来酸或外来碱具有缓冲作用。土壤中存在许多中弱酸，如碳酸、磷酸、硅酸，多种多样的有机酸及它们的盐类，这些形成了良好的缓冲环境。例如，石灰性土壤中碳酸与碳酸钙形成的缓冲体系，其缓冲过程如下：

$$H_2CO_3+Ca(OH)_2=CaCO_3+H_2O+CO_2$$

$$CaCO_3+HCl=CaCl_2+H_2O+CO_2$$

(2)土壤胶体上吸附着大量的阳离子，它们的可交换性对外来酸碱的缓冲性更具有重要的意义，当土壤溶液中 H^+ 变多时，胶体上可交换的盐基离子与之交换，从而形成中性盐，土壤的酸性变化很小或无变化。当土壤中加入了碱性物质时，OH^- 变多，其伴随的金属离子，可以与胶体上的 H^+ 交换，H^+ 进入土壤溶液中与 OH^- 形成电离度非常小的水，土壤溶液的酸碱度变化也很小。其反应如下：

$$\boxed{\text{土壤胶体}}—H^++NaOH=\boxed{\text{土壤胶体}}—Na^++H_2O$$

$$\boxed{\text{土壤胶体}}—K^++HCl=\boxed{\text{土壤胶体}}—H^++KCl$$

(3)土壤中两性物质的存在，对外来酸碱有一定的缓冲。例如蛋白质、氨基酸以及氢氧化铝等物质。

（二）土壤对酸、碱缓冲的主要体系

不同的土壤其组成有差异，因此形成不同的缓冲体系。土壤的酸碱缓冲体系主要有：①石灰性土壤上主要是碳酸盐体系，其缓冲 pH 值的范围是 pH6.7~8.5。②一般土壤含有大量的硅酸盐矿物，通过风化可以释放出钠、钾、钙、镁等元素，并转化为次生黏粒矿物，硅酸与硅酸盐可形成硅酸体系，此体系对土壤的酸性物质起缓冲作用。③土壤胶体上吸附的各种可交换的盐基离子，能对土壤外来酸起缓冲作用，而胶体表面吸附致酸离子，又能对外来的碱性物质起缓冲作用。土壤阳离子交换量越大，缓冲能力越大。对两种阳离子交换量相同的土壤，则盐基饱和度越大的土壤，对酸的缓冲性越强。④土壤中含有的有机质，如蛋白质、氨基酸以及腐殖酸等含有大量的羧基、羟基、酚羟基、醇羟基等功能团，形成有机质体系对酸、碱具有缓冲作用。此外，在强酸性土壤（pH<4.0）中铝离子，对外来的加入的碱性物质可以起到一定的缓冲作用，但当土壤 pH>5.0 时，铝离子形成 $Al(OH)_3$ 沉淀，从而失去它的缓冲能力。

二、土壤酸、碱缓冲容量

土壤对酸碱缓冲的能力高低，可用缓冲容量来衡量。土壤对酸碱的缓冲容量是指一定量的土壤改变一个单位 pH 值所需要的酸或碱的量。土壤缓冲容量的大小可用酸、碱滴定测得，即取一定量的土样制成悬液，用标准的酸或碱液滴定，测定 pH 值的变化，用纵坐标表示 pH 值，横坐标表示加的酸或碱量，绘制滴定曲线，又称缓冲曲线。不同性质的土壤，其酸的滴定曲线具有不同的特征。图 3-3 是砖红壤、红壤和黄棕壤的酸碱缓冲曲线，可以看出砖红壤的缓冲极限为 5.0，红壤是 4.5，而黄棕壤是 3.9。

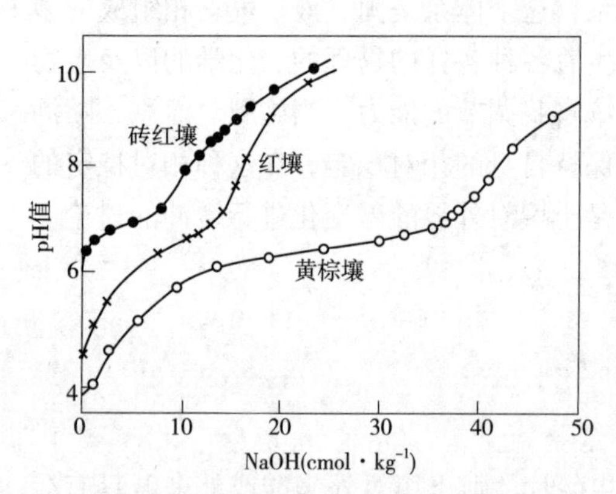

图 3-3　砖红壤、红壤和黄棕壤胶体的中和曲线（于天仁，1987）

三、影响土壤酸碱缓冲性的因素

（1）土壤质地　土壤的质地不同，黏粒含量不同，土壤胶体的数量差异较大，相应的阳离子交换量亦不同，黏粒含量越高，阳离子交换量越大，土壤对酸碱的缓冲能力就越强。反之，砂粒含量高，则缓冲能力就越弱。

（2）土壤中胶体的种类　土壤无机胶体的种类不同，其阳离子交换量不同，缓冲能力就有差异。无机胶体中缓冲性由大变小的顺序为：蒙脱石>伊利石>高岭石>含水氧化铁、铝。

（3）土壤有机质的含量　土壤中有机质含量影响土壤对酸碱的缓冲，有机质含量越高，有机胶体的数量越多，阳离子交换量就越大，土壤对酸碱的缓冲能力就越强。一般耕作层的有机质含量较心土、底土的高，缓冲性耕作层最高。

思　考　题

一、名词解释

胶体　比面　永久电荷　可变电荷　阳离子交换作用　盐基饱和度　离子饱和度　活性酸　潜性酸　总碱度　碱化度　顺序还原　土壤的缓冲性　缓冲容量

二、简答题

1. 土壤胶体的概念及主要的种类?
2. 土壤保肥性、供肥性对植物生长的影响。
3. 离子代换吸收和土壤肥力的关系。
4. 如何调节土壤的供肥性。
5. 土壤胶体的特性及其对土壤肥力的影响。
6. 简述土壤酸性的类型。
7. 土壤酸碱性对生物生长发育和对土壤肥力有何影响。
8. 土壤氧化还原性对生物生长发育和对土壤肥力有何影响。
9. 土壤对酸碱缓冲的机制是什么?有哪些主要的缓冲体系?

主要参考文献

[1]黄昌勇．土壤学[M]．北京：中国农业出版社，2000.
[2]刘克锋，等．土壤肥料学[M]．北京：气象出版社，2006.
[3]于天仁．土壤化学原理[M]．北京：科学出版社，1987.
[4]袁可能．土壤化学[M]．北京：农业出版社，1990.
[5]刘春生．土壤肥料学[M]．北京：中国农业大学出版社，2006.
[6]沈其荣．土壤肥料学通论[M]．北京：高等教育出版社，2002.
[7]谢德体．土壤肥料学[M]．北京：中国林业出版社，2004.
[8]郑宝仁，赵静夫．土壤与肥料[M]．北京：北京大学出版社，2007.
[9]孙向阳，等．土壤学[M]．北京：中国林业出版社，2005.
[10]刘春生．土壤肥料学[M]．北京：中国农业大学出版社，2006.

第四章　土壤的物理性质

摘　要　土壤孔性、结构性、热特性和耕性都是土壤重要的物理性状，它们不仅直接影响到植物根系的伸展及植物的生长发育，而且还影响着土壤水分运动、土壤空气变化以及土壤、肥料中养分的转化与供应等。土壤孔性决定于土壤质地、有机质含量及土壤结构性等方面，而孔性的好坏又影响着土壤耕性并成为土壤结构性的主要表征。土壤热特性主要决定于土壤的物质组成，对植物生长和微生物活动有极其重要的影响。土壤孔性、结构性和耕性都常因自然及人为因素的作用而发生改变，尤以人为因素影响最大，所以比较容易进行人为调控，是研究土壤肥力、培肥土壤首先应探索的土壤基本物理性质。

第一节　土壤的孔性

土壤孔性是土壤孔隙性的简称，是指土壤孔隙度、大小孔隙的比例及其在土体中分布状况的总称。土壤孔隙状况不仅直接关系到土壤中水分和空气的数量，而且还影响着土壤养分的转化和土壤温度。农业生产中一方面要求土壤孔隙具有适当的容积，另一方面又要求土壤中大小孔隙的比例要适当。

土壤孔隙并不是平直匀称的通道，而是弯弯曲曲、粗细不等、纵横交错的，因此土壤孔隙的实际状况比较复杂，要想直接测量出土壤孔隙的体积相对比较困难，通常采用间接的方法，先测定出土壤密度与容重，然后再利用相关公式来计算土壤孔隙度。因此先介绍土壤密度与容重这两个重要的基本参数。

一、土壤密度

单位容积固体土粒(不包括土粒间孔隙)的干重称为土壤密度(soil density)，单位为 $g \cdot cm^{-3}$ 或 $t \cdot m^{-3}$。土壤密度除了用于计算土壤孔隙度和土壤三相组成之外，还可用于计算土壤机械分析时各级土粒的沉降速度，估计土壤的矿物组成等。

土壤密度的大小是土壤中各种固相成分的含量和其密度的综合反映，主要取决于土壤矿物质颗粒组成和土壤有机质含量。由于土壤中有机质含量一般较低，因此土壤密度大小的主要决定因素是土壤的矿物组成。土壤主要组分的密度见表 4-1。

表 4-1　土壤中主要组分的密度

组分	密度($g \cdot cm^{-3}$)	组分	密度($g \cdot cm^{-3}$)
石英	2. 60~2. 68	赤铁矿	4. 90~5. 30
正长石	2. 54~2. 57	磁铁矿	5. 03~5. 18
斜长石	2. 62~2. 76	三水铝石	2. 30~2. 40

（续）

组分	密度(g·cm⁻³)	组分	密度(g·cm⁻³)
白云母	2.77~2.88	高岭石	2.61~2.68
黑云母	2.70~3.10	蒙脱石	2.53~2.74
角闪石	2.85~3.57	伊利石	2.60~2.90
辉石	3.15~3.90	腐殖质	1.40~1.80
纤铁矿	3.60~4.10		

（引自：黄昌勇，土壤学，2010）

多数土壤的密度为 2.6~2.7 $g \cdot cm^{-3}$，通常情况下取 2.65 $g \cdot cm^{-3}$ 为土壤密度的平均值。

二、土壤容重

土壤容重(bulk density)是指在自然状况下单位容积土体(包括土粒间孔隙)的干重，单位为 $g \cdot cm^{-3}$ 或 $t \cdot m^{-3}$，因该单位容积土体包括土粒间孔隙，所以土壤容重的数值总是小于土壤密度，土壤容重值多为 1.0~1.5 $g \cdot cm^{-3}$。一般采用环刀法测定土壤容重。

土壤容重是一个十分重要的基本数据，在土壤工作中有着广泛的用途。

(1)反映土壤松紧度　在土壤质地相似的条件下，容重的大小可以反映土壤松紧度。容重小，表示土壤疏松多孔，土壤的通气性良好；容重大则表明土壤紧实板结，土壤孔隙度小(表 4-2)。

表 4-2　土壤容重和土壤松紧度及孔隙度的关系

松紧程度	容重(g·cm⁻³)	孔隙度(%)
最松	<1.00	>60
松	1.00~1.14	60~56
适宜	1.14~1.26	56~52
稍紧	1.26~1.30	52~50
紧	>1.30	<50

（引自：沈其荣，土壤肥料学通论，2008）

不同作物对土壤松紧度的要求不完全一样。各种大田作物、果树和蔬菜，由于生物学特性不同，对土壤松紧度的适应能力也不同。对于大多数植物来说，土壤容重在 1.14~1.26 $g \cdot cm^{-3}$ 之间比较适宜，有利于幼苗的出土和根系的正常生长。

(2)计算土壤质量　在生产和科研工作中，常常需要知道一定面积土壤的质量，这可以根据土壤容重来计算；同样，也可以根据容重计算在一定面积上挖土或填土的质量。

$$m_s = s \cdot h \cdot d$$

式中：m_s 为土壤质量；s 为面积；h 为土层深度；d 为土壤容重。

例如，已知土壤容重为 1.15 $t \cdot m^{-3}$，求每公顷耕层(20 cm)的土重：

$$m_s = 1 \times 10^4 \times 0.2 \times 1.15 = 2300 \text{ t}$$

所以，我们通常按每公顷 20 cm 耕层土重 2300 t 计算。

(3)计算土壤中各种组分的含量　在土壤分析中，要推算出每公顷耕层土壤中有机质、养分和盐分含量等，可以根据土壤容重计算。例如，已知土壤容重为 1.15 $t \cdot m^{-3}$，有机质含量为 15 $g \cdot kg^{-1}$，则每公顷耕层土壤有机质含量为：

$$1\times10^4\times0.2\times1.15\times15/1000=34.5\ t$$

(4)计算灌水定额　上例中，测得土壤耕层含水量为 200 $g \cdot kg^{-1}$，要求灌后达到 280 $g \cdot kg^{-1}$，则每公顷的灌水定额应为：

$$2300\times(280-200)/1000=184\ t$$

土壤容重受土壤质地、结构、有机质含量以及各种自然因素和人工管理措施的影响。凡是造成土壤疏松多孔或有大量大孔隙的，容重值小，反之则容重大。一般是表层土壤的容重小，而心土层或底土层的容重较大，尤其是淀积层的容重更大。同样是表层土壤，随着有机质含量增加及结构性改善，容重值相应减少。

三、土壤孔隙状况

(一)土壤孔隙度

土壤孔隙度是指一定容积的土壤中，孔隙的容积占土壤总容积的百分数，也叫土壤总孔隙度。土壤孔隙度是衡量土壤孔隙的数量指标，它对土壤水、肥、气、热等肥力因素的变化与供应状况有很大影响。土壤孔隙度一般不直接测定，而是根据土壤的密度和容重按以下公式计算求得：

$$土壤孔隙度(\%)=\left(1-\frac{容重}{密度}\right)\times100$$

此公式的来源推导如下：

$$\begin{aligned}土壤孔隙度(\%)&=\frac{孔隙容积}{土壤容积}\times100\\&=\frac{土壤容积-土粒容积}{土壤容积}\times100\\&=\left(1-\frac{土粒容积}{土壤容积}\right)\times100\\&=\left(1-\frac{土壤质量/密度}{土壤质量/容重}\right)\times100\\&=\left(1-\frac{容重}{密度}\right)\times100\end{aligned}$$

例如：某耕作层土壤容重为 1.25 $g \cdot cm^{-3}$，土壤密度为 2.65 $g \cdot cm^{-3}$，则该土壤的孔隙度为：

$$\begin{aligned}土壤孔隙度(\%)&=\left(1-\frac{容重}{密度}\right)\times100\\&=\left(1-\frac{1.25}{2.65}\right)\times100\\&=53\end{aligned}$$

土壤孔隙度反映了土壤水分和空气的容量，如知道土壤含水量，则可按下式计算土壤三相率：

土壤液相率(%)=土壤容积含水量(%)

=土壤质量含水量×容重÷1000×100

土壤气相率(%)=土壤孔隙度(%)-土壤液相率(%)

土壤固相率(%)=土壤容重/土壤密度×100

土壤孔隙度的大小受土壤质地、结构、有机质含量和耕作措施的影响。砂土的孔隙粗大，但孔隙数量少，故孔隙度小；黏土的孔隙狭小，但孔隙数量多，故孔隙度大。一般砂土的孔隙度为30%~45%，壤土为40%~50%，黏土为45%~60%。结构良好的表土层的孔隙度约为55%~60%，而紧实的底土可低至25%~30%，有机质多的土壤孔隙度大，如泥炭土孔隙度可高达80%。对农业生产来说，土壤孔隙度以50%或稍大一点为好。

此外，土壤孔隙的数量也可用土壤孔隙比来表示，它是土壤中孔隙容积与土粒容积的比值。

$$\text{土壤孔隙比}=\frac{\text{孔隙容积}}{\text{土粒容积}}=\frac{\text{孔隙度}}{1-\text{孔隙度}}$$

例如，土壤孔隙度为55%，即土粒容积为45%，则孔隙比为55/45=1.12。对于一般作物生长来说，较适宜的旱作土壤耕层孔隙比以1或稍大于1为佳。

(二)土壤孔隙的分级

土壤孔隙度或孔隙比只说明某种土壤孔隙的总数量，却不能反映土壤孔隙的大小状况。一种砂土和一种黏土孔隙度和孔隙比大致相同时，它们的肥力状况却差异很大，主要表现在土壤透水性、通气性、保水性等方面存在较大差异。为此，应把孔隙按其大小和功能分为若干级。

由于土壤是一个复杂的多孔体系，其孔径的大小也千差万别，难以直接测定，土壤学中所谓的土壤孔径，是指与一定的土壤水吸力相当的孔径，叫作当量孔径，它与孔隙的形状及其均匀性无关。土壤水吸力与当量孔径的关系式为：

$$d=\frac{3}{T}$$

式中：d为孔隙的当量孔径(mm)；T为土壤水吸力[mbar(0.1kPa)]。

当量孔径与土壤水吸力成反比，孔隙越小，则土壤水吸力越大，每一当量孔径与一定的土壤水吸力相对应。例如，当土壤水吸力为10 kPa时，当量孔径为0.03 mm，即表明此时水分是保持在孔径为0.03 mm以下的孔隙中，0.03 mm以上的孔隙中无水。

根据当量孔径，可将土壤孔隙分为非活性孔隙、毛管孔隙和通气孔隙3个级别。

(1)非活性孔隙　又叫无效孔隙或束缚水孔隙，是土壤中最细微的孔隙，当量孔径一般<0.002 mm，土壤水吸力>1.5 bar(1.5×10^5Pa)。这种孔隙几乎总是被土粒表面的吸附水所充满，土粒对这些水有强烈地吸附作用，故保持在这种孔隙中的水分不易运动，也不能被植物吸收利用。非活性孔隙不但植物细根和根毛不能伸入，微生物也很难侵入，因此，在这样小孔隙中腐殖质分解的速度极其缓慢，所以，处在这种孔隙中的腐殖质保存的时间也较长。非活性孔隙与土粒的大小和分散程度密切相关，即土粒越细或越分散，则非活性孔越多。非活性孔增多，土壤透水通气性差，土壤的可塑性，黏结性和黏着性强，耕性不良。

(2)毛管孔隙　毛管孔隙是指土壤中具有毛管作用的孔隙，当量孔径约为 0.02~0.002 mm，土壤水吸力约为 150 mbar~1.5 bar($1.5\times10^4 \sim 1.5\times10^5$ Pa)，土壤水分可借助毛管引力保持贮存在该类孔隙中。植物细根、原生动物和真菌等难以进入毛管孔隙中，但植物根毛和一些细菌可在其中活动，其中保贮的水分可被植物吸收利用。

(3)通气孔隙　这种孔隙比较粗大，当量孔径>0.02 mm，相应的土壤水吸力小于 150 mbar(1.5×10^4 Pa)，毛管作用明显减弱。通气孔隙中的水分，主要受重力支配而排出，无保水能力，是水分和空气的通道，经常为空气所占据，故又称空气孔隙。生产中常习惯将通气孔隙称之为大孔隙，而将非活性孔隙和毛管孔隙合称为小孔隙。

通气孔隙又可分为大孔(直径>0.2 mm)和小孔(直径 0.02~0.2 mm)。前者排水速度快，作物的根能伸入其中；后者排水速度不如前者，常见作物的根毛和某些真菌的菌丝体能进入其中。

通气孔隙的数量，是决定土壤通气性好坏的主要指标。从农业生产需要来看，旱作土壤耕层通气孔隙应保持在 10%以上，大小孔隙之比为 1∶2~1∶4 较为合适。

(三)各级孔度的计算

由于土壤孔隙的复杂性，各级孔隙的容积很难实测，常根据各类孔隙对土壤水分保持能力的不同，由不同水分常数和容重来计算土壤各级孔隙的孔隙度。

非活性孔度(%)=(非活性孔隙容积/土壤容积)×100
=凋萎含水量(%)×容重
=最大吸湿量(%)×1.5×容重

毛管孔度(%)=(毛管孔隙容积/土壤容积)×100
=[毛管持水量(%)-凋萎含水量(%)]×容重
=[田间持水量(%)×容重]-非活性孔度(%)

通气孔度(%)=(通气孔隙容积/土壤容积)×100
=[全持水量(%)-田间持水量(%)]×容重
=总孔度(%)-[毛管孔度(%)+非活性孔度(%)]

(四)影响土壤孔性的因素

(1)土壤有机质含量　有机质本身疏松多孔，同时也是土壤团聚体的胶结剂，因此富含有机质的土壤其孔度大，容重小，通气孔较多，可以改善土壤的通气透水性。

(2)土壤结构　一般结构体(团聚体)内部较紧实，多为小孔隙，而结构体间则为大孔隙。故土壤结构性的好坏可以影响土壤的总孔度、大小孔隙的分配比例及其分布状况。不同结构体类型对孔度的影响不同。团粒结构多，土壤疏松，孔隙状况良好；含有其他结构体的土壤比较紧实，土壤总孔隙度相应降低，特别是通气孔隙较少，无效孔隙增加。

(3)土壤质地　不同质地土壤的孔度相差很大。质地黏重的土壤孔隙数量多，总孔隙度高，但孔隙较小，以无效孔隙和毛管孔隙占优势；质地轻的土壤，总孔隙度低，但孔隙较大，以通气孔隙为主。一般黏质土孔度为 45%~60%，砂质土孔度为 30%~45%。

(4)土粒的排列方式　“理想土壤”(假设土粒为大小相等的刚性光滑球体)的土粒排列方式通常有两种类型，当土粒呈正立方体型排列时，其孔度为47.64%，而同样数量的土粒为三斜方体型排列时，其孔度仅为25.95%(图4-1)。真实土壤中的土粒远较上述复杂多样，不仅土粒和土团的大小形状不同，而且它们还可相互镶嵌，此外还有根孔、虫穴、裂隙等存在，使土体内土粒的排列状况更为复杂，但总的趋势与“理想土壤”一致。可以通过土壤磨片了解到土粒(或土团)这种排列及孔隙状况。

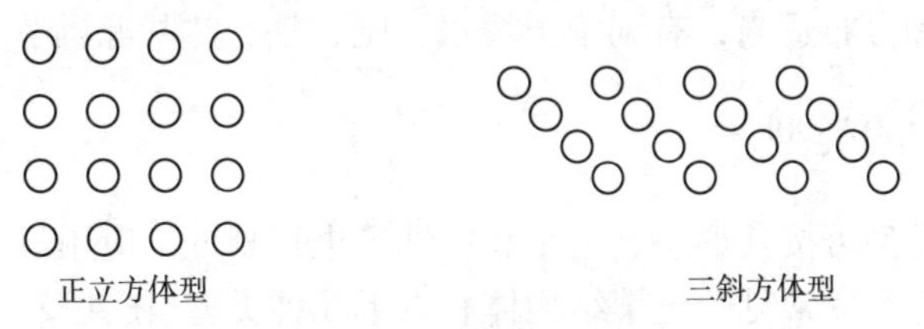

图4-1　土粒的排列方式

一般耕翻、耙、锄(疏松土壤)，灌溉、降雨、镇压(压实土壤)，都可影响土粒的排列方式，从而影响土壤的孔隙状况。

(五)土壤孔隙状况与土壤肥力、作物生长的关系

(1)土壤孔隙状况与土壤肥力　土壤孔隙状况，密切影响土壤通气保水能力。紧实的土壤通气差、渗水慢，在多雨季节易产生地面积水与地表径流；土壤疏松时通气与透水能力强，但在干旱季节，由于土壤疏松不利于水分的保蓄，同时影响到水、气的比例，也就影响养分的有效化和保肥供肥性能，还影响土壤温度的变化。农业生产中群众多采用耙、耱与镇压等办法调节土壤孔隙状况，以保蓄土壤水分，因此，土壤松紧和孔隙状况对土壤肥力的影响是巨大的。

(2)土壤孔隙状况与作物生长　从农业生产需要来看，如前文所述，旱作土壤耕层的土壤总孔度为50%~56%，通气孔度不低于10%，大小孔隙之比在1∶2~1∶4较为合适。但由于各种作物的生物学特性不同，根系的穿插能力也不同，因此不同作物对土壤松紧和孔隙状况的要求也略有不同。如小麦为须根系，其穿插能力较强，当土壤孔度为38.7%，容重为1.63 g·cm^{-3}时，根系才不易透过；黄瓜的根系穿插力较弱，当土壤容重为1.45 g·cm^{-3}，孔度为45.5%时，即不易透过；甘薯、马铃薯等作物，在紧实的土壤中根系不易下扎，块根、块茎不易膨大，故在紧实的黏性土壤上，产量低而品质差；李树对紧实的土壤有较强的忍耐力，故在土壤容重为1.55~1.65 g·cm^{-3}的坡地土壤上能正常生长；而苹果与梨树则要求比较疏松的土壤。另外，同一种作物，在不同的地区，由于自然条件的差异，对土壤的松紧和孔隙状况要求也是不同的。据研究，在东北嫩江地区，小麦最适合的土壤容重为1.30 g·cm^{-3}；而在河南长葛与北京郊区，则为1.14~1.26 g·cm^{-3}。

第二节　土壤的结构性

一、土壤结构的概念

土壤结构是土粒(单粒和复粒)的排列、组合形式，包含着两重含义：结构体和结构

性，一般所说的土壤结构是指结构性。土壤的结构体又称结构单位，土壤中的土粒很少以单粒的形式存在(砂土除外)，大多都是一些在内外因素综合作用下形成的大小不一、形状各异、性质不同的团聚体(复粒)——土团、土块、土片等，这些团聚体统称为土壤结构体。而结构性在土壤中的类型、数量、排列(结合)形式、孔隙状况(孔度及其内外分布)及其稳定性(水稳性、力稳性、生物稳定性)的综合特性即为通常所称的土壤结构性。

良好的土壤结构性，实质上是具有良好的孔隙性，即孔隙的数量(总孔隙度)大而且大、小孔隙的分配和分布适当，有利于土壤水、肥、气、热状况调节和植物根系活动。

二、土壤结构的类型

土壤结构体的类型可按其形态、大小和特性等进行划分，应用最广泛的是根据形态和大小等外部性状来分类，常见的土壤结构体有以下几种类型(图 4-2)。

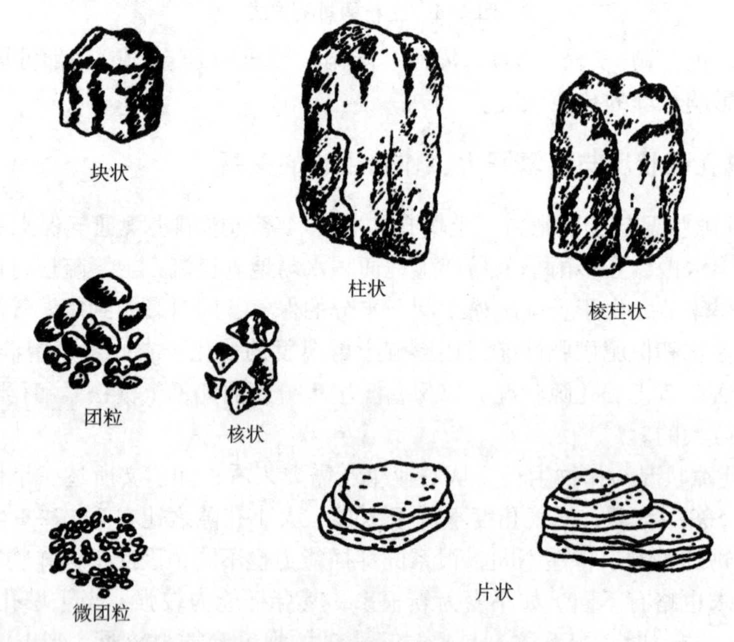

图 4-2　土壤结构类型示意图

(沈其荣，土壤肥料学通论，2008)

(1)块状结构和核状结构　土粒互相黏结成为不规则的土块，内部紧实，轴柱状长在 5 cm 以上，而长、宽、高三者大致相似，边面棱角不甚明显，内部较紧实，称为块状结构，群众称为“坷垃”。核状结构体长、宽、高三轴大体近似，边面棱角明显，比块状结构体小，内部十分紧实，群众多称为“蒜瓣土”。

块状结构在土壤质地比较黏重、缺乏有机质的土壤中容易形成，特别是土壤过湿或过干耕作时最易形成。一般表土中多大块状结构体和块状结构体，心土和底土中多块状结构体和碎块状结构体。核状结构体一般多为石灰或铁质作为胶结剂，在结构面上有胶膜出现，故常具水稳性、力稳性，在黏重而缺乏有机质的心土、底土层中较多。

块状结构和核状结构内部紧实，孔隙细小，有效水分少，通气性差；结构体间孔隙过大，大孔隙数量远多于小孔隙，不利于蓄水保水，易透风跑墒，孔性不良，水气不协调，不利于农业生产。

(2)柱状结构和棱柱状结构　土粒黏结成柱状体，纵轴大于横轴。棱角不明显无定形者称为圆柱状结构，顶圆而底平，于土体中直立，干时坚硬、易龟裂，多出现于半干旱地带的心、底土中，尤以柱状碱土的碱化层中最为典型，群众称为“立土”“竖土”。棱角明显有定形者，称为棱柱状结构，外部有铁质胶膜包被，内部紧实，常见于质地黏重而干湿交替频繁的心土和底土层中(如潴育层)，群众称为“直塥土”。

柱状结构和棱柱状结构内部甚为坚硬，孔隙小而少，通气不良，根系难以伸入，结构体间于干旱时收缩，形成较大的垂直裂缝，成为水、肥下渗的通道，造成跑水跑肥，虽其水稳性、力稳性皆好，但也于生产无益。

(3)片状结构　结构体的横轴大于纵轴，土粒沿长、宽方向排列成片状，发展呈薄片状，结构体成层排列，内部结构紧实，如厚度稍薄，且结构体间较为弯曲者称为鳞片状结构，群众多称之为“卧土”或“平槎土”。这种结构往往由于流水沉积作用或某些机械压力所造成，在冲积性母质中常有片状结构，在犁底层中常有鳞片状结构出现。

片状结构多在土壤表层形成板结，不仅影响耕作与播种质量，且还影响土壤与大气间的气、热交换，阻碍水分运动。当表层脱水收缩即与下层土壤脱离而形成“结皮”，并同时出现数厘米深的裂缝，严重时裂成大而厚的坚实板结土块，俗称“龟裂”。此时，结构体内部十分致密，多为非活性孔，有效水少，空气也难以流通，而结构体间又因裂隙太大，虽能通气但往往成为漏水漏肥的通道。

(4)团粒结构　土粒胶结成粒状和小团块状，大体成球形，其粒径为0.25~10 mm，群众多称之为“蚂蚁蛋”“米糁子”等。团粒结构多在有机质含量高，肥沃的耕层土壤中出现，具有水稳性(泡水后结构体不易分散)、力稳性(不易被机械力破坏)和多孔性，是肥沃土壤的结构形态，对土壤的孔隙和松紧状况以及对土壤肥力的调节具有良好的作用。农业生产上最理想的团粒结构粒径为2~3 mm。

团粒结构是经过多级复合团聚而成，<0.25 mm称为微团粒结构。团粒结构总孔隙度较高，内部主要是毛管孔隙，团粒之间主要是空气孔隙，大、小孔隙并存，搭配得当。

三、土壤结构的形成

土壤结构的形成是在土粒团聚的基础上进一步形成结构体的过程，大体上可分为两个阶段：第一个阶段是由原生土粒(单粒)形成初级次生土粒(复粒)；第二个阶段由初级的复粒进一步黏结形成各种结构体。在土壤中，原生土粒也可直接黏结并在各种力的作用下沿一定方向裂开形成块状、柱状、核状、片状等结构体，由于它们没有经过多次聚合和团聚作用，所以孔隙度小，孔隙大小比较均一。团粒结构则是经过多次复合和团聚作用后而形成的，不但孔隙度大，而且有大小不同的多种孔隙。

土壤结构的形成是在多种作用参与下进行的，但归纳起来不外乎两个方面，一方面是土粒的团聚作用；另一方面是在成型动力的作用下形成各种各样的结构体。

(一)土粒的黏聚

下面几种作用都可以使土粒黏聚，导致原生单粒复合成次生复粒、黏团和微团聚体等，再经逐级团聚，进一步胶结成较大的结构体。

(1)凝聚作用　凝聚作用是指土壤胶体相互凝聚在一起的作用。土壤胶粒一般带负电荷，因而互相排斥。但是，如果在胶体溶液中加入多价阳离子(如 Ca^{2+}、Fe^{3+}等)或降低溶液的 pH 值，就可使胶体表面的电位势降低。当各个土粒之间的分子引力超过相互排斥的静电力时，他们就相互靠拢而凝聚。

(2)胶结作用　胶结作用是指土壤颗粒或团聚体间因胶结物质的物理状态的改变或化学组成的变化而相互团聚在一起。土壤的胶结物质大体上有三类：一是简单的无机胶体，如含水氧化铁铝、硅酸及氧化锰的水合物等；二是黏粒，土壤中常见的黏土矿物有蒙脱石类、水化云母类、高岭石类；三是有机物质，如腐殖质类、多糖类、蛋白质和木质素等，许多微生物的分泌物和菌丝也有团聚作用。特别是腐殖质是带负电荷的有机胶体，根据电荷同性相斥的原理，新形成的腐殖质胶粒在水中是分散的溶胶状态，但增加电解质浓度或高价离子，则电性中和而相互凝聚，形成凝胶。腐殖质在凝聚过程中可使土粒胶结起来，形成结构体。腐殖质还可以通过干燥或冰冻脱水变性，形成凝胶，而且这种变性是不可逆的，所以能形成水稳性团粒结构。

(3)水膜的黏结作用　在湿润的土壤中的黏粒所带负电荷，可吸引极性水分子，使之定向排列，形成薄水膜，当黏粒相互靠近时水膜为邻近的黏粒共有，黏粒就通过水膜而联结在一起。

(二)土壤结构的成型作用力

在土壤黏聚的基础上，还需要一定的作用力才能形成稳定的独立结构体。主要的成型动力有：

(1)干湿交替作用　土壤具有湿胀干缩的性能，当土壤干燥时土壤各部分胶体脱水不均，使土体产生了变形，从黏结力最小的地方破裂成小块；当土壤由干变湿时，各部分吸水程度和速度不同，使整个土块中产生不均匀的湿胀，土块各部分所受的挤压力也有所不同，结果造成土块沿裂面破碎。当水进入毛管时，没有排完的空气，由于土粒迅速膨胀，被关闭在小孔隙之中，在静水压力的作用下，引起闭塞空气的压缩，当封闭在孔隙中的空气，压力超过土粒间的黏结力时，就引起孔隙中的空气的爆破，从而使土块破碎。土块干的越透，当土块变湿时，土块破碎的也越好，所以，晒垡一定要晒透。降雨或灌水越急，这一效果也越明显。

(2)冻融交替作用　当水分结冰时，其体积较原体积增加了9%，会对周围土体产生压力而使土壤崩裂；同时水结冰后，引起胶体脱水，土壤溶液中电解质的浓度增加，有利于胶体的凝聚作用，等冰融化后，土体分成许多小土团而显得疏松，冬耕冻垡就是这个道理，秋冬翻起的土垡，经过一冬的冻融交替后，土壤结构状况得到改善。

一般说来由冻融交替和干湿交替所形成的结构体都不是水稳性的，只有在土壤有机质含量较高的条件下，其稳定性才有明显的增加。

(3)生物作用　生物对良好的土壤结构的形成有多方面影响，最主要的是植物根系对土壤的穿插和挤压，根系越强大，分割挤压的作用越强。特别是禾本科植物，发达密集的须根可以从四面八方穿入土体，对周围土壤产生压力，使根间的土壤变得紧实并被分割成无数的小土团。同时，植物对水分的吸收会造成局部土壤脱水，而引起土壤的收缩形成破碎的土块。此外，根的分泌物对土粒也有胶结作用，它所胶结形成的结构体，其水稳性有明显的增加，而且根系死亡后，在微生物作用下，有一部分形成腐殖质，也有利于胶结形成团粒结构。另外，真菌对土壤结构的形成也是不可忽视的，真菌除以菌丝体缠裹土粒外，还可以产生胶质、蜡质等物质包裹着土粒，使其不透水。而蚯蚓、昆虫、蚁类等小动物对土壤结构的改善也有一定的作用。特别是蚯蚓，它以有机质为营养并吞食大量土壤，经它的肠液胶结后再排出体外，其排泄物本身就是良好的团粒。

(4)土壤耕作的作用　合理及时的耕作，可促进良好结构的形成。通过耕耙可以把大土块破碎成块状或粒状，中耕松土可把板结的土壤变为细碎疏松的粒状、碎块状结构。当然，不合理的耕作，反而会破坏土壤结构。

(三)团粒结构与土壤肥力

(1)团粒结构土壤的大、小孔隙兼备　团粒结构具有多级孔隙，总的孔隙度大，即水、气总容量大。在团粒结构土壤中，团粒与团粒之间是大孔隙，团粒结构内部是小孔隙，大、小孔隙兼备，因而土壤孔隙状况较为理想。

(2)团粒结构土壤中水、气供应适宜　在团粒结构土壤中，水分和空气兼蓄并存，各得其所，团粒与团粒之间的通气孔隙可以透水通气，把大量雨水甚至暴雨迅速吸入土壤；而团粒内部的毛管孔隙可以保存水分，能不断供应植物根系吸收的需要。在非团粒结构土壤中，水、气难以并存，不能同时、适量地供应植物以水分和空气。

(3)团粒结构土壤的保肥与供肥协调　在团粒结构土壤中的微生物活动强烈，因而生物活性强，土壤养分供应较多，有效肥力较高，且土壤养分的保存与供应能够得到较好的协调。在团粒结构土壤中，团粒的表面(大孔隙)和空气接触，有好气性微生物活动，有机质迅速分解，供应有效养分；在团粒内部(毛管孔隙)，储存毛管水而通气不良，只有嫌气微生物活动，有利于养分的储藏和积累。所以，每一个团粒既好像是一个小水库，又是一个小肥料库，起着保存、调节和供应水分和养分的作用。

(4)团粒结构土壤温度稳定　具有团粒结构的土壤，团粒内部的小孔隙保持的水分较多，温度变化较小，可以起到调节整个土层温度的作用，使土温比较稳定，有利于作物根系的生长和微生物的活动。

(5)团粒结构土壤宜于耕作　具有团粒结构的土壤，由于团粒之间接触面较小，黏结性较弱，因而耕作阻力小，耕作质量好，宜耕时间长。

总之，团粒结构的土壤松紧适度，通气保水保肥，而且作物扎根条件良好，能够从水、肥、气、热和扎根条件等方面满足作物生长发育的要求，从而获得高产。

四、土壤结构的改良

绝大多数农作物的生长、发育、高产和稳产都需要有一个良好的土壤结构状况，因此，根据土壤结构形成发展的规律采取有效的措施，促使土壤结构向着有利于农业生产的方向发展，是土壤管理的重要任务之一。土壤结构的改良主要有以下措施。

(一)增施有机肥

有机物料除能提供作物多种养分元素外，其分解产物多糖等及重新合成的腐殖物质是土壤颗粒的良好团聚剂，能明显改善土壤结构。有机物料改善土壤结构的效果取决于物料的施用量、施用方式以及土壤含水量。一般来说，有机物料用量大的效果较好，秸秆直接还田(配施少量化学氮肥以调节土壤的碳氮比)比沤制后施入田内的效果好；水田施用有机物料还要注意排水条件，在淹水条件下施用有机物质，由于土壤含水量过高，往往得不到良好的改土效果。

(二)合理耕作

对土壤进行合理耕作，可以创造和恢复团粒结构，耕、耙、耱、镇压等耕作措施如进行得当都会收到良好的效果。在适耕期内进行深耕，及时耙、耱，降(灌)水后及时中耕、锄地均可使被破坏的团粒迅速得以恢复。但若过干过湿时进行耕作，则易形成不良的块状结构(坷垃)。合理的水分管理也很重要，大水灌溉及串畦灌溉极易破坏团粒结构，细流沟灌，小畦灌溉可以减轻破坏作用；喷灌、渗灌则是保持团粒结构的最佳灌水方式，但应注意控制供水强度和水滴大小。伏耕晒垡、秋耕冬灌和冬犁晒垡，可充分发挥干湿交替和冻融交替，促进团粒结构的形成。

(三)调节土壤阳离子组成

一价阳离子如钠、钾可以破坏土壤团粒结构，二价阳离子如钙对保持和形成团粒结构有良好作用，因此酸性土壤施用石灰、改良碱土时施用石膏，不仅能调节土壤的酸碱度，还可通过调节土壤阳离子组成而有效地改善土壤的结构性。

(四)合理轮作与间作、套作

不同作物有不同的耕作管理制度，而作物本身及其耕作管理措施对土壤有很大的影响。如块根、块茎作用在土中不断膨大使团粒结构机械破坏，而密植作物因耕作次数较少，加之植被覆盖度大，能防止地表的风吹雨打，表土也比较湿润，且根系还有割裂和挤压作用，因此有利于团粒结构的形成。而棉花、玉米、烟草等的中耕作用则相反，土壤结构易遭破坏，但可通过中耕施肥逐渐恢复。因此，禾本科与豆科作物间作、轮作，农作物与绿肥间作、套作、轮作，水旱轮作等都有利于保持和促进土壤结构体的形成。

(五)土壤结构改良剂的应用

1. 土壤结构改良剂的种类

土壤结构改良剂是改善和稳定土壤结构的制剂。按其原料的来源，可分成人工合成高分子聚合物制剂、自然有机制剂和无机制剂三类。

(1)人工合成高分子聚合物制剂　它于20世纪50年代初在美国问世。较早作为商品的有四种：①乙酸乙烯酯和顺丁烯二酸共聚物(简称VAMA)，又称CRD-186或克里利姆8，为白色粉末，易溶于水，溶液pH3.0，属聚阴离子类型。②水解聚丙烯腈(HPAN)，又称CRD-189或克里利姆9，为黄色粉末，水溶性，溶液pH 9.2，属聚阴离子类型。③聚乙烯醇(PVA)，白色粉末，溶于水，水溶液中性，属非离子类型。④聚丙烯酰胺(PAM)，属强偶极性类型，银灰色粉末，水溶性好。上述四类制剂中以最后一种制剂较有推广前途，因其价格较便宜，改土性能也较好。

(2)自然有机制剂　由自然有机物料加工制成，如醋酸纤维、棉紫胶、芦苇胶、田菁胶、树脂胶、胡敏酸盐类以及沥青制剂等。与合成改良剂相比，施用量较大，形成的团聚体稳定性较差，且持续时间较短。

(3)无机制剂　如硅酸钠、膨润土、沸石、氧化铁(铝)、硅酸盐等，利用它们的某一项理化性质来改善土壤的结构性。如膨润土的膨胀性强，施入水田可减少水分渗漏；氧化铁(铝)、硅酸盐制剂的孔隙多，施入土中可改善土壤的通透性。

2. 土壤结构改良剂的施用技术

(1)施用量　土壤结构改良剂施用量过小，团粒形成量就少，作用不大；施用量过大，又会造成投资大、成本高，同时，会使土壤出现混凝土化的现象。一般来讲，施用量达到0.05%时，便有改良的效果，当用量增加到0.1%时，效果就很明显，适宜的用量大体在0.02%~0.2%。试验表明，改良剂用量最高不能超过0.5%，否则，适得其反。

(2)施用结构改良剂要注意土壤含水量　如果土壤太湿，施入土壤后，改良剂成胶状，难以混合均匀，特别是在土壤轻度盐化，土壤湿度过大时，施用结构改良剂的效果就更差；而土壤过干时，施用后作用缓慢。土壤湿度在田间持水量的70%~80%时，施入效果较好。

(3)施用方法　结构改良剂施用的方法可分两种，一种是将结构改良剂直接施于表土；另一种是将结构改良剂配成水溶液喷洒在田间，无论是采取哪一种方法施入土表，都必须用圆盘耙将它切入土中。为了降低成本，对于中耕作物也可用条施的方式施在播种的行间。

土壤结构改良剂的应用是一项新技术，目前由于成本较高，在我国还尚未普遍推广。

第三节　土壤的热特性

土壤热量状况也是土壤肥力的重要因素之一。它对植物生长、微生物活动、养分的转化以及土壤水分、空气的运动等都有重要影响。土壤温度是衡量土壤热量状况的具体指标，它是由土壤热量收支的土壤本身的热性质决定的。了解土壤热量的收支，热性质和土壤温度的变化，对调节土壤热状况，满足作物对土壤温度的要求，提高土壤肥力，有着十分重要的意义。

一、土壤热量来源与平衡

(一)土壤热量来源

(1)太阳辐射能　这是土壤热量最主要的来源。太阳辐射能是极其巨大的，它通过大气层时，一部分热量被大气吸收散射，另一部分被云层和地面反射，到达地表的仅是其中的极小部分(包括衰减后的太阳直射辐射和经大气多次散射到达地面的散射辐射两部分，两者之和叫太阳总辐射)。在北半球阳光垂直照射时，每分钟辐射到每平方厘米土壤表面的太阳辐射能为8.12 J。除此之外，大气中水汽和CO_2有较强的吸收长波辐射的能力，致使近地层大气变暖。而大气同样也产生长波辐射，射回地面的这种长波辐射称为大气逆辐射，对于地面来说，它也是土壤热量的一种收入。地面收入和支出的辐射能量差额，称为地面辐射平衡。

(2)生物热　微生物分解有机质的过程是一个释放热量的过程，其中一部分被微生物利用，大部分用于提高土温。进入土壤的植物组织，每千克含有16.75~20.93 kJ的热量，据估算，在含有机质4%的耕层土壤，每英亩的潜能为6.28×10^9~6.99×10^9 kJ，这相当于20~50 t无烟煤的热量。可见，土壤有机质每年产生的热量是巨大的。早春育秧或在保护地栽种蔬菜时，施用有机肥，并添加热性的半腐熟马粪等，就是利用有机物质分解释放出的热量，以提高土温，促进作物生长或幼苗早发快长。

(3)地热　由地球内部的岩浆通过传导作用至土壤表面的热量。地热是一种重要的地下资源，但除在一些地热异常的地区，如火山口附近、温泉周边等可对土壤温度产生局部影响外，一般对土温影响不大。

(二)土壤的热特性

同一地区的不同土壤，获得的太阳辐射能几乎相同，但土壤温度却差异较大，这是因为土壤温度的变化除了与土壤热量平衡有关外，还取决于土壤的热特性。

(1)土壤热容量　土壤热容量是指单位容积或单位质量的土壤在温度升高或降低1℃时所吸收或放出的热量。可分为容积热容量和质量热容量。容积热容量是指每1 cm^3土壤增、降温1℃时所需要吸收或释放的热量，用C_v表示，单位为$J\cdot cm^{-3}\cdot K^1$；质量热容量也称比热，是指每克土壤增、降温1℃时所需吸收或释放的热量，用C_i表示。土壤热容量愈大，土壤温度变化愈缓慢；反之，土壤热容量越小，则土温变化越频繁。

土壤热容量的大小主要受土壤的三相组成影响。土壤各组分的热容量见表4-3，土壤水分的热容量最大；土壤空气的热容量最小；矿质土粒和土壤有机质的热容量介于两者之间。由土壤组成可知，土壤固相相对稳定，因此土壤热容量的大小主要取决于土壤水分和土壤空气的含量。土壤愈潮湿(水多气少)，热容量愈大，增温和降温均较慢，土壤温度变化小；反之，土壤愈干(水少气多)，热容量愈小，升温快，降温也快，土壤温度变化大。例如，质地黏重的土壤，水分含量较高，在早春季节解冻迟，土温回升慢，故有冷性土之称；而质地较轻的砂土，水分含量较低，早春土温回升快，所以称为热性土。生产上人们往往利用排水、中耕、灌溉等措施来减少或增加土壤含水量，从而达到调控土壤温度的目的。

表4-3　土壤组成与土壤的热特性

土壤组成分	容积热容量 ($J\cdot cm^{-3}\cdot K^{-1}$)	重量热容量 ($J\cdot g^{-1}\cdot K^{-1}$)	导热率 ($J\cdot cm^{-1}\cdot s^{-1}\cdot K^{-1}$)	导温率 ($cm^2\cdot s^{-1}$)
土壤空气	0.0013	1.00	0.00021~0.00025	0.1615~0.1923
土壤水分	4.187	4.187	0.0054~0.0059	0.0013~0.0014
矿质土粒	1.930	0.712	0.0167~0.0209	0.0087~0.0108
土壤有机质	2.512	1.930	0.0084~0.0126	0.0033~0.0050

(引自：刘克锋 杜建军，土壤肥料学，2013)

(2)土壤导热率　土壤导热率是评价土壤传导热量快慢的指标，它是指在单位温度梯度下，单位时间通过单位面积土壤传导的热量。

土壤的三相组成中，空气的导热率最小，矿物质的导热率最大，为土壤空气的100

倍，水的导热率介于两者之间。因此，土壤导热率的大小，主要与土壤矿物质和土壤空气有关。在单位体积土壤内，矿物质含量愈高，空气含量愈少，导热性愈强；反之，矿物质含量少，空气含量愈高，导热性则差。可见，土壤导热率与土壤容重呈正相关，而与土壤孔隙度呈负相关。所以，冬季麦田镇压后导热率增加，白天易于热量向下层土壤传导，夜里则利于热量由底土向表土传导，从而可以有效地防止冻害。

此外，增加土壤水分含量，也可提高土壤的导热性。例如，干、湿砂土(含水 400 g·kg^{-1})的导热率分别为 0.293 和 2.18 J·m^{-1}·s^{-1}·K^{-1}；干、湿黏土(含水 400 g·kg^{-1})为 0.25 和 1.59 J·m^{-1}·s^{-1}·K^{-1}。这是因为一方面水的导热率比空气大 25 倍，另一方面干土中导热仅仅依靠土粒间的接触点，而湿土中土粒间还因水膜增加了联系。

(3)土壤导温率　又称土壤导温系数或热扩散率。它是指在标准状况下，当土层在垂直方向上每厘米距离内有 1 J 的温度梯度，每秒钟流入断面面积为 1 m^2 的热量，使单位体积(1 m^3)土壤所发生的温度变化。显然，流入热量的多少与导热率的高低有关，流入热量能使土壤温度升高多少则受热容量制约。土壤导温率的计算公式为：

$$K=\frac{\lambda}{C_v}$$

式中：K 为土壤导温率；λ 为导热率；C_v 为土壤容积热容量。

可见，土壤导温率与导热率呈正相关，与热容量呈负相关。土壤空气的导温率比土壤水分要大得多，因此，干土比湿土容易增温。例如，干砂土的导温率为 35 m^2·s^{-1}，湿砂土为 70 m^2·s^{-1}；干黏土为 12 m^2·s^{-1}，湿黏土为 110 m^2·s^{-1}。

在土壤湿度较小的情况下，湿度增加，导温率也增加；当湿度超过一定数值后，导温率随湿度增大的速率变慢，甚至下降。土壤导温率直接决定土壤中温度传播的速度，因此，影响着土壤温度的垂直分布和最高最低温度的出现时间。

(三)土壤热量平衡

土壤热量平衡是指土壤热量的收支情况。土壤表面吸收的太阳辐射能，部分以土壤辐射形式返回大气，部分用于土壤水分蒸发的消耗，还有部分用于向下层土壤的传导，剩余的热量用于土壤升温。

土壤热量平衡可用下式表示：

$$W=S-W_1-W_2-W_3$$

式中：W 为用于土壤增温的热量；S 为土壤表面获得的太阳辐射能；W_1 为地表辐射所损失的热量；W_2 为土壤水分蒸发所消耗的热量；W_3 为其他方面消耗的热量。

在一定的地区 S 值一般是固定的，若 W_1、W_2、W_3 等方面的支出减少，土壤温度将增加；反之，土壤温度则下降。土壤每个热量平衡因素都不同程度地影响着土壤的温度状况。

二、土壤温度与作物生长

(一)土壤温度影响种子萌发和出苗

任何作物种子的萌发必须有一个适宜的土壤温度范围，在这个范围内土壤温度愈高，种子萌发就愈快；反之，土温愈低就愈慢。当土温低于此范围，种子就不萌发。各种农作物种子萌发的温度范围为：小麦、大麦和燕麦1~2℃，谷子6~8℃，棉花、水稻、高粱和荞麦12~14℃，玉米10~12℃。棉花、水稻、高粱和荞麦等播种后，若遇阴凉低温天气，极易引起烂籽烂秧；禾谷类作物如小麦、玉米等低温时播种则先扎根，温度较高时则先出芽。因此，应注意选择作物的播种期和播后天气的变化。

(二)土壤温度影响作物根系生长

一般作物根系在2~4℃时开始微弱生长，土温高于10℃以上时，根系生长比较活跃，超过30~35℃，根系生长受阻。冬季根系可在土层深处生长，但土温过低易产生冻害；而夏季土温过高也常使根系组织加速退化，甚至发生“烧根”或“烧茎”现象。各种作物根系生长的最适温度范围是：冬麦和春麦12~16℃，玉米24℃，棉花25~30℃，水稻25~30℃，豆科作物22~24℃，甘薯18~19℃。成年苹果树的根系在平均土温2℃时即略有生长，7℃时生长活跃，21℃时生长最快。茶树根系生长的最适土温为10~25℃。

(三)土壤温度影响作物营养生长和生殖生长

春小麦苗期地上部生长最适的土壤温度范围为20~24℃，后期以12~16℃为好，8℃以下或32℃以上则很少抽穗。冬小麦生长最为适宜的土温较春小麦低4℃左右，土温在24℃以上虽能抽穗，但不能成熟。主要作物营养生长最旺盛期要求的土温是：春小麦16~20℃，冬小麦12~16℃，玉米24~28℃，棉花25~30℃。水稻分蘖要求在20℃以上，以30~32℃最好。

(四)土壤温度影响养分转化与吸收

土温的高低对微生物活动的影响更为明显，如硝化细菌与氨化细菌最适的土温范围为28~30℃，土温过低导致土壤缺氮。旱作遇低温时显著减少作物对钾的吸收，因此施用钾肥对旱作抵御低温有良好的作用，而水稻遇低温时对磷的吸收下降，因此在冷性土上应注意补充磷肥。

此外，土壤有机质的转化、养分的释放以及土壤中水、气的运动等也都受到土壤温度的影响。

三、土壤温度调节

土壤温度的调节方法很多，其作用机制主要包括土壤热量平衡调节和土壤热特性调节两个方面，常用的措施有：

(1)合理耕作与施用有机肥　对于质地黏重的土壤和低洼地的土壤，通过合理耕作如中耕、耙、耱等，使表土疏松，孔隙增多，散发其中过多的水分，使土壤热容量和导热率减小，从而达到增加土温、改变植株生长缓慢的目的；而镇压则常用于砂土及质地较轻的土壤，使土壤固相物质变得稍紧，以加大热能传导的通路，改变其松散状态下热容量小、导热差、散热快、温度变幅大、不利于植物生长的缺陷。

施用有机肥既可改善土壤的热特性、调节土壤温度，又可加深土色，增加土壤对太阳辐射能的吸收，提高土温(表4-4)。作物不同生育期的测定结果表明，施用有机肥处理

0~10 cm 土层温度发生了一些变化，在作物生长前期，由于叶面积系数小，地表覆盖度较小，土壤温度较对照高 0.7~0.9℃；随着作物的生长，有机无机肥配合施用的处理，养分供应充足，植株生长旺盛，叶面积系数和地表覆盖度较大，土壤蒸发量变小，土壤温度较对照、单施化肥区低 0.4~2.3℃。山西省盂县秸秆还田处理试验结果表明，1991 年 4 月 20 日至 5 月 20 日玉米苗期每 10 天地温之和均高于对照，尤以 0~5 cm 土层最为明显，还田比对照增加 9℃；5~15 cm 土层增加 7.5℃，由于该层次是作物根系集中的地方，温度升高对根系生长有促进作用，使玉米早出苗 3~5 天，并防止了缺苗，秸秆还田的出苗率较对照高 10%，为作物后期生长奠定了良好的基础。此外，寒冷季节在苗床上施用马、羊粪等热性肥料，可增加土温，防止冻害。当然，有机—无机肥配合施用对土壤温度的增加作用一般是很小的，有些情况下甚至还有负的影响。

表 4-4　有机无机肥配施对土壤温度的影响(℃)

作物	时期(月)	对照	化肥	猪粪	秸秆	化肥+猪粪	化肥+秸秆
冬小麦	10	26.1	26.1	26.9	26.8	26.9	26.9
	12	5.1	5.2	5.7	5.4	5.6	5.6
	3	10.4	9.6	9.3	9.4	9.1	9.4
	4	16.3	14.8	14.3	14.4	13.0	13.7
	5	17.5	16.1	15.9	16.7	15.8	15.8
	6	29.0	29.4	29.5	28.5	30.2	29.4
夏玉米	6	32.3	32.6	32.8	32.6	32.2	32.1
	7	38.0	36.8	37.1	36.8	35.6	36.2
	8	31.6	31.0	31.2	31.1	30.5	30.8
	9	27.1	27.9	28.3	28.0	28.4	28.3

（引自：刘克锋 杜建军，土壤肥料学，2013）

(2)以水调温　利用水的热容量大的特点来降低或维持土壤温度。例如，早春寒潮来临之前，秧田灌水可提高土壤热容量，防止土壤温度急剧下降，避免低温对秧苗的危害；炎热酷暑，土壤干旱，表土温度过高，可能灼伤作物时，也常采用灌水的方法降低土温；对于低洼地区的土壤，则需通过排水降渍，降低土壤热容量，以提高土温。

(3)覆盖与遮阴　冬季大棚塑料薄膜及地膜覆盖，可减少土壤辐射，提高土壤温度。夏季遮阴覆盖则能减少到达地表的太阳辐射能，降低土壤温度。

第四节　土壤的物理机械性与耕性

土壤物理机械性是多项土壤动力学性质的统称，主要包括土壤结持性、土壤胀缩性、土壤压实性等，是土壤受内外力作用后产生的性质。土壤耕性是指土壤在耕作时所表现的特性，也是一系列土壤物理机械性的综合表现。了解和研究土壤物理机械性和土壤耕性及两者之间的关系是正确实施农田土壤管理的基础。

一、土壤结持性

土壤结持性是指在不同含水量时土粒在外力作用下表现的可移动性，它是不同含水量下土壤黏结性、黏着性及可塑性等的综合表现。

(一)土壤黏结性

土壤黏结性是指土粒之间通过各种引力相互黏结在一起的性质。土壤黏结性使土壤具有抵抗外力而不被破碎的能力，是土壤耕作时产生阻力的重要因素。土壤黏结性的强弱，可用单位面积上的黏结力($g \cdot cm^{-2}$)来表示。

1. 黏结力

土壤黏结性主要由土粒的分子黏结力和水膜黏结力起作用。分子黏结力包括范德华力、库伦力以及氢键的共同作用。①范德华力：是指分子与分子之间的相互作用力，它是一种引力，其作用范围很小，只有不到1个纳米的距离。因此，只有当土粒十分靠近时，范德华力才能发挥作用。②库伦力：由于土粒表面带有电荷，带相反电荷的土粒之间有静电引力。通常土壤胶粒表面多带负电荷，在其周围吸附着阳离子，形成双电层，它的电动电位造成胶粒之间的静电斥力，使之不能靠近。通过各种途径降低电动电位，可使土粒凝聚。③氢键：在有些化合物中，氢原子可以同时与两个负电性强而半径较小的原子(O、F、N等)相结合而形成氢键。例如，O—H…O，F—H…F，N—H…O等。氢键能在分子与分子之间或分子内的某些基团之间形成。

土壤总是含有一定的水分，因此在土粒外面总是吸附着一层水分子。在土粒与土粒的接触点上，水膜融合而形成凹形的曲面，借表面张力的作用，可使邻近的两个土粒互相靠拢，这就是水膜黏结力所起的作用。

2. 影响黏结性的因素

影响土壤黏结性的因素，主要是土壤活性表面大小和含水量。

(1)土壤比表面及其影响因素　土壤黏结性发生于土粒表面，属于表面现象，因比，土壤黏结性的强弱首先取决于它的比表面积的大小，所以，土壤质地、黏土矿物种类和交换性阳离子组成以及土壤团聚化程度等都影响其黏结性。

①土壤质地与黏土矿物的种类　土壤质地愈细，黏粒含量愈高，尤其是2∶1型黏土矿物含量愈高，则黏结性越强，耕作愈困难。

②土壤结构　具有良好结构的土壤，土粒凝聚成土团，土粒间接触的总面积减小了，分子间的吸引力也相应地减弱，因而黏结性降低。据试验，在相同质地条件下，有团粒结构的土壤的黏结性比无团粒结构土壤要小2~9倍。

③土壤腐殖质含量　腐殖质的黏结力比黏粒小，当腐殖质成胶膜包被黏粒时，便改变了接触面的性质而使黏粒的黏结力减弱。同时，腐殖质还能促进团粒结构的形成，这也有利于黏质土壤的黏结性减弱。但是，腐殖质的黏结力比砂粒大，故可增强砂土的黏结性。

④土壤交换性阳离子的组成　钠、钾等一价阳离子可以使土粒分散，导致黏结性增大。钙、镁等离子能促使土壤胶体凝聚，土粒间的接触面积减少，从而降低土壤的黏结性。

(2)土壤含水量　土壤含水量对黏结性强弱的影响很大，在适度的含水量时土壤黏结性最强。完全干燥和分散的土粒，彼此间在常压下无黏结力。加入少量水后开始显现黏结性，这是由于水膜的黏结作用，当水膜分布均匀并在所有土粒接触点上都出现接触点水的弯月面时，黏结力达到最大。此后，随着含水量的增加，水膜不断加厚，土粒之间的距离不断增大，黏结力便愈来愈弱以致消失(图 4-3 中曲线 C 所示)。然后，让土壤逐渐变干，随着土粒间水膜不断变薄，黏结力逐渐加强。当干燥到一定程度，空气进入土壤中，土壤开始表现干缩，使土粒相互靠近而黏结在一起。所以，黏重的土壤在一定含水量范围内，随着土壤变干黏结力急剧增加；但在砂质土壤中，由于黏粒含量低，比表面积小，黏结力很弱，因而，含水量的变化对黏结性的影响不明显。图 4-3 中 A、B 两条曲线分别代表一个黏土和一个砂壤土的黏结力随含水量降低而加强的情况，曲线上的波折点为空气进入原为水所占据的孔隙的含水量，此时土壤开始表现收缩。

(二)土壤黏着性

土壤黏着性是指土壤在一定含水量条件下，土粒粘附在外物(如农具)上的性质。如土壤黏着性强，土粒易粘着在农具上，增加土粒与金属间的摩擦阻力，使耕作困难，降低耕作质量。由于土壤中往往有水分存在，土壤黏着性的实质实际上是指土粒—水—外物之间相互吸引的能力。土壤黏着力的大小既与土壤的性质有关，又和外物的性质有关。就土壤本身来说，影响土壤黏着性大小的主要因素也是活性表面大小和含水量多少两方面。关于前一方面的影响因素，与黏结性相同。就含水量而言，当含水量低时，水膜很薄，土粒主要表现为黏结性，只有当含水量增加到一定程度时，随着水膜加厚，水分子除能为土粒吸引外，尚能被各种外物(如农具、木器、人体等)所吸引，即表现出黏着性。由此可知，开始出现黏着性的含水量(又称“黏着点”)要比开始出现黏结性的含水量大，为全蓄水量的40%~50%，而无黏结性的土壤(如砂土)也无黏着性。当含水量增加到全蓄水量80%左右时，黏着性最大，再增加水分，由于水膜过厚，黏着性又逐渐减弱，直至土壤呈现流体状时，黏着性完全消失(图 4-4)，此时的含水量又称“脱粘点”。所以，土壤黏着性也是在一定含水量范围内表现的性质。

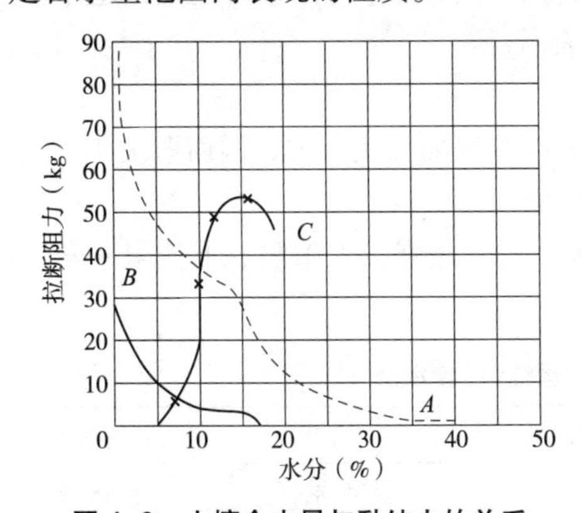

图 4-3　土壤含水量与黏结力的关系

A. 黏土脱水干燥时黏结力变化；

B. 砂壤土脱水干燥时黏结力变化；

C. 黏土加水湿润时黏结力变化

（黄昌勇，土壤学，2010）

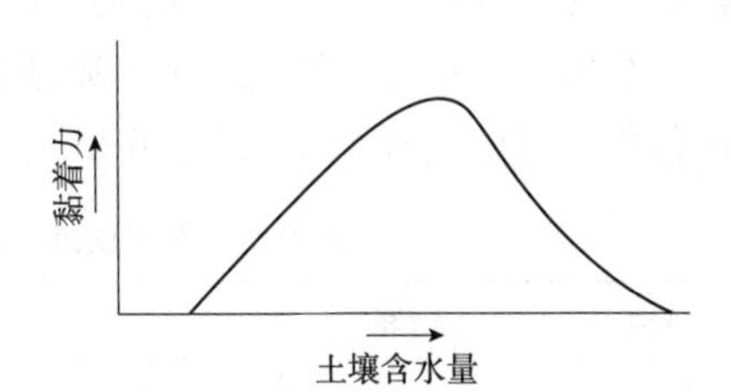

图 4-4　土壤含水量与黏着性的关系

（沈其荣，土壤肥料学通论，2008）

(三)土壤可塑性

土壤可塑性是一定含水状态的土壤在外力作用下的形变性质，即土壤在一定含水量范围，可被外力塑成任何形状，当外力消失或土壤干燥后，仍能保持变化了的形状的性能。我国传统的泥塑艺术工艺，就是利用黏土的这一特性形成的。

1. 土壤塑性的产生

土壤塑性是片状黏粒及其水膜造成的。一般认为，过干的土壤不能任意塑形，泥浆状态土壤虽能变形，但不能保持变形后的状态。因此，土壤只有在一定含水量范围内才具有塑性。

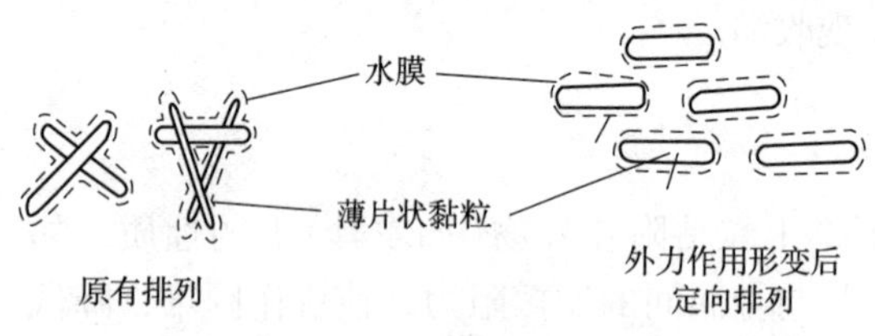

图 4-5 土壤可塑性示意图

（陆欣，土壤肥料学，2011）

土壤中的黏粒成薄片状，彼此间的接触面甚大，当土壤含有一定量的水分时，黏粒表面包被一层水膜，若加外力揉搓，使片状黏粒在水膜的湿润下，可将原来杂乱的排列，变成相互平行的定向排列，并为水膜拉力所固定，保持新的形状，失水干燥后，由于土粒的黏结力，仍能保持其所改变的形状(图 4-5)。因此，土壤塑性除了必须在一定含水量范围内才表现外，还必须具有一定的黏结性。湿砂是可塑的但干后就散碎了，因为它的黏结力很弱，所以砂土不算具有塑性。黏土或黏粒不但湿时可塑，干后也不散碎而仍保持变形后的形状，所以它的塑性强。凡是影响土壤黏结性的因素都影响塑性。

2. 塑性指数

土壤塑性只在适当含水量范围内才出现。土壤表现可塑性的最低含水量，即土壤刚刚开始表现出可塑性的含水量称为下塑限或简称塑限；土壤因含水增多而失去塑性，并开始成流体流动时的土壤含水量，称为上塑限或称流限，上、下塑限之间的含水量范围称为塑性范围，其含水量差值称为塑性值(或塑性指数)，塑性值越大，塑性越强，越不利于耕作。上塑限、下塑限和塑性值均以含水量(%)表示。

3. 影响土壤可塑性的因素

除含水量外，土壤可塑性与土壤的比表面大小和表面性质有关，因而取决于质地、黏土矿物类型、交换性离子组成、有机质含量等因素。

(1)土壤质地　土壤中黏粒越多，质地越细，塑性越强，上塑限、下塑限和塑性值的数值随着黏粒含量的增加而增大(表 4-5)。

表 4-5 不同质地土壤的塑性值(含水量%)

土壤质地	物理性黏粒(%)	下塑限	上塑限	塑性值
中壤偏重	>40	16~19	34~40	18~21
中壤	28~40	18~20	32~34	12~16
轻壤偏中	24~30	21±	31±	10
轻壤偏砂	20~25	22±	30±	8
砂壤	<20	23±	28±	5

（引自：吴礼树，土壤肥料学，2004）

土壤按塑性值分类如下：强塑性土（黏土）>17，塑性土（壤土）17~7，弱塑性土（砂壤）<7，无塑性土（砂土）0。

在黏土矿物类型中，蒙脱石类分散度高，吸水性强，塑性值大；高岭石类分散度低，吸水性弱，塑性值小。

(2)代换性阳离子　代换性钠离子因水化度大，使土壤分散，因此可塑性增大；相反，钙离子因具有凝聚作用可减少土壤的可塑性。

代换性阳离子对黏土矿物的塑性强弱的影响很大，钠离子使蒙脱石的上下塑限和塑性值大幅增加，而对高岭石的影响较小。

(3)土壤有机质　有机质能提高土壤上、下塑限，但一般不改变其塑性值。这是因为有机质本身缺乏塑性而吸水性强，故有机质含量高的土壤，要等有机质吸足水分以后才开始形成产生塑性的水膜，故显现塑性较慢，但对耕作无不良影响。因为有机质可以提高下塑限，意味着该土壤适耕的含水量范围增加了，故可以通过增施有机肥达到延长旱地宜耕期，改善土壤耕性的目的。

土壤在塑性范围内不宜进行耕作，因为不但阻力大，而且耕后形成表面光滑的大土垡，由于塑性的影响，使土壤保持其形状，不易散碎，干后犁垡板结形成硬块，不易耙耢破碎，达不到松土的目的，所以黏性土壤更不宜在过湿中耕作。

二、土壤胀缩性

土壤吸水后体积膨胀，干燥后体积收缩称为土壤胀缩性。土壤胀缩性强，对生产不利。因为土壤膨胀时，对周围土壤产生强大压力，而可能对植物根系发生机械损伤；收缩龟裂时，易拉断植物根系。同时，土壤膨胀会使土壤孔隙变小、透水困难，通气性和热量交换都受到阻碍。若土壤因收缩强烈而引起龟裂，下层水分蒸发加快，导致土层干燥，根群减少，可使作物产生不正常早熟而降低产量。在我国西北地区，常因入冬后土壤干裂，土温下降，对冬小麦越冬不利，造成大片麦苗冻死。

影响土壤胀缩性的主要因素是土壤胶体，而胶体的品质则影响土壤胀缩性的强弱。蒙脱石由于晶层间结合不紧，水分容易进入而使晶层间距拉开，因此，其膨胀性远较晶层结合紧密的高岭石大。在盐碱土区，由于吸收性钠离子增强了水化作用，使土壤胀缩性增大，湿时膨胀粘闭，干后收缩，构成典型的柱状结构的土壤。

要减少土壤的胀缩程度，除了黏重的土壤应改良质地外，还可培育良好的土壤结构，增加土壤有机质含量，使土壤孔度增大，以利于加大土体胀缩时缓冲的余地。此外，还可适时耕锄，使土壤保持疏松状态。

三、土壤压实

耕作土壤在土粒本身的重量，雨滴冲击，人、畜践踏，农机具挤压等的作用下，土壤由松变紧、孔隙度减小的现象，称为土壤压实。

土壤压实最显著的特点是孔隙状况发生改变，即总孔隙度和大孔隙度降低，而且孔隙的连续性减弱，从而使土壤物理性质恶化，通气透水性明显受影响，土壤生物活性和养分转化效率降低，植物根系的伸展也受到抑制。同时，由于土壤变得紧实，耕作阻力增加，而且影响到整地的质量。

土壤压实的产生可分为两种情况。一是水分饱和的土壤，压实主要是因水分的移动而引起土壤体积的收缩，即水分由受压的部分向未受压的方向迁移，而造成土壤体积缩小。二是水分不饱和的土壤，压实时发生的体积收缩主要是由于土粒重新定向由疏松排列逐步变为紧实排列引起的，土粒之间相互紧凑，总孔隙度和大孔隙减少。土壤重新定向主要依靠水膜滑动，因而在土壤水分未达饱和之前，随着含水量的增加，压实程度增大。但土壤水分达到饱和后，则压实程度减弱，即施加外力后土壤体积收缩很少。在塑性下限以上至土壤水分饱和范围内，在压力和剪力的共同作用下，土壤团聚化状态破坏，土壤转变为单粒状的均质土体，土壤颗粒趋向极紧密排列，通气孔隙大量减少，无效孔隙急剧增加，土壤发僵，通气透水性强烈减弱，甚至消失，这种现象称为土壤粘闭。

影响土壤压实过程除水分外，还有质地、黏土矿物类型、有机质含量等。一般黏重的土壤、2∶1 型黏土矿物含量多的土壤以及有机质含量低的土壤更容易受到压实。

为了防止土壤压实，应避免在土壤过湿时进行耕作或田间作业，土壤含水量低时抗压实性能较强；还要尽可能减少作业次数或采用少耕法、免耕法，或者实行联合作业等；进行田间作业时，选定短的作业路线或固定车道，减少压实的面积，选好适宜的耕作速度等都可以减少压实；改进耕作农具，发展旋转式、震动式或较轻的耕作农具也有助于减轻压实作用；通过合理的耕作如常规耕作和深耕结合施用有机肥以及促使土壤冻融交替、干湿交替的措施等也可防止土壤压实。

四、土壤耕性

(一)土壤耕性的含义

土壤耕性是指土壤在耕作时所表现的特性，也是一系列土壤物理性质和物理机械性的综合反映。土壤耕性的好坏，通常用土壤耕作难易程度、耕作质量的好坏和宜耕期长短三项指标来综合评价。

(1)耕作难易程度　农民群众把耕作难易作为判断土壤耕性好坏的首要条件，凡是耕作时省工省劲易耕的土壤，称为“土轻”“口松”“绵软”；而耕作时费工费劲难耕的土壤，称为“土重”“口紧”“僵硬”等。耕作难易不同，直接影响着土壤耕作效率的高低，有机质含量少及结构不良的土壤耕作较难。

(2)耕作质量的好坏　土壤经耕作后所表现出来的耕作质量是不同的，凡是耕后土垡松散，容易耙碎，不成坷垃，土壤松紧孔隙状况适中，有利于种子发芽出土及幼苗生长的，谓之耕作质量好，相反则称为耕作质量差。

(3)宜耕期长短　宜耕期是指土壤含水量适宜进行耕作的时段范围。耕性良好的土壤，适宜耕作时间长，表现为“干好耕，湿好耕，不干不湿更好耕”，而耕性不良的土壤则宜耕期短，一般只有一两天，错过宜耕期不仅耕作困难，费工费劲，而且耕作质量差，表现为“早上软，晌午硬，到了下午锄不动”，群众称为“时辰土”。宜耕期长短与土壤质地及土壤含水量密切相关，一般质地较轻的土壤宜耕期长，而黏质土壤宜耕期短。

(二)影响土壤耕性的因素

土壤耕性是一系列土壤物理机械性的综合表现。如前所述，土壤水分含量影响土壤的结持性、胀缩性、压实性等物理机械性质，因而土壤水分含量也直接影响到土壤耕性。在结持性、胀缩性、压实性等最弱时的土壤含水量下进行耕作，就能达到耕作省力、耕作质量高的要求，这个时期就是宜耕期。在宜耕期内耕作，即使黏重、有机质含量低的土壤也能达到耕作质量好、耕作省力的效果；反之，即使耕性好的土壤，若不在宜耕期内耕作，也会造成耕作质量不高、土壤结构变劣、耕作费劲等结果。从表 4-6 可以充分看到土壤湿度与土壤耕性的关系。

表 4-6　土壤湿度与土壤耕性的关系

土壤湿度	干燥	湿润	潮湿	泞湿	饱和	过饱和
土壤黏持度	坚硬（固态）	酥软（半固态）	可塑	黏韧	浓浆（黏滞）	薄浆（液态流动）
土壤特征	固结，黏结性强，无黏着性和塑性	松散，黏结性弱，无黏着性和塑性 下塑限	有可塑性黏结性和黏着性极弱 黏着点	有可塑性和黏着性，黏结性极弱 上塑限	浓浆成厚层流动，可塑性消失，但有黏着性，黏结性	稀浆状，悬浮液体呈薄层流动，塑性、黏结性，黏着性
耕作阻力	大	小	较大	大	较大	小
耕作质量	硬土块不易散	易散碎成小土块	不散碎成大土垡	不散碎，成大土块，易粘农具	泥泞状浓泥浆	稀泥浆
宜耕性	不宜	旱地最适	旱可耕但质量不好	不宜	水田可耕但费力	水田最宜

（引自：陆欣，土壤肥料学，2011）

土壤质地与耕性的关系也很密切。黏重的土壤，其黏结性、黏着性和可塑性都比较强，干时表现极强黏结性，水分稍多时又表现可塑性和黏着性，因而宜耕范围窄。图 4-6 表示土壤质地与耕性的关系。

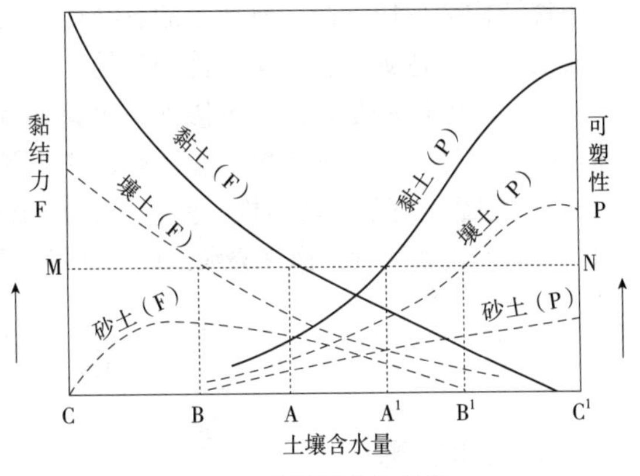

图 4-6　土壤质地与耕性

（吴礼树，土壤肥料学，2004）

由图 4-6 可知，凡黏结性与可塑性曲线相交的角度愈大，其宜耕的含水量范围愈大；交角小者反之。若黏结力小于 M，可塑性小于 N，则耕作时黏结力不大，可塑性也不显著，是宜耕状态。图 4-6 中黏土的宜耕范围为 AA^1，最窄；砂土的宜耕范围为 CC^1，最宽；壤土的宜耕范围为 BB^1，介于黏土与砂土之间。群众说的“干耕大块湿耕泥，不干不湿尽涂犁”“旱上软，晌午硬，到了下午锄不动”都是说的质地黏重的土壤的耕性特点。因此，对这类宜耕期短的土壤，耕作时要“抢火色”，否则会影响整地播种质量，或延误播期，造成减产。砂质土干湿都好耕，水分的多少对耕作难易程度影响不大，但若砂性过重，则耕作质量也不高。粉砂粒含量高的土壤，就干不就湿，因干耕时土块不大，也易耙碎，湿耕时易糊犁，干后板结。因此，必须按照不同质地土壤，选择其宜耕期进行耕作，才能做到工效高，质量好。

如前所述，土壤有机质对土壤物理机械性有良好的影响，因而有机质含量高的土壤，宜耕范围宽，耕作质量高。质地不良的土壤稍微提高其有机质含量，就可使耕性大为改善。

(三)改善土壤耕性的措施

(1)防止土壤压板　犁耕过程在疏松土壤的同时，由于机械的行走对土壤有压实作用。过度的压实会影响耕作质量，对作物生长不利，这种过度的压实又称土壤压板问题。实际上，不仅仅是犁耕机械的行走会有压板问题，其他非犁耕农业机械更易造成土壤压板问题，如运输和喷洒机械等；自然因素(如雨滴的冲击和在重力作用下的土壤自然沉实等)和其他的人为因素(如人、畜践踏等)对土壤压板也起到一定的作用，土壤压板是土壤物理性状退化的主要原因之一。随着农业机械化的发展，大型机具逐渐增多，今后土壤压板问题必将更加突出。在防止土壤压板方面，除应改进农机具外，应特别注意田间作业。首先，必须避免在土壤过湿时进行耕作；其次，应尽量减少不必要的作业项目或者实行联合作业，以减轻土壤压板，降低生产成本；最后是，根据条件，试行免耕或少耕法，减少机械压板，保持土壤疏松状态。

(2)掌握宜耕的土壤含水量　控制土壤含水量在宜耕状态时进行耕作，既可减少耕作阻力，又可提高耕作质量。不同土壤宜耕期有很大差异。群众鉴别土壤宜耕期的主要办法一是看土色，当土壤外表白(干)，里面暗(湿)，或土块干一块湿一块，呈花脸状时土壤宜耕；二是用手摸，当手捏成团，手松不粘手，落地即散时土壤宜耕；三是用犁试耕，土块自然散开不粘犁时，土壤宜耕。

(3)增施有机肥　增施有机肥料可提高土壤有机质含量，从而促进有机无机复合胶体与团粒结构的形成，降低黏质土的黏结性、黏着性和塑性，增强砂质土的黏结性，并使土壤疏松多孔，达到改善土壤耕性的目的。

(4)改良土壤质地　黏土掺沙，可减弱黏重土壤的黏结性、黏着性、可塑性和起浆性；砂土掺泥，可增强土壤的黏结性，并减弱土壤的淀浆板结性。

(5)创造良好的土壤结构　良好的土壤结构，如团粒结构，其土壤的黏结性、黏着性和塑性减弱，松紧适度，通气透水，耕性良好，创造良好的土壤结构可显著改善土壤耕性。

思 考 题

一、名词解释

土壤密度　土壤容重　土壤孔性　土壤结构体　土壤结构性　团粒结构　土壤导热率　土壤热容量　土壤导温率　土壤物理机械性

二、简述

1. 土壤孔隙分为几级？各级孔隙的特点。
2. 简述土壤结构的类型及各自的特点。
3. 简述土粒结构形成的过程。
4. 简述土壤团粒结构在土壤肥力上的作用。
5. 简述创造土壤团粒结构的主要途径。
6. 简述土壤温度对植物生长的影响。
7. 简述土壤物理机械性包括的主要方面。

三、论述题

试述土壤孔隙、结构和温度对植物生长的影响。

主要参考文献

[1]黄昌勇．土壤学[M]. 北京：中国农业出版社，2010.
[2]沈其荣．土壤肥料学通论[M]. 北京：高等教育出版社，2008.
[3]吴礼树．土壤肥料学[M]. 北京：中国农业出版社，2004.
[4]陆欣．土壤肥料学[M]. 北京：中国农业大学出版社，2011.
[5]卢树昌．土壤肥料学[M]. 北京：中国农业出版社，2011.
[6]谢德体．土壤肥料学[M]. 北京：中国林业出版社，2015.

第五章　土壤中的养分

摘　要　本章从植物营养的角度分析土壤中植物必需的大量元素氮、磷、钾，中量元素硫、钙、镁，微量元素铜、钼、锰、锌、铜。主要介绍这些元素在土壤中的含量、来源、形态、转化以及去向等内容，重点内容是各种元素在土壤中的转化和生物有效性的影响因素，同时对各种元素在生态环境中的作用也进行了相应的阐述。

第一节　土壤中的养分概况

土壤养分分为大量元素、中量元素和微量元素。在自然土壤中，这些元素主要来源于土壤矿物质和土壤有机质，其次是大气降水、坡渗水和地下水。在耕作土壤中，还来源于施肥和灌溉。根据植物对营养元素吸收利用的难易程度，分为速效性养分和迟效性养分，一般来说，速效养分仅占很少部分，不足全量的1%，应该注意的是速效养分和迟效养分的划分是相对的，二者总处于动态平衡之中。

我国土壤耕层中的全氮含量处于0.05%~0.25%。其中东北地区的黑土是我国土壤平均含氮量最高的土壤，一般为0.15%~0.35%，而西北黄土高原和华北平原的土壤含氮量较低，一般为0.05%~0.10%。华中华南地区，土壤全氮含量有较大的变幅，一般为0.04%~0.18%。在条件基本相近的情况下，水田的含氮量往往高于旱地土壤。我国绝大部分土壤施用氮肥都有一定的增产效果。

磷是农业上仅次于氮的一个重要土壤养分。土壤中大部分磷是无机状态(50%~70%)，只有30%~50%是以有机磷的形态存在。我国北方土壤中的无机磷主要是磷酸钙盐，而南方主要是磷酸铁、铝盐类。其中有相当大的部分是被氧化铁胶膜包裹起来的磷酸铁铝，称为闭蓄态磷。土壤全磷含量的高低，通常不能直接表明土壤供应磷素，它是一个潜在的肥力指标，但是当土壤全磷含量低于0.03%时，土壤往往缺磷。在土壤全磷中，只有很少一部分是对当季作物有效的，称为土壤有效性磷。近年来，随着产量的提高，我国土壤缺磷面积不断扩大，原来对磷肥效果不明显的地区表现了严重的缺磷现象，如黄淮海平原、西北黄土高原以至新疆等地都有缺磷发生。而原来缺磷的地区，由于长期施磷，磷肥效果下降，这主要是指华中、华南某些水稻土。在华中、华南中高产水稻土上，随着有机肥的施入，磷已可满足作物需要，而大面积的酸性旱地土壤以及部分低产水田，缺磷仍然相当严重。

土壤中钾全部以无机形态存在，而且其数量远远高于氮磷。我国土壤的全钾含量也大体上是南方较低，北方较高。南方的砖红壤中全钾含量平均只有0.4%左右，华中、华东的红壤则平均为0.9%，而我国北方包括华北平原、西北黄土高原至东北黑土地区，土壤全钾量一般都在1.7%左右。因此，缺钾主要在南方，近几年北方已开始出现缺钾现象。

土壤中的微量元素大部分是以硅酸盐、氧化物、硫化物、碳酸盐等无机盐形态存在，在土壤溶液中可有一部分微量元素以有机络合态存在，通常把水溶液或交换态的微量元素看作是对作物有效的。土壤中微量元素供应不足的原因一是土壤本身含量过低，二是含量并不低，甚至很高，但是由于土壤条件(主要是土壤酸碱度和氧化还原条件)造成有效性降低而供应不足。在前一种条件下，需要靠补施微量元素肥料，后一种情况下，有时只需改变土壤条件，增加土壤微量元素的有效性，就可增加供应水平。

第二节　土壤中植物所需大量元素的含量与转化

一、土壤中的氮素

(一)土壤氮素含量及形态

氮素是作物必需的三大营养元素之一。氮在植物生长过程中占有重要地位，它是植物蛋白质的主要成分。氮肥对于作物的增产起着重要作用，是目前应用最多的化学肥料。

1. 土壤氮素的含量

据估计，地球上约有 1.972×10^{23} t 氮，其中 99.78%存在于大气中和有机体内，成土母质中不含氮。我国土壤全氮含量变化很大，据对全国 2000 多个耕地土壤的统计，其变幅为 0.4~3.8 $g\cdot kg^{-1}$氮，平均值为 1.3 $g\cdot kg^{-1}$氮，大多数土壤在 0.5~1.0 $g\cdot kg^{-1}$氮。不同地区的不同土壤中氮的含量不同(表 5-1)，土壤中的氮素含量与气候、地形、植物、成土母质及农业利用方式、年限等因素有关。

表 5-1　我国不同地区耕层土壤的全氮含量

地区	利用情况	全氮($g\cdot kg^{-1}$)	地区	利用情况	全氮($g\cdot kg^{-1}$)
东北黑土	旱地	1.50~3.48	华中红壤区	旱地	0.60~1.19
	水田	1.50~3.50		茶园、橘园	0.67~1.00
蒙新地区	旱地	0.52~1.95		水田	0.70~1.79
青藏高原	旱地	0.52~2.66	西南地区	旱地	0.36~1.33
黄土高原	旱地	0.40~0.97		水田	0.61~1.92
黄淮海地区	旱地	0.30~0.99	华南、滇南地区	旱地	0.70~1.83
	水田	0.40~0.94		胶园	0.60~1.56
长江中下游地区	旱地	0.50~1.15		水田	0.80~2.06
	茶园	0.60~1.08			
	水田	0.60~1.08			

(引自基础土壤学，2001)

2. 土壤中氮素的形态

土壤中氮素的形态可分为无机态氮(inorganic nitrogen)、有机态氮(organic nitrogen)两种。

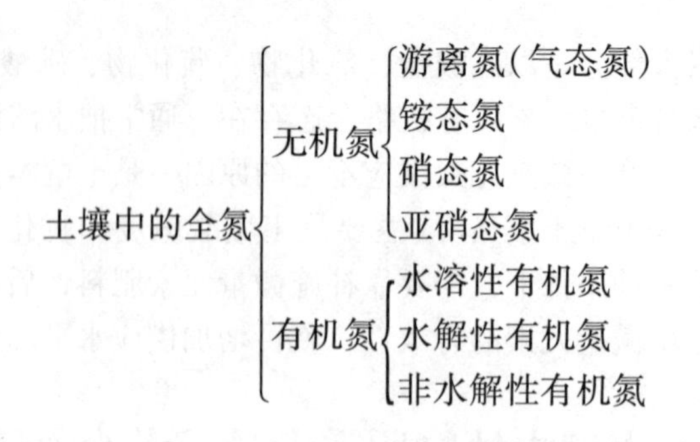

3. 无机氮

无机氮也称矿质氮，包括铵态氮(ammonium nitrogen)、硝态氮(nitrate nitrogen)、亚硝态氮(nitrite nitrogen)和游离态氮。土壤中的无机氮一般只占土壤全氮量的1%~2%，波动性很大，是土壤中氮素的速效部分，易被作物吸收利用。无机氮是直接施入土壤中的化学肥料或各种有机肥料在土壤微生物的作用下经过矿化作用转变而成的。其中游离态氮一般是指存储在土壤水溶液中游离的氨气，以分子态存在；硝态氮是指以硝酸根(NO_3^-)形式存在的氮；亚硝酸氮是指以亚硝酸根(NO_2^-)形式存在的氮。由此可见，土壤中的无机氮主要是铵态氮和硝态氮两部分。

4. 有机氮

有机氮是土壤中氮的主要形式，一般占土壤全氮量的98%以上。有机态氮按其溶解和水解难易程度可分为水溶性有机氮、水解性有机氮和非水解性有机氮三类。水溶性有机氮主要包括一些结构简单的游离氨基酸、铵盐及酰胺类化合物，一般占全氮量的5%以下，是速效氮；水解性有机氮主要包括蛋白质(占土壤全氮量的40%~50%)、核蛋白类(占全氮量的20%左右)、氨基糖类(占全氮量的5%~10%)以及尚未鉴定的有机氮等，经微生物分解后，均可成为作物氮源；非水解性有机氮主要有胡敏酸氮、富里酸氮和杂环氮等，其含量约占土壤全氮量的30%~50%。

(二)土壤中氮的来源

耕作土壤氮素的来源主要是施肥、生物固氮(biological nitrogen fixation)、大气沉降和灌溉水等几个方面。

1. 施入的含氮肥料

氮肥是农田生态系统最重要的氮源，随着人口的增长和集约化程度的提高，单位面积氮肥的施入量基本上是逐年增加的。1998年，我国化肥平均用量已超过255 kg·ha^{-1}纯氮，而北欧等国家施用要相对低一些，挪威东南农田氮肥施用量为110 kg·ha^{-1}纯氮。

2. 生物固氮

大气中含有大量氮源，但以惰性气体 N_2 存在，不能直接为高等植物和动物所利用。N_2 的分子里三个共价键($N \equiv N$)是高度稳定的，只有在高温高压下才能使其发生化学分解。而固氮微生物却能在常温常压下，进行这项似乎不可能完成的任务。

生物固氮是农业生态系统中另外一个重要的土壤氮源，也是地球化学中氮素循环的一个重要环节，以豆科植物和根瘤的共生固氮为主，可占生物固氮量的1/2。Galloway等人估计了全球陆地生态系统中固氮量为90~130 Tg·a^{-1}纯氮。1987年，我国生物固氮量达1.17 Tg·a^{-1}。王毅勇等人通过模拟，估计了三江平原大豆田固氮为160 kg·ha^{-1}。

固氮作用的生物化学过程对农业土壤的肥力具有很大的作用。尽管目前生产氮肥的设备有了巨大的发展，豆科植物仍然是全世界大部分土壤所固定氮的主要来源，在未来的许多年里，作物的生产所必需的氮仍将取自土壤原来的氮，或通过固氮微生物提供的氮。

3. 大气降水中的氮

包括 NH_4^+、NO_2^- 和 NO_3^- 在内的化合态氮以及有机态氮，均是大气降水的普通成分，亚硝酸盐其量甚微，有机态氮可能与地面的尘埃结合在一起。每年以大气降水进入土壤中的氮素量在正常情况下极少，因而对作物的生产意义不大。可是，这些氮对成熟的生态系统，如未被破坏的原始森林和天然牧场的氮素状况具有颇大的意义。并且，雨水中的氮还能补充因淋溶和反硝化作用所造成的少量氮的损失。据测定，英国洛桑农场每年随雨水回到地面的氮量为每公顷 4 kg 左右，美国康奈尔地区为 2~22 kg。

(1)尘埃沉降　以尘埃形式回到地面上的氮量为每年每公顷 0.1~0.2 kg。

(2)土壤吸附　土壤能够吸附空气中少量的 NH_3。当土壤水分充足，有机质丰富，pH 值低，土壤阳离子交换量大时，吸附的氮较多。土壤对氮的吸附，与黏土矿物种类及数量有关，黏粒含量高，交换量大，吸附的 NH_3 也越多。

4. 灌溉水和地下水补给

无论是水田还是旱田，灌溉水的补给也是氮素的一个来源。据报道，泰国每年每公顷 0.1 kg 氮来自于灌溉水；在污水灌溉地区，水中含氮量更高，有时反而使作物因氮过多而造成危害。富含氮的地下水上升时，也使土壤的含氮量增加。

此外，动植物、微生物的残体及排泄物也能为土壤提供氮素。

(三)土壤中氮的转化

在陆地生态系统中氮以不同形态存在于大气圈、岩石圈、生物圈和水圈，并在各圈层之间相互转换。大气中氮以分子态氮(N_2)和各种氮氧化物(NO_2、N_2O、NO 等)形式存在，其中生物不能吸收利用的惰性氮气(N_2)占大气体积的 78%，它们在微生物作用下通过同化作用或物理、化学作用进入土壤，转化为土壤和水体的生物有效氮：铵态氮(NH_4-N)和硝态氮(NO_3-N)。然后又从土壤和水中的生物有效氮回归到大气中，自然界氮形态变化、运转和移动构成了氮素循环(图 5-1)。

氮素循环有两个重要循环构成，一是大气圈的气态氮的循环，氮的最大贮库是大气，整个氮循环的通道多与大气直接相连，几乎所有的气态氮对大多数高等植物无效，只有若干种微生物或与少数微生物共生的植物可以固定大气中的氮素，使它转化成为生物圈中的有效氮；另一个是土壤氮的内循环，即土壤植物系统中，氮在动植物中的转化和迁移，包括有机氮的矿化和无机氮的生物固持作用、黏土对铵的固定和释放作用、硝化和反

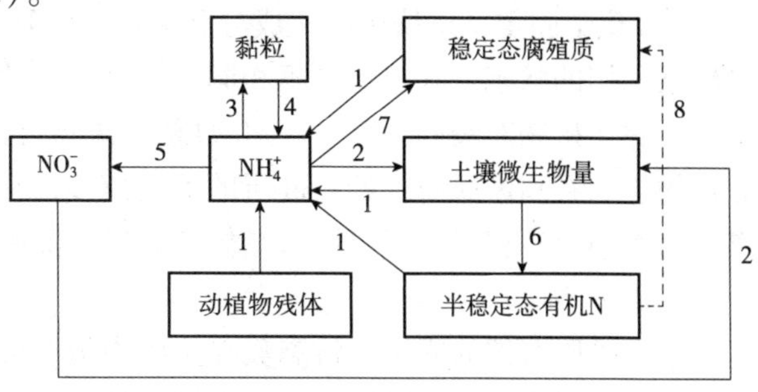

图 5-1　土壤氮的内循环

1. 矿化作用；2. 生物固氮作用；3. 铵的黏土矿物固定作用；4. 固定态铵的释放作用；5. 硝化作用；6. 腐殖质形成作用；7. 氨和铵的化学固定作用；8. 腐殖质的稳定化作用

硝化作用、腐殖质形成和腐殖质的稳定化作用。

1. 矿化过程

土壤中氮素约有50%以上存在于腐殖类化合物中，约有30%以蛋白质存在，腐殖质和蛋白质等含氮化合物都是迟效态养分，在微生物的作用下，逐年降解产生各种氨基酸。

氨基酸经过氨化作用，分解生成氨。可表达如下：

$$R-NH_2+HOH \longrightarrow R-OH+HN_3+\text{能量}$$

氨溶解于水变成铵盐。铵盐在土壤中氧化，又可转化为硝酸盐，该过程也称为硝化过程(nitrification)。

$$2NH_4^++3O_2 \longrightarrow 2NO_2^-+2H_2O+4H^++\text{能量}$$

$$2NO_2^-+O_2 \longrightarrow 2NO_3^-+\text{能量}$$

铵盐和硝酸盐是土壤中常见的两种无机氮化合物，也是主要的速效氮素养分。当土壤有机质含量高和使用有机肥多时，又处于水分充足、温度较高条件下，氨化作用旺盛，土壤中释放铵态氮数量较多。一般在土温较高、通气良好、水分适应的情况下，土壤硝化作用旺盛。硝化作用对土壤条件的要求比氨化作用严格得多，当土壤中氧的含量降低到2%以下时，或土壤水分增加到田间持水量以上时，硝化作用的速度会迅速下降。硝化作用最适宜的温度为25~35℃，如果温度下降至10℃，则其速度为25℃时的20%。硝化作用最适宜的土壤反应为微碱至微酸性环境，当土壤pH值小于5时，硝化作用受到很大的抑制；但pH值超过8.5时，硝化细菌的活动性受到抑制，亚硝酸盐趋于累积。

2. 氮的固定

在有机氮矿化作用的同时，土壤中还进行着与它相反的另一个转化过程，即氮的固定作用。包括生物固定与化学固定。

(1)生物固定　矿化作用生成的铵态氮、硝态氮和某些简单的氨基酸氮($-NH_2$)通过微生物和植物的吸收同化，成为生物有机体的组成部分，称为无机氮的生物固定。形成的新的有机态氮化合物，一部分被作为产品从农田中输出，而另一部分和微生物的同化产物一样，再一次经过有机氮氨化和硝化作用，进行新一轮的土壤氮循环。从土壤氮素循环的总体来看，微生物对速效氮的吸收同化，有利于土壤氮素的保存和周转。

(2)化学固定　土壤中有机成分和无机成分均可固定铵，使之成为高等植物甚至微生物较难利用的状态。其机制各不相同。

①黏土矿物对铵的固定　2∶1型黏土矿物可以固定铵和钾，以蛭石最强，其次是半分化的伊利石和蒙脱石。蛭石硅层的负电荷多，它的阳离子容量超过蒙脱石，铵离子和钾离子的大小恰巧相当，可以嵌入晶体的硅层空隙中，从而被黏粒矿物固定，成为非交换性铵离子。

②有机质对铵的固定　铵态氮在土壤中与有机质作用，形成抵抗分解的化合物，即铵被有机质所固定。这一固定的机制尚未明确。有人认为，铵与芳香族化合物和琨起反应。在有氮存在而pH值低时，这一反应进行甚速。

上述两种固氮作用，使土壤速效氮肥避免流失，但是固定态氮重新释放的过程很缓慢，不利于植物的吸收。因此，在农业生产上采用耕耙、晒垡、熏土等措施促进氮的转化，增强土壤氮素的供应。

(四)氮素的损失

1. 气态氮的散失

(1)反硝化作用　硝态氮经过微生物的还原转化为气态氮的过程，叫作反硝化作用(denitrification)。这一作用在气态氮损失中占比最高。反硝化作用具体的机制尚未清楚，已知的这一作用的总反应如下：

$$2HNO_3 \longrightarrow 2HNO_2 \longrightarrow N_2O \longrightarrow N_2$$

多数研究者认为，在排水不良或通气恶劣的条件下，反硝化作用旺盛，氮素损失大幅增加，即使在耕作管理良好的土壤中，这种损失也相当严重。

(2)化学还原作用　亚硝酸盐在弱酸性溶液中与铵盐接触可产生气态氮。

$$2HNO_2+CO(NH_2)_2 \longrightarrow CO_2+3H_2O+2N_2$$

铵盐与土壤碱性物质作用可产生气态氮，如：

$$(NH_4)_2SO_4+CaCO_3 \longrightarrow CaSO_4+2NH_3+CO_2+H_2O$$

挥发性氮肥的自身分解。如：

$$NH_4OH \longrightarrow NH_3+H_2O$$

$$NH_4HCO_3 \longrightarrow NH_3+CO_2+H_2O$$

气态氮散失的强弱受土壤性质和环境条件的影响。凡土质黏重、腐殖质含量高、水分含量适当，石灰等碱性物质含量少，则氨的挥发较弱。反之，挥发氮增多。高温和风能加速氮的挥发。所以氮肥深施、覆土，可以减少损失。有些地方使用氮肥增效剂，如6-氯-2-三氯甲基吡啶、2氨基-4氯-6甲基吡啶、硫脲等，以抑制硝化细菌的活动，降低土壤中的硝化作用。当反硝化过程受到抑制，对提高氮肥利用率有一定效果。

2. 硝态氮的淋洗

硝态氮是阴离子，不易被土壤胶体吸附固定。另外，硝酸盐的溶解度大，易溶于水而随水淋洗。硝态氮淋洗的数量与强度和气候、土壤条件以及耕作栽培措施有关。在多雨地区，尤其是暴雨产生径流，或是灌溉频繁而氮肥用量大的地块(如蔬菜地)，淋洗极为严重。例如，据施肥水平高的荷兰的统计资料，全国每公顷淋洗30多kg氮素，占施肥量的10%以上，其中，砂质土壤的氮淋洗量占氮肥用量的15%，黏质土壤的淋洗量占肥料氮的4%。

近年来，我国各地由于无机肥料施用量的增加，有相当多的硝态氮随水流失，必须加以控制。有些地方应用氮肥缓效剂，如甲醛缩脲、草酰二胺及乙醛缩脲等包被肥料，以减少氮肥的溶解度，不仅可使氮肥供应缓慢，也能提高它的肥效。此外改进施肥措施，如采用制成球肥等办法，也可以减少氮素的淋洗，以保证其持续供应。

二、土壤中的磷

(一)土壤中磷的含量

我国土壤磷的含量很低，土壤全磷含量(P_2O_5)在0.3~3.5 $g \cdot kg^{-1}$，变幅相当大，有明显的地区分布趋势。就全国主要土类而言，以南岭以南的砖红壤中全磷含量最低，其次是华中地区的红壤，而东北地区和由黄土性沉淀物发育的土壤则含磷量较一般土壤高。耕作土壤全磷含量则变幅更大，除主要受其原来土壤类型的影响外，还受耕作制度和施肥情况的影响。

(二) 土壤中磷的形态

1. 无机磷化合物

土壤中无机磷种类较多，成分较复杂，大致可分为三种形态，即水溶态、吸附态和矿物态。

(1) 水溶态磷　土壤溶液中磷含量依土壤 pH 值、磷肥施用量及土壤固相磷的数量和结合状态而定，含量一般在 0.003~0.3 mg·kg^{-1}。在土壤溶液 pH 值范围内，磷酸根离子有三种解离方式：

$$H_3PO_4 \rightleftharpoons H^+ + H_2PO_4^-,\ pK_1 = 2.12$$

$$H_2PO_4^- \rightleftharpoons H^+ + HPO_4^{2-},\ pK_2 = 7.20$$

$$HPO_4^{2-} \rightleftharpoons H^+ + PO_4^{3-},\ pK_3 = 12.36$$

不同 pH 值下，三种磷酸根离子 $H_2PO_4^-$、HPO_4^{2-}、PO_4^{3-} 离子浓度的相对比例如图 5-2 分布，在一般的土壤 pH 值范围内，磷酸根离子以 $H_2PO_4^-$、HPO_4^{2-} 为主，两种磷酸根离子浓度约占 1/2。pH<7.2 时，以离子形式 $H_2PO_4^-$ 居多。由于植物根际微域内土壤 pH 值较低，故植物对磷素的吸收主要以 $H_2PO_4^-$ 离子形式。水溶性磷除解离或络合的磷酸盐外，还有部分聚合态磷酸盐以及某些有机磷化合物。各种成分的含量受其稳定常数、pH 值及相应的供应浓度的支配。

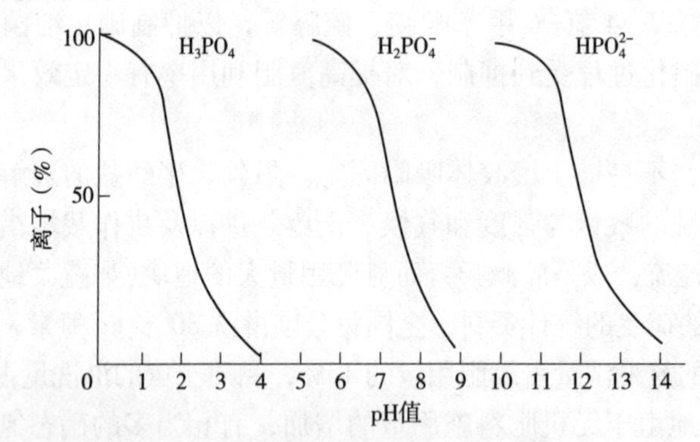

图 5-2　各种磷酸离子的 pH 值分布图

(2) 吸附态磷　吸附态磷指的是通过各种作用力(库仑力、分子引力、化学键能等)被土壤固相表面吸附的磷酸根或磷酸阴离子，其中以离子交换和配位体交换吸附为主。

土壤黏粒矿物对磷酸阴离子交换吸附是指磷酸阴离子(主要以 $H_2PO_4^-$ 和 HPO_4^{2-})与黏土矿物上吸附的其他阴离子，如(OH^-、SO_4^{2-}、F^-等)的相互交换，例如，Fe、Al 氧化物表面 OH^- 和磷酸阴离子的交换。

$$Fe(=O)(-OH) + H_2PO_4^- \rightleftharpoons Fe(=O)(-H_2PO_4) + OH^-$$

$$\begin{matrix} & OH \\ & / \\ Al & -OH \\ & \backslash \\ & OH \end{matrix} + H_2PO_4^- \rightleftharpoons \begin{matrix} & OH \\ & / \\ Al & -OH \\ & \backslash \\ & H_2PO_4 \end{matrix} + OH^-$$

根据这一反应，磷酸阴离子与黏粒矿物表面 OH 基交换产生 OH^-，从而提高溶液的 pH 值，以铁、铝氧化物为例，其中心离子 Fe^{3+} 和 Al^{3+} 为电子受体，配位体为羟基(-OH)或水合基($-OH_2$)，因配位体活性较大，易被磷酸阴离子和其他配位体所取代，反应式为：

$$pH < ZPC \quad \left[\begin{matrix} \diagdown & \\ & Fe-OH \\ O & \\ & Fe-OH_2 \\ \diagup & \end{matrix} \right]^{+} + H_2PO_4^- \longrightarrow \left[\begin{matrix} \diagdown & \\ & Fe-OH \\ O & \\ & Fe-OPO_3H_2 \\ \diagup & \end{matrix} \right]^{0} + H_2O$$

$$pH \approx ZPC \quad \left[\begin{matrix} \diagdown & \\ & Fe-OH \\ O & \\ & Fe-OH \\ \diagup & \end{matrix} \right]^{0} + H_2PO_4^- \longrightarrow \left[\begin{matrix} \diagdown & \\ & Fe-OH \\ O & \\ & Fe-OPO_3H \\ \diagup & \end{matrix} \right]^{+} + H_2O$$

$$pH \geqslant ZPC \quad \left[\begin{matrix} \diagdown & \\ & Fe-OH \\ O & \\ & Fe-O \\ \diagup & \end{matrix} \right]^{-} + H_2PO_4^- \longrightarrow \left[\begin{matrix} \diagdown & \\ & Fe-OPO_3H \\ O & \\ & Fe-O \\ \diagup & \end{matrix} \right]^{2-} + H_2O$$

酸性土壤吸附磷最重要的黏土矿物为铁铝氧化物及其水合氧化物，石灰性土壤的方解石对磷酸阴离子的吸附也常见，吸附方程如下：

$$Ca\text{-}OH + H_2PO_4^- \longrightarrow Ca-O-\underset{\underset{OH}{|}}{\overset{\overset{O}{|}}{P}}-OH + OH$$

这也属配位交换，其原理与前面类似。磷酸根吸附在方解石的表面，然后慢慢地转化为磷酸钙化合物。也可在溶液中形成磷酸钙化合物，然后沉积于方解石表面。

磷酸根阴离子与一个 OH 基交换吸附称为单键吸附。与 2 个或 2 个以上的 OH 基交换吸附称为双键或三键吸附。磷酸根阴离子随着从单键到双键吸附、三键吸附的吸附能力越来越大，磷的有效性越来越小。

吸附与解吸处于平衡状态，当溶液中磷被移走(植物吸收)，吸附态磷释放到溶液中，其释放量的多少和难易取决于表面的吸附饱和度、吸附类型、吸附点位及吸附结合能力大小。吸附饱和度愈大，吸附态磷的有效度愈高。

(3)矿物态磷　土壤无机磷几乎 99%以上以矿物态存在。石灰性土壤中主要是磷酸钙盐(磷灰石)，酸性土壤以磷酸铁和磷酸铝盐为主。

磷灰石可写成 $Ca_5X(PO_4)_3$，其中 X 代表阴离子 F^-、Cl^-或 OH^-，有时还代表 CO_3^{2-} 和 O^{2-}。土壤中的磷灰石主要有三种：①氟磷灰石 $Ca_5(PO_4)_3F$，由原生矿物遗留，稳定性特别大，溶解度小，其他磷灰石可能向氟磷灰石转化；②羟基磷灰石 $Ca_2(PO_4)_3OH$，土壤中以羟基磷灰石最多，其主要成因除了由于氟磷灰石的同晶置换外，还可以由沉淀的磷酸二钙和磷酸三钙转化而成；③碳酸磷灰石，由于磷灰石中有碳酸根而得名，碳酸磷灰石是否作为单独的化合物存在还没有定论。土壤通常以这三种类型的混合物或中间产物存在，单独存在某一种磷灰石的土壤很难找到的。除磷灰石外，土壤中的磷酸钙化合物还有很多种，如磷酸二钙 $CaHPO_4$、磷酸三钙 $Ca_3(HPO_4)_2$、磷酸八钙 $Ca_8H_2(PO_4)_6$ 及其系列水化物。

酸性土壤能形成数十种磷酸铁、铝矿，但主要有磷铝石 $Al(OH)_2H_2PO_4$ 和粉红磷铁矿 $Fe(OH)_2H_2PO_4$。其成分不很固定，其中 Al 和 Fe 可以互换，Fe、Al 和 H_2PO_4 的比例随 pH 值而改变。磷铝铁石分子式可以写成 $(Al、Fe)(H_2PO_4)_3(OH)_{3-n}$，$n$ 也随 pH 值而变。此外，在酸性土壤中还存在被水化氧化铁所包裹的磷酸矿物，性质相似于绿磷铁矿 $Fe_2(OH)_3PO_4$，铁质化砖红壤中含量较丰富，又称闭蓄态磷。

2. 有机磷化合物

土壤有机磷的变幅很大，可占土壤全磷的20%~80%。我国有机质含量20~30 $g \cdot kg^{-1}$的耕地土壤中，有机磷占全磷的25%~50%。受严重侵蚀的南方红壤有机质含量经常不足1%，有机磷占全磷的10%以下。东北地区的黑土有机质含量高达3%~5%，有机磷可占全磷的2/3。黏质土的有机磷含量要比轻质土多。对于土壤中有机磷化合物形态，目前大部分还是未知的，在已知的有机磷化合物中主要包括以下三种。

(1)植物素　植素即植酸盐，是由植酸(又称环已六醇磷酸)与钙镁、铁、铝等离子结合而成，普遍存在于植物体内，植物种子中特别丰富。中性或碱性钙质土中，以形成植酸钙、镁居多，酸性土壤中形成植酸铁、铝为主。它们在植素酶和磷酸酶作用下，分解脱去部分磷酸离子，可为植物提供有效磷。植酸钙镁的溶解度较大，可直接被植物吸收，而植酸铁铝的溶解度较小，脱磷困难，生物有效性较低。土壤中的植素类有机磷含量由于分离方法不同，所得结果不一致，一般占有机磷的总量的20%~50%。

(2)核酸类　是一类含磷、氮的复杂有机化合物。土壤中的核酸与动植物和微生物的核酸组成和性质基本类似。多数人认为土壤核酸直接由动植物残体，特别是微生物中的核蛋白分解而来。核酸磷占土壤有机磷的比例众说不一，多数报道为1%~10%。核蛋白和核酸的分解如图 5-3 所示。

(3)磷脂类　是一类醇、醚溶性的有机磷化合物，普遍存在于动植物及微生物组织中。土壤中含量不高，一般约占有机磷总量的1%，磷脂类容易分解，有时甚至可通过自然纯化学反应分解，简单磷脂类水解后可产生甘油、脂肪酸和磷酸。复杂的如卵磷脂和脑磷脂在微生物作用下酶解也产生磷酸、甘油和脂肪酸。

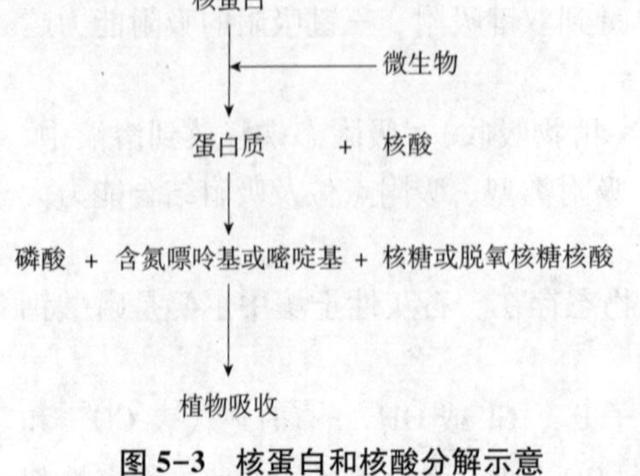

图 5-3　核蛋白和核酸分解示意

土壤中有机磷的分解是微生物作用过程，其强弱决定于土壤微生物活性。环境适应时，尤其温度条件适合微生物生长时，有机磷的分解矿化较快。春天土温低时植物的缺磷现象较常见，而随着天气转暖，植物缺磷消失，这可能随着土温上升，土壤微生物活性加大，提高有机磷的分解有关。与此相反，土壤的生物转化中无机磷可重新被微生物吸收组成其细胞体，转化为有机磷，称为无机磷的生物固定，在土壤中这两个过程同时存在。

(三)土壤中磷的转化

土壤中的磷除小部分来自干湿沉降外，大多数来自土壤母质。磷与土壤矿物紧密结合，除了随土壤侵蚀通过地表径流损失外，土壤中磷的淋失损失几乎可以忽略不计。磷循环主要在土壤、植物和微生物中进行，其过程为植物吸收土壤有效磷、动植物残体磷返回土壤再循环、土壤有机磷(生物残体中的磷)矿化、土壤固结态磷的微生物转化、土壤黏粒和铁铝氧化物对无机磷的吸附解吸、溶解沉淀(图 5-4)。

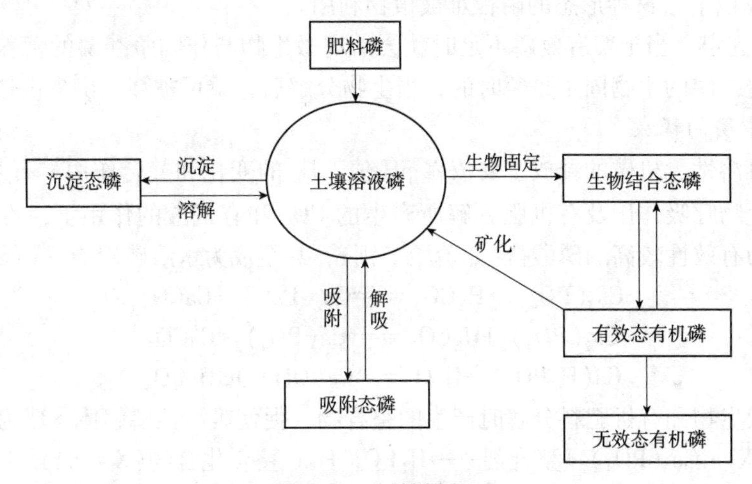

图 5-4　土壤磷循环

1. 土壤中磷的固定

土壤中磷的固定形式有以下几种：

(1)化学固定　由化学作用所引起的土壤中磷酸盐的转化有两种类型。一是中性、石灰性土壤中水溶性磷酸盐和弱酸溶性磷酸盐与土壤中水溶性钙镁盐、吸附性钙镁及碳酸钙镁作用发生化学固定。可用下式表示：

$$\text{磷酸一钙}\xrightarrow{\text{快}}\text{磷酸二钙}\xrightarrow{\text{慢}}\text{磷酸八钙}\xrightarrow{\text{慢}}\text{磷酸十钙}$$

二是在酸性土壤中水溶性磷和弱酸性磷酸盐与土壤溶液中活性铁铝或代换性铁铝作用生成难溶性铁、铝沉淀。形成的产物有磷酸铁铝 $FePO_4 \cdot AlPO_4$、磷铝石 $Al(OH)_2 \cdot H_2PO_4$、磷铁矿 $Fe(OH)_2 \cdot H_2PO_4$ 等。

(2)吸附固定　即土壤固相对溶液中磷酸根离子的吸附作用，称为吸附固定，分为非专性吸附和专性吸附。非专性吸附主要发生在酸性土壤中，由于酸性土壤 H^+浓度高，黏粒表面 $OH^-—O\begin{matrix}\diagup H\\ \diagdown H^+\end{matrix}$ 质子化形式，经库仑力的作用，与磷酸根离子产生非专性吸附。

铁、铝多的土壤中易发生磷的专性吸附，磷酸根与氢氧根与氢氧化铁、铝或氧化铁、铝的 Fe—OH 或 Al—OH 发生配位基交换，为化学作用，称为专性吸附。

$$\equiv OH \underset{\text{质子化作用}}{\overset{H^+}{\rightleftharpoons}} \equiv O\langle^{H^+}_{H} + {}^-O(O=)P(OH)_2 \rightleftharpoons \equiv O\langle^{H^+}_{H} \cdots {}^-O(O=)P(OH)_2$$

$$\begin{matrix}\equiv Fe-OH \\ \equiv Fe-OH\end{matrix} + {}^-O(O=)P(OH)_2 \xrightarrow{-OH^-} \begin{matrix}\equiv Fe-O(O=)P(OH)_2 \\ \equiv Fe-OH\end{matrix} \xrightarrow{-H_2O} \begin{matrix}\equiv Fe-O \\ \equiv Fe-O\end{matrix}\rangle P(=O)OH$$

(单键吸附)　　(双键吸附)

(3)闭蓄态固定　是指磷酸盐被溶度积很小的无定型铁、铝、钙等胶膜所包蔽的过程(或现象)。在砖红壤、红壤、黄棕壤和水稻土中闭蓄态磷是无机磷的主要形式，占无机磷总量的40%以上，这种形态的磷很难被植物利用。

(4)生物固定　当土壤有效磷不足时就会出现微生物与作物争夺磷的营养，因而发生磷的生物固定。磷的生物固定是暂时的，当生物分解后，磷可被释放出来供作物利用。

2. 土壤中磷的释放

土壤中难溶性无机磷的释放主要依靠 pH 值、E_h 的变化和螯合作用。石灰性土壤中，在作物、微生物呼吸作用及有机肥分解所产生的 CO_2 和有机酸的作用下，难溶性磷酸钙盐逐渐转化为有效性较高的磷酸盐(如磷酸二钙)，甚至成为水溶磷磷酸一钙。

$$Ca_3(PO_4)_2+H_2CO_3 \rightleftharpoons Ca_2(PO_4)_2+CaCO_3$$

$$Ca_2(PO_4)_2+H_2CO_3 \rightleftharpoons Ca(PO_4)_2+CaCO_3$$

$$Ca(H_2PO_4)_2+H_2O \rightleftharpoons Ca(OH)_2+3H_3PO_4$$

植物、微生物和有机肥料分解时产生的螯合物，促使难溶性磷解体，成为有效性磷。

$$CaX_2 \cdot Ca_3(PO_4)_2+\text{螯合剂} \longrightarrow H_2PO_4^-+Ca\text{-螯合化合物}(X=OH\text{或}F)$$

$$Al(Fe)(H_2O)_3(OH)_2H_2PO_4+\text{螯合剂} \longrightarrow H_2PO_4^-+Al(Fe)\text{-螯合化合物}$$

土壤淹水后，土壤 pH 值升高，E_h 下降，促进磷酸铁盐水解，提高无定型磷酸铁盐的有效性，可使一部分包蔽在磷酸盐外层的氧化铁还原成亚铁，以消除其包膜，磷酸铁盐成为非闭蓄态磷，这种磷酸铁可供水稻吸收利用，因而将旱田改为水田后，能提高土壤磷素的供应能力。

(四)土壤磷的调节

1. 调节土壤酸碱度

土壤酸碱度是影响土壤固磷作用的重要因子之一，对酸性土壤，适当使用石灰调节其 pH 值至中性附近(以 pH 6.5~6.8 为宜)，可减少磷的固定作用，提高土壤磷的有效性。

2. 增加土壤有机质

含有机质多的土壤，其固磷作用往往较弱，其原因除有机质矿化能提供部分无机磷外，还有下列作用：①有机阴离子与磷酸根竞争固相表面专性吸附点，从而减少了土壤对磷的吸附；②有机物分解产生的有机酸和其他螯合剂的作用，可以将部分固定态磷释放为可溶态；③腐殖质可在铁、铝氧化物等胶体的表面形成保护膜，减少对磷酸根的吸附；④有机质分解产生的 CO_2 溶于水形成 H_2CO_3，增加钙、镁磷酸盐的溶解度。

3. 土壤淹水

土壤淹水后磷的有效性有明显提高，其原因有三：①酸性土壤 pH 值上升促使铁、铝形成氢氧化物沉淀，减少了它们对磷的固定；碱性土壤 pH 值有所下降，能增加磷酸钙的溶解度；反之，若淹水土壤落干，则导致土壤磷的有效性下降。②土壤氧化还原电位(E_h)下降，高价铁还原成低价铁，磷酸低铁的溶解度较高，增加了磷的有效度。③包被于磷酸表面的铁质胶膜被还原，提高了闭蓄态磷的有效度。

三、土壤中的钾

(一)土壤中钾的含量和形态

我国土壤全钾(K_2O)含量为 0.5~46.5 $g \cdot kg^{-1}$，一般为 5~25 $g \cdot kg^{-1}$。总的趋势是：风化强烈的土壤含钾量低于风化程度弱的土壤，砂性土壤高于黏性土壤；从北到南，由西向东，我国土壤钾素含量有逐渐降低的趋势，这说明我国东南地区施用钾肥比其他地区更为重要。

土壤中的钾，根据作物吸收的难易程度可分为水溶性钾、交换性钾、缓效性钾、矿物态钾四种形态。

1. 水溶性钾

以离子形态存在于土壤溶液中，其含量为 0.2~10 $mmol \cdot L^{-1}$范围内，这种钾最易被植物吸收利用。

2. 交换性钾

吸附在胶体表面的钾离子，与水溶性钾保持动态平衡，无严格界限。一般含量在 40~200 $mg \cdot kg^{-1}$，高者可超过 300 $mg \cdot kg^{-1}$，低者有的不到 10 $mg \cdot kg^{-1}$，相差悬殊。水溶性钾和交换性钾总称为速效性钾。交换性钾是土壤速效性钾的主要来源，在土壤养分鉴定上，特别受到重视。

3. 缓效性钾

缓效性钾主要是指三八面体层状硅酸盐矿物层间和黏粒边缘的一部分钾，这种形态的钾对植物有效性显著降低，但在一定条件下可以缓慢释放，以供植物的吸收利用。

4. 矿物态钾

矿物态钾是指土壤中含钾原生矿物和含钾次生矿物的总称，如长石和云母中的钾。这种形态的钾一般不能被作物吸收利用。只有经过长期的风化和分解后，才逐渐转变为能利用的形态。

土壤中各种形态钾的相对含量是：速效钾占 0.1%~0.2%，缓效钾 2%~8%，矿物钾 90%左右。它们可以相互转化，一方面是速效钾的固定，另一方面是缓效性钾和矿物钾的有效变化。

$$\text{水溶性钾} \rightleftharpoons \text{交换性钾} \rightleftharpoons \text{缓效性钾} \rightleftharpoons \text{矿物态钾}$$

其中任何一种形态的钾发生变化，都会引起其他形态钾的变化。如作物吸收了速效性钾，缓效性钾便不断释放出来建立新的平衡。增施钾肥可提高土壤溶液中钾离子的溶度，该反应向左进行。水溶性钾转化为交换性钾或钾被固定以建立新的动态平衡。

(二)土壤中钾的转化

土壤中钾的转化包括钾的固定和钾的释放两个过程。

1. 土壤中钾的固定

钾的固定(potassium fixation)是指水溶性钾或交换性钾转化为非交换性钾，不易为中性盐溶液提取，从而降低钾有效性的现象。地壳所含的钾(2.6%)和钠(2.8%)大小是相近的，但海水中钾的浓度只有钠的1/10，这说明在矿物风化过程中，钾较钠易为土壤所保持。大部分钾以各种不同形态残留在土壤中，但不同土壤固定钾的能力相差很大。

钾的固定机制较为复杂。一般认为，钾的固定主要是钾离子渗入正八面体硅酸盐矿物层间的结果。黏粒矿物表面上的钾离子，在库仑力的作用下，必然要和黏粒矿物内部的负电荷点的距离尽量接近。2∶1型矿物晶片的上下表面都由硅四面体构成，每6个四面体链接成六角形的蜂窝状空穴，空穴的直径约为0.28 nm，这个直径恰巧能容纳钾离子进入其间(脱水钾离子的直径约为0.27 nm)，所以当交换性钾离子一旦落入这个空穴，而其上又被另外晶片的空穴所重叠而形成闭合空穴时，它就被闭蓄在这一空穴里面而暂时失去了被交换出来的可能性。这样，它便成了所谓固定的钾。由此可见，钾的固定是以交换性钾为基础，黏粒矿物质的层间空穴结构为条件，而在一定外力的推动下(如干燥脱水)，由于钾离子陷入空穴内，而产生了机械被闭蓄的结果。所以只有2∶1型黏粒矿物具有固定钾的作用，1∶1型的黏粒矿物不具有上述特殊的晶架结构，所以也不能产生钾的固定作用。

在2∶1型黏粒矿物中，尤以蛭石、拜来石、伊利石等固钾能力最强，这是因为在这些矿物中，同晶置换(如Al^{3+}置换Si^{4+})主要发生在硅氧四面体中，而蒙脱石同晶置换主要发生在铝氧八面体中。前者所产生的负电荷和晶面钾离子之间的距离为0.219 nm，而后者所产生的负电荷和晶面钾离子的距离为0.499 nm，由于吸引力和距离平方成反比，因而前者电荷产生的吸引力是后者的4倍，所以蛭石等矿物晶面上的交换性钾离子比蒙脱石上的更容易“陷入”蜂窝状孔穴，而成为固定态钾。至于蒙脱石上交换性钾的固定，则有赖于土壤干湿交替的推动，使晶格层间距离不断产生胀缩而把钾离子“挤入”孔穴中。2∶1型黏粒矿物固定钾能力依次为蛭石>拜来石>伊利石>蒙脱石。除层状硅酸盐能固定钾外，水铝英石和沸石也能固定大量的钾，风化长石的表面也有这种作用。

钾的固定速度较快。48 h后钾的固定量比10 min内固定量大50%(表5-2)，并且这个速度随着温度上升，pH值增加以及土壤湿度降低而加速。

表5-2 钾固定与时间的关系

作用时间(天)	0.5	2	7	30	60
占总固定量(%)	71	83	86	96	97

这就说明，在钾的固定过程中，有物理化学作用存在。事实上，有很多试验表明，钾的固定使土壤交换量按当量减少。交换性阳离子就是固定作用的基础，如土壤中的部分“吸附位置”为不活动的阴离子，例如马钱子碱占据时，钾的固定量相应减少；当钾在土壤中与另外一个交换能力强的阳离子(如钙离子)，也发现钾的固定量减少。根据这些结果的比较，似乎可得出这样的结论：就是钾的固定分两步进行，首先溶液中钾离子转变为交换性钾，然后才能转入晶格内部吸收而成为固定态钾。

钾的固定除与黏粒矿物类型及其含量等内在因素有关外，还与水分状况、土壤酸度、铵离子以及钾肥种类及其用量等外在因素有关，它们对钾转变为非交换态都有重要影响。

土壤处于干湿交替都会发生钾的固定，但是在程度上有差异。并且这也与黏粒矿物类型有关。例如风化了的云母、蛭石和伊利石，即使在湿润条件下也能固定钾，而蒙脱石仅在干燥条件下固定钾。

当土壤的 pH 值降低或用酸处理后，钾的固定量也随之减少，这是因为在酸性条件下钾的选择结合位，可能为铝和羟基铝离子及其聚合物所占据。H_3O^+ 半径与钾相近(0.123~0.133 nm)起相互竞争作用。从表 5-3 可看出，当强淋溶黑钙土的 pH 值从 5.3 降低到 3.0 时，钾的固定量从 47.7%减少到 18.4%。土壤 pH 值增高，钾的固定量也增加。许多材料表明，当土壤加入 Na_2CO_3、$Ca(OH)_2$、NaOH 等以后，就可增加对钾的固定。有研究认为，在酸化条件下可减弱钾的固定和提高钾的活性，在碱化条件下作用就相反。所以钾的固定在盐碱土上较强，在中性黑钙土上次之，在酸性灰化土上就弱。

表 5-3 pH 值对钾固定的影响

土壤	pH 值		钾固定量(%)
	H_2O	HCl	
弱淋溶黑钙土	6.0	5.3	47.7
弱淋溶黑钙土用 0.5 $mol \cdot L^{-1}$ HCl 饱和	4.2	3.0	18.4
生草-中度灰化重壤土	5.2	4.4	35.2
生草-中度灰化重壤土用 0.065 $mol \cdot L^{-1}$ HCl 饱和	4.3	3.2	26.7

铵离子和有机质对钾的固定也有一定影响，因铵离子的半径(0.148 nm)与钾离子(0.133 nm)相近，所以与钾离子一样也能被土壤固定，这两种离子的固定机制很相似。2∶1 型膨胀型矿物的底面氧网六边形空穴的直径为 0.28 nm，铵离子容易进入晶格空穴，被晶格中的负电荷吸附，约束的很牢，成为固定态铵离子，同时铵离子也可能交换固定态钾。由于铵离子能与钾竞争钾的结合位，因此在先施铵态氮肥后，再施用钾肥，可以减少钾的固定。但也有人认为，铵离子能置换层间较大的钙或镁离子，使晶层间距缩小，使钾紧闭在空穴内，降低了固定态钾的释放能力，反而更加缺钾。

钾盐的种类和浓度对钾的固定也有明显的影响。根据 Volk 等的研究表明，随着钾肥用量的增加，钾的固定量变多。关于阴离子对钾固定的影响，土壤对钾的氯化物、硫酸盐、重碳酸盐的固定作用强度大致相近，而施磷酸钾时，则显著增高，这是由于 $H_2PO_4^-$ 与黏粒矿物中的 OH^- 发生了交换作用，使黏粒矿物的电荷增加所致。

在土壤湿度不变的情况下，不同形态的钾盐在土壤中固定的能力顺序如下：

$$K_2HPO_4 < KNO_3 < KCl < K_2CO_3 < K_2SO_4$$

在土壤干湿交替情况下则为：

$$K_2CO_3 < K_2SO_4 < KNO_3 < K_2HPO_4 < KCl$$

(三)土壤中钾的释放

土壤中钾的释放，一般指土壤中缓效性钾转变为速效性钾，成为植物可以利用的形态，称为钾的释放。土壤种类不同释放钾的能力与特点各异，这主要与含钾矿物的类型有关。黑云母易风化，钾的释放也较快；钾长石和白云母风化较慢，钾的释放也较慢。从表 5-4 可以看出，黑云母的供钾能力要比白云母和正长石高得多，用 1 mol · L^{-1} HNO_3 连续提取可得到全钾的 95.9%、23.1%和 4.0%，幼苗试验结果也证明，播种 30 天的麦苗，从黑云母中吸取的钾占全钾的 10.2%，从白云母中吸取的约占 3.5%，从正长石吸取的占 0.5%。固钾能力强的矿物释放钾的能力小。例如，蒙脱石固钾能力不强，被固定的钾也易释放出来；蛭石不但固钾能力强，而被固定的钾释放也较蒙脱石难些；水云母则介于两者之间。土壤 2∶1 型黏粒矿物释放钾的顺序是蒙脱石>伊利石>拜来石>蛭石。

表 5-4　矿物含钾形态及释放能力

样品	全钾(K_2O)(%)	缓效钾(mg · kg^{-1})	速效钾(mg · kg^{-1})	1 mol · L^{-1} HNO_3 提取		
				次数	K_2O(%)	占全钾(%)
黑云母	8.54	1.03	48.5	17	8.19	95.9
白云母	10.34	1.35	62.5	19	2.39	23.1
正长石	8.58	<0.1	8.0	8	0.34	4.0

研究证明，土壤钾的释放主要是缓效性钾转变为速效性钾的过程，总的来说，缓效性钾的释放作用很缓慢。Wiklander 利用同位素^{42}K 做的试验证明，当温度为 87℃时，经过 14 h 后，交换性 K 仅有 5%。当年生长作物的土壤，释放钾的速度较休闲地快。这可能由于作物对钾的吸收，引起了动态平衡的破坏，使部分缓效性钾转变为交换性钾。这也说明，只有土壤交换性钾减少时，缓效性钾才释放为交换性钾。这种释放过程随着交换性钾水平下降幅度而增加，直到原来交换性钾含量水平得到恢复为止。一般说来，土壤缓效钾含量水平高，则其释放的数量多、速度快。因此，一些土壤学家建议以土壤缓效钾的含量作为土壤供钾的潜力指标。测定方法主要是用 1 mol · L^{-1} HNO_3 浸提、消煮 10 min，从浸提总量减去水溶性钾和交换性钾，即为缓效钾的近似值，该指标可作为施用钾肥的依据。

此外，干燥灼烧和冰冻对土壤中钾的释放有显著影响。一般湿润土壤通过高度脱水有促进钾释放的趋势，但如果土壤中速效钾含量相当丰富，则情况也能相反。高温(>100℃)灼烧，例如烧土，熏土等，都能成倍地增加土壤中的速效钾，土壤经过灼烧处理，不仅缓效钾释放为速效钾，而且一部分封闭在长石等难风化矿物中的无效钾也分解转化为速效性钾。此外，冻融交替，可使晶格膨松，促进离子从晶格空隙中释放出来。

因此生产实践上，为了防止和减少钾的固定作用，促进土壤中钾的释放，钾肥以适当深度施用和集中施用在根系附近效果较好。如果施肥过浅，由于土壤湿度变化比较大，钾易被固定。此外增施有机肥可以提高土壤吸附和保持交换性钾的能力，减少蒙脱石的胀缩现象，而黏粒表面上有机胶膜的形成，均可减少钾的固定。有机质分解过程中产生的 CO_2 和有机酸，还可以促进含钾矿物风化，提高供钾水平。

第三节　土壤中植物所需的中量元素

一、土壤中的硫

(一)土壤硫的含量

土壤中的硫来源有母质、大气沉降、灌溉水、施肥等。岩石或成土矿物自然风化后，其中主要含硫矿物如石膏、泻盐、芒硝、黄铁矿、黄铜矿、辉钴矿以及其他一些矿物等，在通气性良好的土壤中经过微生物分解，释放出水溶性硫酸根。土壤中全硫的含量处于0.01%~0.5%，平均为0.085%。中国农田土壤含硫多在0.01%~0.05%。土壤含硫多少与土壤所处的地理环境、母质关系密切，岩浆岩含硫量较低，沉积岩含硫量较高，矿质土壤含硫量一般在0.1~0.5 $g \cdot kg^{-1}$，随有机质含量增加而增加。

大气沉降是各种生态系统获得硫素的重要途径之一。大气中含硫化合物主要是气态 SO_2 和硫酸离子(SO_4^{2-})。火山、热液以及沼泽化过程中排出少量气态硫氧化物或硫化氢气体；人类燃烧煤炭、原油和其他含硫物质使 SO_2 进入大气。大气中的 SO_2 可被植物直接吸收，有时作物需硫量的一半来自于大气，大气中 SO_2 正常浓度为0.05 $g \cdot m^{-3}$。中国江淮丘陵区大气输入硫量约为9 $kg \cdot hm^{-2}$，大气中的硫素气体一部分被雨水带回土壤，硫素气体浓度高时会形成酸雨，每年由雨水降入土壤的硫为3~4.5 $kg \cdot hm^{-2}$，中国南方土壤随降雨带入的硫为6.9 $kg \cdot hm^{-2}$。

灌溉水中也含有硫。世界干旱地区，灌溉水中硫一般为300~1500 $mg \cdot L^{-1}$，含硫量高，足以满足作物的需要。在温带地区，灌溉水中的 SO_4^{2-} 浓度为5~100 $mg \cdot L^{-1}$。若每公顷耕地以1000 m^3 含 SO_4^{2-}—S 50 $mg \cdot L^{-1}$ 的水灌溉，则可提供50 $kg \cdot hm^{-2}$。

由于土壤有效硫会随水流失，所以含硫肥料是补充耕地土壤硫的重要来源。中国南方土壤随肥料带入的硫平均为16.99 $kg \cdot hm^{-2}$，而江淮丘陵区由化肥投入的硫大约为22.5 $kg \cdot hm^{-2}$。作为氮、磷、钾肥料施用的一些肥料如硫酸铵(含S 24%)、过磷酸钙(含S 12%)及硫酸钾(含S 18%)，在为植物提供氮、磷、钾时也提供了硫，缺硫土壤或需硫较多的作物用硫黄土施、叶面喷施或土施硫代硫酸铵等肥料。

有机肥料如作物秸秆、绿肥和厩肥等含有一定量的硫。作物秸秆由于种类差异，含硫量变化在0.036%~0.383%。猪粪含硫0.12%，羊粪含硫0.08%，牛粪含硫0.02%。经常施用有机肥料可以补充土壤硫的不足，如每公顷施入猪厩肥1500 kg，相当于加入硫1.8 kg，动物粪肥的长期施用对土壤全硫含量的影响很小，但对土壤可提取的硫影响十分显著。

(二)土壤硫的组成及形态

土壤中的硫可分为有机硫和无机硫两大部分，表层土壤中大部分硫以有机形态存在。土壤中的有机硫和无机硫比值受土壤类型、pH值、排水状况、有机质含量、矿物组成和剖面深度变化的影响。一般耕层土壤中的硫90%以上是有机硫。多数湿润和半湿润地区的非石灰性表层土壤中，有机硫可占全硫的95%以上。中国湿润地区的表层土壤有机硫占全硫的85%~94%，无机硫占全硫的6%~15%，而北部和西部石灰性土壤无机硫占全硫的39.4%~61.8%。中国土壤全硫含量为0.049%~0.11%，其中黑土含量最高，南方的水稻土与北方的旱地土壤含量中等，而南方的旱地红壤最低。

土壤有机硫可分为碳键合态硫［碳键硫（C-BondedS）］和非碳键合态硫［酯键硫（ester sulfate）］。碳键合态硫通常为氨基酸（半胱氨酸和蛋氨酸），包括含硫氨基酸、硫醇（R-C-SH）、亚砜（R-C-SO-CH_3）、亚磺酸（R-C-SO-OH）和与芳香核相连的磺酸。碳键硫比较稳定；而非碳键合态硫是由硫酸酯构成，包含硫酸酯（C-O-S），氨基磺酸硫（C-N-S）和S-磺酸半胱氨酸（C-S-S）。这部分硫占土壤有机硫的30%~70%，是土壤有机硫中较为活跃的部分，受土壤利用状况、有机物投入以及气候因素的影响，易于转化为无机硫。对当季作物来说，碳键硫的有效性低于酯键硫。但在长期耕作条件下，碳键硫可以通过酯键硫转化为无机硫而供作物吸收利用。既不是碳键合态硫也不是非碳键合态硫的有机硫部分称为未知态有机硫或惰性硫（UO-S），对植物的有效性不明确。

土壤无机硫以水溶态硫酸盐（土壤溶液中的SO_4^{2-}、S^{2-}）、吸附态硫酸盐（胶体吸附的SO_4^{2-}与溶液SO_4^{2-}平衡）、与碳酸钙共沉淀的难溶硫酸盐（如$CaSO_4$、FeS_2、Al_2SO_4等固态矿物态硫或元素硫）和还原态无机硫化合物而存在。受施肥、动植物残体、大气沉降和灌溉的影响，表层土壤中的水溶态硫酸盐的浓度变化很大。pH值>6.0的土壤吸附态硫酸盐很少，大部分是水溶态；三氧化物含量高的土壤吸附态硫酸盐较高，但大部分吸附态硫酸盐是物理吸附。

（三）土壤硫的循环

土壤中的硫从硫酸到硫化物，有固、液、气三种形态，各种形态的硫相互转化和移动构成了土壤硫的循环，硫酸盐（SO_4^{2-}）在整个过程中具有特别的重要性。硫酸盐（SO_4^{2-}）在矿质化过程中，由于好气微生物进行自养作用，在缺氧环境中被还原成H_2S。还原条件下产生的H_2S，一部分将释放到大气中去，使土壤含硫量降低；另一部分在嫌气条件下，通过化能自养硫细菌（Beggiatoa thiothrix）的作用，被氧化成元素硫。硫和硫化氢经微生物氧化形成SO_4^{2-}。由于$SO_4{}^{2-}$离子容易在土壤中流动，而硫酸盐是植物从土壤中吸收硫的形式，因此SO_4^{2-}可被植物吸收，也可被土壤吸附或淋溶。被植物和微生物同化后转化为有机硫，有机硫化物经土壤微生物矿化释放转化成SO_4^{2-}，在一定条件下还可产生微量的碳醇、烷基硫化物等挥发性有机硫，排放到空气中去；同时土壤中SO_4^{2-}的固定可由微生物吸收同化还原成有机硫化物。矿物态硫在通气良好的土壤上经过微生物分解，释放出水溶性硫酸根。施肥和干湿沉降也是土壤获取硫的一个重要途径。硫在土壤中的循环过程（图5-5）。

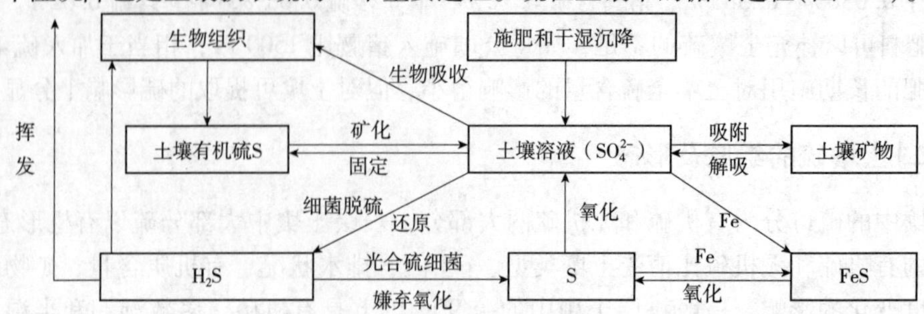

图5-5 土壤中硫的循环

(四)土壤硫的输入

土壤硫的输入主要途径有：①大气无机硫(SO_2)的干湿沉降。大气中的SO_2来自火山爆发、土壤和湿地排放、海洋排放和人为排放。燃煤、燃油、矿冶等造成SO_2酸沉降。SO_2溶于水形成硫酸，即酸雨($pH<5.6$)。中国SO_2的排放量每年以4%速度递增，酸雨区域在不断扩展，酸雨酸度(pH)也逐年下降。②含硫矿物质及生物有机质的输入。矿物质肥包括过磷酸钙(含S 12%)、硫酸铵(含S 24%)、硫酸钾(含S 18%)以及含硫的生物有机质包括各种动植物残体，经过矿化作用释放出无机硫。

(五)土壤硫的输出

土壤硫的消耗通过不同途径，主要有淋溶、土壤侵蚀、径流、作物带走和气体损失。淋溶主要是土壤硫从土壤剖面上层移到下层，最终进入地下水或侧向移动到低洼地带，导致高降雨量地区和地势不平地带硫的亏缺或积累。我国南方省份土壤硫由渗漏水淋失的量平均为10.5 $kg \cdot hm^{-2}$。通过侵蚀损失的硫量取决于侵蚀土壤的数量和土壤的含硫量。温带地区农业土壤硫损失一般较低，据估计大约每年0.1 $kg \cdot hm^{-2}$。在季节降雨量很高、坡度较大及树林稀疏的坡地由风或水侵蚀的硫量很大。农田能够承受的土壤损失量是12 $t \cdot hm^{-2}$，相当于损失硫3~6 $kg \cdot hm^{-2}$。通过径流损失的硫常出现在刚追施过化学肥料或厩肥的土壤。新西兰研究表明，秋季草原土壤上施硫43 $kg \cdot hm^{-2}$6周内，由于径流损失的硫为4.5~7.2 $kg \cdot hm^{-2}$。在地面稍微倾斜(<6°)而又未施肥的情况下，此方式损失的硫很少。肥料使用的增加及高产品种的开发，使得世界各地农作物大幅度增产。作物产量的提高也增加了从土壤中移走的硫数量。据估计，每生产1t油料种子，将从土壤中带走12 kg的硫，是水稻、小麦等禾本科作物的2~3倍。我国南方省份作物从土壤中移走的硫平均为19.06 $kg \cdot hm^{-2}$，而江淮丘陵区油稻轮作条件下作物损失硫可达112.73 $kg \cdot hm^{-2}$。土壤中气体损失的硫随施肥状况不同有所差异，未施用硫肥的土壤气体硫损失量一般低于0.5 $kg \cdot hm^{-2}$，而施用硫肥的挥发可达2~3 $kg \cdot hm^{-2}$。如果土壤有机质含量小于2%，则田间土壤中几乎没有气体硫的损失。

(六)土壤硫的转化

1. *有机硫的矿化*

土壤有机硫的矿化主要是生物学过程，是在土壤微生物的作用下进行的。一定时间的矿化量决定于土壤理化性质如温度、湿度、pH值、养分状况以及有机或无机物质的加入和植物生长的影响。Pirela研究表明，20℃和30℃下开放培养，土壤有机硫累积矿化量与时间呈直线关系，14周矿化量分别占有机硫总量的1.2%~9.8%和2.4%~17.5%，温度系数Q_{10}值为1.7~4.4，有机硫矿化势为5~44 $mg \cdot kg^{-1}$。Tabatabai等采用定期淋洗的方法阐明了有机硫矿化与土壤pH值的关系。Kirchmann等的研究表明，长期试验条件下土壤有机硫的组分会发生变化，没有施用有机物的条件下，土壤全硫含量下降，主要是有机硫的矿化；而施用有机肥，特别是施用泥炭的处理有机硫的含量增加。Freney等研究指出，在作物生长的条件下，适当施用硫肥，可以促进有机硫的矿化，这对植物生长是有好处的。Maynard等研究有无植物生长条件下土壤有机硫和无机硫的转化，种植作物显著提高有机硫的矿化量。土壤有机硫的矿化还与某些有机硫组分有关，即与酯键硫有关。而有研究表明，碳键硫可以转变为酯键硫而后被矿化，有机硫的矿化大多来源于碳键硫。Haynes 研究表明，连续 37 年施用过磷酸钙的牧草地有机硫含量显著增加，但当开垦种植作物 11 年后则酯键硫与碳键硫含量下降，碳键硫下降更多，说明碳键硫在有机硫矿化和对植物的有效硫供应上起着重要作用。

2. 无机硫的固定

无机硫酸盐的固定和有机硫的矿化在土壤中同时进行。无机硫的固定受加入土壤硫酸盐和有机碳的影响，当土壤溶液硫酸盐含量高时，大部分硫被固定在酯键硫部分；反之，则会减少固定。肥料硫进入土壤后可转化为几种形态，即可溶性无机硫、酯键硫、碳键硫和未知态有机硫。许多研究表明，硫酸盐施入土壤后有很大一部分(20%~50%)结合到有机硫部分。开始无机硫主要结合到微生物组织及残体和不稳定的酯键硫形态，而后随着时间的推移很快转化为碳键硫形态，加入有机碳可以增加硫酸盐的固定量。

3. 硫化物和元素硫的氧化

土壤中硫化物和元素硫主要由土壤中的微生物作用氧化后产生硫酸，是导致土壤酸化的重要过程之一。土壤中的原始硫化物的溶解度小，但在酸性条件下，仍有极少量的硫化物可溶解出来，这些硫化物一旦进入溶液中，只要土壤有一定的通气性，S^{2-} 就会迅速氧化成 SO_4^{2-}。以土壤中常见的 FeS_2 为例，氧化过程可用下式表示：

$$FeS_2 \longrightarrow FeS + S$$

$$2FeS + 2H_2O + 9/2O_2 \longrightarrow Fe_2O_3 + 2H_2SO_4$$

$$2S + 3O_2 + 2H_2O \longrightarrow 2H_2SO_4$$

$$S^{2-} + 2O_2 \longrightarrow SO_4^{2-}$$

4. 微生物在硫素转化中的作用

土壤中各种形态硫的转化过程是一个微生物学过程。土壤微生物要利用硫的氧化获得能量，其中最主要的微生物是硫氧化芽孢杆菌属的细菌。在好气条件下，有机质被微生物分解，有机态硫被氧化成 SO_4^{2-}；在嫌气微生物作用下，还原成 H_2S。虽然有机硫在土壤中的矿化是在土壤微生物的作用下进行的，但在各种有机物的分解过程中，硫的矿化机理尚未完全搞清。许多微生物参与有机硫化物氧化为 SO_4^{2-} 的过程，很难追踪其精确途径。O. Donnell. A. G 等研究发现在 25℃ 培养 5 天，大麦秸秆 S 转化为土壤微生物生物硫和有效硫的比例分别是 20% 和 42%，表明土壤微生物吸收和转化植物残体中的硫并能快速释放为无机硫。在无机硫固定过程中，SO_4^{2-} 的还原可经由植物和微生物吸收利用 SO_4^{2-} 转化成有机物的组成成分，这一过程起主要作用的是极度厌氧的 Desulfotomaculum 属和 Desulfovibrio 属细菌。Wu 等应用同位素示踪技术研究了无机硫在土壤中的微生物同化状况，发现在加入土壤的第三天，微生物的标记 S 含量与标记 S 的全部固定量呈 1∶1 的线性关系，表明无机硫的固定是由微生物吸收同化引起的。此后，这一比例不断降低，但并没有引起标记无机硫固定量的变化，推断微生物同化的无机硫释放后可能被转化到有机组分中。

5. 影响土壤中硫素转化的微生物区系

各种土壤中硫的转化速率差异较大，这与土壤中参与硫转化的微生物数量密切相关。

单质硫、硫化物和其他几种无机硫化合物能在土壤中经纯化学过程氧化，但这通常很慢，因此远不如微生物氧化重要。有两类细菌特别适合对硫氧化：第一类硫杆菌(Thiobacilli)是典型化学无机营养细菌；第二类硫氧化细菌是用硫化物和其他硫化合物作为“氧化剂库”的光合固碳的光无机营养硫细菌。这两类均是利用氧化无机硫释出的能量将CO_2固定在有机质中的化学无机营养硫细菌。最多的硫氧化微生物是异养细菌，其次是兼性微生物，再次是专性自养硫杆菌，最后是绿菌和红硫菌。异养微生物有参与氧化单质硫中的可能性，腐皮镰孢(Fusariumsolani)每周能氧化约2%的有效硫，在纯培养研究中，节杆菌(Arthrobacterspp)等土壤细菌将单质硫氧化为SO_4^{2-}，许多真菌和一些土壤放线菌、细链隔孢菌(Alternariatenuis)、出芽短梗霉菌(Aureobasidiumpullulans)、黑附球菌(Epicoccumnig-rum)、青霉菌(Penicilliumspp)和链霉菌(Streptomycesspp)等都有能力氧化单质硫。

6. 土壤微生物量

土壤微生物量(MB)是指土壤中体积小于50 μm^3的生物总量，它是活的土壤有机质部分，但活的植物体如植物根系等不包括在内。土壤微生物量是土壤有机质和土壤养分碳、氮、磷、硫等转化和循环的动力，并参与土壤中有机质的分解、腐殖质的形成、土壤养分的转化循环等各个生化过程。土壤微生物生物量约占有机质总量的1%~3%。由于受有机物质来源、土壤性状、肥力水平、种植管理等因子的影响，土壤微生物生物量变化范围很大。据对文献的数据分析，按表层土壤质量为2200 $t \cdot hm^{-2}$计算，耕地土壤表层的微生物生物硫含量范围为4~43 $kg \cdot hm^{-2}$，草地土壤表层的微生物生物硫含量范围为6~52 $kg \cdot hm^{-2}$。

土壤微生物硫的周转对土壤有机硫的矿化或释放具有重要的作用，在无机硫含量低的土壤中更为重要。当植物吸收引起土壤有效硫含量降低时，土壤微生物硫的周转能朝着释放硫的方向进行。反之，当施肥及硫的大气和雨水沉降提高土壤有效硫含量时，土壤微生物硫的周转能朝着同化硫方向进行，从而防止或减少有效硫的淋溶损失。利用^{35}S标记的石膏实验表明，所施全硫的80%~90%并不参与循环，而以无机态的形式存在。参与循环的有机硫仅占全硫的4%~8%，其中很重要的一部分土壤有机硫是生物量硫。生物量硫在不加有机物的土壤中占所施全硫的2.3%。Strick报道，在两种酸性土壤中其值相似为1.2%~2.2%。这些结果表明，土壤微生物量硫对土壤硫循环和植物有效硫有重要作用。

二 土壤中的钙和镁

从总体上来看，大多数土壤的含钙量较高，表土平均含钙量可达1.37%。大多数土壤中钙含量约为10~20 $mol \cdot L^{-1}$，土壤中的钙，一部分以角闪石、辉石、钙长石、磷灰石的形态存在，另一部分则以简单的碳酸盐(方解石$CaCO_3$及白云母$CaCO_3 \cdot MgCO_3$)、硫酸盐(石膏$CaSO_4 \cdot 2H_2O$)等形态存在。我国华北和西北地区土壤因含钙碳酸盐和硫酸盐丰富，土壤溶液中的钙已经足够植物生长的需要。华南酸性土壤几乎不含碳酸钙，也不含石膏，土壤有效态钙就要依靠含钙硅酸盐矿物的风化来提供，钙离子的量相对很少。再加上南方多雨，土壤阳离子交换量低，风化溶解出来的少量钙，将大部分被雨水淋失。所以，对于酸性较强的土壤如不适量的施用石灰或钙质肥料，就可能缺钙。

(一)土壤钙的含量及形态

地壳中平均含钙量3.25%，从痕量到4%以上，含量高低决定于母质、气候及其他成土因素。淋溶土壤含钙少于1%，干旱半干旱地区土壤含钙1%以上。有些土壤含游离碳酸钙，这种土壤称为石灰性土壤。土壤中的钙有四种形态，即有机物中的钙、矿物态钙、代换态钙和水溶性钙。有机物中的钙主要存在于动植物残体中，占全钙量的0.1%～1.0%。矿物态钙占全钙量40%～90%，是主要钙的形态。土壤含钙矿物主要是硅酸盐矿物，如方解石碳酸钙及石膏硫酸钙等，这些矿物易于风化或具有一定的溶解度，并以钙离子的形态进入溶液，其中大部分被淋失，一部分为土壤胶体吸附成为代换钙，因而矿物态钙是土壤钙的主要来源。代换钙占全钙量的20%～30%，占盐基总量的大部分，对作物有效性好。水溶性钙指存在于土壤溶液中的钙，含量为每公斤几毫克到几百毫克，是植物可直接利用的有效态钙。钙在土壤中的移动速度比想象的快很多。Vopenka对4个试验点养分淋溶进行研究发现，土壤钙的淋溶损失远大于施钙量，达每年每公顷数百公斤，而钾淋失仅为痕量至每年每公顷100 kg，减少施钾量可增加钙的淋失。钙进入土壤后还可发生交换吸附、专性吸附，形成离子对或生成难溶解性沉淀，土壤中钙的移动与转化将直接影响到肥料钙的有效性。

(二)土壤对钙的吸附

在pH值4～7范围内研究蒙脱石对Ca^{2+}吸附，结果表明，在全部供试pH值浓度范围内，Ca^{2+}都属于离子交换吸附，土壤有机质残体含有氨基酸和羧基，除少量钙被螯合外，大部分钙则作为交换性离子为羧基吸附。应用Ca^{2+}和K^+选择电极研究华南4种典型土壤中可变电荷对Ca^{2+}和K^+吸附发现，吸附等量的Ca^{2+}和K^+，土壤H^+释放量相等，说明Ca^{2+}和K^+吸附机制相似，属于离子与表面电性吸引所产生的交换吸附。在水铁矿对Ca^{2+}吸附试验中，解吸质子与吸附钙离子的摩尔比为0.9。这说明钙既被黏粒矿物、有机质土壤交换吸附，又可被氧化物专性吸附。

(三)土壤中钙的解吸及影响因素

土壤中钙的解吸指吸附在土壤中的Ca^{2+}被代换或溶解下来的过程。一价代换性K^+和Na^+存在时可显著抑制Ca^{2+}的解吸，而二阶Mg^{2+}的抑制作用则不明显，是由于陪补的一价离子往往进入双电层外部，二价离子进入双电层内部，处于较难交换位置，而二价陪补镁离子在胶体上的吸附位置与钙离子相互穿插，抑制作用较小，因而盐渍化条件下，尽管土壤交换钙含量充足，但有效性低，必须通过增补外源钙确保土壤供钙水平，防止缺镁现象发生。以氢离子和铝离子为陪衬离子的强酸性土壤，当钙饱和度高时，氢离子对钙离子活度有抑制作用，而钙饱和度低时，氢离子可促进钙离子的释放；以卤离子为陪衬离子时，也有利于钙离子的释放，但过多的卤离子对植物有毒害作用，从而抑制钙的吸收。钙具有缓解重金属污染的作用，它可与镍离子和钴离子在土壤中发生代换吸附，还可减轻铜离子的毒害作用。

(四)钙在土壤中的转化

钙在土壤中有多种形态，主要以吸附态存在，还有相当一部分为非交换态和非酸溶态，而水溶态钙量很少。随着外界条件的变化，土壤中钙的形态会发生改变。水溶性钙和吸附钙转化量为砂壤质>壤质>黏质，而非交换态和非酸溶态钙则与之相反。这可能由于质地黏重的土壤比表面积较大，其发生的土壤反应较为复杂，钙结合形态也变得多样。

钙与其他营养元素的相互作用。酸性土壤中发生的 Al^{3+} 和 Mn^{2+} 毒害可由施石灰得到矫治。部分原因是钙可以与 Al^{3+} 和 Mn^{2+} 竞争吸附部位，并促进根系生长。石灰性土壤中植物的缺绿病是由于土壤中的钙与铁离子形成不溶性碳酸铁盐所致，可向土壤中施入螯合剂来防治。Kakobson 研究得出，施用水溶性磷肥增加植物对钙的吸收，并指出当营养液中钙硫比为 20~25 时，大豆产量最高。花生中钙、镁表现出协助作用，机制尚不清楚。钙与硼之间的关系一直不明确，一些研究发现，随着土壤施钙量的增加，植物吸收硼的量降低，同时植物钙含量随着土壤硼水平上升而下降，高钙抑制硼的运转，使叶片硼的含量减低。硼、钙负相关在土壤硼、钙供应水平较高时尤为明显。但认为钙、硼呈正相关的报道也不少，施用硼可以增加对钙的吸收，促进钙的吸收，促进对钙的运输，提高植株和果实中钙的含量。钙、硼互作效应也显著影响果实的生理代谢。Grand 等认为，喷硼减轻苹果的苦逗病是硼、钙互作的结果，因为喷硼后果实的含钙量明显提高。适当的硼钙比可降低苹果的栓化病和苦馅病。试验指出，柑橘叶、果皮的有效钙比值与裂果率分别呈现显著和极显著正相关。

第四节 土壤中植物所需微量营养元素的含量与转化

微量元素是指土壤中含量很低的化学元素，它们的含量范围有百分之一到十万分之一。其含量的多少，主要与成土母质、矿物组成有关，此外也受气候、地形、植被等成土因素的影响。因此，在不同地区，甚至同一地区不同土壤中各种微量元素的含量差别很大(表 5-5)。

表 5-5 东北地区发育在不同母质上的土壤中微量元素含量比较

土类	成土母质	微量元素含量($mg \cdot kg^{-1}$)													
		Ba	Si	Mo	Mn	Cu	B	Co	Zn	Ti	Cr	V	Ni	Pb	Sn
暗棕色森林土	玄武岩风化物	430	320	13	1150	40	18	72	190	7900	370	170	320	11	7
暗棕色森林土	花岗岩风化物	680	200	4	1300	19	41	25	102	1300	71	81	51	37	8
黑钙土	沙土	680	330	0.8	260	9	30	16	26	3300	60	74	74	14	3
黑钙土	黄土性黏土	660	400	2	1200	34	55	25	93	7000	102	106	68	34	8

有机肥料含有多种微量元素，化学肥料和农药也往往含有一些微量元素。灌溉水、降水及大气也是土壤微量元素的来源。

土壤中缺少了微量元素，作物出现各种病症，严重时导致减产。近年来发现，有的地方病与当地土壤和饮水中缺少某种微量元素有关。目前研究和施用较多的微量元素有硼、钼、锰、锌、铜等。

一、硼

我国土壤含硼量介于0~500 mg·kg^{-1}，变幅很大，主要决定于母质和土壤类型。一般来说，海相沉积物中含硼量(20~200 mg·kg^{-1})比火成岩(约300 mg·kg^{-1})高，干旱地区土壤含硼量比湿润地区多，干旱地区表层含有硼酸钠和硼酸钙，而且不为淋洗作用所影响。就全国范围来看，土壤含硼量有从北向南逐渐减少的趋势，西藏珠峰地区的土壤硼含量最高，而西北地区的黄土和长江中下游的下蜀黄土次之，华南地区的赤红壤和砖红壤的含量最低。

土壤中的硼，主要以矿物态、吸附态和水溶态等形态存在。含硼矿物风化后，硼酸分子(H_3BO_3)解离为BO_3^{3-}，进入土壤溶液，这种水溶性硼属于有效硼，一般含量较低。

土壤中硼的有效性受土壤酸度与有机质含量等因素的影响，特别是土壤酸度。一般土壤pH4.7~6.7硼的有效性最高，随着pH值升高硼的有效性降低。作物缺硼大多数在pH>7的土壤中。湿润地区的轻质酸性土，由于淋失作用强烈亦缺乏有效性硼。一般有机质丰富的土壤有效硼的数量较高，因有机质能吸收硼，可以减少硼的淋失，每克腐殖酸钙可吸附1.4~1.8 mg硼。

水溶态硼也能被黏土矿物和氢氧化铁所吸附固定。当酸性土壤施石灰时，OH^-浓度增加，促进硼的固定，使硼的有效性降低。

二、钼

我国土壤含钼量范围为0.1~6 mg·kg^{-1}，土壤中钼的主要来自含钼矿物，如辉钼矿、橄榄石，土壤中钼的含量与成土母质有一定的关系，由花岗岩发育的土壤中含钼量较高，而由黄土发育的土壤含钼量较低。含钼矿物风化后，钼以MoO_4^{2-}或$HMoO_4^-$等阴离子的形态存在。土壤中的钼除受成土母质的影响外，还受土壤酸碱度的影响，酸性土含钼量虽高，但有效态钼却不多，在酸性环境中，钼易被高岭石、氢氧化铁、铝以及铁、铝、锰、钛的氧化物所吸附固定，所以pH值低时土壤对钼的吸附增加，容易发生缺钼。植物对钼的吸收数量显著地受土壤条件的影响。在酸性土壤上施用石灰，pH值由5增至5.5，可使土壤有效钼的数量增加10倍，可以改善作物的钼营养。

三、锰

我国土壤含锰范围为42~3000 mg·kg^{-1}。土壤锰的含量主要来源于成土母质。母质不同，锰的含量有很大差异。例如，在玄武岩上发育的红壤中含锰量1000~3000 mg·kg^{-1}，花岗岩上则<500 mg·kg^{-1}，片岩、页岩沉积物发育的红壤为200~5000 mg·kg^{-1}，黄岗岩上发育的赤红壤含锰量最低。

土壤中锰有矿物锰、水溶性锰、交换态锰和还原态锰。后三种为有效态锰。它们主要以二、三、四价的离子化合物的形态存在。三价锰氧化物是易还原态锰。

土壤中锰价数的转化决定于土壤pH值及氧化还原条件。土壤pH值低，酸性强，二价锰增加；中性附近，有利于三价锰（Mn_2O_3）的生成。而 pH>8 时，则四价锰（MnO_2）转化。在氧化条件下，锰由低价向高价转化。因此，锰在酸性土壤中比在石灰性土壤中有效性高，由有机质及微生物引起的还原作用下，使高价锰还原为低价锰，增加了锰的有效性，因此水田土壤有效锰较多。

豆科作物对施锰肥反应良好。棉花、油菜、烟草等也有因施锰肥而增产的效果出现。

四、锌

我国土壤含锌量为 3~300 $mg \cdot kg^{-1}$，其含量与成土母质有关，例如基性岩及石灰性母质发育的土壤，含锌量较多。在同一土类中，发育在石灰性岩和花岗岩的红壤含锌量最多（85~172 $mg \cdot kg^{-1}$），砂岩母质发育的红壤含锌最少（28~63 $mg \cdot kg^{-1}$）。

在酸性土壤中，锌以二价阳离子存在。在中性及碱性土壤中，锌成为带负电荷的络合离子，也可能沉淀为氢氧化物、磷酸盐或碳酸盐等，使可溶态锌减少。因此，在酸性土壤中有效性较高，缺锌多发生在 pH>6.5 土壤中。在北方的石灰性土壤上施锌肥能提高玉米、水稻、棉花、马铃薯、甜菜等产量。除大田作物外，果树缺锌也甚为普遍，例如北方的桃、梨、苹果树和南方的橘树等，喷施锌肥可以提高它们的产量。

五、铜

我国土壤含铜量为 3~300 $mg \cdot kg^{-1}$。除了长江下游的部分土壤以外，各类土壤的平均含量都在 20 $mg \cdot kg^{-1}$上下，较为适中。在富含有机质的土壤表层中，铜有富集的现象。但是，沼泽土和泥炭土上的植物容易发生缺铜。

土壤中有效态铜一般高于 1 $mg \cdot kg^{-1}$，母质来源不同往往有差异。

目前，我国的铜肥试验进行的比较少。根据现有的试验结果，根外追施铜肥和用铜肥处理种子时也使水稻、小麦、甘薯、棉花、马铃薯增产。

思　考　题

1. 简述土壤中氮元素基本形态及其在土壤中转化的主要过程。
2. 我国南北土壤中磷的分布情况及影响其有效性的主要因素。
3. 简述土壤地带性分布对土壤中微量元素含量影响。

主要参考文献

[1]刘建松，王鹏，陈继东，等．我国土壤养分概况及施肥对其影响[J]．现代农业科技，2011，543(1)：298-299.

[2]张书鹏．我国土壤养分特征分析[J]．科技成果管理与研究，2008，24(10)：77-79.

[3]朱兆良．中国土壤氮素研究[J]．土壤学报，2008，45(5)：778-783.

[4]朱兆良．土壤中氮素的转化和移动的研究近况[J]．土壤学进展，1979，7(2).1-16.

[5]杨利玲，张桂兰．土壤中的钙化学与植物的钙营养[J]．甘肃农业，2006，10：272-273.

[6]王凡，朱云集，路玲．土壤中的硫素及其转化研究综述[J]．中国农学通报，2007，23(5)：249-253.

[7]王芳，刘鹏，徐根娣．土壤中的镁及其有效性研究概述[J]．河南农业科学，2004，33(1)：33-36.

植物营养部分

第六章 植物营养特性与施肥原则

摘 要 本章主要介绍植物必需营养元素种类、植物对养分的吸收以及影响因素、养分在植物体内运输的途径、过程、机理以及施肥原理和施肥技术。通过本章的学习，重点掌握植物营养元素种类；养分进入根细胞的机理和影响因素；叶片对矿质养分的吸收；养分短距离运输的途径、部位与过程；养分长距离运输的特征与机理；韧皮部养分的移动性以及养分再利用的过程；养分归还学说、最小养分律、报酬递减律和因子综合作用律等；农业生产中常用的施肥技术。

第一节 植物的营养成分与养分吸收

一、植物体的元素组成

新鲜植物体由水和干物质两部分组成，干物质又可分为有机质和矿物质两部分。水分要占新鲜植物体的75%~95%，干物质占到5%~25%，并因植物的年龄、部位、器官不同而有差异。将新鲜植株中的水分烘干，剩下的部分为干物质，绝大部分是有机物，一般占干物质重的90%~95%，其余的约占干物质重的5%~10%是矿物质。干物质经灼烧后，有机物质被氧化而分解，并以各种气体的形式逸出。这些气体的主要成分是碳(C)、氢(H)、氧(O)、氮(N)四种元素，植物体灼烧后不挥发的残留部分为灰分，是无机态氧化物。其成分相当复杂，包括磷(P)、钾(K)、钙(Ca)、镁(Mg)、硫(S)、铁(Fe)、锰(Mn)、锌(Zn)、铜(Cu)、钼(Mo)、硼(B)、氯(Cl)、硅(Si)、钠(Na)、钴(Co)、铝(Al)、镍(Ni)、钒(V)、硒(Se)等。在植物体内可检出七十多种矿质元素，几乎自然界里存在的元素在植物体内部都能找到。

二、植物必需的营养元素

植物体内吸收的元素，一方面受植物的基因所决定；另一方面还受环境条件影响。植物体内的元素并不全部都是植物生长发育所必需的。植物在生长过程中，由于所处的环境影响，有些元素可能是偶然被植物吸收的，甚至还能大量积累；有些元素对于植物的需要量虽然极微，然而却是植物生长不可缺少的营养元素。因此，植物体内的元素可分为必需营养元素和非必需营养元素。

植物体内某种元素的有无不能作为判断必需元素的标准。确定某种营养元素是否必需，应该利用水培和沙培等特殊的研究方法，在不供给某种元素的情况下培养植物，观察植物的反应，根据植物的反应确定元素是否必需。如缺少某种元素，植物不能正常生长发育，这种缺少的元素无疑是植物营养中所必需的；如缺少某种元素，植物照常生长发育，则此元素属非必需的。

(一)必需营养元素(essential element)的判定标准

1939年阿隆(Arnon)和斯托德(Stout)提出了确定必需营养元素的三条标准：

(1)必要性　缺少这种元素植物就不能完成其生命周期。对高等植物来说，即由种子萌发到再结出种子的过程。

(2)不可替代性　缺乏这种元素后，植物会表现出特有的缺素症状，而且其他任何一种化学元素均不能代替其作用，只有补充这种元素后症状才减轻或消失。

(3)直接性　这种元素必须是直接参与植物的新陈代谢，对植物起直接的营养作用，而不是改善环境的间接作用。

符合这些标准的营养元素才能称为植物的必需营养元素，其他的则是非必需营养元素。到目前为止，国内外公认的高等植物所必需的营养元素有十七种，它们是碳(C)、氢(H)、氧(O)、氮(N)、磷(P)、钾(K)、钙(Ca)、镁(Mg)、硫(S)、氯(Cl)、铁(Fe)、锰(Mn)、硼(B)、锌(Zn)、铜(Cu)、钼(Mo)和镍(Ni)。

(二)必需营养元素的分组

在十七种必需营养元素中，由于植物对它们的需要量不同，可以分为大量营养元素、中量营养元素和微量营养元素。

(1)大量营养元素(macronutrient)　大量营养元素一般占植株干物质重量的百分之几十到千分之几。它们是碳(C)、氢(H)、氧(O)、氮(N)、磷(P)、钾(K)六种。

(2)中量营养元素(nutrient between macronutrient and micronutrient)　中量营养元素的含量占植株干物质重量的百分之几到千分之几，它们是钙(Ca)、镁(Mg)、硫(S)三种。

(3)微量营养元素(micronutrient)　微量营养元素的含量只占植株干物质重量的千分之几到十万分之几。它们是氯(Cl)、铁(Fe)、锰(Mn)、硼(B)、锌(Zn)、铜(Cu)、钼(Mo)和镍(Ni)八种。

(三)必需营养元素的一般功能

从生理学观点来看，根据植物组织中元素的含量把植物营养元素划分为大量营养元素和微量营养元素是欠妥的，而按照植物营养元素的生物化学作用和生理功能进行分类则更为合适。各种必需营养元素在植物体内都有着各自独特的作用，但营养元素之间在生理功能方面也有相似性。K. Mengel 和 E. A. Kirkby(1982)把植物必需营养元素分为四组，并指出其主要营养功能如下：

第一组包括植物有机体的主要组分：是C、H、O、N、S。它们是构成有机物的主要成分，也是酶促反应过程中原子团的必需元素。这些元素能在氧化还原反应中被同化。碳、氢、氧在光合作用过程中被同化形成有机物，氢在氧化还原中起着重要作用。C、H、O、N和S同化为有机物的反应是植物新陈代谢的基本生理过程。

第二组包括P、B和Si。这3个元素有相似的特性，它们都以无机阴离子或酸分子的形态而被吸收，并可与植物体中的羟基化合物进行酯化作用生产磷酸酯、硼酸酯等，磷酸酯还参与能量转换反应。

第三组包括 K、(Na)、Ca、Mg、Mn 和 Cl。它们以离子形态被植物吸收，并以离子形态存在于细胞的汁液中，或被吸附在非扩散的有机阴离子上。这些离子有的能构成细胞渗透压，有的能活化酶，并成为酶和底物之间的桥键元素。

第四组包括 Fe、Cu、Zn 和 Mo(Ni)。它们主要以螯合形态存在于植物内，除 Mo 以外也经常以配合物的形态被植物吸收。这些元素中的大多数可通过原子价的变化传递电子。此外，Ca、Mg 和 Mn 也可被螯合，它们与第四组元素没有很明显的界限。

(四)必需营养元素的来源

在十七种必需营养元素中，碳(C)、氢(H)和氧(O)主要来自空气和水；氮素除豆科植物可以从空气中固定一定数量的氮素外，一般植物主要是从土壤中取得氮素，其余的十三种营养元素都是从土壤中吸取的，这就是说土壤不仅是支撑植物的场所，而且还是植物所需养分的供给者。因此，土壤养分供应状况往往对植物产量有直接影响(表 6-1)。

表 6-1　高等植物必需营养元素的种类、主要来源、可利用形态及其较适宜浓度

营养元素		化学符号	植物可利用的形态	主要来源	在干组织中的含量(%)	$mg \cdot kg^{-1}$
大量营养元素	碳	C	CO_2	空气	45	450000
	氧	O	O_2　H_2O	空气	45	450000
	氢	H	H_2O	水	6	60000
	氮	N	NO_3^-　NH_4^+	土壤	1.5	15000
	钾	K	K^+	土壤	1.0	10000
	磷	P	$H_2PO_4^-$　HPO_4^{2-}	土壤	0.2	2000
中量营养元素	钙	Ca	Ca^{2+}	土壤	0.5	5000
	镁	Mg	Mg^{2+}	土壤	0.2	2000
	硫	S	SO_4^{2-}	土壤	0.1	1000
微量营养元素	氯	Cl	Cl^-	土壤	0.01	100
	铁	Fe	Fe^{3+}　Fe^{2+}	土壤	0.01	100
	锰	Mn	Mn^{2+}	土壤	0.005	50
	锌	Zn	Zn^{2+}	土壤	0.002	20
	硼	B	$H_2BO_3^-$　$B_4O_7^{2-}$	土壤	0.002	20
	铜	Cu	$Cu_2^+Cu^+$	土壤	0.000 6	6
	钼	Mo	MoO_4^{2-}	土壤	0.000 01	0.1
	镍	Ni	Ni^{2+}	土壤	0.000 1	0.1

(引自卢树昌主编《土壤肥料学》，2011)

(五)肥料三要素

在土壤的各种营养元素之中，除了碳(C)、氢(H)、氧(O)外，氮(N)、磷(P)、钾(K)三种元素是植物需要量和收获时所带走较多的营养元素，而它们通过残茬和根的形式归还给土壤的数量却又是最少的，一般归还比例（以根茬落叶等归还的养分量占该元素吸收总量的百分数）还不到10%，而一般土壤中所含的能为植物利用的这三种元素的数量却都比较少。因此，在养分供求之间不协调，并明显影响着植物产量的提高。为了改变这种状况，逐步地提高植物的生产水平，需要通过肥料的形式补充给土壤，以供植物吸收利用。所以，人们就称它们为“肥料三要素”“植物营养三要素”或“氮磷钾三要素”。

（六）营养元素的同等重要律和不可代替律

不同的必需营养元素对植物的生理和营养功能各不相同，但对植物生长发育都是同等重要的，任何一种营养元素的特殊功能都不能被其他营养元素所代替，这就是营养元素的同等重要律和不可代替律。

正确理解营养元素的同等重要律和不可代替律，主要从以下两个方面的内容来理解：

首先，各种营养元素的重要性不因植物对其需要量的多少而有差别，植物体内各种营养元素的含量差别可达十倍、千倍、甚至十万倍，但它们在植物营养中的作用，并没有重要和不重要之分。缺少大量营养元素固然会影响植物的生长发育，最终影响产量；缺少微量营养元素也同样会影响植物的生长发育，也必然影响产量。例如，植物体内氮素不足时，表现为植株生长慢，老叶先黄化，造成早衰减产；植物需要微量营养元素虽然很少，但也同植物生长发育所必需的大量营养元素一样是不可缺少的。例如，玉米缺锌引起的“白苗病”、油菜缺硼时的“花而不实”等症状。

其次，各种必需营养元素都有着某些独特的和专一的功能，其他必需营养元素是不可代替的。例如，磷不能代替氮，钾也不能代替磷。在缺磷的土壤只有靠施用磷肥去解决，而施用其他元素则无效，甚至会加剧缺乏，造成养分比例失调。因此，生产上在考虑植物施肥时，必须根据植物营养的要求去考虑不同种类肥料的配合，以免导致某些营养元素的供应失调。

同种植物体内各种营养元素的含量是相对稳定的。换言之，植物是按一定比例吸收各种营养元素的。植物按比例吸收各种营养元素的现象称为平衡吸收。

三、植物对养分的吸收

植物生长发育过程中要不断从外界环境吸收各种营养物质，以满足自身生命活动的需要。植物对养分的吸收可以通过根部吸收（根部营养），也可以通过叶部（包括茎部）吸收（叶部营养或根外营养）。无论是根部还是叶部吸收，养分都通过原生质膜进入细胞。

（一）根系对养分的吸收

根系是植物体吸收养分和水分的主要器官，也是养分和水分在植物体内运输的重要部位，它在土壤中能固定植物，保证植物正常受光和生长，并能作为养分的储藏库。植物体与环境之间的物质交换，在很大程度上是通过根系来完成的。养分从土壤进入植物体包括两个过程，即养分向根表的迁移和根系对养分的吸收。

1. 土壤养分向根表的迁移

（1）养分位置与有效性　土壤中各种营养元素的全量是很丰富的，但其中的绝大部分对植物却是无效的。只有少部分在短期内能被植物吸收的土壤养分才是植物的有效养分。

有效养分只有到达根系表面才能被植物吸收，成为实际有效的养分。然而对于整个土体来说，植物根系分布仅占据了其中极少的部分空间，平均根系容积百分数大约为3%。如果仅以根系与土壤直接接触的这部分养分作为植物的有效养分，那是远远不能满足植物对养分的需求，实际上土壤中相当部分的养分可以通过不同的途径与方式迁移到达根表，而成为植物的有效养分。

(2)养分向根表的迁移方式　土壤中养分到达根表有两种途径：一是根对土壤养分的主动截获；二是在植物生长与代谢活动(如蒸腾、吸收等)的影响下，土壤养分向根表的迁移，迁移有两种方式——质流和扩散(图6-1)。

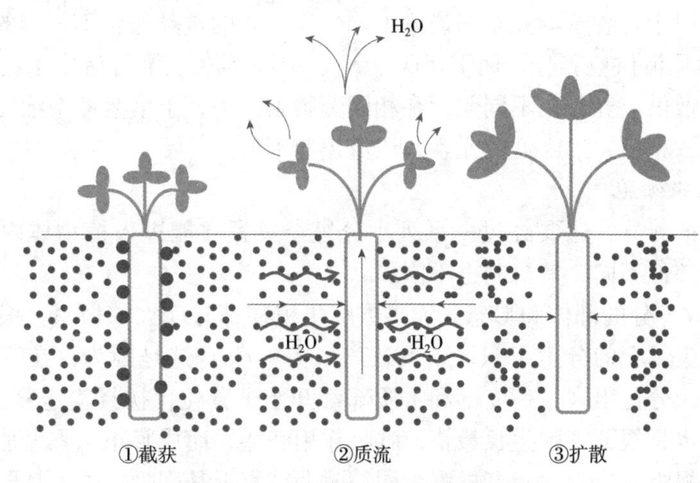

图6-1　土壤养分向根表迁移的模式

注：途中“・・”表示有效养分

①截获(interception)　截获是指根系直接从所接触的土壤中获取养分而不经过运输。截获所得的养分实际是根系所占据土壤容积中的养分，它主要决定于根系容积(或根表面积)大小和土壤中有效养分的浓度。这种吸取养分的方式具有两个特点：第一，土壤固相上交换性离子可以与根系表面离子养分直接进行交换，而不一定通过土壤溶液达到根表面；第二，根系在土体中所占的空间对整个土体来说是很小的，况且并非所有根系的表面都对周围土壤中交换性离子能进行截获，所以仅仅靠根系生长时直接获得的养分也是有限的，一般只占植物吸收总量的0.2%~10%，远远不能满足植物的生长需要。

②质流(mass flow)　植物的蒸腾作用和根系吸水造成根表土壤与土体之间出现明显水势差，土壤溶液中的养分随水流向根表迁移，称为质流。其作用过程是植物蒸腾作用消耗了根际土壤中大量水分以后，造成根际土壤水分亏缺，而植物根系为了维持植物蒸腾作用，必须不断地从根周围环境中吸取水分，土壤中含有的多种水溶性养分也就随着水分的流动带到根的表面，为植物获得更多的养分提供了有利条件。在植物生育期内由于蒸腾量比较大，因此，通过质流方式运输到根表的养分数量也比较多。养分通过质流方式迁移的距离比扩散的距离长。某种养分通过质流到达根部的数量，取决于植物的蒸腾率和土壤溶液中该养分的浓度。

③扩散(diffusion)　当根系截获和质流作用不能向植物提供足够的养分时，根系不断地吸收可使根表有效养分的浓度明显降低，并在根表垂直方向上出现养分浓度梯度差，从

而引起土壤养分顺浓度梯度向根表迁移，这种养分的迁移方式叫养分的扩散作用。土壤养分的扩散作用具有速度慢、距离短(0.1~0.15 mm)的特点，扩散速率主要取决于扩散系数。土壤中养分扩散是养分迁移的主要方式之一，因为，植物不断从根部土壤中吸收养分，使根表土壤溶液中的养分浓度相对降低，或者施肥都会造成根表土壤和土体之间的养分浓度差异，使土体中养分浓度高于根表土壤的养分浓度，因此就引起了养分由高浓度向低浓度处的扩散作用。

(3)不同迁移方式对植物养分供应的贡献　在植物养分吸收总量中，通过根系截获的数量很少，尤其是大量营养元素更是如此。大多数情况下，质流和扩散是植物根系获取养分的主要途径。对于各种营养元素来说，不同供应方式的贡献是各不相同的，钙、镁和氮(NO_3^--N)主要靠质流供应养分，而 $H_2PO_4^-$、K^+、NH_4^+ 等在土壤溶液中浓度比较低的养分离子，主要靠扩散供应养分。不同元素在相同蒸腾条件下，土壤溶液中浓度高的元素，质流供应的量就大，相反，浓度低的元素，质流供应则低。

2. 养分进入根细胞

迁移至根表的养分，还要经过一系列十分复杂过程才能进入植物体内，养分种类不同，进入细胞的部位不同，其机制也不同。

(1)根系吸收养分的部位和形态　大多数陆生植物都有庞大的根系。根系吸收养分最活跃的部位是根尖以上的分生组织区，大致离根尖 1 cm，这是因为，在营养结构上，内皮层的凯氏带尚未分化出来，韧皮部和木质部都开始了分化，初具输送养分和水分能力；在生理活性上，也是根部细胞生长最快，呼吸作用旺盛，而质膜正急骤增加的地方。就一条根而言，幼嫩根吸收能力比衰老根强，同一时期越靠近基部吸收能力越弱。根毛因其数量多、吸收面积大、有黏性、易与土壤颗粒紧贴而使根系养分吸收的速度与数量成十倍、百倍甚至千倍地增加。根毛主要分布在根系的成熟区，因此，根系吸收养分最多的部位大约在离根尖 10 cm 以内，越靠近根尖的地方吸收能力越强。

植物根系能吸收的养分形态有气态、离子态和分子态三种。气态养分有二氧化碳、氧气、二氧化硫和水汽等。气态养分主要通过扩散作用进入植物体内，也可以从多孔的叶子进入，即由气孔经细胞间隙进入叶内。

植物根吸收的离子态养分(矿质养分)，可分为阳离子和阴离子两组，阳离子有 NH_4^+、K^+、Ca^{2+}、Mg^{2+}、Fe^{2+}、Mn^{2+}、Cu^{2+}、Zn^{2+} 等；阴离子有 NO_3^-、$H_2PO_4^-$、HPO_4^{2-}、SO_4^{2-}、$H_2BO_3^-$、$B_4O_7^{2-}$、MoO_4^{2-}、Cl^- 等。

土壤中能被植物根吸收的分子态养分种类不多，而且也不如离子态养分易进入植物体，植物只能吸收一些小分子的有机物，如尿素、氨基酸、糖类、磷脂类、植酸、生长素、维生素和抗生素等。一般认为有机分子的脂溶性大小，决定着它们进入植物体内部的难易。大多数有机物须先经微生物分解转变为离子态养分以后，才能较为顺利地被植物吸收利用。

(2)根系对无机(矿质)养分的吸收　矿质营养元素首先经根系自由空间到达根细胞原生质膜吸收部位，然后通过主动吸收或被动吸收跨膜进入细胞质，再经胞间连丝进行共质体运输，或通过质外体运输到达内皮层凯氏带处，再跨膜运转到细胞质中进行共质体运输。因此，根系吸收无机(矿质)养分包括两个步骤，其一是养分进入根自由空间；其二是养分离子通过生物膜。

养分首先进入根自由空间，自由空间是根部某些组织或细胞允许外部溶液中离子自由扩散进入的区域。矿质养分可通过沿浓度梯度的扩散作用或蒸腾引起的质流作用进入植物根的细胞壁自由空间。由于根系所处的环境不同，可能会进入内皮层以外的所有自由空间。离子进入自由空间的速度很快，几分钟内离子浓度可同外部溶液达成平衡，其特点是离子可自由进出，植物没有选择性。根自由空间中离子存在形态至少有两种：一是可以自由扩散出入的离子，主要处在根细胞的大孔隙，即“水分自由空间”（WFS）；二是受细胞壁上多种电荷束缚的离子，处在“杜南自由空间”（DFS）。DFS 中的阳离子比 WFS 的多，阴离子少，总体上阳离子多（图 6-2）。

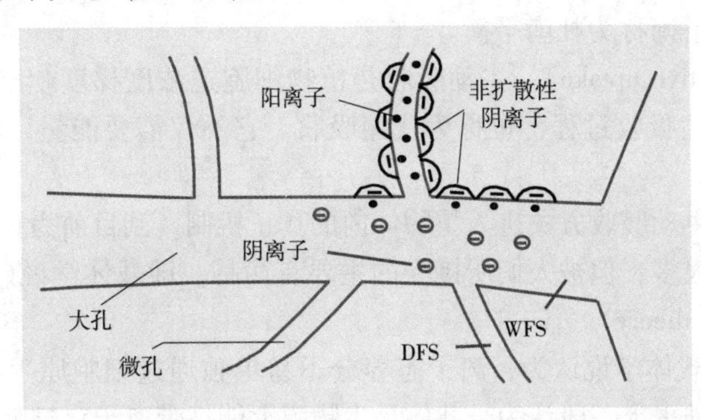

图 6-2　表观自由空间微孔体系示意图

矿质养分离子在根自由空间中可以移动。内皮层凯氏带是溶质迁移至中柱的真正障碍。自由空间基本上包括了根部细胞膜以外的全部空间。内皮层以外的自由空间包括表皮、皮层薄壁细胞的细胞壁、中胶层和细胞间隙；内皮层以内的自由空间包括中柱各部分的细胞壁、细胞间隙和导管。在内外两个自由空间之间，离子和水分均不能自由扩散。

然后矿质养分离子通过生物膜，细胞内各种细胞器都有膜包围形成复杂的细胞系统，所有这些膜统称为生物膜。生物膜是离子进入细胞的主要屏障。生物膜可调节各种离子态养分进入或排出，具有明显的选择性。高等植物根细胞对离子态养分的吸收具有选择性和逆浓度吸收的特点。

矿质养分离子跨膜进入根细胞的方式可分为被动吸收和主动吸收两种（图 6-3）。

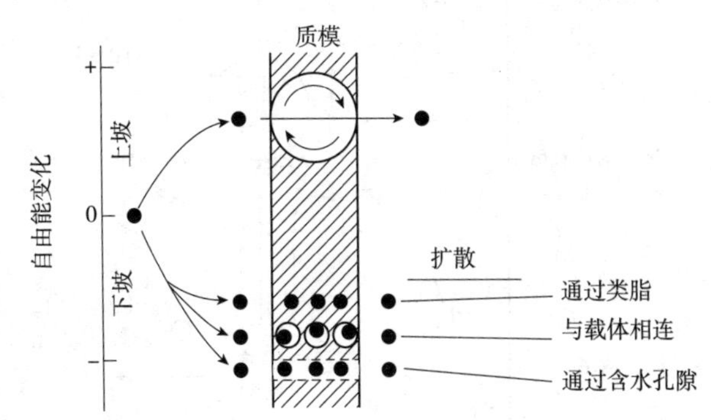

图 6-3　离子跨膜的主动（“上坡”）和被动（“下坡”）运输示意图

①被动吸收（passive uptake）　被动吸收是离子顺电化学势梯度进行的扩散运动，这一过程不需要消耗能量，也没有选择性，因此也称为非代谢吸收。离子被动吸收的方式有两种——简单扩散和杜南平衡。

简单扩散，也叫自由扩散，溶液中的离子存在浓度差时，将导致离子由浓度高的地方向浓度低的地方扩散，这称为简单扩散。当外部溶液浓度大于细胞内部浓度是，离子可以通过扩散作用被吸收。随着外部浓度的降低，吸收速率随之减小，直至细胞内外浓度达到平衡为止。由此可见，浓度差是决定被动吸收的前提条件。

杜南扩散是指植物吸收离子的过程中，即使细胞内某些离子浓度已经超过外界溶液离子浓度，外界离子仍能向细胞内移动，这是因为植物细胞的质膜具有半透性，在细胞内含有带负电荷的蛋白质分子，它虽然不能扩散到细胞外，但能与阳离子形成相应的盐，从而造成细胞内外阴阳离子的不平衡，这种由非扩散基引起的离子扩散过程称为杜南扩散，由其引起的离子扩散平衡称为杜南平衡。

②主动吸收(active uptake)　主动吸收是植物细胞逆浓度梯度(化学势或电化学势)、需能量的离子选择性吸收过程，也称为代谢吸收。它不仅需要能量，而且具有明显的选择性。

矿质养分通过主动吸收方式进入植物体内的真正机制，到目前为止还不十分清楚。关于主动吸收的假说很多，但被人们所接受的主要有两种，即载体学说(carrier theory)和离子泵学说(ion pump theory)。

a. 载体学说　载体学说认为，离子态养分不易单独通过细胞原生质膜，而是要借助于载体把它们携带进去。一般认为，载体是生物膜上能携带离子穿过膜的蛋白质或其他物质。载体分子上存在某种离子的专性结合部位，当无机离子跨膜运输时，离子首先要结合在膜蛋白(即载体)，这一结合过程与底物和酶的结合原理相同。

质膜里的未活化载体(IC)与离子无亲和力。质膜上的磷酸激酶，通过 ATP，将未活化的载体进行磷酸化，形成活化载体(AC)。载体是亲脂性的，可在质膜类脂双分子层中扩散。当扩散到外层时，与溶液中的离子结合，形成载体—离子复合物(CIC)(图 6-4)。以后继续扩散到质膜内侧时，就被该处的磷酸酯酶作用，裂解出无机磷，载体就对离子失去亲和力，因此，把离子释放到细胞内，而活化载体则还原为未活化载体。由于这些过程不断地进行，根外溶液中的养分即可源源不断地进入细胞内。

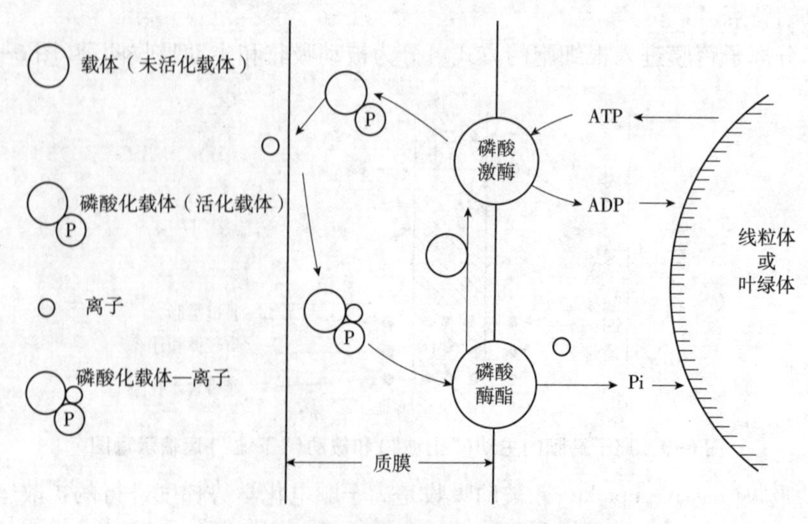

图 6-4　载体运载离子通过质膜示意图

载体学说能比较完善的从理论上解释关于离子主动吸收中的3个基本过程，即离子的选择性吸收、离子通过质膜以及在质膜中转移、和离子吸收与代谢作用的密切关系，这一学说能为多数人所接受。

但对于离子半径大小相似、所带电荷相同的离子相互间还存在着争夺载体的运载现象。例如，K^+和NH_4^+，$H_2PO_4^-$、NO_3^-和Cl^-在被植物吸收时，彼此就有对抗现象。

主动吸收的离子只要细胞保持着活力，离子就不会释放出来，它们也不与外界环境中的离子进行交换。

无机态养分通过根的被动吸收和主动吸收到达根细胞内，除少部分被根所利用外，大部分养分都运输到其他器官中，参与植物的代谢作用。

b. 离子泵学说　离子泵是存在于细胞膜上的一种蛋白质，它在有能量供应时可使离子在细胞膜上逆电化学势梯度主动地吸收。在植物原生质膜上存在着ATP酶，它不均匀的分布在细胞内质网膜和线粒体膜上。

高等植物细胞膜产生负电位的质子(H^+)泵主要是结合在质膜上的ATP酶。ATP酶的水解产生大量质子并泵出细胞质。与此同时，阳离子可反向运入细胞质，这种运输方式称为逆向运输。质子泵维持的电位梯度为阳离子跨膜运输提供了驱动力，而原生质膜上的载体则控制着阳离子运输的速率和选择性。阴离子也能与质子协同运输。在液泡膜上还存在着另一个ATP驱动的质子泵，可能与阴离子向液泡内的运输相偶联(图6-5)。

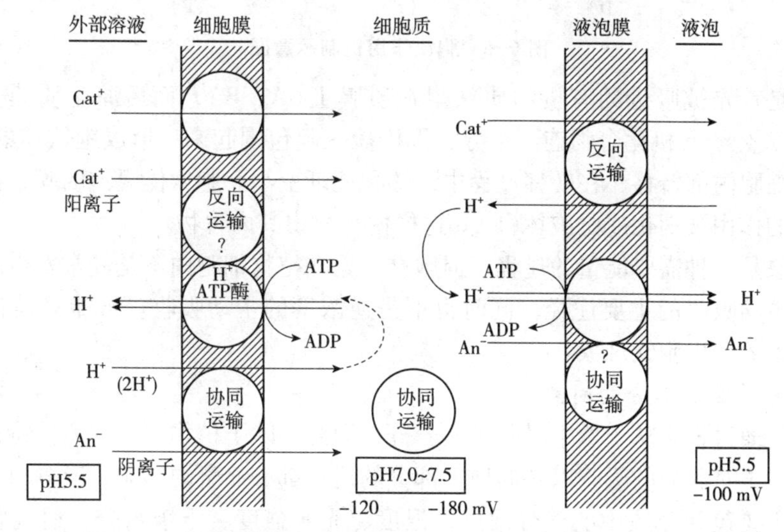

图6-5　植物细胞内电致质子泵(H+-ATP)的位置及作用模式

两类ATP驱动的质子泵不仅所在位置不同(原生质膜和液泡膜)而且对阴、阳离子的敏感程度也不同。原生质膜上的H^+-ATP酶能被一价阳离子激活，其激活力顺序为$K^+>NH_4^+>Na^+$，对阴离子较不敏感。液泡膜H^+-ATP酶对一价阳离子很不敏感，但大多数阴离子，尤其是氯化物对它有激活作用。

总之，对物质的跨膜运输来说，一般的营养物质，尤其是离子，运输的主要驱动力是引起跨膜电位梯度的H^+-ATP酶。离子吸收与ATP酶活性之间有很好的相关性。阴、阳离子的运输是一种梯度依赖型的或耦联式的运输。

(3)根系对有机养分的吸收　植物根系不仅能吸收无机养分，也能吸收有机态养分，如大麦能吸收赖氨酸，玉米能吸收甘氨酸，大麦、小麦和菜豆能吸收各种磷酸已糖和磷酸甘油酸，水稻幼苗能直接吸收各种氨基酸和核苷酸以及核酸等。当然植物并不是什么样的有机养分都能吸收，一般植物所能吸收的有机态养分主要是限于那些分子量小、结构比较简单的小分子有机物，如氨基酸、糖类、磷脂类、生长素和维生素等。

有机养分究竟以什么样的方式进入根细胞，尚无定论。一般认为，可能是在具有一定特异性的透过酶作用下而进入细胞的，这个过程需要消耗能量属于主动吸收。也有人认为根部细胞和动物一样，可以通过胞饮作用而吸收。所谓胞饮作用是指吸收附在质膜上含大分子物质的液体微滴或微粒，通过质膜内陷形成小囊泡，逐渐向细胞内移动的主动转运过程(图 6-6)。

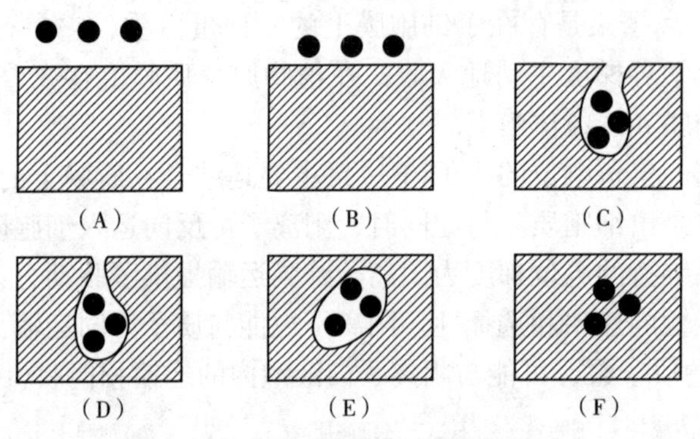

图 6-6　胞饮作用机制示意图

其过程是首先被吸进的有机物质粘附在质膜上(A、B)，而后原生质膜先内陷(C、D)，把许多大分子有机化合物连同水分、无机盐一起包围起来，形成胞饮体的小囊(E)。泡囊逐渐向细胞内部转移，在转移过程中，体积逐渐变小。胞饮体囊泡的膜，在细胞内可通过溶酶体的作用被消化或是破坏(F)。这样便释放出其内含物。

胞饮现象是一种需要能量的过程，但胞饮现象在植物细胞内不是经常发生的。它不是细胞对养分主动吸收的主要途径，同时也不是逆浓度的主动吸收。可能只是在特殊情况下，植物细胞才产生胞饮现象。

3. 影响根系吸收养分的因素

植物主要通过根系从土壤中吸收矿质养分。因此，除了植物本身的遗传特性外，土壤和其他环境因子对养分的吸收以及向地上部分的运移都有显著的影响。影响植物根系吸收养分的因素主要包括介质中的养分浓度、温度、光照强度、土壤水分、通气状况、土壤pH、养分离子的理化性质、根的代谢活性、植物体内养分状况等。

(1)介质中的养分浓度　在低浓度范围内，离子的吸收率随着介质养分浓度的提高而上升，但上升速度较慢，在高浓度范围内，离子吸收的选择性较低，而陪伴离子及蒸腾速率对离子的吸收速率影响较大。各种矿质养分都有其浓度与吸收速率的特定关系。

(2)温度　由于根系对养分的吸收主要依赖于根系呼吸作用所提供的能量状况，而呼吸作用过程中一系列的酶促反应对温度又非常敏感，所以，温度对养分的吸收有很大影响。一般 6~38°C 的范围内，根系对养分的吸收随温度升高而增加。温度过高(超过 40°C)时，由于高温使体内酶钝化，从而减少了可结合养分离子载体的数量，同时高温使细胞膜透性增大，增加了矿物养分的被动溢泌。这是高温引起植物对矿质元素的吸收速率下降的主要缘故。低温往往是植物的代谢活性降低，从而减少养分的吸收量。

(3)光照　光照对根系吸收矿质养分一般没有直接的影响，但光照可通过影响植物叶片的光合强度而对某些酶的活性、气孔的开闭和蒸腾强度等产生间接影响，最终影响到根系对矿质养分的吸收。

(4)水分　土壤水分状况是决定土壤中养分离子以扩散还是以质流方式迁移的重要因素，也是化肥溶解和有机肥料矿化的决定条件。土壤水分状况对植物生长，特别是对根系的生长有很大影响，从而间接影响到养分的吸收。

(5)通气状况　土壤通气状况主要从3个方面影响植物对养分的吸收：一是根系的呼吸作用；二是有毒物质的产生；三是土壤养分的形态和有效性。

通气良好的环境，能使根部供氧状况良好，并能使呼吸产生的CO_2从根际散失。这一过程对根系正常发育、根的有氧代谢以及离子的吸收都有十分重要的意义。

(6)土壤pH值　土壤溶液中的酸碱度常影响土壤中养分的有效性和植物对养分离子形态的吸收。土壤溶液中的酸碱度影响土壤养分的有效性。在石灰性土壤上，土壤pH值在7.5以上，施入的过磷酸钙中的$H_2PO_4^-$离子常受土壤中钙、镁、铁等离子的影响，而形成难溶性磷化合物，使磷的有效性降低。在石灰性土壤上，铁的有效性降低，使植物经常出现缺铁现象。在盐碱地上施用石膏，不仅降低了土壤中Na^+的浓度，同时，Ca_2^+的存在还可消除Na^+等单一盐类对植物的危害。总之，由于土壤溶液pH值的不同，其中一些离子的形态也发生了变化，这样养分的有效性也就产生了差异，最后必然反映在植物对养分的吸收上。

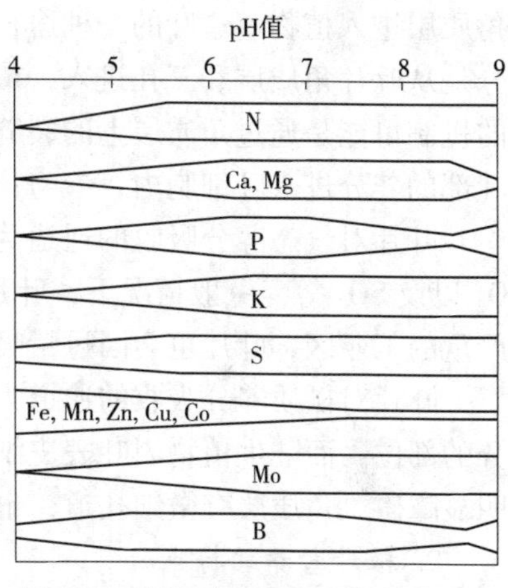

图6-7　土壤酸碱度和土壤有效养分含量的关系(带的宽窄表示有效养分的多寡)

各种养分有效性最高的pH值范围并不相同。但大多数养分在pH6.5~7.0时其有效性最高或接近最高。因此这一范围通常认为是最适pH范围。图6-7是土壤酸碱度和土壤有效养分含量的关系图。

(7)离子的理化性质　离子的理化性状(离子半径和价数)不仅直接影响离子在根自由空间中的迁移速率，而且决定着离子跨膜运输的速率。

①离子半径　吸收同价离子的速率与离子半径之间的关系通常呈负相关。

②离子价数　细胞膜组分中的磷脂、硫酸脂和蛋白质等都是带有电荷的基团，离子都能与这些基团相互作用。其相互作用的强弱顺序为：不带电荷的分子<一价的阴、阳离子<二价的阴、阳离子<三价的阴、阳离子。相反，吸收速率常常以此顺序递减。水化离子的直径随化合价的增加而加大，这也是影响该顺序的另一因素。

(8)离子间的相互作用　离子间的拮抗作用：所谓离子间的拮抗作用是指在溶液中某一离子的存在能抑制另一离子吸收的现象。离子间的拮抗作用主要表现在对离子的选择性吸收上。一般认为，化学性质近似的离子在质膜上占有同一结合位点(即与载体的结合位点)。在阳离子中，K^+、Rb^+和Cs^+之间，Ca^{2+}、Sr^{2+}和Ba^{2+}之间，都有拮抗作用；在阴离子中，Cl^-、Br^-和I^-之间，SO_4^{2-}与SeO_4^{2-}之间，$H_2PO_4^-$与SO_4^{2-}之间，$H_2PO_4^-$与Cl^-之间，

NO_3^- 与 Cl^-之间，都有拮抗作用。此外还有竞争电荷的非竞争性拮抗作用。上述各组离子具有相同的电荷或者近似的化学性质。

离子间的协助作用：离子间的协助作用是指在溶液中某一离子的存在有利于根系对另一些离子的吸收。离子间的协助作用主要表现在阳离子和阴离子之间，以及阴离子与阴离子之间。Ca^{2+}对多种离子的吸收有协助作用，一般认为是由于它具有稳定质膜结构的特殊功能，有助于质膜的选择性吸收。

(二)叶部对养分的吸收

植物除可从根部吸收养分之外，还能通过叶片(或茎)吸收养分，这种营养方式称为植物的根外营养。根外营养是植物营养的一种辅助方式。

1. 根外营养的机理

根外营养是矿质养分以气态(如 CO_2、O_2、SO_2、NH_3 和 NO_x等)或水溶液通过气孔和角质层进入植物茎、叶的一种途径。根外营养的主要器官是茎和叶，一般认为叶部吸收养分是从叶片角质层和气孔进入，最后通过质膜而进入细胞内。最近的研究认为：根外营养的机制可能是通过角质层上的裂缝和从表层细胞延伸到角质层的外质连丝，使喷洒于植物叶部的养分进入叶细胞内，参与代谢过程。

叶片对气态养分吸收的通道为气孔。陆生植物可以通过气孔吸收气态养分，如 CO_2、O_2 以及 SO_2 等。一般情况下，叶片吸收气态养分有利于植物的生长发育，但在空气污染严重的工业区，叶片也会因过量吸收 SO_2、NO、N_2O 等对植物生长产生不利影响。

叶片对矿质养分吸收的通道为角质层空隙和外质连丝。水生植物的叶片是吸收矿质养分的部位，而陆生植物因叶表皮细胞的外壁上覆盖有蜡质及角质层，对矿质元素的吸收有明显障碍。角质层有微细孔道，也叫外质连丝，是叶片吸收养分的通道。

2. 根外营养的特点

植物的根外营养和根部营养比较起来一般具有以下优点和局限性：

(1)根外营养的优点　直接供给植物养分，防止养分在土壤中的固定和转化。有些易被土壤固定的营养元素如磷、锰、铁、锌等，根外追肥能避免土壤固定，直接供给植物需要；某些生理活性物质，如赤霉素等，施入土壤易于转化，采用根外喷施就能克服这种缺点。同时养分吸收转化比根部快，能及时满足植物需要。由于根外追肥的养分吸收和转移的速度快，可作为及时防治某些缺素症或植物因遭受自然灾害，而需要迅速补救营养或解决植物生长后期根系吸收养分能力弱的有效措施。还促进根部营养，强株健体。根外追肥可提高光合作用和呼吸作用的强度，显著地促进酶活性，从而直接影响植物体内一系列重要的生理生化过程；同时也改善了植物对根部有机养分的供应，增强根系吸收水分和养分的能力。还能节省肥料，经济效益高。根外喷施磷、钾肥和微量元素肥料，用量只相当于土壤施用量的10%~20%。肥料用量大大节省，成本降低，因而经济效益就高，特别是对微量元素肥料，采用根外追肥不仅可以节省肥料，还能避免因土壤施肥不匀和施用量过大所产生的毒害。

(2)根外营养的局限性　叶面施肥的局限性在于：肥效短暂，每次施用养分总量有限，养分又容易从疏水表面流失或被雨水淋洗；费时费工，每次喷施的的肥料量不宜过大，否则会烧伤叶片，因此，喷施需要少量多次；易受气候影响，下雨、刮风时不能喷施肥料；叶片是根外营养吸收的主要器官，对叶面积小的植物喷施效果差；有些养分元素(如钙)从叶片的吸收部位向植物其他部位转移相当困难，喷施的效果不一定好。

总之，植物的根外营养不能完全代替根部营养，仅是一种辅助的施肥方式，适于解决一些特殊的植物营养问题，并且要根据土壤条件、植物的生育时期及其根系活力等合理地加以应用。

3. 影响根外营养的因素

植物叶片吸收养分的效果，不仅取决于植物本身的代谢活动、叶片类型等内在因素，而且还与环境因素，如温度、矿质养分浓度、离子价数等关系密切。

(1)矿质养分的种类　植物叶片对不同种类矿质养分的吸收速率是不同的。叶片对钾的吸收速率依次为：$KCl>KNO_3>K_2HPO_4$；对氮的吸收为尿素>硝酸盐>铵盐。此外，在喷施微量营养元素时，适当地加入少量尿素可提高其吸收速率，并有防止叶片黄化的作用。

(2)矿质养分的浓度　一般认为，在一定浓度范围内，矿质养分进入叶片的速率和数量随浓度的提高而增加，但浓度过高会灼伤叶片。

(3)叶片对养分的吸附能力　叶片对养分的吸附能力与溶液在叶片上吸着的时间长短有关。角质层厚的叶片很难吸附溶液。避免高温蒸发和气孔关闭时期，以及加入表面活性剂，对改善喷施效果很有好处。一般以下午施肥效果较好。

(4)植物的叶片类型及温度　双子叶植物叶面积大，叶片角质层较薄，溶液中的养分易被吸收。单子叶植物如水稻、谷子、麦类等植物，叶面积小，角质层厚，溶液中养分不易被吸收。因此，对单子叶植物应适当加大浓度或增加喷施次数，以保证溶液能很好地被吸附在叶面上，提高叶片对养分的吸收效率。

温度对营养元素进入叶片有间接影响。温度下降，叶片吸收养分减慢。但温度较高时，液体易蒸发，也会影响叶片对矿质养分的吸收。

第二节　养分在植物体内的运输、利用与营养特性

一、养分在植物体内的运输

根系吸收的矿质养分，一部分在根细胞中被同化利用，另一部分经皮层组织进入木质部运往地上部。植物地上部绿色组织合成的光合产物及部分矿质养分经韧皮部输送到根部，构成植物体内的物质循环系统，调节养分在植物体内的分配。

根外介质中的养分从根的表皮细胞进入根内经皮层组织到达木质部的迁移过程叫养分的横向运输。由于其迁移距离短，又称为短距离运输。养分从根经木质部运往地上部或从地上部经韧皮部向根运输的过程叫养分的纵向运输。由于其迁移距离较长，又称为长距离运输。

(一)养分的横向运输(短距离运输)

养分的横向运输有两条途径，即质外体途径和共质体途径。质外体是由细胞壁和细胞间隙所组成的连续体。类似根自由空间，它与外部介质相通，水分和养分可自由出入，养

分移动速率较快。共质体是由细胞原生质通过胞间连丝连接而成的连续体。胞间连丝把养分从一个细胞的原生质转运到另一个细胞的原生质中，借助于原生质的环流，带动养分的运输，向中柱运转。胞间连丝是沟通相邻细胞间养分运输的桥梁(图6-8)。

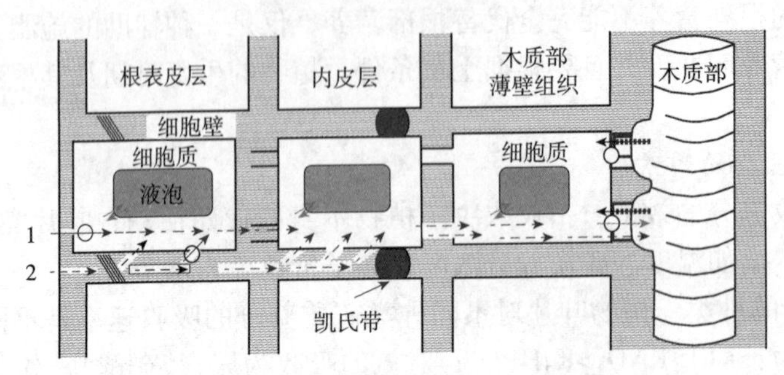

图6-8 根部离子短距离运输进入木质部的模式

1. 共质体；2. 质外体

养分在横向运输过程中是途经质外体还是共质体，主要取决于养分种类、养分浓度、根毛密度、胞间连丝的数量和表皮细胞木栓化程度等多种因素。

(二)养分的纵向运输(长距离运输)

1. *木质部运输*(xylem transport)

木质部运输是指养分及其同化物从根通过木质部导管或管胞运移至地上部的过程。木质部中养分移动的驱动力是压根和蒸腾作用。一般在蒸腾作用强的条件下，蒸腾起主导作用，在蒸腾作用微弱或停止的条件下，根压则上升为主导作用。由于根压和蒸腾作用只能使木质部汁液向上运动，木质部中养分的移动是单向的，是自根部向地上部的单向运输。

绝大多数的营养元素以无机离子的形式在木质部运输。木质部汁液运输的主要是水分和无机离子，有些情况下木质部汁液运输氨基酸的量也很大，还有一些糖。木质部中养分的移动是在死细胞组成的导管中进行，移动的方式以质流为主。但木质部汁液在运输的过程中，还与导管壁以及导管周围薄壁细胞之间存在重要的相互作用。木质部导管壁上有很多带负电荷的阴离子基团，它们与导管汁液中的阳离子结合，将其吸附在管壁上，又可被其他阳离子交换下来，随汁液向上移动。阳离子的交换吸附与细胞壁上负电荷密度有关。不同植物细胞壁上电荷的密度是不同的，双子叶植物负电荷多，而单子叶植物负电荷少，所以双子叶植物以阳离子交换为主，而单子叶植物主要靠质流。此外，还与离子浓度有关，离子浓度高时，交换吸附和质流作用都加强。

2. *韧皮部运输*(phloem transport)

韧皮部运输是指叶片中形成的同化物以及再利用的矿质养分通过韧皮部筛管运移到植物体其他部位的过程。养分从老组织到新组织的运输完全靠韧皮部运输。韧皮部运输养分的特点是在活细胞内进行的，而且具有上下两个方向运输的功能，一般来说，韧皮部运输养分以下行运输为主。养分在韧皮部中的运输受蒸腾作用的影响小。

韧皮部汁液的组成与木质部比较有显著的差异。第一，韧皮部汁液的pH值高于木质部，前者偏碱性而后者偏酸性。韧皮部偏碱性可能是因其含有 HCO_3^- 和大量 K^+ 等阳离子所引起的；第二，韧皮部汁液中干物质和有机化合物远高于木质部。韧皮部汁液中的C/N

比值比木质部汁液宽；第三，某些矿质元素，如钙和硼在韧皮部汁液中的含量远小于木质部，其他矿质元素的浓度高于木质部；无机态阳离子总量大大超过无机阴离子总量，过剩正电荷由有机阴离子，主要是氨基酸进行平衡。

不同营养元素在韧皮部中的移动性不同。可将营养元素按其在韧皮部中移动的难易程度分为移动性大的，移动性小的和难移动的三组。在必需大量元素中，氮、磷、钾和镁的移动性大，微量元素中铁、锰、铜、锌和钼的移动性较小，而钙和硼是很难在韧皮部中运输的(见表6-2)。

表6-2　韧皮部中矿质元素的移动性比较

移动性大	移动性小	难移动	移动性大	移动性小	难移动
氮	铁	硼		钼	
磷	锰	钙	镁	铜	
钾	锌				

3. *木质部与韧皮部之间养分的转移*

木质部与韧皮部在养分运输方面有不同的特点，但两者之间相距很近，只隔几个细胞。在两个运输系统间存在养分的相互交换。在养分的浓度方面，韧皮部的养分浓度高于木质部，因而养分从韧皮部向木质部的转移为顺浓度梯度，可以通过筛管原生质膜的渗漏作用来实现。养分从木质部向韧皮部的转移是逆浓度梯度，需要能量的主动运输过程，这种转移需由转移细胞进行。

从木质部向韧皮部中养分转移对调节植物体内养分分配，满足各部位的矿质营养起重要作用。因为木质部虽然能把养分运到植株顶端或蒸腾量最大的部位，但蒸腾量最大的部位往往不是最需要养分的部位。茎是养分从木质部向韧皮部转移的主要器官。

养分通过木质部向上运输，经转移细胞进入韧皮部；养分在韧皮部中既可以继续向上运输到需要养分的器官或部位，也可以向下再回到根部。韧皮部中的养分也能向木质部转移。这就形成了植物体内部分养分的循环。

二、养分再利用与缺素部位

(一)养分再利用过程

植物某一器官或部位中的矿质养分可通过韧皮部运往其他器官或部位，而被再度利用，这种现象叫作矿质养分的再利用。植物体内有些矿质养分能够被再度利用，而另一些养分不能被再度利用。矿质养分再利用的程度取决于养分在韧皮部中移动性的大小，韧皮部中移动性大的养分元素，如氮、磷、钾等，其再利用程度高。而钙、硼的再利用程度低。

养分从原来所在部位转移到被再度利用的新部位，期间要经历很多步骤：第一步，养分的激活，养分离子在细胞中被转化为可运输的形态，这一过程可能是通过第二信使来实现的。第二步，进入韧皮部，被激活的养分转移到细胞外的质外体后，再通过原生质膜的主动运输进入韧皮部筛管中。第三步，进入新器官，养分通过韧皮部或木质部先运至靠近新器官的部位，再经过跨质膜的主动运输过程卸入需要养分的新器官细胞内。

养分再利用的过程是漫长的，需经历共质体（老器官细胞内激活）→质外体（装入韧皮部之前）→共质体（韧皮部）→质外体（卸入新器官之前）→共质体（新器官细胞内）。因此，只有移动能力强的养分元素才能被再度利用。

（二）养分再利用与缺素部位

在植物的营养生长阶段，生长介质的养分供应常出现持久性或暂时性的不足，造成植物体内营养不良，为维持植物的生长，养分从老器官向新生器官的转移是十分必要的。然而植物体内不同养分的再利用程度是不同的，养分再利用程度高低决定了植物缺素症状表现部位，再利用程度大的元素，养分的缺乏症状首先出现在老的部位，而不能再利用的养分，在缺乏时由于不能从老部位运向新部位，而使缺素症状首先表现在幼嫩器官。

缺素症状表现部位与养分再利用程度之间的关系见表6-3。氮、磷、钾和镁四种养分在体内的移动性大，因而，再利用程度高，当这些养分供应不足时，可从老部位迅速及时地转移到新器官，以保证幼嫩器官的正常生长。铁、锰、铜和锌通过韧皮部向新叶转移的比例及数量还取决于植物体内可溶性有机化合物的水平。当能够螯合金属微量元素的有机成分含量增高时，这些微量元素的移动性随之增大，因而老叶中微量元素向幼叶的转移量随之增加。

表6-3 缺素症状表现部位与养分再利用程度之间的关系

矿质养分种类	缺素症状出现的主要部位	再利用程度
氮、磷、钾、镁	老叶	高
硫	新叶	较低
铁、锌、铜、钼	新叶	低
硼和钙	新叶顶端分生组织	很低

三、植物的营养特性

（一）植物营养性状的基因型差异性

不同植物在营养性状方面存在着基因型差异，这很早就引起了人们的注意。在表述不同植物营养性状的基因型差异时常用养分效率这个概念。目前对养分效率（nutrient efficiency）尚无统一的定义。有人认为养分效率是指某个基因型在一定的养分供给条件下，获得高产或高养分含量的能力；也有人把它定义为某个基因型比标准基因型在养分胁迫时，获得更高的产量的能力；还有人认为养分效率是专指养分缺乏时获得高产的基因潜力。

总之，养分效率的定义应包括两个方面的含义：一是当植物生长的介质，如土壤中养分元素的有效性较低，不能满足一般植物正常发育的需要时，某一高效基因型植物能正常生长的能力；二是当植物生长介质中养分元素有效浓度较高，或不断提高时，某一高效基因型植物的产量随养分浓度的增加而不断提高的基因潜力。前者对于选择利用适应于高产、优质的高效基因型植物，改良大面积中、低产田有重要意义；而后者对高产田的稳产和高效有广阔的应用前景。

从养分元素种类看，对养分效率的研究大都集中在一些土壤中化学有效性较低的元素如铁、磷、锰、锌和铜上，特别对磷和铁研究较多。植物营养性状基因型差异不仅表现在对养分缺乏的反应不同，而且还表现在对各种养分和重金属毒害的忍耐的差异上。

(二)植物不同生育期的营养特性

植物在各生育阶段，对营养元素的种类、数量和比例等都有不同的要求。一般在植物生长初期，养分吸收的数量少，吸收强度低。随时间的推移，植物对营养物质的吸收逐渐增加，往往在性器官分化期达到吸收高峰。到了成熟阶段，对营养元素的吸收又逐渐减少。在植物整个生育期中，根据反应强弱和敏感性可以把植物对养分的反应分为营养临界期和最大效率期。

1. 营养临界期

营养临界期是指植物生长发育的某一时期，对某种养分要求的绝对数量不多但很迫切，并且当养分供应不足或元素间数量不平衡时将对植物生长发育造成难以弥补的损失，这个时期就叫植物营养的临界期。不同作物对不同营养元素需要的临界期不同。大多数作物磷的营养临界期在幼苗期。氮的营养临界期，小麦、玉米为分蘖期和幼穗分化期。水稻钾营养临界期分蘖期和幼穗形成期。

2. 最大效率期

最大效率期是指在植物生长阶段中所吸收的某种养分能发挥起最大效能的时期，这个时期就叫植物营养的最大效率期。这一时期，作物生长迅速，吸收养分能力特别强，如能及时满足作物对养分的需要，增产效果将非常显著。玉米氮素最大效率期在喇叭口期至抽雄期；棉花的氮、磷最大效率期均在花铃期；对于甘薯来说，块根膨大期是磷、钾肥料的最大效率期。

第三节　施肥原则与施肥技术

施肥是农业生产中一项十分重要的环节，也是对环境影响最为强烈的生产活动之一。因此，通过合理施肥，提高肥料利用率，获得高产优质的农产品，同时保护生态环境，就成为现代农业追求的目标。为此，必须了解一些施肥的基本原则与技术等。

一、施肥原则

(一)养分归还学说

养分归还学说(theory of nutrient returns)是德国化学家李比希(J. V. Liebig)于1840年在英国伦敦有机化学年会上发表的“化学在农业和生理学上的应用”的著名论文中提出的。李比希提出的养分归还学说的原意是：“由于人类在土地上种植作物并把这些产物拿走，这就必然会使地力逐渐下降，从而土壤所含的养分将会愈来愈少。因此，要恢复地力就必须归还从土壤中拿走的全部东西，不然就难以指望再获得过去那样高的产量，为了增加产量就应该向土地施加灰分”。从养分归还学说的基本原意中，可以理解为如下内涵：①随着作物的每次收获，必然要从土壤中带走一定量的养分，随着收获次数的增加，土壤中的养分含量会越来越少。②若不及时地归还由作物从土壤中拿走的养分，不仅土壤肥力逐渐减少，而且产量也会越来越低。③为了保持元素平衡和提高产量应该向土壤施入肥料。因此，养分归还学说的实质就是为了增产必须以施肥方式补充植物从土壤中取走的养分，这就突破了过去局限于生物循环的范畴，通过施加肥料，扩大了这种物质循环，从而为作物稳产高产和均衡增产开辟了广阔前景。养分归还学说作为施肥的基本理论原则上是正确的。这是一个建立在生物循环基础上的积极恢复地力，保证作物稳定增产的理论。然而，由于受当时科学技术的局限和李比希在学术上的偏见，对一些论断不免有其片面性和不足之处，如他对养分消耗的估计只局限于磷、钾上，反对豆种植物能丰富土壤氮素的说法，归还是正确的，但绝对的全部归还是不必要的，不经济的。因此，在应用这一学说指导施肥实践时，应加以注意和纠正。

(二)最小养分律

最小养分律(law of the minimum nutrient)也是由李比希提出的。养分归还学说的问世，特别是成功地生产了磷肥之后，西方国家大量的施用磷肥，时间一长出现了施用磷肥不增产的现象，于是李比希就在试验的基础上提出了应该把土壤中所最缺乏的首先归还于土壤。这就是当时的“最低因子率”，也有人译成最小养分律。最小养分律的基本原意是：“植物为了生长发育需要吸收各种养分，但是决定植物产量的，却是土壤中那个相对含量最小的有效植物生长因素，产量也在一定限度内随着这个因素的增减而相对变化。因而无视这个限制因素的存在，即使继续增加其他营养成分也难以再提高植物的产量”。从最小养分律的基本原意中，可以理解为如下内涵：①土壤中相对含量最少的养分影响着作物产量的维持与提高；②最小养分会随条件改变而变化；③田间只有补施最小养分，才能提高产量。

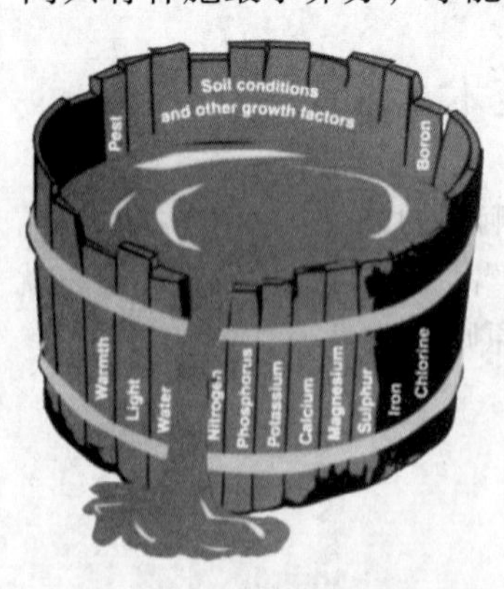

图 6-9　最小养分律木桶图解

最小养分律提出后，为了使这一施肥理论更加通俗易懂，有人用贮水木桶进行图解(图 6-9)。图中的木桶由长短不同代表土壤中不同养分含量的木板组成，木桶的水面高度代表作物产量的高低水平。木桶的水面高度由组成木桶最低的木板的高度所制约，也就是说，作物产量的高低取决于表示最小养分的最短木板的高度。它反映了在土壤贫瘠和作物产量很低的情况下，只要有针对性地增施最小养分的肥料，往往就可以获得极显著的增产效果。

李比希的最小养分律是正确选择肥料种类的基本原理，忽视这条规律常使土壤与植株养分失去平衡，造成物质上和经济上的极大损失。因为它提醒我们在施用肥料时应该找出植物所需养分之间适当比例，只有找准最小养分，才能有效而又经济合理地施用它，作物才能增产。所以，李比希的最小养分律乃是合理施肥的基本原理。

正确对待最小养分律，就可以因地制宜根据土壤条件和植物生长的需要来选择肥料品种和养分比例，提高施肥针对性，较好地满足作物对养分的需要，从而收到增产、节约以提高经济效益的效果。因此，施肥中一方面要注意根据生产的发展不断发现和补充最小养分，另一方面要注意不同肥料之间的合理配合。

最小养分律的不足之处是孤立地看待各种养分，忽视了养分间的互相联系、互相制约的一面。这也是最小养分律在当时受到一些人的批评所在。

（三）报酬递减律与米采利希学说

报酬递减律是在18世纪后期，由欧洲经济学家 A. R. J. Turgot 和 J. Anderson 同时提出的。其内容表述："从一定面积土地所得到的报酬随着向该土地投入的劳动和资本数量的增加而增加，但达到一定限度后，随着投入的单位劳动和资本的再增加而报酬的增加速度却在逐渐递减"。这个定律反映了在技术条件不变的情况下投入与产出的关系，所以它作为经济学上的一个基本原则，广泛应用于工业、农业以及畜牧业等各个领域。

1909年，德国著名化学家米采利希（E. A. Mitscherlich）最为成功地把报酬递减律移植到农业上来，他通过燕麦磷肥试验，利用数学概念深入地探讨了施肥量与产量的关系，即只增加某种养分单位量（d_x）时，引起产量增加的数量（d_y），是以该种养分供应充足时达到的最高产量（A）与现在的产量（y）之差成正比。用数学式表达为：

$$\frac{d_y}{d_x}=C(A-y)$$

米采利希用公式概括了达到极限产量之前施肥量和产量之间的关系，经实践检验它具有普遍性。米采利希公式最重要之处在于：某种养分的效果，以在土壤中该种养分越为不足时效果越大，若逐渐增加该养分的施用量，增产效果就将逐渐减少。米采利希的试验及其他试验证明，报酬递减律在农业化学上施肥量和产量之间关系方面也是成立的，也是指导施肥的基本原理之一。

米氏学说首次用严格的数学方程式表达了作物产量与养分供应量之间的关系，作为计算施肥量的依据，开创了由经验施肥发展到定量施肥的施肥科学新纪元。米采利希学说使肥料的施用由经验性进入定量化境界，在农业生产上起过重要作用，使有限量的肥料发挥了最大的增产效益，目前在国际上仍作为一个重要的施肥理论加以运用。但在米采利希其后的大量科学试验表明，常数 C 并不是一个固定值，而是随作物种类及其生长的环境条件而发生变化；另外，过量施肥，特别是氮肥，对产量常起负作用。

报酬递减律在施肥实践中是客观存在的，应正确对待。一方面，要正视它，承认它的存在，避免施肥的盲目性，提高施肥的经济效益，通过合理施肥达到增产增收的目的。另一方面，不能消极对待它，片面地以减少化肥用量来降低生产成本。相反，应研究新措施，促进生产条件的改变，在逐步提高施肥水平前提下，力争提高肥料的经济效益，促进农业生产的持续发展。

（四）限制因子律（因子综合作用律）

限制因子律是最小养分律的延伸和发展。此定律是1905年美国科学家布莱克门（Blackman）首先把最小养分律扩大到养分以外的生态因子（水分、养分、空气、温度、光照等）。其基本含义是，作物高产是影响作物生长发育的各种因子，如空气、温度、光照、养分、水分、品种以及耕作条件等综合作用的结果。其中必然有一个起主导作用的限制因子，产量也在一定程度上受该种限制因子的制约。产量常随这一因子克服而提高，只有各因子在最适状态产量才会最高。由因子综合作用律的基本含义可理解为如下内涵：

①作物丰产是诸多因子综合作用的结果。综合因子作用的基础，应该是力争每一个组成因子都能最大限度地满足作物每个生长期的需要，为提高产量和品质作贡献。②利用因子间的交互效应提高肥效。因子综合作用律的另一个含义是一个因子的作用发挥要靠另外因子的作用。

因子综合作用律是指导合理施肥的基本原理。虽然作物丰产是影响作物生长发育诸多因子综合作用的结果，但其中必然有一个起主导作用的限制因子，在一定程度上产量受主导因子的制约。因此，为了充分发挥施肥的增产作用和提高肥料的经济效益，一方面，重视各种肥料养分之间的配合施用，既要使各肥料养分元素之间比例协调，又要最大程度的满足作物需要；另一方面，重视施肥措施与环境因子和其他农业技术措施密切配合，充分发挥因子之间的交互作用。

二、施肥量的确定

确定合理施肥量的方法很多，常见的方法有养分平衡法、肥料效应函数法和土壤肥力指标法等。

(一)养分平衡法

养分平衡法首先由美国土壤专家 Traog 提出(1960)。后为 Stanford 所发展并应用于生产实践。其原理是根据实现作物目标产量所需养分量与土壤供应养分量之差作为施肥的依据。养分平衡法又称目标产量法。其核心内容是农作物在生长过程中所需要的养分是由土壤和肥料两个方面提供的。“平衡”之意就在于土壤供应的养分不能满足农作物的需要，就必须用肥料来补足。只有达到养分的供需平衡，作物才能达到理想的产量。它是以李比希的“养分归还学说”为理论依据，是施肥量确定中最基本最重要的方法。

养分平衡法(目标产量法)是根据作物目标产量与基础产量之差，求得实现目标产量所需肥料量的一种方法。不施肥的作物产量称之为基础产量(或空白产量)，构成基础产量的养分全部来自土壤，它反映的是土壤能够提供的该种养分量。目标产量减去基础产量为增产量，增产量要靠施用肥料来实现，因此，养分平衡法(目标产量法)的施肥量计算公式是：

$$施肥量=\frac{单位经济产量所需养分量\times(目标产量-基础产量)}{肥料中养分含量\times肥料利用率}$$

要利用养分平衡法(目标产量法)确定施肥量，就必须掌握单位经济产量所需养分量(也称养分系数)、目标产量、基础产量、肥料中养分含量和肥料利用率等五大参数的确定。

1. 基础产量

基础产量的确定方法很多，最直接的方法就是空白法，即在种植周期中，每隔 2～3 年，在有代表性的田块中留出一小块或几块田地，作为不施肥的小区，实际测定一次不施肥时的基础产量。

2. 目标产量

目标产量是实际生产中预计达到的作物产量，即计划产量，是确定施肥量最基本的依据。目标产量是一个非常客观的重要参数，只能根据一定的气候、品种、栽培技术和土壤肥力来确定，而不能盲目追求高产。目前我国确定目标产量方法中，“以地定产法”“以水定产法”和“前几年单产平均法”是3个最基本也最有代表性的方法。

3. 百公斤经济产量所需养分量

农作物在其生育周期中，需要从介质中吸收各种养分以形成一定的经济产量称为养分系数，表6-4中列出了常见作物的百公斤经济产量所需养分量，即养分系数。

表6-4　常见作物百公斤经济产量所需的养分量(养分系数)

作物	收获物	形成100kg经济产量所吸收的养分数量		
		氮(N)	磷(P_2O_5)	钾(K_2O)
水稻	籽粒	2.10~2.40	0.90~1.30	2.10~3.30
冬小麦	籽粒	3.00	1.25	2.50
春小麦	籽粒	3.00	1.00	2.50
大麦	籽粒	2.70	0.90	2.20
荞麦	籽粒	3.30	1.60	4.30
玉米	籽粒	2.57	0.86	2.14
谷子	籽粒	2.50	1.25	1.75
高粱	籽粒	2.60	1.30	3.00
甘薯	鲜块根	0.35	0.18	0.55
马铃薯	鲜块茎	0.50	0.20	1.06
大豆	豆粒	7.20	1.80	4.00
豌豆	豆粒	3.09	0.86	2.86
花生	荚果	6.80	1.30	3.80
棉花	籽棉	5.00	1.80	4.00
油菜	菜籽	5.80	2.50	4.30
芝麻	籽粒	8.23	2.07	4.41
烟草	鲜叶	4.10	0.70	1.10
大麻	纤维	8.00	2.30	5.00
甜菜	块根	0.40	0.15	0.60
甘蔗	茎	0.19	0.07	0.30
亚麻	麻茎	0.97	0.50	1.36
黄瓜	果实	0.40	0.35	0.55
架云豆	果实	0.81	0.23	0.68
茄子	果实	0.30	0.10	0.40
番茄	果实	0.45	0.50	0.56
胡萝卜	块根	0.31	0.10	0.50
萝卜	块根	0.60	0.31	0.50
卷心菜	叶球	0.41	0.05	0.38
洋葱	葱头	0.27	0.12	0.23

（续）

作物	收获物	形成100kg经济产量所吸收的养分数量		
		氮(N)	磷(P_2O_5)	钾(K_2O)
芹菜	全株	0.16	0.08	0.42
菠菜	全株	0.36	0.18	0.52
大葱	全株	0.30	0.12	0.40
*辣椒	果实	0.55	0.10	0.75
*西瓜	果实	0.15	0.07	0.32
*南瓜	果实	0.42	0.17	0.64
*草莓	果实	0.40	0.10	0.45
*白菜	全株	0.41	0.14	0.37
柑橘(温州密柑)	果实	0.60	0.11	0.40
梨(20世纪)	果实	0.47	0.23	0.48
葡萄(玫瑰露)	果实	0.60	0.30	0.72
柿(富有)	果实	0.59	0.14	0.54
苹果(国光)	果实	0.30	0.08	0.32
桃(白风)	果实	0.48	0.20	0.76

(引自谭金芳主编《作物施肥原理与技术》，2003)

有了百公斤经济产量所需养分量，就可以按下列公式计算出实现目标产量所需养分总量、土壤供肥量和达到目标产量需要通过施肥补充的养分量。

$$目标产量所需养分总量=\frac{目标产量}{100}\times 百公斤经济产量所需养分量$$

$$土壤供肥量=\frac{基础产量}{100}\times 百公斤经济产量所需养分量$$

$$施肥补充养分量=目标产量所需养分总量-土壤供肥量$$

$$或，施肥补充养分量=\frac{目标产量-基础产量}{100}\times 百公斤经济产量所需养分量$$

4. 肥料利用率

肥料利用率是指当季作物从所施肥料中吸收的养分占施入肥料养分总量的百分数。肥料利用率是最易变动的参数，同一作物对同一种肥料的利用率在不同地方或年份相差甚多，因此，为了较为准确地计算施肥量必须测定当地的肥料利用率。目前，测定肥料利用率的方法有两种。

(1)示踪法　将有一定丰度的^{15}N化学氮肥或有一定放射性强度的^{32}P化学磷肥或^{86}Rb化合物(代替钾肥)施入土壤，到成熟后分析农作物所吸收利用的^{15}N、或^{32}P或^{86}Rb量，就可以计算出氮或磷或钾肥料的利用率。由于示踪法排除了激发作用的干扰，其结果有很好的可靠性和真实性。

(2)田间差减法　利用施肥区农作物吸收的养分量减去不施肥区农作物吸收的养分量，其差值可视为肥料供应的养分量，再被所用肥料养分量去除，其商数就是肥料利用率。田间差减法测得的肥料利用率一般比示踪法测得的肥料利用率高。其原因是施肥激发了土壤中的该种养分以及与其他养分的交互作用。田间差减法的计算公式：

$$肥料利用率=\frac{施肥区作物吸收的养分量-不施肥区农作物吸收的养分量}{肥料施用量\times肥料中养分含量}\times100$$

例如：某农田无氮肥区小麦单产 3750 kg · hm^{-2}，施用尿素 300 kg · hm^{-2}后，小麦单产为 5400 kg · hm^{-2}，则尿素的利用率：

$$尿素的氮素利用率(\%)=\frac{\frac{5400}{100}\times3-\frac{3750}{100}\times3}{300\times46\%}\times100=35.9$$

式中：3 为小麦百公斤经济产量需氮量；46%为尿素含氮量。

5. 肥料中有效养分含量

肥料中有效养分含量是个基础参数。与其他参数相比较，它是比较容易得到的，因为现时各种成品化肥的有效成分都是按化学工业部颁发的标准生产的，都有定值，而且标明在肥料的包装物上，用时查有关书籍即可。

当目标产量、基础产量、百公斤经济产量所需养分量、肥料中养分含量、肥料利用率这五大参数确定之后，即可按下式算出施肥量：

$$施肥量=\frac{(目标产量-基础产量)\div100\times百公斤经济产量所需养分量}{肥料中养分含量\times肥料利用率}$$

例如：某生产单位 1999—2001 年冬小麦产量分别为 7100、8200 和 7700 kg · hm^{-2}，且不施氮肥的冬小麦产量为 5800 kg · hm^{-2}，尿素氮的利用率为 38%，厩肥中氮的含量为 0. 5%，其利用率为 15%。问：2002 年冬小麦的计划产量和氮、磷、钾肥施用量多大?

解：

①目标产量确定：目标产量的确用“前几年平均单产法”，则，

$$目标产量=766+7667\times10\%=8433\approx800\ kg.\ hm^{-2}$$

考虑到高产地区再增产不容易而年递增率采纳 10%

②基础产量：5800 kg · hm^{-2}

③养分系数根据表 6-4：百公斤冬小麦吸收氮、磷和钾分别为 3. 00、1. 25 和 2. 5。

④计算尿素施用量：根据地力差减法计算公式首先计算尿素施用量：

$$尿素用量=\frac{(8400-5800)\div100\times3}{46\%\times38\%}=446\approx450\ kg/hm^2$$

若用 30000 kg · hm^{-2}厩肥作基肥，则尿素用量为：

$$尿素施用量=\frac{(目标产量-基础产量)\times养分系数-有机肥供氮量}{尿素中含氮量(\%)\times利用率(\%)}$$

$$=\frac{(8400-5800)\div100\times3-30000\times0.\ 5\%\times15\%}{46\%\times38\%}$$

$$=317\approx320\ kg\cdot hm^{-2}$$

关于磷肥和钾肥的施用量，可依据地力差减法施肥量计算公式设计肥料品种进行计算。

(二)土壤肥力指标法

土壤肥力指标法是测土配方施肥中最经典的方法。它基于农作物营养元素的土壤化学原理，用相关分析选择最佳浸提剂，测定土壤有效养分；然后以生物相对指标校验土壤有效养分肥力指标，确定相应的分级范围值，用以指导肥料的施用。目前，土壤碱解氮、有效磷、速效钾等已成为衡量土壤供应养分能力的常用指标，广泛应用于农业生产中。

1. 土壤碱解氮的测定方法与指标

土壤碱解氮一般采用扩散或蒸馏法测定。土壤碱解氮作为土壤供氮量的指标，其指标见表 6-5。

表 6-5 不同土壤类型土壤碱解氮分级指标 N，$mg \cdot kg^{-1}$

土壤类型	低(<75%)	中(75%~95%)	高(>95%)	备 注
黑土	<120	120~250	>250	小麦
草甸土	<130	130~240	>240	玉米
潮土(北京)	<80	80~130	>130	小麦
盐化潮土	<30	30~50	>50	小麦
灰漠土	>70	70~100	>100	小麦
灌淤土	<90	90~120	>120	小麦
黄绵土	<60	60~80	>80	小麦
紫色土	<170	170~260	>260	小麦
棕壤	<55	55~90	>90	小麦
褐土	<55	55~100	>100	小麦
潮土(山东)	<70	70~90	>90	玉米
红壤(广西)	<170	170~380	>380	玉米
红壤水稻土(福建)	<150	150~260	>260	水稻
红壤水稻土(广西)	<160	160~200	>200	水稻
青紫泥水稻土(上海)	<200	200~400	>400	小麦
草甸水稻土(吉林)	<70	70~220	>220	水稻
成都平原水稻土	<90	90~250	>250	水稻
杭嘉湖水稻土	<175	175~280	>280	水稻(淹育法)
湖南中酸性水稻土	<100	100~190	>190	早稻
	<120	120~210	>210	晚稻

(引自谭金芳主编《作物施肥原理与技术》，2011)

20 世纪 80 年代进行的第二次全国土壤普查将碱解氮作为土壤有效氮测定的指定方法，直到现在很多研究部门特别是农技推广部门仍然使用这一方法。但是，研究表明，在田间试验中碱解氮不能准确表征土壤供氮能力，即使在南方水稻土上，碱解氮与土壤全氮和土壤供氮量之间的相关性也并不理想。

2. 土壤有效磷的测定方法与指标

测定土壤有效磷一般采用 Olsen 法，肥力指标见表 6-6，土壤有效磷(P)含量($mg \cdot kg^{-1}$)<5 为低；5~10 为中，>10 为高，当然不同产量水平，高、中、低指标有所不同。

表 6-6　不同土壤类型土壤有效磷分级指标　　P，$mg \cdot kg^{-1}$

土壤类型	低(<75%)	中(75%~95%)	高(>95%)	备注
黑土	<4	4~10	>10	小麦
草甸土	<2	2~25	>25	玉米
潮土(北京)	<2	2~12	>12	小麦
盐化潮土	<4	4~9	>9	小麦
灰漠土	<4	4~8	>8	小麦
灌淤土	<4	4~9	>9	小麦
黄绵土	<4	4~7	>7	小麦
紫色土	<4	4~10	>10	小麦
棕壤	<10	10~25	>25	小麦
褐土	<2	2~9	>9	小麦
潮土(山东)	<6	6~19	>19	玉米
红壤(浙江)	<8	8~20	>20	玉米，Bray-Ⅰ
红壤(广西)	<4	4~10	>10	玉米
红壤水稻土(福建)	<6	6~17	>17	水稻
红壤水稻土(广西)	<2	2~10	>10	水稻
青紫泥水稻土(上海)	<4	4~16	>16	小麦
草甸水稻土(吉林)	<5.5	5.5~17	>17	水稻
成都平原水稻土	<2	2~8	>8	水稻
杭嘉湖水稻土	<2	2~11	>11	水稻
湖南中酸性水稻土	<3	3~10	>10	早稻
	<1	1~14	>14	晚稻

(引自谭金芳主编《作物施肥原理与技术》，2011)

3. 土壤速效钾的测定方法与指标

测定速效钾的方法一般采用 1 $mol \cdot L^{-1}$ NH_4OAC 法，肥力指标见表 6-7。

表 6-7　不同土壤类型土壤有效钾分级指标　　K，$mg \cdot kg^{-1}$

土壤类型	低(<75%)	中(75%~95%)	高(>95%)	备注
黑土	<70	70~150	>150	小　麦
草甸土	<95	95~180	>180	玉　米
潮土(北京)	<60	60~180	>180	小　麦
棕壤	<50	50~85	>85	小　麦

（续）

土壤类型	低(<75%)	中(75%~95%)	高(>95%)	备 注
褐土	<30	30~85	>85	小 麦
潮土(山东)	<40	40~115	>115	玉 米
黄绵土	—	110	—	小 麦
紫色土	—	65	—	小 麦
红壤(浙江)	<80	80~180	>180	玉 米
红壤(广西)	<135	135~280	>280	玉 米
红壤水稻土(福建)	<80	80~140	>140	水 稻
红壤(广西)	<60	60~150	>150	水 稻
青紫泥水稻土(上海)	—	100	—	小 麦
草甸水稻土(吉林)	<60	60~170	>170	水 稻
成都平原水稻土	—	35	—	水 稻
杭嘉湖水稻土	<20	20~150	>150	水 稻
湖南中酸性水稻土	<60	60~105	>105	旱 稻
	<50	50~80	>80	晚 稻

（引自谭金芳主编《作物施肥原理与技术》，2011）

(三)肥料效应函数法

肥料效应函数法是建立在肥料田间试验和生物统计基础上的方法。通过简单的对比或应用正交、回归等试验设计进行多点田间试验，将不同处理得到的产量进行数理统计，求得产量与施肥量间的函数关系，从所得的肥料效应回归方程式可计算出代表性地块的最高施肥量、最佳施肥量和最大利润率施肥量，并以此作为建议施肥量的依据。

通过长期的田间试验和生物统计，人们探究出了多种肥料效应函数的模型，包括指数型、二次型、二次加平台型、平方根模型、线性加平台型等，它们函数的方程式分别为：

指 数 型 $Y=Y_0+d(1-10-CX)$ (1)

二 次 型 $Y=a+bX+cX_2$ (2)

二次加平台 $Y=a+bX+cX_2 \quad (X \leqslant d)$ (3)

$Y=T \quad (X>d)$

平 方 根 $Y=a+bX+cX_{0.5}$ (4)

线性加平台 $Y=a+bX \quad (X \leqslant d)$ (5)

$Y=T \quad (X>d)$

虽然一个经验函数所能描述的作物产量和施肥量的关系多种多样，且任何一个作物产量与施肥量的效应函数可以由不同的经验函数描述，但大量的科学研究结果表明，经验施肥模型的选择应体现不同作物的施肥效应特征。

三、施肥方式与方法

(一)施肥方式

对于大多数一年生或多年生作物来说施肥时期一般分基肥、种肥、追肥三种。各时期所施用的肥料有其单独的作用，但又不是孤立地起作用，而是相互影响的。对同一作物，通过不同时期施用的肥料间互相影响与配合，促进肥效的充分发挥。

1. 基肥(basal fertilizer)

基肥，习惯上又称为底肥，是指在播种(或定植)前结合土壤耕作施入的肥料。而对多年生作物，一般把秋冬季施入的肥料称作基肥。施用基肥的目的是培肥和改良土壤增加生产潜力。同时为作物生长创造良好的土壤养分条件，通过源源不断供给养分来满足植物营养连续性的需求，取得施肥当季的增产增效作用。因此，基肥的作用也是双重的。

2. 种肥(seed fertilizer)

种肥是播种(或定植)时施于种子或幼株附近或与种子混播或与幼株混施的肥料。其目的是为种子萌发和幼苗生长创造良好的营养条件和环境条件，种肥能够使作物幼苗期健壮生长，为后期的良好生长发育奠定基础。

3. 追肥(top dressing)

在作物生长发育期间施用的肥料称作追肥。其目的是满足作物在生长发育过程中对养分的需求。通过追肥的施用，保证了作物生长发育过程中对养分的阶段性特殊需求，对产量和品质的形成是有利的。

基肥，种肥和追肥是施肥的3个重要环节，在生产实践中要灵活运用，且不可千篇一律。基肥、种肥和追肥相结合，有机肥和化肥相结合既可满足作物营养的连续性，又可满足作物营养的阶段性。

(二)施肥方法

肥料既可以施入土壤通过根系吸收其养分而供给作物营养，也可以施在植株体上而被作物直接吸收利用。前者称为土壤施肥，后者称为植株施肥。

1. 土壤施肥(soil application)

最常用的土壤施肥方式有撒施、条施、穴施、环施和放射状施等。

(1)撒施(broadcasting) 将肥料均匀撒于地表，然后把肥料翻入土中的施肥方式称撒施。是基肥的一种普遍方式，肥料撒于田面上后，结合耕耙作业使其进入土壤当中，实现土肥相融。耕翻要有一定深度，浅施时肥料不能充分接触根系，不利于肥效的发挥。撒施具有省工简便的特点，但对于挥发性氮肥来说，撒施易于引起氮的挥发损失，不宜提倡。

(2)条施(fertilizer drilling，row application) 条施是开沟将肥料成条地施用于作物行间或行内土壤的方式。条施既可以作为基肥施用方式，也可以作为种肥或追肥的施用方式，通常适用于条播作物。条施和撒施相比，肥料集中，更易达到深施的目的，有利于将肥料施到作物根系层，提高肥效，即所谓“施肥一大片、不如一条线”。在肥料用量较少时和易挥发性肥料，这种施肥方式不失为一种好方法。

(3)穴施(hole application) 在作物预定种植的位置或种植穴内，或在作物生长期内按株或在两株间开穴施肥的方式称为穴施。穴施法常适用于穴播或稀植作物，是一种比条施更能使肥料集中施用的方法。穴施是一些直播作物将肥料与种子一起施入播种穴(种肥)的好方法，生育期单株打孔作追肥也是非常有效的，也可以作为基肥的施用方法，施肥后要覆土。

(4)环施和放射状施(circular trench manuring and radiation fertilization)　以作物主茎为中心，将肥料作环状或放射状施用的方式称为环施和放射状施。一般用于多年生木本作物，尤其是果树。环施的基本方法是以树干为圆心，在地上部的田面开挖环状施肥沟，沟一般挖在树冠垂直边线与圆心的中间或靠近边线的部位，一般围绕靠近边线挖成深、宽各30~60cm 的连续的圆形沟(图 6-10A)，也可靠近边线挖成对称的 2~4 条一定长度的月牙形沟(图 6-10B)，施肥后覆土踏实。

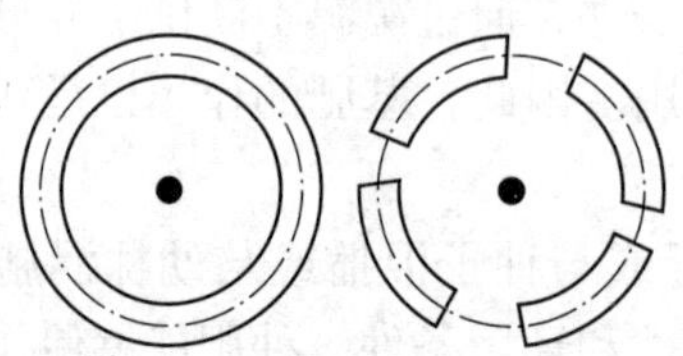

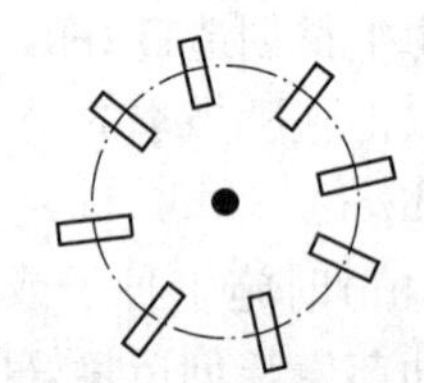

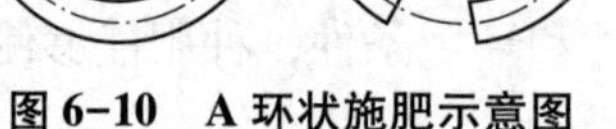

图 6-10　A 环状施肥示意图　　**图 6-10　B 放射状施肥示意图**

(引自杨佑著《科学施肥指南》)

2. 植株施肥(plant application)

植株施肥包括叶面施用、注射施用、打洞填埋、涂抹施肥和种子施肥等方式。

(1)叶面施肥(foliage Spray，foliage dressing)　把肥料配成一定浓度的溶液喷洒在作物体上的施肥方式称叶面施肥。它是用肥少、收效快的一种追肥方式，又称为根外追肥。叶面施肥是土壤施肥的有效辅助手段。

(2)注射施肥(injection fertilization)　注射施肥是在树体根茎部打孔，在一定的压力下，把营养液通过果树的导管，输送到植株的各个部位，使树体在短时间内积聚和贮藏足量的养分，从而改善和提高果树的营养结构水平和生理调节机能，同时也会使根系活性增强，扩大吸收面，有利于对土壤中矿质营养的吸收利用。

(3)打洞填埋法(cut hole and burying)　此法适合于果树等木本作物施用微量元素肥料。在果树主干上打洞。将固体肥料填埋于洞中，然后封闭洞口。

(4)蘸秧根　将肥料配成一定浓度的悬着溶液，浸蘸秧根，然后定植。这种方法适用于水稻、甘薯等移栽作物。

(5)种子施肥(seeding fertilization)　种子施肥是指肥料与种子混合的一种施肥方式，包括拌种法，浸种法，盖种肥。

①拌种法　把肥料配成一定浓度的溶液，将种子均匀拌和后一起播入土壤，拌种要注意浓度和拌种后立即播种的两个关键。

②浸种法　用一定浓度的肥料溶液浸泡种子，待一定时间后，取出稍晾干后播种，浸种法和拌种一样要严格浓度。

③盖种肥　对于一些开沟播种的作物，用充分腐熟的有机肥料或草木灰盖在种子上面，叫作盖种肥，有保墒、供给养分和保温作用。

(三)其他施肥方式

除了上述常规的施肥方式外，随着农业生产水平的提高，出现了一些新的施肥方式，如灌溉施肥(fertigation)、免耕施肥(no-tillge fertilization)、机械化施肥与自动化施肥、飞机施肥(plane fertilization)和精准施肥(precision Fertilizer)等。

第四节 养分资源综合管理

一、养分及养分资源的概念和特征

(一)养分的概念

养分是动物、植物和微生物生长发育所必需的营养物质。根据植物营养学原理，植物为了完成生命周期，必须从环境中获取必需的营养元素，又简称植物养分。植物产品被动物和人食用后，这些养分伴随着植物产品进入动物和人体内发挥一定的生理作用，其中大部分已被证明是动物必需元素。同时，微生物在分解利用有机物的时候，也需要这些元素构成生命体和完成生活周期。因此，这些元素也可以称作是动物、植物和微生物的养分。

(二)养分资源的概念和特征

1. 养分资源的概念及来源

一般来说对人类生产和生活有用的所有物质和社会要素都可称作资源。养分作为人类食物的物质基础也是一种资源，而且是一种重要的资源。一般来说，人们把一定条件下的植物和动物生产过程看作一个系统，将土壤、肥料和环境所提供的各种矿质养分都作为养分资源。因此，作物养分资源包括土壤养分以及肥料和环境提供的所有养分。土壤是作物的养分资源库，作物所需要的各种矿质养分都能或多或少地从土壤中得到；以各种方式进入土壤的养分，也会成为土壤养分的一部分。肥料是人工给作物补充养分的物质，包括来源于生物体的农家肥料和用天然的矿物、盐类或空气中的物质制成的化学肥料。环境中一些能通过尘埃、降水、灌溉水、生物固氮等形式进入土壤的养分都是养分资源，在某些特定情况下，这部分养分的数量还是比较大的，不容忽视。

2. 养分资源的特征

养分是一种重要的资源，它具有资源的所有特征。养分来自自然界的土壤、大气、矿产等，具有自然资源的属性，同时，它也来自人工生产的化肥产品，具有社会资源的属性。养分资源除了具备自然资源和社会资源的共同特征外，还具有其特有的特征，主要有以下几个方面的特征。

(1)养分资源作用的双重性 养分资源对于人类具有正负两方面的作用。一方面，养分不仅是植物的生命元素，而且也是人类、动物和微生物的必需营养物质，具有自然资源的多重性；另一方面，它又是潜在的环境污染因子，如氮和磷超过环境承载容量时会导致污染，引起水体富营养化，N_2O、NH_3 等释放到大气中，成为大气污染的重要因素，当土壤中锌、铜等重金属元素含量过高时，也将带来重金属污染问题，这些会给人类生活带来不利影响。因此，养分虽然是生命元素，本身不是污染物质，养分若利用得好是有益的，若利用不好则会带来危害，当它以不适当的数量和形态出现在某个地方，就会带来环境问题。

(2)养分资源的多样性和变异性　养分资源具有多样性。养分资源是一类资源的总称，包括氮、磷等多种养分资源；同时，每种养分根据来源区分，既有土壤养分、化肥养分和有机肥养分，也有从环境中来的养分等，而且每种养分资源还以多种形态在矿产、化肥、土壤、畜牧、家庭及环境等多个单元中存在。因此，养分资源具有多样性的特征。

养分资源同时具有时空变异性的特征。养分资源在时间和空间上均表现出较大的变异性，主要反映在养分形态、转化速率和数量等指标的差异上。如不同区域养分资源的数量存在很大差别，而不同地块之间和垂直剖面上养分资源的数量也存在明显空间变异。

(3)养分资源的相对有限性　养分资源数量相对有限。如制造肥料的天然矿物储量有限，又是不可再生的资源，随着人们对矿产资源的开发利用，资源不断地被耗竭，而通过地球化学循环返还的比例却很低，会逐渐表现出稀缺性。在植物生产中，土壤养分资源不断被利用，如果不补充，也会逐渐被耗竭，导致土壤养分供应不足。化肥养分虽然能补充土壤养分的耗竭，但又会带来矿产养分资源的耗竭。可见，养分资源的有限性是十分明显的。

(4)养分资源的流动和循环性　养分作为基本化学元素，很少以元素形态进行流动，主要通过化肥、饲料、食品等物质，不但在农田生态系统内部流动、转化和循环，而且还在区域的单元内和单元间进行转化、循环和流动。养分资源的流动包含三种模式。

①纵向流动　纵向流动是指养分围绕食物生产与消费沿“矿产资源—化肥生产—种植业—畜牧业—家庭—环境”的纵向流动，其间也伴随着与大气水体环境的养分交换，人类食物需求是纵向流动的主要驱动力。

②横向流动　横向流动是指养分在区域间的横向流动，这种流动有些是人为的，有些则是自然作用的结果。如化肥产品和食品的跨区域消费就属于人类社会经济活动带来的区域流动；而大气 N_2O 的跨国迁移等则属于自然流动。

③循环流动　循环流动是指养分在多个单元间的循环流动，其典型的例子就是养分在生物圈中的生物小循环及生物地球化学大循环，生态系统各种养分均沿着一些独特的路径进行着循环流动。这些循环将各种养分引入有机体，继而又从有机体释放到环境。生物生生死死，养分循环不已，构成了大自然不断发展的基础，也构成了生态系统长期生存、繁衍和进化的基础。在农业生态系统中，这种循环受到人类的强烈干预，许多农业措施都能调节或影响养分循环的数量和方向，这奠定了养分资源的循环性。

养分的三种流动模式不是独立存在的，在一个系统内往往是同时存在的。

(5)养分资源的社会性　养分资源在各个单元的存量和流量与人类活动(农业、社会、经济等)关系密切。近年来，我国经济快速发展，人民生活水平日益提高，生活方式不断改变，从而加剧了养分流动。据测算，与 1952 年相比，2000 年我国人口增加了 1 倍，而通过食物生产和消费向环境释放的氮量却增加了 8 倍。可见，养分资源的状况不但受人类社会活动的影响，而且也强烈地影响着人类生活。

在养分资源的这些特征中，养分伴随养分物质的流动是区域养分资源的核心特征，其他特征均与养分流失有关。人类活动总在自觉或不自觉地影响着养分流动，养分流动的结果也反馈影响人类生存质量。由此可见，养分在各个单元中的分配和在单元间的流量及其存量决定了整个社会发展系统的可持续性。

二、养分资源综合管理内涵

由于养分资源具有多种特征，特别是随着各种物质进行纵向、横向和循环流动特征，还由于养分的流量和存量决定了养分作用的发挥和整个社会发展的可持续性，因此，如何通过优化管理发挥养分资源有利作用并控制其不利作用，就成为实现社会可持续发展的必要条件。养分资源的管理涉及面广，很难依靠某项单一技术而往往需要多种技术的综合才能解决问题，因此，养分资源必须进行综合管理。

(一)养分资源综合管理概念形成

对养分资源进行综合管理是从农业生态系统论的观点出发，协调农业生态系统中养分投入与产出平衡、调节养分循环与利用强度，实现养分资源高效利用，使生产、生态、环境和经济效益协调发展。养分资源综合管理(IPNM 或 INM)是由联合国粮农组织(FAO)、国际水稻所(IRRI)和一些西方国家于 20 世纪 90 年代提出的，它的目标是综合利用各种植物养分，使产量的维持或增长建立在养分资源高效利用与环境友好的基础上。张福锁等综合各种观点和近年来研究结果提出了养分资源综合管理的概念，即养分资源综合管理是在农业生态系统中综合利用所有自然和化工合成的植物养分资源，通过合理使用有机肥和化肥等有关技术的综合运用，挖掘土壤和环境养分资源的潜力、协调系统养分投入与产出平衡、调节养分循环与利用强度，实现养分资源的高效利用，使经济效益、生态效益和社会效益相互协调的理论与技术体系。养分资源综合管理的基本含义包括：

(1)以可持续发展理论为指导，在充分挖掘自然养分资源潜力的基础上，高效利用人为补充的有机和无机养分。

(2)重视养分作用的双重性，兴利除弊，把养分投入限制在生态环境可承受的范围内，避免养分盲目过量的投入。

(3)以协调养分投入与产出平衡、调节养分循环与利用强度为基本内容；以有机肥和无机肥的合理投入、土壤培肥与土壤保护、生物固氮、植物改良和农艺措施等技术的综合运用为基本手段。

(4)它是一种理论，也是一种综合技术，更是一种理念；合理施肥仍然是其重要手段。

(5)以地块、农场(户)区域和全国等不同层次的生产系统为对象，以生产单元中养分资源种类、数量以及养分平衡与循环参数等背景资料的测试和估算结果为依据，制订并实施详细的管理计划。

(二)养分资源综合管理概念

养分资源的特征决定了养分资源的管理具有不同的层次范围，为了简化概念，可以简单地把它们分为农田和区域两个尺度。

1. 农田养分资源综合管理的概念

农田养分资源综合管理就是从农田生态系统的观点出发，利用所有自然和人工的植物养分资源，通过有机肥与化肥的投入、土壤培肥与土壤保护、生物固氮、植物品种改良和农艺措施改进等有关技术和措施的综合运用，协调农业生态系统中养分的投入产出平衡、调节养分循环与利用强度，实现养分资源高效利用，使生产、生态、环境和经济效益协调起来。更具体讲，农田养分资源综合管理就是以满足高产和优质农作物生产的养分需求为目标，在定量化土壤和环境有效养分供应的基础上，以施肥(化肥和有机肥)为主要的调控手段，通过施肥数量、时间、方法和肥料形态等技术的应用，实现作物养分需求与来自土壤、环境和肥料的养分资源供应在空间上的一致和在时间上的同步，同时通过综合的生产管理措施(如灌水、保护性耕作、高产栽培品种改良和生物固氮等)提高养分资源利用效率，实现作物高产与环境保护的协调。

2. 区域养分资源综合管理的概念

区域养分资源综合管理作为一种宏观管理行为，就是针对各区域养分资源特征，以总体效益(生产、生态、环境和经济)最大为原则，制定并实施目标区域总体的养分资源高效利用管理策略。更具体讲，区域养分资源综合管理是从一个特定区域的食物生产与消费系统出发，把养分看作资源，以养分资源的流动规律为基础，通过多种措施(如政策、经济、技术等)的综合，优化生物链及其与环境系统的养分传递，调控养分输入输出，协调养分与社会、经济、农业、资源和环境的关系，实现生产力逐步提高和环境友好的目标。

(三)养分资源综合管理的理论基础

1. 农田养分资源综合管理的理论基础

农田养分资源综合管理站在农田生态系统角度，强调多种养分资源的综合管理和多种技术的综合应用。农田尺度养分资源综合管理的主要理论基础是：

(1)根据不同养分资源的特征确定不同的管理策略　氮素与磷钾养分的资源特征显著不同，氮磷钾养分管理应采取不同的策略。由于氮素资源具有来源的多源性、转化的复杂性、去向的多向性及其环境危害性、作物产量和品质对氮素反应的敏感性等特征，因此，氮素资源的管理应是养分资源综合管理的核心，氮素的管理必须进行实时、实地精确监控。相对来说，磷钾可以进行实地恒量监控，中微量元素的管理做到因缺补缺。

(2)根据不同作物的氮素需求规律确定不同的管理策略　在氮素资源的综合管理中，既满足作物的氮素需求又避免造成氮素的损失，因此，应充分考虑不同作物生长发育规律、品质形成规律和氮素需求规律的不同，通过综合管理，实现作物氮素需求与氮素资源供应的同步。

(3)强调与高产优质栽培技术的结合　高产优质不仅是国家需求和农民的需求，同时也是提高养分资源利用效率的科学需求，因此养分资源管理策略与高产优质栽培技术有机结合必须建立在高产优质栽培技术基础上，管理策略既符合高产要求，也符合养分高效利用的要求。

2. 区域养分资源综合管理的理论基础

养分在各个单元的分配和在单元间的流量决定了整个系统的可持续性，而区域养分管理的对象就是各种养分的流动和存量。能够改变各个单元内和单元间养分分配和流动去向的措施都可以作为区域养分资源综合管理技术。

(1)养分适量流存原理　养分是生命元素，又是重要的环境污染因子，具有“利”“害”两方面的双重作用；而养分在农田、畜牧、家庭和环境等单元中的存量和流动决定了其“利”“害”作用的倾向。为此，保持养分在各个单元的分配和单元间的适量流动和存量是实现整个系统可持续性的基础，也是区域养分资源综合管理的基本原理之一。

(2)养分塔形传递原理　养分在纵向流动中，其流量沿从农田—畜牧—家庭的流向逐级减少，呈塔形分布；养分在各单元中的利用效率决定了向其环境排放的数量。因此，调节各塔层间的关系可以改变养分利用效率，调节养分的塔形传递模式就成为区域养分资源综合管理的基本原理之一。

(3)养分物质管理原理　养分借助化肥、有机肥、食物等物质进行横向、纵向和循环流动，而这些物质的性质直接影响养分流动的状况和效应，也决定着养分“利”“害”作用的倾向。因此，区域养分资源的管理就是这些物质的管理，人们通过管理这些物质自觉或不自觉地管理着养分。可见，养分物质的优化管理就是区域养分资源综合管理的基本原理之一。

(4)养分循环利用原理　在动植物生产和家庭消费过程中，会产生许多没有被利用的废物，其中含有大量养分，它们可以自动或人为地回到农田被重新循环利用，这是养分循环流动的重要特征。如何利用养分这一特征，加强废弃养分资源的循环利用也是区域养分资源综合管理的基本原理之一。

(5)养分时空变异原理　养分资源具有时空变异的特征，在不同空间和时间尺度表现不同的特征，因此，区域养分资源综合管理就要充分考虑养分资源的这种特征，制定相应的管理策略。

(四)养分资源综合管理的技术途径

1. 农田养分资源综合管理的技术途径

农田养分资源综合管理的技术体系是，在高产优质栽培技术的基础上，对氮素进行实时监控，达到氮素资源供应与作物氮素需求的同步，对磷钾和中微量元素进行实地监控，在满足高产优质作物的养分需求的基础上，将土壤有效磷、钾保持在适宜的范围。上述三项技术综合，构成农田尺度养分资源综合管理的技术体系。

2. 区域养分资源综合管理的技术途径

区域养分资源综合管理作为一种宏观管理，其技术策略不同于农田养分资源综合管理。在农田层次上，管理决策者和技术实施者主要是农民，因此，管理措施偏重技术层面。在区域层次上，政府是主要的决策者，社会公众利益成为决策的主要驱动力；管理技术的实施者是基本管理单元的操作者如农民、农场管理者等；管理措施也不仅仅是技术层面，而更重要的是利用了经济、政策和法规等工具。概括地讲，区域养分资源综合管理的策略和方法包括政策法规、经济杠杆、公益性技术推广和企业技术指导等多方面；制定优化方案和管理策略需要了解区域养分资源数量、特征及利用现状等基础数据，同时确定合适的控制指标；管理目标就是通过养分资源品种、结构、比例和数量等方面的优化配置，实现整体效益(生产、生态、环境和经济效益)最大化。

思　考　题

1. 确定植物必需营养元素的标准是什么？
2. 植物体内养分的再利用对其生长和农业生产有何意义？

3. 养分归还学说、最小养分律、米氏学说和因子综合作用对指导施肥有何意义？生产上如何运用？

4. 养分平衡施肥法中养分平衡的含义是什么？应用此方法确定施肥量时各个参数是如何确定的？

5. 肥料养分利用率的概念是什么？

6. 简述农田养分资源综合管理与区域养分资源综合管理的内涵及其技术途径。

主要参考文献

[1]廖红，严小龙．高级植物营养学[M]．北京：科学出版社，2003.

[2]胡霭堂．植物营养学(下册)[M].2版．北京：中国农业大学出版社，2003.

[3]陆欣．土壤肥料学[M]．北京：中国农业大学出版社，2002.

[4]沈其荣．土壤肥料学通论[M]．北京：高等教育出版社，2001.

[5]吴礼树．土壤肥料学[M]．北京：中国农业出版社，2004.

[6]陆景陵．植物营养学(上册)[M].2版．北京：中国农业大学出版社，2003.

[7]王荫槐．土壤肥料学[M]．北京：中国农业出版社，1992.

[8]卢树昌．土壤肥料学[M]．北京：中国农业出版社，2011.

[9]谭金芳．作物施肥原理与技术[M]．北京：中国农业大学出版社，2011.

[10]陈伦寿，李仁岗．农田施肥原理与实践[M]．北京：农业出版社，1984.

[11]陈新平，张福锁．小麦-玉米轮作体系养分资源综合管理理论与实践[M]．北京：中国农业大学出版社，2006.

[12]张福锁，马文奇，陈新平，等．养分资源综合管理理论与技术概论[M]．北京：中国农业大学出版社，2006.

[13]张福锁．养分资源综合管理[M]．北京：中国农业大学出版社，2003.

第七章　植物氮磷钾营养及其肥料

摘　要　氮磷钾是植物生长发育所必需的营养元素，因植物需求量大而土壤供应不足，需要施肥来补充，因此统称为肥料三要素。本章主要介绍植物体内氮磷钾的含量与分布，氮磷钾的营养功能及植物缺素症状与供应过多的危害，氮磷钾肥料的种类和性质以及在农业生产中如何进行施用管理。通过本章的学习，重点掌握植物体内氮磷钾的含量与分布，氮磷钾的营养功能及植物缺素症状与供应过多的危害，氮磷钾肥主要的种类、性质和施用技术以及农业生产中氮磷钾肥的施用管理中需要考虑的因素。

第一节　植物的氮素营养与氮肥

氮不仅是植物生长发育所必需的营养元素，而且是肥料三要素之一。许多植物需氮量都很大，氮对植物生长发育和产量形成起着极其重要的作用。农业生产实践证明，施用氮肥对提高作物产量和改善品质均有明显的作用，同时氮肥施用不当容易引起环境污染，因此氮肥施用与管理越来越受到人们的重视。

一、植物体内氮的含量和分布

一般植物体内含氮量约占植物体干重的0.3%~5%，而含氮量的多少因植物种类、器官、发育阶段和施氮水平有关。

(1)植物种类　植物种类不同含氮量不相同，如豆科植物含氮量往往远高于禾本科植物，玉米含氮量常高于小麦，而小麦又高于水稻，同类植物不同品种的含氮量也有明显差异。

(2)器官　植物幼嫩器官和种子中含氮量较高，而茎秆尤其是衰老的茎秆含氮量较低。

(3)发育阶段　同一植物不同生育时期含氮量也不相同，如水稻，分蘖期含氮量明显高于苗期，通常分蘖盛期含氮量达最高峰，其后随生育期推移而逐渐下降。

(4)施氮水平和施氮时期　植物含氮量与分布还明显受施氮水平和施氮时期的影响，在一定的施氮水平下，随着施氮量的增加，植物各器官中氮的含量均有明显提高。通常是营养器官的含量变化大，生殖器官则变动较小；但生长后期施用氮肥，则表现为生殖器官中含氮量明显上升。

氮在植物体内具有较大的移动性，其在植物体内的分布情况，随植物不同生育期及体内的碳、氮代谢而有规律地变化。在植物生育期中，约有70%的氮可以从较老的叶片转移到正在生长的幼嫩器官中被利用；到成熟期，叶片和其他营养器官中的蛋白质等含氮有机物可水解为氨基酸、酰胺并转移到贮藏器官，如种子、果实、块根、块茎等，重新形成蛋白质。

二、氮的营养功能

氮是作物体内许多重要有机化合物的组分，例如蛋白质、核酸、叶绿素、酶、维生素、生物碱和一些激素等都含有氮素，氮素也是遗传物质的基础。在所有生物体内，蛋白质最为重要，它常处于代谢活动的中心地位。

(1)氮是蛋白质的重要组分　蛋白质是构成原生质的基础物质，蛋白态氮通常可占植株全氮的80%~85%，蛋白质中平均含氮16%~18%。氮素是一切有机体不可缺少的元素，所以它被称为生命元素。

(2)氮是核酸和核蛋白的成分　核酸也是植物生长发育和生命活动的基础物质，核酸中含氮15%~16%，核酸在细胞内通常与蛋白质结合，以核蛋白的形式存在。核酸态氮约占植株全氮的10%左右。

(3)氮是叶绿素的组分元素　绿色植物有赖于叶绿素进行光合作用，而叶绿素a和叶绿素b中都含有氮素。据测定，叶绿体约占叶片干重的20%~30%，而叶绿体中约含蛋白质45%~60%。叶绿素是植物进行光合作用的场所，当植物缺氮时，体内叶绿素含量下降，叶片黄化，光合作用强度减弱，光合产物减少，从而作物产量明显降低。

(4)氮是许多酶的组分　酶本身就是蛋白质，是体内生化作用和代谢过程中的生物催化剂。植物体内许多生物化学反应的方向和速度都是由酶系统控制的。氮素常通过酶间接影响着植物的生长和发育。所以，氮素供应状况关系到作物体内各种物质及能量的转化过程。

(5)氮是维生素、生物碱和植物激素的组分　氮素还是一些维生素(如维生素B_1、B_2、B_6、PP等)、生物碱(如烟碱、茶碱、胆碱等)和植物激素(如细胞分裂素、赤霉素等)的组分。这些含氮化合物在植物体内含量虽不多，但对于调节某些生理过程却很重要。

总之，氮对植物生命活动以及作物产量和品质均有极其重要的作用。合理施用氮肥是获得作物高产的有效措施。

三、氮的吸收与同化

植物吸收利用的氮素主要是铵态氮和硝态氮。低浓度的亚硝酸盐(浓度较高时有害，但土壤中亚硝酸盐数量一般很少)、某些可溶性的有机含氮化合物，如氨基酸、酰胺和尿素，也能被植物所吸收，只是吸收量有限。在旱地农田中，硝态氮是作物的主要氮源。由于土壤中的铵态氮经硝化作用可转变为硝态氮，所以作物吸收的硝态氮常多于铵态氮。铵态氮、硝态氮进入作物体内后，通过参与一些低分子有机氮化合物，如氨基酸、酰胺、胺类化合物的结构，最终进入高分子有机氮化合物，如蛋白质、核酸等组分中。

(一)铵态氮(NH_4^+—N)的吸收(adsorption)与同化(assimilation)

1. 铵态氮(NH_4^+—N)的吸收

铵态氮(NH_4^+—N)在质膜上首先发生脱质子化作用，成为NH_3以后才在质膜上运转，而后才能进入细胞内。NH_4^+的吸收与H^+的释放存在着相当一致的等当量关系(表7-1)。

表 7-1　水稻幼苗对 NH_4^+ 的吸收与 H^+ 释放的关系

NH_4^+ 的吸收	H^+ 的释放	NH_4^+ 的吸收	H^+ 的释放
158	149	174	166
184	183	143	145

（Mengel & Viro，1978）

植物吸收 NH_4^+—N 时，根际土壤明显酸化，就是因为吸收 NH_3 时 NH_4^+ 脱质子化作用的结果(图 7-1)。

2. 铵态氮(NH_4^+—N)的同化

植物吸收 NH_4^+—N 受植物体内碳水化合物含量水平的影响，碳水化合物含量高时，能促进 NH_4^+ 的吸收，因碳架和能量充足，有利于 NH_4^+ 的同化。

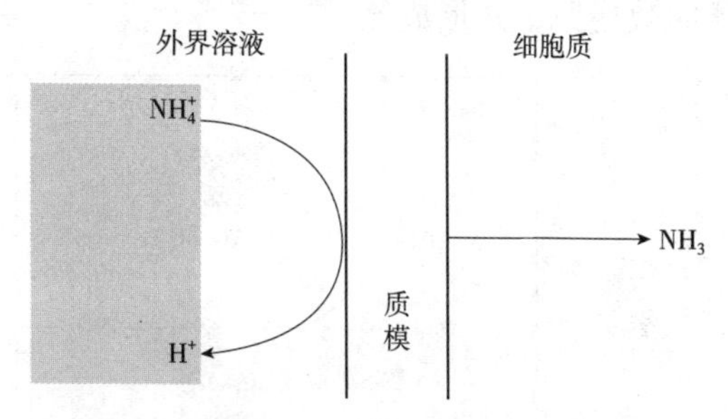

图 7-1　质膜上 NH_4^+ 脱质子作用的示意图

铵离子的同化过程主要是在根部进行。铵态氮被植物吸收后，NH_4^+—N 在根细胞中很快同化为氨基酸，然后再向地上部运输。很少以 NH_4^+ 的方式直接送往地上部。氨基酸可进一步合成蛋白质。NH_3 对植物细胞有毒害作用，因此合成有机含氮化合物是解毒的主要措施。

当铵态氮供应充足时，作物吸收铵较多，进入体内的铵与谷氨酸和天门冬氨酸合成酰胺，作物体内酰胺的形成具有重要意义。酰胺是植物体内氮素贮存形态，酰胺的合成不仅为植物贮存了氮素，而且能消除因氨浓度过高而产生的毒害作用。酰胺是一些植物木质部运输氮素的主要形式，因此，酰胺的形成有促进氮素在体内运转的作用。应该指出的是，不是所有的氨基酸都能形成酰胺，只有谷氨酸和天门冬氨酸能形成酰胺。植物体内酰胺数量的多少能反映出作物氮素营养的状况。

(二)硝态氮(NO_3^-—N)的吸收和同化

1. 硝态氮(NO_3^-—N)的吸收

植物吸收 NO_3^-—N 是主动吸收过程，所以它是逆电化学势梯度被吸收的。植物吸收 NO_3^-—N 的最初速率较低，因为硝酸还原酶是诱导酶，它的生成有一诱导过程。影响 NO_3^-—N 吸收的因素很多，光照、低温、介质的 pH 值、呼吸抑制剂、厌氧过程以及氧化磷酸化过程的解联等都会抑制植物对 NO_3^-—N 的吸收。

NO_3^-—N 进入植物体以后，其中的一部分 NO_3^-—N 可进入根细胞的液泡中贮存起来暂时不被同化，而大部分既可以在根系中同化为氨基酸、蛋白质，也可以 NO_3^-—N 的形式直接通过木质部运往地上部。根中合成的氨基酸也可向地上部运输，在叶片中再合成蛋白质。在叶片中，NO_3^-—N 同样可以进入液泡暂时贮存起来，或进一步同化为各种有机态氮。叶片中合成的氨基酸也可以通过韧皮部向根系输送。通常液泡是养分的贮存库，而硝酸盐在液泡中积累对阴阳离子平衡和渗透调节作用具有重要意义。

由于在硝酸盐中的氮素属于高度氧化的形式，而植物体内的氨基酸和其他含氮有机化合物中的氮素则是高度还原的形式(通常为—NH_2)，所以硝态氮素不能与酮酸直接结合形成氨基酸，它在氨基酸和其他含氮有机化合物的合成过程中，必须首先进行还原作用。

2. 硝态氮(NO_3^-—N)的同化

硝酸盐还原成氨是由两种独立的酶分步进行催化的。硝酸还原酶可使硝酸盐还原成亚硝酸盐，而亚硝酸还原酶则可使亚硝酸盐还原成氨。还原的第一步：NO_3^-—N 的还原作用是在细胞质中进行的，形成的 HNO_2 以分子态透过质膜。第二步：HNO_2 在叶绿体或前质体内被还原，并形成氨(图 7-2)。

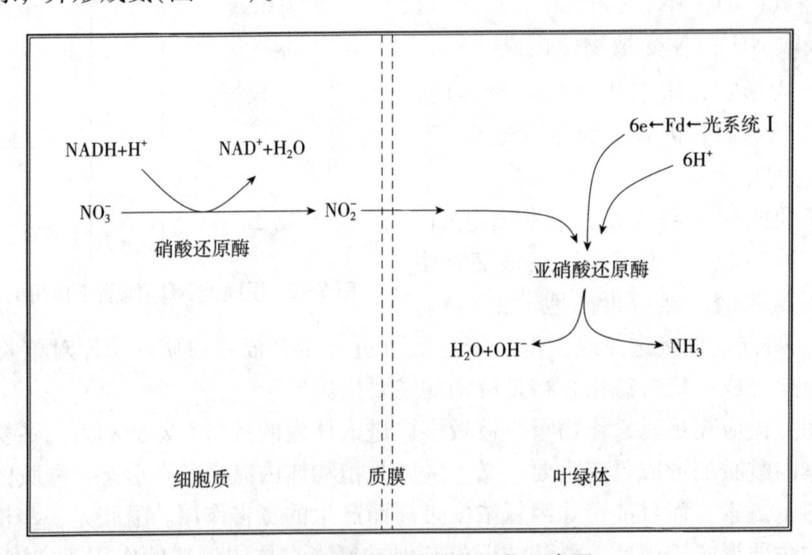

图 7-2 叶细胞中硝酸盐同化示意图

由于这两种酶的连续作用，所以植物体内没有明显的亚硝酸盐积累。这两个反应也可以归纳为以下简式：

$$NO_3^-+8H^+8e^- \longrightarrow NH_3+2H_2O+OH^-$$

该反应所需的能量分别由日光、还原态铁氧还蛋白及植物体内的碳水化合物提供。产物除 NH_3 外，还有 H_2O 和 OH^-。所产生的 OH^- 一部分用于代谢，一部分排出体外，以保持细胞内 pH 值基本不变。由于根系排出 OH^-，可使根际土壤变碱，这就是施用硝态氮肥会使土壤 pH 值升高的原因。

大多数植物的根和地上部都能进行 NO_3^-—N 的还原作用，但各部位还原的比例则取决于硝酸盐供应水平、植物种类、温度、植物的苗龄、陪伴离子、光照等因素。

(三) $CO(NH_2)_2$—N 的吸收和同化

尿素分子能被植物的根和叶部所吸收，目前关于尿素被同化的途径有两种见解：一种见解认为尿素在植物体内可由脲酶水解产生氨和二氧化碳。水解产生的氨即进入合成氨基酸的氮素代谢中。另一种见解认为尿素是直接被吸收和同化的。他们认为尿素可与磷酸作用直接转化为氨甲酰磷酸，而后再与鸟氨酸结合形成瓜氨酸，瓜氨酸又再经间接转化形成精氨酸。尿素通过这一途径可进入鸟氨酸代谢。鸟氨酸是一种非蛋白态的氨基酸，但它在植物体中似乎普遍存在。其反应简单表示如下：

尿素+磷酸 ⟶ 氨甲酰磷酸

氨甲酰磷酸+鸟氨酸 ⟶ 瓜氨酸

瓜氨酸 $\xrightarrow{\text{一系列转化}}$ 精氨酸

尿素同化的特点是：对植物呼吸作用的依赖程度不大，而主要受尿素浓度的影响。植物吸收尿素的速率比吸收 NO_3^-—N 低，但是尿素浓度过高时，能透入蛋白质分子的结构中，破坏蛋白质结构中的—H 键，使蛋白质变性。

(四) NO_3^-—N 和 NH_4^+—N 营养作用的比较

NO_3^-—N 和 NH_4^+—N 都是植物良好的氮源。NO_3^-—N 是阴离子，为氧化态的氮源，NH_4^+—N 是阳离子，为还原态的氮源。它们所带电荷不同，因此在营养上必然具有不同的特点。其肥效高低和各种影响吸收和利用的因素有关。一般而言，旱地植物具有喜硝性，而水生植物或强酸性土壤上生长的植物则表现为喜铵性。这是作物适应土壤环境的结果。植物的喜铵性与喜硝性是相对的，许多植物(小麦、烟草、水稻)在 NO_3^- 与 NH_4^+ 配合供应的情况下生长及品质可得到明显的改善。

四、植物缺氮症状与供氮过多的危害

(一) 作物缺氮的外部特征

氮在作物生长发育过程中是一个最活跃的元素，在体内的移动性大且再利用率高，并在体内随着作物生长中心的更替而转移。因此，作物对氮素营养的丰欠状况极为敏感，氮的营养失调对作物的生长发育、产量与品质有着深刻的影响。

作物缺氮的显著特征是植株下部叶片首先褪绿黄化，然后逐渐向上部叶片扩展。作物叶片出现淡绿色或黄色时，即表示有可能缺氮。作物缺氮时，由于蛋白质合成受阻，导致蛋白质和酶的数量下降；又因叶绿体结构遭破坏，叶绿素合成减少而使叶片黄化。这些变化致使植株生长过程延缓。

(1) 苗期　由于细胞分裂减慢，苗期植株生长受阻而显得矮小、瘦弱，叶片薄而小。禾本科作物表现为分蘖少，茎秆细长；双子叶作物则表现为分枝少。

(2) 后期　若继续缺氮，禾本科作物则表现为穗短小，穗粒数少，籽粒不饱满，并易出现早衰而导致产量下降。

作物缺氮不仅影响产量，而且使产品品质也明显下降。供氮不足致使作物产品中的蛋白质含量、维生素和必需氨基酸的含量均相应减少。

(二) 氮素供应过多的危害

在植物生长期间，供应充足而适量的氮素能促进植株生长发育，并获得高产。但是，如果氮素供应过多，往往导致作物氮素的奢侈吸收，对作物产生很多危害。

(1) 使作物贪青晚熟　如果作物整个生长季中供应过多的氮素，则经常使作物贪青晚熟。在某些生长期短的地区，作物常因氮素过多造成生长期延长，而遭受早霜的严重危害。

(2)使作物易受机械损伤和病害侵袭　大量供应氮素常使细胞增长过大，细胞壁薄，细胞多汁，植株柔软，易受机械损伤和病害侵袭。

(3)影响作物的产品品质　过多的氮素供应还要消耗大量碳水化合物，这些都会影响作物的产品品质。对叶菜类蔬菜来说，通常希望它组织柔软、新鲜脆嫩，施用适量氮肥常能达到这一的目的。但对于大白菜和某些水果来说，过量施氮则会降低其贮存和运输的品质。

(4)诱发各种真菌类的病害　过量氮素供应能诱发各种真菌类的病害，这种危害在磷、钾肥用量低时则更为严重。

(5)作物容易倒伏而导致减产　氮素供应过多还会使谷类作物叶片肥大，相互遮荫，碳水化合物消耗过多，茎秆柔弱，容易倒伏而导致减产。棉花常因氮素过多而生长不正常，表现为株型高大，徒长，蕾铃稀少而易脱落，霜后花比例增加。甜菜块根的产糖率也会因含氮量过高而下降。

五、常用化学氮肥的种类、性质和施用

氮肥是农业生产中需要量最大的化肥品种，它对提高作物产量，改善农产品的品质有重要作用。了解氮肥的种类、性质及施入土壤后的变化，从而采用合理的施用技术，对减少氮素损失及减轻氮肥对环境的危害，不断提高氮肥利用率，有着重要的现实意义。

氮肥工业一般以空气中的氮气(N_2)和燃料(煤、石油、天然气)中的氢气(H_2)为原料，在高温、高压和催化条件下合成氨，再经多种氨加工流程，生产各种商品氮肥。合成氨的基本反应如下：

$$N_2+3H_2 \xrightleftharpoons[\text{催化剂}]{\text{高温、高压、}} 2NH_3$$

合成的氨可直接作氮肥施用，也是加工其他氮肥的基本原料。氨在常温常压下是气体。

对化学氮肥来说，有不同的分类方法。最常用的是按含氮基团进行分类。据此，可以将化学氮肥分为铵(氨)态氮肥、硝态(硝铵态)氮肥、酰胺态氮肥、长效氮肥四类。通过各种物理和化学方法可将肥料加工成缓释的长效肥料，由于其性质有别于一般化学肥料，故也将之作为一类肥料加以介绍。

(一)铵(氨)态氮肥

凡是氮肥中的氮素以 NH_4^+ 或 NH_3 形态存在的均属铵(氨)态氮肥。根据肥料中铵(氨)的稳定程度不同，又可分为挥发性氮肥与稳定性氮肥。前者有液氨、氨水和碳酸氢铵，后者有硫酸铵和氯化铵。它们的共同点是：①易溶于水，是速效养分，作物能直接吸收利用，肥效快速；②铵态氮肥中的铵离子解离后能与土壤胶体上的交换态阳离子交换而被吸附在胶粒上，在土壤中移动性不大，不易淋失；③在碱性条件下和石灰性土壤上会引起 NH_3 的挥发损失，尤其是液态氮肥和不稳定的固态氮肥本身就易挥发，与碱性物质接触后挥发损失加剧；④在通气条件良好的土壤中，铵(氨)态氮肥可进行硝化作用，转化为硝态氮，使化肥氮易遭流失和反硝化损失。下面分别介绍几种常见氨态氮肥的性质和施用。

1. 碳酸氢铵(ammonium bicarbonate)

碳酸氢铵，简称碳铵，分子式为NH_4HCO_3。自1958年我国第一套小型生产装置试产以来，已生产了半个多世纪，一直是我国主要的氮肥品种。到1995年，年产量达899.7×10^4 t，占氮肥总产量的48.4%，居各氮肥品种之首。

(1)含量和性质　碳铵含氮(N)17%左右，为白色化合物，呈粒状、板状、粉状或柱状细结晶，易溶于水，是速效性肥料。碳铵是酸式碳酸盐，化学性质极不稳定，即使在常温(20℃)条件下，也很易分解为氨、二氧化碳和水。其反应式为：

$$NH_4HCO_3 \longrightarrow H_2O+NH_3\uparrow+CO_2\uparrow$$

碳铵分解的过程是一个损失氮素和加速潮解的过程，是造成贮藏期间碳铵结块的基本原因。影响碳铵分解的因素主要是温度和肥料本身的含水量。

(2)在土壤中的转化　碳铵施入土壤后很快电离成铵离子(NH_4^+)和重碳酸根离子(HCO_3^-)。NH_4^+可供作物吸收利用，也能被土壤胶体吸附，HCO_3^-可作为植物的碳素营养，不残留任何副成分，长期施用不会给土壤带来任何影响。因此，碳铵只要施用得当，施用后的挥发并不比其他氮肥明显的高。有些条件下，如在石灰性土壤上，深施后还可能比其他氮肥具有更好的作用效果。

(3)合理施用　碳铵适宜施用于各种作物和土壤，可作基肥、追肥，但不能做种肥，因碳铵本身分解产生氨，影响种子的呼吸和发芽。深施覆土是碳铵合理施用的基本原则，深度一般为基肥10~15 cm，追肥7~10 cm为宜，以防止氨的挥发。深施的方法包括作基肥铺底深施、全层深施、分层深施，也可作追肥沟施和穴施。其中，结合耕耙作业将碳铵作基肥深施，较方便而省工，肥效较高而稳定，推广应用面积最大。

2. 硫酸铵(ammonium sulfate)

硫酸铵，简称硫铵，分子式为$(NH_4)_2SO_4$。硫铵是我国使用和生产最早的固态氮肥品种。1906年，上海进口的第一批化肥就是硫铵。我国长期将硫铵作为标准氮肥品种，商业上所谓的“标氮”，即以硫铵的含氮量20%作为统计氮肥商品数量的单位。随着其他氮肥品种的出现，目前硫胺在世界氮肥总产量中的比例已明显缩小。

(1)含量和性质　硫酸铵为白色结晶，若产品中混有杂质时常呈微黄、青绿、棕红、灰色等，含氮量为20%~21%。硫酸铵肥料物理性状好，不吸湿，不结块，但若制造过程中加入过多硫酸或环境湿度大时会吸湿结块；易溶于水，肥效较快，肥料水溶液呈酸性反应。硫酸铵化学性质稳定，常温常压下不挥发、不分解。碱性条件下，发生氨的挥发损失，因此，硫铵不能与碱性物质混合储藏和施用。

硫酸铵肥料中除含有氮之外，还含硫25.6%左右，也是一种重要的硫肥。硫铵与普通过磷酸钙肥料一样，是补充土壤硫素营养的重要物质来源。

(2)在土壤中的转化　硫酸铵肥料施入土壤以后，很快地溶于土壤溶液并电离成铵离子(NH_4^+)和硫酸根离子(SO_4^{2-})。

由于作物对营养元素吸收的选择性，吸收铵离子的数量多于硫酸根离子的数量，在土壤中残留较多的硫酸根离子，与氢离子(来自土壤或根表面铵的交换或吸收)结合，使土壤变酸，因此，硫铵是生理酸性肥料。肥料中离子态养分经植物吸收利用后，其残留部分导致介质酸度提高的肥料称之为生理酸性肥料。

在酸性土壤中，施用硫铵后生成硫酸和硫酸盐，从而加剧了土壤的酸性；在石灰性或中性土壤上施用时，容易生成难溶性的硫酸钙，导致土壤板结，破坏土壤结构。

水田使用硫酸铵时，淹水造成厌氧还原条件，会使SO_4^{2-}还原，形成H_2S，大量的H_2S的存在易使水稻等水田作物发生黑根、烂根，从而影响其正常的生长，发生这种情况时应及时排水。当土壤中有较多的亚铁离子存在时，由于亚铁离子可与硫化氢形成硫化亚铁沉淀，作为硫化氢的解毒剂。此外长期使用硫铵，使土壤中钙离子置换出来，与硫酸根离子结合，导致土壤板结，破坏土壤结构。

(3)合理施用　除还原性很强的水田土壤外，硫酸铵适用于在各种土壤和各类作物上施用，尤其以喜硫作物施用效果更好。硫酸铵可作基肥、种肥、追肥，作种肥和追肥效果较好。作基肥时，无论旱地或水田宜结合耕作进行深施，以利保肥和作物吸收利用。作追肥时，旱地可在作物根系附近开沟条施或穴施，干、湿施均可，施后覆土。硫酸铵较宜于作种肥，作种肥时注意控制用量，且要干拌，随拌随播，以防止对种子萌发或幼苗生长产生不良影响。

3. 氯化铵(ammonium chloride)

氯化铵肥料主要成分的分子式为NH_4Cl，简称氯铵，由合成氨工业制成的氨与制碱工业相联系而制成。

(1)含量和性质　氯铵为白色结晶，含杂质时常呈黄色，含氮量为24%~25%，物理性状较好，吸湿性略大于硫铵，易溶于水，肥料水溶液呈酸性反应，湿度达78%时会吸湿结块，因此贮运时应注意防潮。氯铵化学性质稳定，不挥发，不分解，但遇碱性物质会引起氨的挥发损失。氯铵肥效迅速，与硫铵一样，也属于生理酸性肥料。

(2)在土壤中的转化　氯铵施入土壤后，遇水很快分解成铵离子(NH_4^+)和氯离子(Cl^-)，铵离子被土壤胶体吸附，氯离子则与被交换出来的阳离子生成水溶性化合物。在酸性土壤上，施入氯铵，氯离子与被交换下来的氢离子结合生成盐酸，使土壤溶液酸性加强。在中性或石灰性土壤上，施入氯铵，土壤胶体吸附的钙离子被铵离子交换出来，氯离子与钙离子形成氯化钙，长期大量施用可使土壤中交换性钙含量明显降低。此外，氯铵中的氯可抑制土壤中的硝化作用，从而可减少铵转化硝态氮而被淋失，所以水田施用氯铵的效果比硫铵好。

(3)合理施用　氯铵宜作基肥、追肥，不宜作种肥。作基肥时，应于播前7~10天施入土壤。氯铵施入土壤后对土壤的影响大于硫铵，氯铵不像硫铵那样在强还原性土壤上会还原生成有害物质，因而施用于水田的效果往往比硫铵更好、更安全。但由于氯离子比硫酸根离子具有更高的活性，能与土壤中两价、三价阳离子形成可溶性物质，增加土壤中盐基离子的淋洗或积聚，长期施用或造成土壤板结，或造成更强盐渍化。因此，在酸性土壤上施用应适当配施石灰，在盐渍土上应尽可能避免大量施用。氯铵不宜作种肥，以免影响种子发芽及幼苗生长。

此外，忌氯作物不要使用氯铵，如马铃薯、亚麻、烟草、甘薯、茶等作物为明显的“忌氯”作物，施用氯铵肥料能降低作物块根、块茎的淀粉含量，影响烟草的燃烧性与气味，降低亚麻、茶叶产品品质等。

4. 液氨(liquid ammonia)

液氨又称液体氨，分子式为NH_3，由合成氨工业制造的氨直接加压、冷却、分离而成的高浓度液体肥料。液氨在常温下呈气态，加压后才呈液态，所以液氨贮存、运输、施用均应置于耐压的容器中。

(1)含量和性质　液氨含氮量高达82.3%，是所有氮肥中含氮量最高的氮肥品种。液氨常温常压下呈气态，比重0.617，沸点-33.3 ℃，冰点-77.8 ℃，贮存时需要特殊的容器，施用时也需要特殊的装置，液氨气化时要吸收大量的热量，汽化后遇水生成氨水，所以是碱性肥料。

(2)在土壤中的转化　液氨施入土壤后很快转化为NH_4OH，铵离子被土壤胶体吸附或发生硝化作用，因此，短时间内土壤碱性增强，但长期施用不会给土壤带来危害。液氨施入土壤后，立即气化，气体在土壤中的穿透力很强，一部分液氨以NH_4^+的形式被土粒吸附，少部分以氢氧化铵存在于土壤溶液中。

(3)合理施用　液氨要深施，用肥料机具施用，施在耕作层的中下部，即15~20 cm。液氨不要与皮肤直接接触，以免造成严重的冻伤。液氨宜秋、冬季作基肥施用，用量一般为每次60~90 kg·hm^{-2}，如果土壤质地较轻或施肥量较大时，施肥深度要增加。

5. 氨水(ammonia water)

氨水的分子式为NH_4OH或$NH_3 \cdot H_2O$，是氨的水溶液。氨水一般由合成氨溶于水制成，是碱性肥料，常温下存放在露天，2天后氨损失量可达90%，为了减少损失，许多化肥厂在氨水中通入二氧化碳，制成碳化氨水。含氮12%~16%，作为副产品的氨水含氮量可能更低。

(1)含量和性质　氨水含氮15%~17%，呈液态。氨水为无色或微黄色透明液体，pH值为10左右，呈碱性反应，具有强烈腐蚀性。氨水的化学性质很不稳定，极易挥发，并有刺鼻的氨味，在贮运、施用过程中应保持密闭，尽量减少氨的挥发损失。

(2)在土壤中的转化　氨水施入土壤后，在中性和石灰性土壤上，可能会引起土壤pH值暂时增大，但经土壤胶体将NH_4^+交换吸附或被硝化细菌硝化后，碱度随即消失，因此对作物的影响不大；对于酸性土壤来说，施入氨水可中和土壤酸度。

(3)合理施用　氨水适合施用于各种作物和土壤，可作基肥、追肥，不宜作种肥。旱地和水浇地氨水作基肥必须深施后翻耕覆土，深度为20 cm左右，水田则在水稻插秧前深施翻耕入土。氨水作追肥时，应将氨水稀释50~150倍，在距植株10 cm处开沟7~10 cm深，于傍晚或清晨气温较低时把氨水施入土壤中，然后立即覆土。

(二)硝态氮肥

硝态氮肥为含有硝酸根离子(NO_3^-)的含氮化合物，包括硝酸铵、硝酸钙、硝酸钠等。其中硝酸铵兼有NO_3^-和NH_4^+，习惯上列于硝态氮肥。硝态氮肥的共同特点是：①易溶于水，溶解度大，属速效性氮肥；②NO_3^-不能被土壤胶体吸附，易随水移动而易淋失；③在土壤中嫌气条件下，NO_3^-易发生反硝化作用，生成N_2、NO、N_2O等多种气体，引起氮素气体损失；④吸湿性较大，易结块，物理性状较差；⑤受热易分解，放出氧气，使体积骤增，易燃易爆，在贮运过程中应采取安全措施。出于贮运与施用安全的考虑，以及硝态氮的水解及食物污染问题，有些国家明确控制硝态氮肥的施用范围与数量。

1. 硝酸铵(ammonium nitrate)

硝酸铵肥料简称为硝铵，其有效成分分子式为NH_4NO_3，硝铵是当前世界上的一个主要氮肥品种。

(1)含量和性质　硝铵含氮量为33%～35%，白色结晶，含杂质时呈淡黄色。硝铵吸湿性很强，易溶于水，100 mL水可溶解188 g硝铵，水溶液呈酸性反应，溶解时发生强烈的吸热反应，因此贮存和堆放不要超过3 m，以免受压结块。硝铵属热不稳定肥料，运输过程中振荡摩擦发热，易燃易爆，在贮运时应特别注意安全。

(2)在土壤中的转化　硝铵肥料施入土壤后，很快溶解于土壤溶液中，并电离为移动性较小的铵离子(NH_4^+)和移动性很大的硝酸根离子(NO_3^-)，NH_4^+ 和 NO_3^- 都能被作物较好地吸收利用，无副成分残留，对土壤不会产生不良影响，属于生理中性肥料。硝铵施入土壤后，NH_4^+ 可被土壤胶体吸附或直接被植物吸收利用，而 NO_3^- 易随水淋失或流失，因此一般不将硝铵作基肥和雨季追肥施用。

(3)合理施用　硝酸铵适用于各类土壤和各种作物，但不宜施于水田。硝酸铵作旱地追肥效果较好，不宜作种肥，因为其吸湿溶解后盐渍危害严重，影响种子发芽及幼苗生长。硝铵必要作种肥时，应尽量不使其与种子直接接触。硝铵施用时要少量多次，也要深施覆土，不宜与有机肥料混合堆腐，以防反硝化造成氮素损失。

2. *硝酸钠*(sodium nitrate)

硝酸钠的分子式为 $NaNO_3$，硝酸钠又名智石，因盛产于智利而闻名。

(1)含量和性质　硝酸钠含氮量为15%～16%，白色或浅色结晶，易溶于水，是速效肥料，吸湿性强，易潮解，比硝铵稳定。

(2)在土壤中的转化　硝酸钠施入土壤后，由于作物选择性吸收，会引起土壤的碱化，因此硝酸钠属生理碱性肥料。

(3)合理施用　因为硝酸钠含有 Na^+，所以不适合盐碱土上施用。硝酸钠适于旱地追肥，施用应少量多次，以减少淋失。硝酸钠适合烟草、棉花等经济作物，特别是对一些喜钠作物，如甜菜、菠菜等作物施用效果较好，但要注意土壤的次生盐渍化。

3. *硝酸钙*(calcium nitrate)

硝酸钙分子式为 $Ca(NO_3)_2$，常由碳酸钙与硝酸反应生成，也是某些工业流程(如冷冻法生产硝酸磷肥)的副产品。

(1)含量和性质　硝酸钙含氮量为13%～15%，白色细结晶。硝酸钙易溶于水，水溶液呈酸性，是速效肥料。硝酸钙吸湿性强，易潮解，易燃，贮运中应注意防潮、防火。

(2)在土壤中的转化　硝酸钙施入土壤后，在作物吸收过程中表现出较弱的碱性，但由于含有充足的钙离子并不致引起副作用，硝酸钙也是生理碱性肥料。

(3)合理施用　硝酸钙适于旱地追肥，适用于多种土壤和作物。硝酸钙施用于酸性土壤、盐碱土或缺钙的旱地土壤，对甜菜、大麦、燕麦、亚麻有良好的肥效。

(三)酰胺态氮肥(amide nitrogen fertilizer)

凡含有酰胺基(—$CONH_2$)或分解过程中产生酰胺基的氮肥，称为酰胺态氮肥。酰胺态氮肥主要包括尿素(urea)和石灰氮肥料，其中石灰氮作为肥料在我国已极少使用。下面介绍尿素。

尿素分子式为 $CO(NH_2)_2$，化学上又称之为脲，其结构为 $H_2N—CO—NH_2$，是化学合成的有机小分子化合物。尿素是人工合成的第一个有机物，作为氮肥始于20世纪初，20 世纪 50 年代以后，尿素生产在世界各国发展很快。尿素是我国目前生产量、施用量最多的氮肥品种，是我国氮肥生产中最重要的品种之一，也是世界重点发展的氮肥品种。

1. 含氮量和性质

尿素含氮量为 45%~46%，是所有固态肥料含氮量最高的单质氮肥。尿素为白色结晶，呈针状或棱柱状晶体，吸湿性强，特别是在温度大于 20 ℃、相对湿度 80%时吸湿性更大，目前生产中加入疏水物质制成颗粒状肥料，以降低其吸湿性。农用尿素产品国家质量标准列于表 7-2。

表 7-2　农用尿素产品国家质量标准(尿素国家标准：GB 2440—2001)

项目			优等品	一等品	合格品
总氮(N)含量(以干基计)		≥	46.4	46.2	46.0
缩二脲含量		≤	0.9	1.0	1.5
水分(H_2O)含量		≤	0.4	0.5	1.0
亚甲基二脲(以 HCHO 计)		≤	0.6	0.6	0.6
粒度	*d* 0.85~2.80 mm *d* 1.18~3.35 mm *d* 2.00~4.75 mm *d* 4.00~8.00 mm	≥	93	90	90

注：1. 若尿素生产工艺中不加甲醛，可不做亚甲基二脲含量的测定。
2. 指标中粒度项只需符合四档中任一档即可，包装标识中应标明。

2. 在土壤中的转化

尿素为中性有机分子，在水解转化前不带电荷，不易被土粒吸附，故很易随水移动和流失。尿素施入土壤后，一部分借助于氢键和范德华力以分子吸附的形式被土壤胶体吸附，这种吸附作用在一定程度上可以防止尿素在土壤中的淋失。尿素在土壤中除了被吸附以外，大部分在脲酶催化作用下水解转变为碳酸铵。脲酶在土壤中广泛存在，由多种土壤微生物所分泌，也广泛存在于多种植物体内。尿素水解的反应式为：

$$CO(NH_2)_2+H_2O \longrightarrow (NH_4)_2CO_3$$

$$(NH_4)_2CO_3 \longrightarrow 2NH_3\uparrow +H_2O+CO_2$$

尿素水解速度主要受脲酶活性的影响，而脲酶活性和土壤温度、湿度、酸度、土壤质地等有关。其中温度影响最明显，湿度适宜时，温度越高水解速率越大。一般来说，当气温为 10 ℃左右时，全部水解约需 1~2 周，20℃时约 4~5 天，30 ℃时约 1~3 天。

作物根系可以直接吸收尿素分子，但数量不大。施入土壤的尿素主要以水解后形成的铵和硝化后的硝态氮形态被吸收。因而，尿素施入土壤后表现出的许多农化性质与碳铵相类似。尿素水解后由于生成了氨气，氨挥发损失成为氮素损失的重要途径。

3. 合理施用

尿素适宜于各种作物和土壤，宜作基肥和追肥，尤其适合于做追肥施用，不提倡作种肥，因为尿素水解产生 NH_4HCO_3、$(NH_4)_2CO_3$ 和 NH_4OH，挥发产生氨，影响种子的呼吸和发芽，因此若必须用作种肥，用量要限制，并且避免与种子直接接触。

尿素作水田基肥时，要在灌水前 5~7 天撒施翻耕到土内，施用后不要急于灌水，要待尿素转变为碳酸铵后，再进行灌水整地，以免养分损失；尿素旱田施用时，应深施覆土10cm左右，减少氮素的氨挥发损失。因为尿素作追肥在土壤中需要一段时间转化，肥效较氨态氮肥和硝态氮肥慢，因此需提前4~5天施用。

尿素适宜作根外追肥，其适宜作根外追肥的原因是：①尿素以中性反应的分子态溶于水，水溶液离子强度较小，直接接触作物茎叶不易发生危害；②尿素分子体积小，易透过细胞膜进入细胞，有利于作物吸收、运输；③尿素是水溶性的，又具有吸湿性，易呈液态被吸收；④尿素进入叶内，引起细胞质壁分离的情况很少，即使发生，也容易恢复。尿素作根外追肥时喷施的浓度一般为0.5%~2.0%，因不同作物而异(表7-3)。根外追施尿素肥料宜在早晨或傍晚，喷施液量取决于植株大小、叶片状况等。

表7-3 几种作物喷施尿素的参考浓度

作物种类	建议喷施浓度(%)	作物种类	建议喷施浓度(%)
稻、麦、禾本科牧草	2.0	西瓜、茄子、甘薯、花生、柑橘	0.4~0.8
黄瓜	1.0~1.5	桑、茶、苹果、梨、葡萄	0.5
萝卜、白菜、菠菜、甘蓝	1.0	柿子、番茄、草莓、温室黄瓜及茄子、花卉	0.2~0.3

(资料来源：王荫槐，土壤肥料学，1999)

(四)长效氮肥(slow-release nitrogen fertilizer)

长效氮肥又称缓释氮肥，是指由化学或物理法制成能延缓养分释放速率，可供植物持续吸收利用的氮肥。如脲甲醛、包膜氮肥等。这类肥料有如下优点：①降低土壤溶液中氮的浓度，减少氮的挥发、淋失及反硝化损失；②肥效缓慢，能在一定程度上满足作物全生育期对氮素的需要；③可以减少施肥次数而一次性大量施用不致出现烧苗现象，减少了部分密植作物后期田间追肥的麻烦。

施用长效肥料不仅可以提高氮肥的利用率，而且还可以减轻环境污染，有利于生态环境保护，因此近年来发展很快。由于过去长效氮肥成本较高，价格昂贵(表7-4)，因此主要用于多年生林木、果树、草坪、草地及非农业领域。近年来，随着科技水平的提高，长效氮肥的成本不断下降，已经开始在大田作物上推广应用。

表7-4 部分长效氮肥产品价格

肥料品种	释放时间(月)	销售价格(万元·t^{-1})	与尿素价格的倍数关系
Osmocote 5	5~6	1.36	8
Osmocote 5	3~4	1.80	11
Osmocote 5	8~9	2.08	12
Multicote 1	3~4	1.16	7
Multicote 1	5~6	1.52	9
Multicote 1	8~9	1.68	10
Cau-A10	3~4	0.50	3
Urea	—	0.17	1

(资料来源：张福锁，中国化肥产业技术与展望，2007)

长效氮肥按照肥料养分释放特点可以分为控释氮肥和缓释氮肥。控释氮肥是通过控制肥料养分释放速度，使肥料养分释放速度与作物生长周期需要速度相吻合；缓释氮肥是缓慢释放氮素养分来满足作物对养分的需求，达到养分供应强度与作物生理需求的动态平衡。二者的优点是使肥料用量减少，利用率提高；施用方便，省工安全，增产增收。按制造原理和生产工艺的不同，将长效氮肥分为两类：一是合成有机长效氮肥，二是包膜氮肥。

1. 合成有机长效氮肥(organic slow-release nitrogen fertilizer)

合成有机长效氮肥是以尿素为主体与适量醛类反应生成的微溶性聚合物，施入土壤后经化学反应或在微生物作用下，逐步水解释放出氮素，供作物吸收。合成有机长效氮肥主要包括尿素甲醛缩合物、尿素乙醛缩合物以及少数酰胺类化合物。

(1)脲甲醛(UF)　脲甲醛是以尿素为基体加入一定量的甲醛经催化剂催化合成的一系列直链化合物，依缩合条件不同，含脲分子2~6个。脲甲醛为白色粒状或粉状的无臭固体，其成分依尿素与甲醛的摩尔比(U/F)、催化剂及反应条件而定。脲甲醛的全氮含量、冷水溶性氮、冷水不溶性氮和热水不溶性氮及氮素活度指数列于表7-5，其溶解度与直链长短有关，一般短链聚合物较长链聚合物溶解度大，不同链长聚合物的适当比例决定着其施入土壤后的溶解、释放速率。

表7-5　脲甲醛的组分及性质

U/F	全氮(N,%)		冷水溶性氮(N,%)	冷水不溶性氮(N,%)		热水不溶性氮(N,%)	氮素活度*指数(AI)
	理论值	测定结果		按残渣(干)计算	按原量计算		
1.0	37.0	36.7	0.39	37.5	37.3	34.5	7.5
1.20	38.0	—	3.8	38.0	31.0	25.2	18.7
1.25	38.2	38.4	6.5	38.0	31.0	19.1	38.3
1.30	38.4	38.8	8.4	38.3	26.8	15.9	40.7
1.40	38.0	37.1	11.8	38.5	26.6	13.5	49.2
1.50	40.0	39.7	19.0	38.6	18.6	5.7	69.4

(资料来源：沈其荣，土壤肥料学通论，2001)

*氮素活度指数$=\frac{\text{冷水不溶性氮}-\text{热水不溶性氮}}{\text{冷水不溶性氮}}\times 100$。

脲甲醛施入土壤后，主要是在微生物作用下分解为尿素与甲醛，尿素进一步分解为氨、二氧化碳等供作物吸收利用；而甲醛则留在土壤中，在它未挥发或分解之前，对作物和微生物生长均有副作用。脲甲醛可作基肥一次施入土壤，但对一年生的植物生长前期，往往氮素供应不足，因此应配合施用速效性氮肥。

(2)脲乙醛(CDU)　脲乙醛又名丁烯叉二脲，由乙醛缩合为丁烯叉醛，在酸性条件下再与尿素结合而成。脲乙醛为白色粉状物，含氮量为28%~32%，溶点为259~260 ℃。该肥料产品在土壤中的溶解与温度及酸度密切相关。随着土壤温度的升高和土壤溶液酸度的增加，其溶解度增大。因此，脲乙醛在酸性土壤上的供肥速率大于在碱性土壤上的供肥速率。脲乙醛在土壤中分解的最终产物是尿素和β-羟基丁醛，尿素进一步水解或直接被植物吸收利用，而β-羟基丁醛则被土壤微生物氧化分解成二氧化碳和水，并无残毒。

(3)脲异丁醛(IBDU)　脲异丁醛又名异丁叉二脲，是尿素与异丁醛缩合的产物。脲异丁醛肥料为白色颗粒状或粉状，含氮量为31%左右，不吸湿，水溶性很低。在土壤中，则较容易在微生物作用下水解为尿素和异丁醛，环境中较高的温度和较低的pH值有利于这种水解作用。脲异丁醛具有如下优点：①水解产物异丁醛易分解，无残毒；②生产脲异丁醛的重要原料异丁醛是生产2-乙基己醇的副产品，廉价易得；③脲异丁醛是脲醛缩合物中对水稻最好的氮肥品种，其肥效相当于等氮量水溶性氮肥的104%~125%；热水不溶性氮仅0.9%，其利用率比脲甲醛大一倍；④施用方法灵活，可单独施用，也可作为混合肥料或复合肥料的组成成分。可以按任何比例与过磷酸钙、熔融磷酸镁、磷酸氢二铵、尿素、氯化钾等肥料混合施用。

脲异丁醛适用于各种作物，一般作基肥用，但这种肥料对一年生的植物生长前期，往往也出现供氮不足，因此也应配合施用速效性氮肥。

(4)草酰胺(OA)　过去是用草酸与酰胺进行合成，成本太高。现在以塑料工业的副产品氰酸作原料，用硝酸铜作接触剂，在常压低温(50~80 ℃)下直接合成，成本较低，成品纯度可达到99%。草酰胺为白色粉状或粒状，含氮量为31%左右。草酰胺施入土壤后，水解生成草胺酸和草酸，同时释放出氢氧化铵。草酰胺对玉米的肥效与硝酸铵相似，呈粒状时养分释放减慢，但快于脲醛肥料。

2. 包膜缓释氮肥(coated slow-release nitrogen fertilizer)

包膜缓释氮肥是指以降低氮肥溶解性能和控制养分释放速率为主要目的在其颗粒表面包上一层或数层半透性或难溶性的其他薄层物质而制成的肥料。包膜材料有树脂、塑料、硫黄、磷肥等，它们作为膜可减少肥料与外界的直接接触，改善肥料的理化性能，从而在不同程度上控制速效性氮肥的溶解度和释放速率。但包膜应薄而均匀，过厚不但会降低肥料中养分的比例，还影响养分的释放速率。

包膜肥料的种类及性质，因所含养分种类、成膜材料和制造工艺不同而异，主要包膜肥料有硫衣尿素、塑料包膜氮肥、长效碳酸氢铵和高效涂层尿素等。包膜肥料主要是通过膜孔扩散、包膜逐渐分解以及水分透过包膜进入膜内膨胀使包膜破裂等过程释放出养分。

(1)硫衣尿素(sulfur coated urea，SCU)　硫衣尿素是在尿素颗粒表面涂以硫黄，再用石蜡包膜。主要成分为尿素、硫黄和石蜡。硫衣尿素的含氮量10%~37%，取决于硫膜的厚度，一般通过调节硫膜的厚度可改变其氮素释放速率。硫衣尿素施入土壤后，在微生物的作用下，使包膜中硫逐步氧化，颗粒分解而释放氮素。硫被氧化后，能产生硫酸，从而导致土壤酸化：

$$2S+3O_2+2H_2O \longrightarrow 2H_2SO_4$$

较大量的SO_4^{2-}在通透性很差的水田中，可能被还原，产生硫化氢，对水稻产生毒害作用。因此，在水稻田中不宜大量施用硫衣尿素肥料。

由于硫氧化后可形成硫酸，硫包尿素作为盐渍化土壤上的氮素来源是有益的，它可以在阻止盐渍土脱盐过程中pH值升高方面起着积极作用。

(2)塑料包膜氮肥　由于合成长效肥料一般成本较高，美国和其他一些国家正在大力研究用合成塑料(聚乙烯、醋酸乙烯酯等)包膜长效氮肥，以减缓水溶性氮肥进入土壤溶液的速率。用塑料包膜的氮肥主要有尿素、硝铵、硫铵等。采用特殊工艺可以使包膜上含有一定大小与数量的细孔，这些细孔具有微弱而适度的透水能力。当土壤温度升高、水分增多时，肥料将逐渐向作物释放氮素。塑料包膜肥料不会结块也不会散开，可以与种子同时进入土壤，这将在很大程度上节省劳力。根据不同土壤、气候条件和作物营养阶段特性控制包膜的厚度或选择不同包膜厚度肥料的组合，即可较好地满足整个作物生长期的氮素养分供应。

(3)长效碳酸氢铵(lasting ammonium bicarbonate)　又称长效碳铵。在碳铵粒肥表面包上一层钙镁磷肥。在酸性介质中钙镁磷肥与碳铵粒肥表面起作用，形成灰黑色的磷酸镁铵包膜。这样既阻止了碳铵的挥发，又控制了氮的释放，延长肥效。包膜物质还能向作物提供磷、镁、钙等营养元素。由于长效碳铵物理性状的改良，使其便于机械化施肥。制造长效碳铵的工艺流程是：将碳铵粉与白云石熟粉掺混→用对辊式造粒机压制粒肥→将粒肥滚磨刨去棱角→粒肥表面酸化→酸化粒肥成膜→封面→扑粉→制得黑色核形颗料状成品。如生产含碳铵73%、白云石熟粉4%、水分3%、膜壳20%的长效碳铵，其养分含量为氮11%~12%、全磷1.0%~1.5%。由于膜壳致密、坚硬，不溶于水而溶于弱酸，这样就使得长效碳铵在作物根际释放较快，而在根外土壤中释放较慢成为可能。长效碳铵主要是气态从膜内逸出，因此封面量、温度以及淹水等条件都会影响长效碳铵的释放速率。封面料用量多，释放慢；温度升高，释放速率增大；在淹水土壤中比旱地土壤中释放慢。

除了硫黄包膜尿素、塑料包膜氮肥、长效碳铵等包膜长效氮肥外，广州氮肥厂研制成一种高效涂层氮肥。即在尿素颗粒表面喷涂含有少量氮、钾、镁及微量元素的混合液，使尿素的释放速率减慢。高效涂层氮肥呈黄色小粒状，与普通尿素相比，具有释放氮素平稳、肥效稳长、氮肥利用率较高等特点。

目前，尚有人在继续致力于研究开发专用复合控释肥料，如果能达到预期目标，则可望生产出一种更为灵活、实用的长效肥料新品种。

六、氮肥的合理分配与氮肥利用率的提高

氮肥在作物生长过程中对作物产量的调控作用最突出。相对于作物需要量，土壤中供应量最为短缺，因此使用量最大，使用次数最频繁。氮肥施入土壤后的转化比较复杂，涉及物理、化学、生物化学等许多过程。不同形态氮素的相互转化造成了肥料氮在土壤中较易发生挥发、流失，不仅造成经济上的损失，而且污染大气和水体。因此，氮肥的合理分配施用与管理就愈显重要，通过合理分配和施用氮肥，可以提高氮肥利用率，从而降低环境污染的风险。

(一)氮肥的合理分配

根据土壤条件、作物特性、氮肥品种及气候条件等方面的差异，采用相应的施肥技术是合理分配施用氮肥和提高氮肥利用率的基本依据。

1. 土壤条件

一般来说，土壤有机质含量越高，土壤含氮量也越多，因此氮肥施用要考虑土壤有机质含量，在有机质含量高的土壤上可少施或不施氮肥，而有机质含量比较贫乏的土壤着重施用氮肥。轻质土壤，保肥性差，要少量多次施用氮肥特别是硝态氮肥，以防止氮素的淋失；而黏重土壤则可一次大量施用氮肥，不会产生氮肥的淋失。此外，土壤的一些其他性

质也会影响氮肥的肥效，如碱性土壤应施用生理酸性肥料或化学酸性肥料，而酸性土壤应施用生理碱性肥料或化学碱性肥料，以调节土壤酸度。盐渍土不要施用含 Cl^- 肥料和 Na^+ 肥料，避免土壤含盐量的增加；干旱地区的土壤硝态氮施用效果较好，而水稻田应施用铵(氨)态氮肥或尿素，不宜施用硝态氮肥。

2. 作物特性

作物的品种、类型、生育期等特性也是影响氮肥施用的主要因素。不同作物氮的需求量及敏感程度不同，如叶菜类、桑、茶等作物需氮较多，应大量施用氮肥；而豆科作物的固氮能力较强，所以在生长初期才需要施用氮肥，生长后期由于自身可以固氮，则不需要再施用氮肥；水稻的铵(氨)态氮肥的肥效要大于硝态氮肥的肥效，而旱地地区的作物施用硝态氮肥的肥效较好。作物不同生育期需氮量不同，一般作物的营养生长期需氮量大于生殖生长期，因此要根据具体的苗情施用氮肥。作物的不同生育期对氮肥品种的需求也不一样，如对于甜菜来说，生长初期铵(氨)态氮肥的肥效大于硝态氮肥，而生长后期硝态氮肥的肥效大于铵(氨)态氮肥。此外，对于忌氯作物不要施用含有 Cl^- 的肥料。

3. 氮肥品种

氮肥品种也是氮肥合理施用主要考虑的因素。铵(氨)态氮肥易挥发，一般可作追肥、基肥施用，施用时应注意不要与草木灰等碱性肥料混施，并要深施覆土；硝态氮肥易于造成养分淋失，在水田中流失尤为严重，因此不要大水浸灌，并且硝态氮肥肥效快，宜作追肥。此外含碱性物质、挥发性物质、有毒物质、盐分等较多的肥料，一般不宜作追肥。

4. 气候条件

氮肥肥效也受气候条件如光照、降雨量、温度等因素的影响。光照条件差的情况下应少量或适量施用氮肥，以免引起植株徒长。一般干旱地区或干旱年份，氮肥肥效较差，湿润地区或湿润年份肥效较好，多雨的地区和季节应选用铵(氨)态氮肥和长效氮肥，不用或少用硝态氮肥。气温高时，不宜施用易挥发和分解的铵(氨)态氮肥和尿素，若施用应选择气温较低的清晨或傍晚，并且用量要适当，深施覆土，否则会引起烧苗。

(二)氮肥利用率的现状和提高措施

1. 氮肥利用率的概念

氮肥的合理施用主要是指如何提高氮肥利用率，减少氮肥损失，增加经济效益，降低环境污染。目前国内外常用以下四个参数来表征氮肥利用率：

(1)氮肥回收利用率(apparent recovery efficiency of applied N，RE_N)　是指当季作物从所施入的肥料氮中吸收的养分占施用肥料氮总量的百分数。即

$$RE_N=(U-U_0)/F$$

其中，U 为施氮后作物收获时地上部的吸氮总量，U_0为未施氮时作物收获时地上部的吸氮总量，F 为化肥氮的投入量。氮肥回收利用率反映了作物对施入土壤中肥料氮的回收效率。

(2)氮肥偏生产力(partial factor productivity from applied N，PFP_N)　是指投入的单位肥料氮所能生产的作物籽粒产量，即

$$PFP_N=Y/F$$

其中，Y 为施肥后所获得的作物产量，F 为化肥氮的投入量。

(3)氮肥农学效率(agronomic efficiency of applied N，AE_N)　是指投入的单位肥料氮所能增加的作物籽粒产量，即

$$AE_N=(Y-Y_0)/F$$

其中，Y 为施氮后所获得的作物产量，Y_0为不施氮条件下所获得的作物产量，F 为化肥氮的投入量。

(4)氮肥生理利用率(physiological efficiency of applied N，PE_N)　是指作物地上部每吸收单位肥料中的氮所获得的籽粒产量的增加量，即

$$PE_N=(Y-Y_0)/(U-U_0)$$

其中，Y 为施氮后所获得的作物产量，Y_0为不施氮条件下所获得的作物产量，U 为施氮后作物收获时地上部的吸氮总量，U_0为不施氮条件下作物收获时地上部的吸氮总量。

以上 4 个参数是从不同的角度描述作物对氮肥的利用效率，其内涵及应用对象常常不同。目前国内比较通用的氮肥利用率是氮肥回收利用率(RE_N)，国际上常用的表征农田氮肥利用率的参数是氮肥偏生产力(PFP_N)、氮肥农学效率(AE_N)和氮肥生理利用率(PE_N)。

我国习惯用 RE_N，一方面是由于过去我国氮肥资源紧缺，节约氮肥非常重要，另一方面由于我国土壤肥力普遍低下，土壤和环境来源养分少，氮肥的增产效应很显著，RE_N能很好地反映作物对化肥养分的吸收状况。而目前上述两方面的情况均发生了很大的变化，单纯应用 RE_N就值得商榷。国际农学界常用 PFP_N，原因是它不需要空白区产量和养分吸收量的测定，简单明了，易为农民所掌握，因此 PFP_N也是比较适合我国目前土壤和环境养分供应量大、氮肥增产效益下降的现实，是评价肥料效应的最适宜指标。AE_N是肥料增产效应较为准确的指标，但由于必须测无肥区产量，应用起来较为不便。PE_N说明的是植物体内养分的利用效率，而不是氮肥的增产效应，因此其应用范围相对有限。

2. 氮肥利用率的现状

氮肥利用率的高低与土壤条件、作物特性、氮肥品种及气候条件以及施肥方法有关。Dobermann 曾就粮食作物的氮肥利用率做过详尽的综述，认为粮食作物氮肥效率目标值在下述范围内比较适宜，即氮肥偏生产力为 40~70 kg · kg^{-1}，氮肥农学效率为 10~30 kg · kg^{-1}，氮肥回收利用率为 30%~50%，氮肥生理利用率为 30~60 kg · kg^{-1}。世界一些国家和地区小麦和玉米的氮肥利用率为 40%~60%，水稻在良好管理条件下氮肥利用率可达 50%~80%。

我国从 20 世纪 70 年代开始大量施用化肥，尤其是氮肥，随着施肥量的增加，作物的产量也在不断地增加。但是近年来，作物产量并未随着施氮量的增加而增加，而是保持在一个比较低的水平。主要粮食作物的氮肥利用率呈逐渐下降趋势：1992 年朱兆良等总结了 782 个田间试验数据，结果表明主要粮食作物的氮肥利用率变化在 28%~41%，平均为 35%。1998 年朱兆良进一步指出当时的主要粮食作物氮肥利用率为 30%~35%。2001—2005 年张福锁等总结 1333 个试验结果表明，水稻、小麦和玉米的氮肥偏生产力分别为 54. 2 kg · kg^{-1}、43. 0 kg · kg^{-1}和 51. 6 kg · kg^{-1}；氮肥农学效率分别为 10. 4 kg · kg^{-1}、8. 0 kg · kg^{-1}和 9. 8 kg · kg^{-1}；氮肥利用率分别为 28. 3%、28. 2%和 26. 1%；氮肥生理利用率分别为 36. 7 kg · kg^{-1}、28. 3 kg · kg^{-1}和 37. 5 kg · kg^{-1}。因此，减少氮的损失，提高氮肥利用率，是我国现代农业发展急需要解决的难题之一。

3. 提高氮肥利用率的措施

(1)同时解决氮肥过量施用与不足的问题　在我国，部分地区和农田过量施氮导致了主要粮食作物氮肥利用率的下降，还带来了严重的环境污染问题。而部分地区和农田施肥不足造成产量潜力无法发挥也导致氮肥利用率下降。我国不同地区如东部和西部、南方和北方的施肥量差异均较大，甚至相邻的乡镇和农户也是超量施肥和施肥不足同时存在。在目前的栽培技术和产量水平下，150~200 kg·hm^{-2}是专家们的推荐的总量，即使在高产条件下推荐量也不会超过250 kg·hm^{-2}。因此，如果将氮肥施用量分成3级，150~250 kg·hm^{-2}为适中，小于150 kg·hm^{-2}为不足，大于250 kg·hm^{-2}为超量。对全国2万多个农户调查数据的分析发现有1/3的农户氮肥施用超量，1/3的农户氮肥施用不足，而只有1/3的农户氮肥用量落在合理用量的范围内。因此在中国必须同时解决过量施氮和施氮不足的问题，仅仅节肥增效是不够的，更重要的是高产高效。

(2)充分利用土壤和环境养分　土壤养分作为作物生长重要的营养来源，是养分管理的重点之一；环境中的一些养分能通过大气干湿沉降、灌溉水、生物固氮等途径进入作物生产系统，它们也是作物生长需要的养分资源的重要组成部分。因此农户必须在充分利用土壤养分和环境养分基础上，合理施用化肥，减少化肥的损失和向环境的排放，这才是提高肥料利用率的长远目标。在当前的生产条件下，肥料用量的选择也必须在综合考虑土壤肥料和环境养分来源的基础上，重新制定推荐指标。

(3)综合运用多项技术，减少氮肥损失　综合运用多项技术有效阻控氮肥养分的损失、降低其环境影响也是提高氮肥利用率的有效措施。

①普遍推行氮肥“深施覆土”的施肥方法　“深施覆土”施肥方法是科技部和农业部确定的重点推广施肥技术。主要是指将铵(氨)态氮肥、尿素及含氮复合(混)肥深施于10~15 cm，并及时覆土，肥料利用率可提高10%~15%。农民习惯把碳铵撒在地表，由于土壤中水分的影响，碳铵就会很快分解，容易造成氮素的挥发损失，气温越高，氨就挥发越多，损失就越大，这是表施碳铵肥效低的根本原因。研究也表明尿素撒施在地表面上常温下4~5天后，大部分氮素便氨化挥发掉，其利用率只有30%左右，尤其是在石灰性和碱性土壤的表面，其氨的挥发损失更为严重。因此，在用铵(氨)态氮肥及尿素给旱田作物追肥时，最好刨坑或开沟深施10 cm以下，既有利于尿素的转化，也有利于铵(氨)态氮肥被土壤所吸附，减少挥发损失。

②大力提倡氮肥与其他肥料的配合施用　主要包括氮肥与磷肥、钾肥、中微量营养元素肥料以及有机肥的配合施用，尽量做到氮、磷、钾的平衡施用。氮肥与有机肥的配合具有明显地改土增产效果。作物对各种养分的需求是有一定比例的，在如今要求高产的情况下，平衡施肥就显得更加重要，这样做才是真正的合理施肥。应该指出，养分平衡是相对的，而养分不平衡是绝对的，随着氮肥用量的增加，作物对其他养分如磷、钾、中微量元素的需求量也随之增大，氮肥配合有机肥或其他肥料施用对提高氮肥利用率和增加产量均有显著效果。多种含氮复合(混)肥、专用肥充分考虑到平衡施肥的要求，施用效果往往较好，利用率也高。

③不断扩大大颗粒尿素的生产与施用，普及尿素与磷酸肥料的混合施用　大颗粒尿素是尿素与甲醛的复合物。尿素与磷酸肥料混合施入土壤能转化为尿素与磷酸肥料的复合物，均能明显地延缓尿素态氮转化为铵态氮的过程，有效地减少因转化过于集中引起的氨

挥发，进而减少硝化带来的损失。因此，大颗粒尿素及用尿素，特别是大颗粒尿素为氮源、用磷酸盐肥料为磷源生产的复合(混)肥都是具有提高氮肥利用率的品种。此外，氮肥分次施用，减少生长前期的施用量并将其重点施于旺盛生长期，注重水肥综合管理技术等都是提高氮肥利用率的因素，适宜的氮肥施用时期和合理施用量是提高氮肥利用率应普遍关注的问题。

④施用氮肥增效剂　氮肥增效剂又称硝化抑制剂，具有减少氮素挥发，提高氮肥利用率，降低蔬菜、牧草等农产品硝酸盐含量的作用，从而改善其品质，保护生态环境和人畜健康。硝化抑制剂是一种杀菌剂，能抑制土壤中亚硝化细菌的生命活动，从而抑制硝化作用，使施入土壤的铵(氨)态氮在较长时间内仍以铵的形式存在，减少硝态氮的淋失和反硝化脱氮作用。目前应用的硝化抑制剂主要有双氰胺(DCD)、3，4-二甲基吡唑磷酸盐(DMPP)等。但已有的试验结果表明，氮肥增效剂在减少化肥氮施入土壤后的损失中的作用不如氮肥深施或混施，更不及粒肥深施，因此施用硝化抑制剂要在其他措施的基础上进行。

在我国人多地少、资源短缺的情况下，保证粮食作物的高产是满足不断增长的人口需求的前提基础。而在实际生产中的氮肥投入量下能获得高的氮肥利用率，但产量并不是最高的，所以农业持续发展的实现既要高产、高效，又要节约资源，保护生态环境，同时实现粮食作物的高产与养分资源高效利用。

要同时实现作物高产与资源高效，就必须走挖掘作物产量潜力和提高土壤生产力，而非过度依赖水肥等大量投入的道路。充分发挥现有品种产量潜力、不断提高作物产量，同时，通过水肥调控实现水分养分供应与高产作物群体需求的时空一致；而以提高土壤基础生产力为核心的土壤调控是稳定实现大面积作物高产高效的关键。

第二节　植物的磷素营养及磷肥

磷是也是植物生长发育不可缺少的营养元素，而且是肥料三要素之一。它既是植物体内许多重要有机化合物的组分，同时又以多种方式参与植物体内各种代谢过程，磷对作物高产及保持品质的优良特性有明显作用。施用磷肥对提高作物产量和改善品质均有明显的作用，同时磷肥施用不当也易引起环境污染，因此磷肥施用与管理越来越受到人们的重视。

一、植物体内磷的含量与分布

植物体内磷的含量差异较大，一般为植物干重的0.2%~1.1%，而大多数作物磷含量在0.3%~0.4%。其中大部分是有机态磷，约占植物体内全磷量的85%，而无机态磷仅占约15%。有机态磷主要以核酸、磷脂和植素等形态存在为主，无机态磷主要以钙、镁、钾的正磷酸盐形态存在，它们在植物体内均有重要作用。幼叶中含有机态磷较高，老叶中则含无机态磷较多。

植物体内磷的含量因植物种类、品种、生育期和器官等不同而不同。作物种类不同，磷的含量不同。如油菜、番茄、玉米、荞麦等喜磷作物磷含量高于一般作物。油料作物含磷量高于豆科作物，豆科作物高于谷类作物；作物不同生育阶段，磷的含量不同。一般作物生育前期体内磷含量高于生育后期；作物不同器官中磷的含量不同。一般繁殖器官>营养器官、幼嫩器官>衰老器官、种子>叶片>根系>茎秆。磷在植物体内移动性大，再利用能力强，优先保证生长中器官的需要，比如新芽、根尖等生长点，所以缺磷的症状最先表现衰老的器官上。

植物体内无机态磷大部分存在于液泡中，虽然植物体内无机磷所占比例不高，但从无机磷含量的变化能反映出植株磷营养的状况。植物缺磷时，常表现出组织(尤其是营养器官)中的无机磷含量明显下降，而有机磷含量变化较小。

二、磷的营养功能

磷的营养功能可归纳为以下几个方面。

(一)磷是植物体内多种重要化合物的组成成分

以磷酸为键桥形成的化合物包括核酸、磷脂、核苷酸、三磷酸腺苷(ATP)等，它们在植物代谢中具有重要作用。

1. 核酸和核蛋白

核酸和核蛋白均含有磷，核酸和核蛋白是保持细胞结构稳定、进行正常分裂、能量代谢和遗传的物质。核酸作为DNA和RNA分子的组分，既是基因信息的载体，又是生命活动的指挥者。核酸在植物生长、发育、繁殖、遗传和变异等生命过程中起着重要的作用。

2. 磷脂

生物膜是由磷脂和糖脂、胆固醇、蛋白质以及糖类构成，它对植物与外界介质进行物质、能量和信息交流起控制和调节作用。大部分磷脂都是生物合成和降解作用的媒介物，与细胞的能量代谢直接相关。

3. 植素

植素是磷脂类化合物，它是植酸的钙、镁盐或钾、镁盐，而植酸是由环已六醇通过羟基醇化生成的六磷酸肌醇。植素是植物体内磷的一种储存形成，它的合成控制着籽粒中磷的浓度，并参与调节籽粒灌浆和块茎生长中淀粉的合成。当作物接近成熟时，大量磷酸化葡萄糖开始逐步转化为淀粉，并将无机磷酸盐释放出来。然而，大量的无机磷酸盐的存在将制约淀粉进一步合成，而植素的形成有利于降低Pi的浓度，从而保证淀粉继续合成。植素在种子萌发过程中具有重要作用，在作物幼苗生长期间，磷是合成生物膜和核酸所必需，从表7-6中可以看出，在水稻种子萌发的最初24 h内，植素释放的磷主要合成磷脂，进而合成生物膜，随着萌发时间延长，植素进一步降解，合成DNA和RNA增加。

表7-6 水稻种子在发芽期间磷组分的变化

发芽时间(h)	磷(P)组分($mg \cdot kg^{-1}$)干重				
	植素	磷脂	无机磷	磷酸酯	DNA+RNA
0	2.67	0.34	0.24	0.078	0.058
24	1.48	1.19	0.64	0.102	0.048
48	1.06	1.54	0.89	0.110	0.077
72	0.8	1.71	0.86	0.124	0.116

(引自Mukherji等，1971)

4. 三磷酸腺苷(ATP)

植物体内呼吸作用和光合作用释放的能量用于合成高能焦磷酸键，形成 ATP。ATP 水解时，释放能量，自身转化为 ADP，每摩尔 ATP 水解可释放约 30 kJ 能量。ATP 水解为生物合成、养分吸收等提供能量。除 ATP 外，细胞中还有结构与 ATP 相似的三磷酸尿苷(VTP)、三磷酸鸟苷(GTP)和三磷酸胞苷(CTP)等高能磷酸化合物。三磷酸腺苷是合成淀粉、蔗糖所必需，三磷酸鸟苷是合成纤维素所必需，三磷酸胞苷是脂类生物合成专一的能量载体，所有三磷酸核苷都是合成 RNA 所必需，脱氧型三磷酸核苷合成 DNA。

(二)参与生物代谢

1. 碳水化合物代谢

磷参与植物体内碳水化合物代谢，磷酸从光合作用开始参与 CO_2 固定和光能转化为化学能的作用。在叶绿素中，靠光能作用使 ADP 与 Pi 结合形成贮存高能量的 ATP，即光合磷酸化作用。在光合磷酸化过程中，光能转化为化学能，合成光合作用的最初有机物糖。糖在植物体内的运输和进一步合成蔗糖、淀粉、纤维素等，这些过程都必须磷参与才能完成。适宜的磷营养有利于植物体干物质的积累，对谷类作物的籽粒饱满、块根块茎类作物淀粉积累、浆果和甜菜等作物糖分积累均具有良好作用。

2. 氮素代谢

磷明显影响氮素代谢，这是由于磷是氮素代谢过程中一些酶的组分，磷供应充足有利于氨基酸的合成。由于磷影响呼吸作用，进而影响呼吸作用产生的有机酸和能量，而部分有机酸与能量供应是合成氨基酸、蛋白质所必需的。磷还可以提高豆科作物的固氮能力，从而改善作物氮素营养。

3. 脂肪代谢

磷参与脂肪代谢，脂肪是由糖转化而来，糖转化合成甘油和有机酸需要磷参与，所以磷营养水平影响脂肪合成。此外，磷还能促进植物体内多种代谢过程的顺利进行，有利于植物生育期相对提前，有时能明显提高经济效益。

(三)提高植物抗逆性

(1)增强植物抗旱性　磷能提高原生质胶体的水合度和细胞结构的充水度，使其维持胶体状态，并能增加原生质的黏度和弹性，因而增强原生质抵抗脱水的能力。磷具有促进植物根系发育，使根系壮旺，增强吸收水分能力，从而增强植物抗旱性。

(2)增强植物抗寒性　磷能提高作物体内可溶性糖和磷脂的含量，可溶性糖能使细胞原生质的冰点降低，磷脂则能增强细胞对温度变化的适应性，从而增强作物的抗寒能力。

(3)增强植物缓冲性　无机磷酸盐在植物体内主要以 $H_2PO_4^-$ 和 HPO_4^{2-} 的形式存在，二者可在 pH6~8 范围内形成良好的缓冲系统，使细胞原生质具有一定的 pH 缓冲性能，在一定程度上可使植物免受外界环境 pH 变化可能导致的伤害。

三、植物对磷的吸收和同化

植物吸收磷是逆浓度梯度的主动吸收过程，一般认为是借助于质子化的磷酸根载体实现的，根吸收与积累磷酸盐主要是根表皮细胞，并通过木质部进入导管，然后运往植物地上部。磷酸根有 $H_2PO_4^-$、HPO_4^{2-}、PO_4^{3-}、三种形态，以哪种形态被根细胞吸收受土壤 pH 值影响，当土壤 pH=7.2 时，溶液中 $H_2PO_4^-$ 和 HPO_4^{2-} 浓度相等。pH 值较低时，根系吸收 $H_2PO_4^-$ 较多，南方酸性土即为此种情况；当 pH 值较高时，根系吸收 HPO_4^{2-} 为主。植物也能吸收少量的偏磷酸根或焦磷酸根，并且也能吸收少量的有机态含磷化合物。植物根系对磷素的吸收能力，受根的形态结构、生长速度、感染菌根的能力和阳离子代换量大小等的影响，根生长速度快与表面积大，感染菌根的能力强，阳离子代换量大，一般吸收磷能力强。

植物吸收磷酸盐后，可直接参与细胞内糖类、蛋白质、脂肪等有机化合物的代谢，并形成各种含磷有机化合物。一般磷酸盐被吸收后，首先与糖结合，参与糖酵解体系代谢，使磷酸根转化为有机含磷化合物，并转移到其他器官或部位。根所吸收的磷酸根很快向地上部运输，从叶片吸收的磷，则可通过韧皮部向根部输送。

四、植物磷素营养失调症

(一)缺磷

植物缺磷对光合作用、呼吸作用和生物合成过程均有影响，对生物代谢的影响必然会反映到生长上。缺磷使细胞分裂迟缓，新细胞难以形成，同时也影响细胞伸长。所以从形态上看，生长延缓，植株矮小，分枝或分蘖减少。在缺磷初期叶片常呈暗绿色，这是由于缺磷的细胞其生长受影响的程度超过叶绿素合成所受的影响，所以缺磷植株的单位叶面积中叶绿素含量反而较多，但其光合作用的效率却很低，表现为结实很差。缺磷的果树，花芽发育速度慢，果实质量差。缺磷果树的叶片常呈褐色，易落果。植物缺磷的症状首先表现在老叶上，因为磷的再利用程度高，植物缺磷时老叶中的磷可转移到新生叶片中被再利用。

缺磷的植株，因为体内碳水化合物代谢受阻，糖分积累，从而易形成花青素(糖苷)。许多一年生植物(如玉米)的茎常出现典型的紫红色症状。

在缺磷环境里，植物自身有一定的调节能力。植物根系形态发生变化，表现为根和根毛的长度增加，根半径减少，这样可使植株在缺磷的土壤中吸收到较多的磷。此外，在缺磷的情况下，有些植物能分泌有机酸，使根际土壤酸化，从而提高土壤磷的有效性，使植物能吸收更多的磷。缺磷时，光合作用产物运输到根系的比例增加，引起根的相对生长速度加快，根/冠比增加，从而提高根对磷的吸收利用能力。

(二)磷过剩

磷供应过量，由于植物呼吸作用过强，消耗大量糖分与能量，产生不良影响。谷类作物无效分蘖和瘪粒增加；叶片肥厚而密集，叶片浓绿；植株矮小，节间变短，生长明显受抑制。植物繁殖器官常因磷过剩而加速成熟过程，导致营养体小，茎叶生长受抑制，降低产量。磷过剩还表现为植株地上部与根系生长比例失调，在地上部受抑制的同时，根系非常发达，根量多且粗短。磷过剩还会出现叶用蔬菜的纤维素含量增加，烟草燃烧性差，诱发作物缺锌症等。

五、常用的磷肥种类、性质及施用

磷矿石加工方法不同，制造出的磷肥品种各异，主要反映在肥料中所含磷酸盐的形态和性质上。按磷酸盐的溶解性质，一般将磷肥分为三种类型，即水溶性磷肥，弱酸溶性磷肥和难溶性磷肥三种类型。

（一）水溶性磷肥

凡所含磷成分主要属于水溶性磷酸一钙的磷肥，成为水溶性磷肥。水溶性磷肥主要包括过磷酸钙（SSP）、重过磷酸钙（TSP）等。过磷酸钙又称普通过磷酸钙，简称普钙（ordinary superphosphate，normal superphosphate 或 single superphosphate，SSP）。它是我国磷肥的主要品种。重过磷酸钙又称双料或三料过磷酸钙，简称重钙（double superphosphate 或 triple superphosphate，TSP）。它是一种高浓度磷肥品种。

水溶性磷肥共同的特点是肥料中所含磷酸盐均以一水磷酸一钙 $Ca(H_2PO_4)_2 \cdot H_2O$ 形态存在，易溶于水，肥效快，可被植物直接吸收利用，为速效性磷肥。虽然水溶性磷肥的肥效快，但它在土壤中很不稳定，在一定条件下易被土壤固定而降低肥效，即溶解态的磷在土壤中易受各种因素的影响而退化为弱酸溶性的磷，甚至进一步转化为难溶性的磷。

普钙和重钙因含有游离酸，肥料呈酸性，并具有吸湿性，吸湿后会结块。吸湿结块后，有效磷转变为无效磷，大幅降低肥效，这种作用称为过磷酸钙退化作用。值得注意的是过磷酸钙在贮运过程中需要防潮，成品肥料不宜贮存过长时间，如果吸湿结块后要加大施肥量。

常用水溶性磷肥的成分、性质和施用技术要点见表 7-7。

表 7-7　常用水溶性磷肥的成分、性质和施用技术要点

肥料名称	主要成分	含磷量（P_2O_5，%）	性质与特点	施用技术要点
过磷酸钙（又称普通过磷酸钙）	$Ca(H_2PO_4)_2 \cdot H_2O$	12~20	粉状或颗粒状，灰白色。所含磷酸大部分易溶于水，呈酸性反应。肥料中含有 40%~50% 的硫酸钙（即石膏，$CaSO_4 \cdot 2H_2O$），2%~4% 的各种硫酸盐，还有 3.5%~5% 的硫酸和磷酸等游离酸。有吸湿性和腐蚀性，稍有酸味	可作基肥、种肥，尤以苗期效果好。如需作追肥，必须开沟深施于根层（根系附近），表施效果差。也可作根外追肥。适用于中性或碱性土壤，在酸性土上应配合施用石灰或有机肥料
重过磷酸钙	$Ca(H_2PO_4)_2 \cdot H_2O$	36~54	粉状或颗粒，灰白色，有吸湿性，易溶于水。重过磷酸钙中不含硫酸钙（石膏），无副成分，含 4%~8% 的游离磷酸，呈酸性，腐蚀性和吸湿性强，易结块，多制成颗粒状。磷的含量相当于普通过磷酸钙的两倍或三倍，所以又称为双料或三料过磷酸钙	适用于各类土壤和各种作物。作基肥、种肥均可。施用方法与普通过磷酸钙相同，但施用量应减少一半以上

(二)弱酸溶性磷肥

凡所含磷成分能够溶于弱酸(2%柠檬酸、中性柠檬酸铵或微碱性柠檬酸铵)的磷肥，统称为弱酸溶性磷肥，又称枸溶性磷肥。属于这类磷肥的有钙镁磷肥(fused calcium magnesium phosphate，FCMP)、钢渣磷肥(又称碱性炉渣磷肥或托马斯磷肥，basic slag，thomas phosphate)、脱氟磷肥(defluorinated phosphate)和沉淀磷肥(precipitation of phosphate)等。

弱酸溶性磷肥共同的特点是均不溶于水，但能被弱酸所溶解，能被作物根分泌的弱酸溶解。作物根系分泌的多种有机酸等化合物能较好地溶解这种形态的磷肥，因此能在被逐步溶解的过程中供作物吸收利用。弱酸溶性磷肥在土壤中移动性很小，不会造成流失。多数弱酸溶性磷肥具有良好的物理性状，不吸湿、不结块。弱酸溶性磷肥的主要成分是磷酸氢钙，也称磷酸二钙，其化学分子是为 $CaHPO_4$。此外，钙镁磷肥中所含的 α-$Ca_3(PO_4)_2$ 中的磷酸根在性质上也属于弱酸溶性磷酸盐。

弱酸溶性磷肥在不同类型的土壤中，发生不同的变化。在酸性条件下，弱酸溶性磷肥中的磷酸二钙能逐步转化为水溶性的磷酸一钙，提高磷肥的有效性；而在石灰性土壤中，则会与土壤中的钙结合转变为难溶性磷酸盐，磷的有效性则逐步下降。因此，弱酸溶性磷肥能否发挥肥效，在很大程度上要看施在什么类型的土壤和何种作物上。正确选择施用条件，是发挥其肥效的重要因素。

常用弱酸溶性磷肥的成分、性质和施用技术要点见表 7-8。

表 7-8 常用弱酸溶性磷肥的成分、性质和施用技术要点

肥料名称	主要成分	含磷量(P_2O_5,%)	性质与特点	施用技术要点
钙镁磷肥	a-$Ca_3(PO_4)_2$ CaO、MgO、SiO_4 等	14~18	灰绿色粉末，不溶于水，能溶于弱酸(2%的柠檬酸或中性柠檬酸铵)。肥料中还含有约25%~30%的氧化钙、10%~25%的氧化镁和40%的二氧化硅是一种以磷为主的多成分肥料，水溶液呈碱性，pH 值为 8.2~8.5，不吸湿，不结块，无腐蚀性，便于运输和贮藏。在土壤中移动性小，不流失	适用于酸性土壤，一般作基肥用，施于根层。用于蘸秧根，拌稻种，效果明显。在石灰性缺镁土壤土施用，有明显效果，但肥效不如过磷酸钙。施用钙镁磷肥也应注意施用深度，且用量应高于水溶性磷肥
钢渣磷肥	$Ca_4P_2O_9 \cdot CaSiO_3$	8~14，一般含磷量(P_2O_5)为 8%~14%，高的可达 17%，也有的低于 8%	一般为黑色或棕色粉末，是炼钢工业副产品，颗粒细度要求80%通过100目筛孔。不溶于水而溶于弱酸。因含石灰，呈强碱性，稍有吸湿性，物理性质较好。成品中还含有铁、硅、镁、锰、锌、铜等营养元素，是一种多成分的弱酸溶性磷肥	适宜于在酸性土壤上作基肥，其肥效比过磷酸钙好；但在石灰土壤上肥效较差，不宜施用。施用方法与钙镁磷肥相似，但不宜作种肥。与有机肥料混合堆沤后，施用效果较好

（续）

肥料名称	主要成分	含磷量（P_2O_5,%）	性质与特点	施用技术要点
脱氟磷肥	a-$Ca_2(PO_4)_2$ 及 $Ca_4P_2O_9$	14~18，一般含磷量（P_2O_5）为 14%~18%，高的可达 30%	褐色或深灰色粉末，呈中性或微碱性，化学性质与钙镁磷肥相似，不吸湿，不结块，不含游离酸，贮运方便。磷的含量随矿石质量而定	可作基肥。对各种作物均有效果，在酸性土上其效果高于普通过磷酸钙、钙镁磷肥和磷矿粉。其使用方法参照钙镁磷肥用法
沉淀磷肥	$CaHPO_4 \cdot 2H_2O$	30~40	灰白色粉末，不含游离酸。物理性质良好，不吸湿，不结块，呈中性，不含游离酸，含氟量低。贮存和施用都很方便	适于作基肥或种肥。施于缺磷的酸性土壤上，效果比过磷酸钙好，与钙镁磷肥相当；在石灰性土壤上肥效略有下降，低于过磷酸钙，其施用方法与钙镁磷肥相似

（三）难溶性磷肥（Insoluble phosphate）

难溶性磷肥（或微溶性磷肥）所含磷成分既不溶于水，也不溶于弱酸，而只能溶于强酸中，所以也称为酸溶性磷肥。难溶性磷肥主要包括磷矿粉、骨粉和鸟粪磷矿粉。骨粉和磷矿粉虽然都是难溶性磷肥，但性质上不完全相同。骨粉的主要成分是磷酸三钙，比磷矿粉容易被酸溶解；骨粉中含有氮素，质地疏松，因此肥效比磷矿粉明显。

难溶性磷肥共同的特点是均不溶于水和弱酸，而只能溶于强酸中，肥效迟缓而稳长，属于迟效性肥料。这类磷肥的当季利用率虽低，但后效较长。

难溶性磷肥中的磷酸盐成分复杂，对于大多数作物来讲并不能直接利用这类磷肥中的磷，只有少数磷吸收能力强的作物（如荞麦）和绿肥作物（如油菜、罗卜菜、苕子、紫云英、田菁、豌豆等）可以吸收利用。这些作物根系的阳离子代换量（CEC）大多在 0.3 $mol \cdot L^{-1}$干根以上，有较强的利用难溶性磷的能力。

常用难溶性磷肥的成分、性质和施用技术要点见表 7-9。

表 7-9　常用难溶性磷肥的成分、性质和施用技术要点

肥料名称	主要成分	含磷量（P_2O_5,%）	性质与特点	施用技术要点
磷矿粉	$Ca_3(PO_4)_3OH$、$Ca_5(PO_4)_3F$、$Ca_5(PO_4)_3Cl$ 等	>14 一般全磷含量（P_2O_5）为 10%~25%，枸溶性磷为 1%~5%	呈灰白或棕灰色粉状，形状似土，中性至微碱性，不吸湿，不结块。溶解度低。有的磷矿粉有光泽	适合在酸性土上作基肥，撒施并结合耕翻。有后效，连续施用几年后，可每隔 3~5 年施一次

（续）

肥料名称	主要成分	含磷量（P_2O_5,%）	性质与特点	施用技术要点
骨粉	$Ca_3(PO_4)_2$	22~33	灰白色粉末，不溶于水，不吸湿，其主要成分为磷酸三钙 $Ca_3(PO_4)_2$，约占骨粉的58%~62%。此外，还含有磷酸三镁1%~2%，碳酸钙6%~7%，氟化钙2%，骨素中含氮4%~5%，有机物（脂肪与骨胶）26%~30%，所以它也是一种多成分肥料	骨粉肥效很慢，宜作基肥，最适宜施用在酸性土壤上，在石灰性土壤上效果很差。在华北地区应与有机肥料共同堆沤后施用。肥效比磷矿粉高。水田施用易产生漂浮现象，效果不好，应事先进行发酵
鸟粪磷矿粉（胶磷矿）		全磷含量（西沙群岛产）为15%~19%，其中，中性柠檬酸铵提取的磷占50%以上	它是岛上大量的海鸟粪，在高温、多雨条件下，分解释放的磷酸盐淋溶至土壤中，与钙作用形成的矿石。含磷量较高，此外，肥料中还含有一定量的有机质、氮0.33%~1.0%、氧化钾0.1%~0.18%、氧化钙40%、氟0.2%、氯0.5%，是一种高效、优质磷肥	有效性高，直接施用的肥效接近钙镁磷肥。施用方法与磷矿粉相似

六、磷肥施用管理

众所周知，我国磷肥的利用率很低。根据我国化肥试验网的资料，在894个磷肥试验中各种作物对磷的利用率为4%~39%，平均20%左右。磷肥利用率很低的原因是水溶性磷酸盐在土壤中易发生固定，并难以移动。

磷肥的肥效与土壤条件、作物种类、磷肥品种、施用方法及栽培管理水平等因素有关。因此，磷肥的有效施用，必须根据土壤、作物特性、轮作制度、磷肥品种和施用技术等加以综合考虑，才能充分发挥磷肥的肥效。

（一）土壤条件与磷肥施用

土壤条件是分配和选择磷肥品种的重要依据。土壤条件即土壤供磷水平、土壤中氮磷含量比例、有机质的含量、土壤的熟化程度和pH值等都与磷肥施用有密切关系，尤其是土壤的供磷状况是磷肥合理分配、选择磷肥品种和有效施用的重要依据。

1. 土壤供磷状况

土壤中磷，按其对作物的有效性，可分为全磷、有效磷和缓效磷。土壤全磷含量通常是作为土壤磷素潜在肥力的一项指标，虽然全磷含量高低不能反映土壤的供磷能力，但它能反映土壤中磷的贮量，全磷含量过低，必然影响到土壤有效磷水平。

土壤有效磷是土壤磷有效贮库中对作物最为速效的部分，能直接供作物吸收利用，土壤有效磷的数量是标志土壤中磷供应水平的可靠指标。土壤缓效磷是土壤有效磷库的主体，作物吸收的磷大部分来自土壤缓效磷。评价土壤的供磷能力，应综合考虑土壤有效磷的水平和缓效磷的贮量。

2. 土壤有机质和有效氮/有效磷之比

土壤有机质含量与土壤有效磷呈显著正相关关系，有机质含量高的土壤，有效磷含量一般也高，磷肥肥效就低。土壤中有效性 N/P_2O_5 比值，也是影响磷肥肥效的重要因子。

(二)作物需磷特性及轮作换茬与磷肥施用

由于农业生产中经济作物种类、品种间对磷的利用能力不同，因此施用磷肥后其反应也有明显差异。一般来说，豆科作物(包括豆科绿肥作物)、糖用作物、淀粉含量高的薯类作物、油菜以及瓜果类、茶、桑等都需要较多的磷，施用磷肥有较好的肥效，既能提高经济作物产量，又能改善产品品质。谷类作物对磷的需求量并不很高，其对磷的敏感程度也较差。这类对吸磷能力弱的作物更应注意磷的供应，磷营养不足常常是这类作物产量不高的主要原因。

在农业生产中不同的轮作换茬制中，磷肥并不需要每茬作物都施用，应重点施在能明显发挥肥效的茬口上。例如，在有豆科作物参加的换茬制中，应把一部分磷肥，尤其是难溶性磷肥重点施在豆科作物上。这有三个方面的原因：一是豆科作物吸磷能力强，以便作物充分吸收；二是在满足磷营养的条件下，可提高豆科作物固定空气中氮素的能力，这就是人们常说的“以磷增氮”；三是豆科作物单产提高后可为后茬作物提供充足的有机肥源，这可看作是“以化肥换取有机肥料”的一项技术措施。

(三)磷肥品种的选择

磷肥品种很多，肥料中磷的含量和有效性也相差较大。在选择磷肥品种时，必须考虑作物的需求、土壤条件以及磷肥的性质等多方面的因素。

普通过磷酸钙和重过磷酸钙是速效性的磷肥，适用于大多数作物和各类土壤，可以作基肥和种肥，必要时也可作追肥；钙镁磷肥及其他许多种弱酸溶性磷肥都适宜作基肥，它们在酸性土壤上肥效比过磷酸钙好。因此，这类肥料应尽量分配在酸性土壤上施用；磷矿粉和骨粉属于难溶性磷肥，最适宜施在酸度强的酸性土壤上，其肥效持久。在中性或石灰性土壤上效果很差，一般不宜选用。

在选择磷肥品种时还应注意到各种作物吸磷能力上的差异。吸磷能力差的作物，宜施用水溶性磷肥品种；对吸磷能力强的作物则可选用难溶性磷肥。同一种作物，在其不同生育期中，吸磷能力也有差异。幼苗期根系弱小，一般宜选用水溶性磷肥做种肥，还可选用弱酸溶性磷肥，甚至难溶性磷肥做基肥施入根系密集的土层中。作物生长旺盛时期，根系吸磷能力有所增强，即可利用相当数量的弱酸溶性磷肥。

(四)氮、磷肥料的配合施用

氮肥、磷肥配合施用是提高磷肥肥效的重要措施之一，特别是在中、下等肥力水平的土壤上，氮肥、磷肥配合施用增产幅度十分明显。缺磷的土壤也往往缺氮，尤其在高产条件下，氮、磷配合施用可以充分发挥氮与磷的交换作用，同时也分别提高磷肥和氮肥的利用率。从植株体内的生理代谢看，氮磷配合施用，植株体内含氮化合物中蛋白质含量增加，非蛋白质含量减少；含氮化合物中的核蛋白、磷脂的含量也有所增加。这表明由于植物体内代谢能力增强，促进了作物的生长发育和对养分的吸收，从而提高产量和品质。因此，氮、磷配合施用是充分发挥磷肥肥效的一条成功经验，已在农业生产上普遍推广应用。至于氮、磷配合的比例，要根据作物本身对氮、磷的需求而定。一般来说，叶菜类作物需氮较多，N：P_2O_5以1：0.5为宜；而豆科及其他需磷较多的作物，则应提高磷肥用量。

(五)合理施用磷肥的两个技术途径

合理施用磷肥，提高磷肥利用率，必须抓住磷素的下列特点：磷在土壤中移动性慢、移动距离短，因此要使磷肥与作物根系尽可能地接触；磷在土壤中易固定，要尽可能减少磷与土壤的直接接触；磷肥因种类、品种而性质各异，作物利用能力差异大，因此合理分配十分重要。在农业生产中，除了因土壤、作物和磷肥品种而合理分配磷肥以及与其他肥料配合等方面外，还应在施肥技术上采用下列方法和措施。

1. 深施与浅施

根据磷肥易被土壤固定、在土壤中移动性小的特点，原则上来讲，磷肥应适当深施，保证大多数作物根系在土壤中、后期能吸收到磷肥。但对于极度缺磷的土壤，为了保证苗期作物能正常生长和根系发育，浅施可能有良好的作用。此外，作物吸收磷酸盐的多少在很大程度上取决于作物根系生长状况和根的形态，了解作物早期根系生长的习性对确定理想的施磷肥部位是有益的。对于侧根发达的作物，施肥位置可适当浅些，对于主根发达的作物应适当深施。

2. 集中施用与撒施

在固磷能力强的土壤上，为了减少水溶性磷肥被土壤固定，以增加磷肥与作物根系的接触，促进根系对磷的吸收，提倡磷肥集中施用于根系附近。集中施用还可以提高局部微域土壤中磷酸盐的浓度，促进根系吸收。但是，在磷肥用量较多、土壤有效磷水平较高或土壤固磷能力较弱的条件下，磷肥则不适宜过分集中施用，可以采用撒施的方式。过分集中施用既有可能因浓度过高而伤根，同时也不利于根系普遍获得磷营养。

第三节　植物的钾素营养及钾肥

钾不仅是植物生长发育所必需的营养元素，而且是肥料三要素之一。许多植物需钾量都很大，就矿质营养元素而言，它在植物体内的含量仅次于氮，对植物生长发育和产量形成起着极其重要的作用。农业生产实践证明，施用钾肥对提高作物产量和改善品质均有明显的作用。近30年来，在中国的南北方都有缺钾现象出现。因此，钾营养引起了人们的重视。

一、植物体内钾素含量与分布

植物体内含钾量(K_2O)一般占植物体干物质的0.3%~5.0%，但植物体内的钾素因植物种类和器官的不同而差异很大，含淀粉、糖等碳水化合物多的作物含钾素高。就植物不同器官而言，谷类作物籽粒中钾的含量低，而茎秆中钾的含量则较高。此外，块根块茎类作物的块根、块茎的钾含量高(表 7-10)。

表 7-10　主要农作物不同部位钾的含量

作物	部位	含 K_2O(%)	作物	部位	含 K_2O(%)
小麦	籽粒	0.61	水稻	籽粒	0.30
	茎秆	0.73		茎秆	0.90
棉花	籽粒	0.90	马铃薯	籽粒	2.28
	茎秆	1.10		茎秆	1.81
玉米	籽粒	0.40	糖用甜菜	籽粒	2.13
	茎秆	1.60		茎秆	5.01
谷子	籽粒	0.20	烟草	籽粒	4.10
	茎秆	1.30		茎秆	2.80

[引自农业化学(总论)，1990]

钾素在植物体内流动性强，易于转移至地上部，并且具有随植物生长中心转移而转移的特点。因此，植物能多次反复利用钾。当植物钾不足时，钾优先分配到较幼嫩的组织中；当钾素充足时，上下叶片钾的含量较为接近。据此，植物上下叶片钾含量是否存在差异可作为钾素营养诊断的一种方法。

细胞原生质中钾浓度比液泡低，且十分稳定，一般在 100~200 mmol · L^{-1}，当植物组织含钾量较低时，钾素首先分布于原生质中，直到钾的数量达到最适水平。当钾的数量超出最适水平后，过量的钾几乎转移于液泡中。原生质中钾保持最适水平是细胞生理上的需要，以满足植物各生理功能，已知有多种酶的生理活性取决于原生质中 K^+的浓度，也就是说稳定的 K^+浓度是细胞进行正常生理代谢的保证。而液泡是 K^+的储藏场所，也是原生质 K^+的补给者。液泡中储藏着植物体的大部分钾。

钾与氮、磷养分不同，钾在植物体内不形成稳定化合物，以离子态存在。它主要以可溶性无机盐形式存在于细胞中，或以钾离子形态吸附在原生质胶体表面。迄今为止，还未发现植物体内任何含钾有机化合物。

二、钾的营养功能

钾有高速透过生物膜，且与酶促反应关系密切的特点。钾不仅在生物物理和生物化学方面有重要作用，而且对体内同化物的运输和能量转变也有促进作用。钾的营养功能主要表现在以下几个方面。

(一)促进光合作用、提高 CO_2 的同化率

钾能促进光合作用、提高 CO_2 的同化率表现在 3 个方面：

(1)钾能促进叶绿素的合成　有试验证明，供钾充足时，莴苣、甜菜、菠菜等作物叶片叶绿素含量均有提高。

(2)钾能改善叶绿体的结构　供钾充足，叶绿体的片层结构紧密，利于光合作用中电

子传递和 CO_2 同化。

(3)钾能促进叶片对 CO_2 的同化　一方面由于钾提高了 ATP 的数量，为 CO_2 的同化提供了能量；另一方面是因为钾能降低叶内组织对 CO_2 的阻抗，因而能明显提高叶片对 CO_2 的同化。可以说，在 CO_2 同化的整个过程中都需要有钾参加。

(二)促进光合作用产物的运输

钾能促进光合作物产物向贮藏器官运输，增加"库"的储存量。对于没有光合作用功能的器官来说，它们的生长及养分的储存，主要靠同化产物从地上部向根或果实中的运转。这一过程包括蔗糖由叶肉细胞扩散到组织细胞内，然后被泵入韧皮部，并在韧皮部筛管中运输。钾在此运输过程中有重要作用。

(三)促进蛋白质合成

钾通过对酶的活化作用，从多方面对氮素代谢产生影响。钾促进蛋白质和谷胱甘肽的合成。因为钾是氨基酰-tRNA 合成酶和多肽合成酶的活化剂。

当供钾不足时，植物体内蛋白质合成减少，可溶性氨基酸含量增加，有时植物体内原有蛋白质也会分解，导致胺中毒。

钾促进蛋白质的合成还表现在能促进豆科作物根瘤菌的固氮作用(表 7-11)，供钾可增加每株的根瘤数、根瘤重，并明显提高固氮酶活性，从而促进根瘤菌固氮作用。

表 7-11　供钾对大豆生长、根瘤数和固氮酶活性的影响

处理	地上部重量(g/株)	单株根瘤数(g)	单株根瘤重(g)	固氮酶活性*
-K	9.05	54.7	3.0	86.9
+K	12.50	60.8	3.9	109.8

(*单位为 umol/g 根瘤/h。引自陆景陵，植物营养学，2003)

(四)参与细胞渗透调节作用

钾对调节植物细胞的水势有重要作用。钾能顺利进入植物细胞内，以离子的状态累积在细胞质的溶胶和液泡中。钾离子的累积能调节胶体的存在状态，也能调节细胞的水势。缺钾的情况下，细胞吸水能力差，胶体保持水分的能力也小，细胞失去弹性，植株和叶片易萎蔫。保持细胞正常的水势是细胞增长的驱动力，对调节细胞代谢有重要作用。

(五)调控气孔运动

钾能调节气孔运动，有利于作物经济用水。植物气孔运动与渗透压、压力势密切相关。当植物体供钾充足时，可使气孔调节灵敏。当植物处于光照下，K^+便从叶片的表皮细胞进入保卫细胞，并在保卫细胞中与苹果酸结合形成苹果酸盐，使保卫细胞渗透压增加，保卫细胞获得水分，压力势增加，气孔张开。在无光和植物缺水条件下，气孔关闭。气孔的适时张开与关闭可调节植物的蒸腾作用，减少水分散失，尤其在干旱条件下更有重要意义。

(六)促进酶的活性

目前已知有六十多种酶需要一价阳离子来活化，而其中钾离子是指物体内最有效的活化剂。这六十多种酶大约可归纳为合成酶、氧化还原酶和转移酶。它们参与糖代谢、蛋白质代谢和核酸代谢等生物化学过程，从而对植物生长发育起着独特的生理作用。由于钾是许多酶的活化剂，所以供钾水平明显影响植物体内碳、氮代谢作用。

(七)促进有机酸代谢

钾参与植物体内氮的运输，它在木质部运输中常常是硝酸根离子(NO_3^-) 的主要陪伴离子。钾明显提高植物对氮的利用，也促进了植物从土壤中吸取氮素。

(八)增强植物的抗逆性

钾有多方面的抗逆功能，它能增强作物的抗旱、抗高温、抗寒、抗病、抗盐、抗倒伏等的能力，从而提高其抵御外界恶劣环境的忍耐能力。这对作物稳产、高产有明显作用。

(1)抗旱性　增加细胞中钾离子的浓度可提高细胞的渗透势，防止细胞或植物组织脱水。同时钾还能提高胶体对水的束缚能力，使原生质胶体充水膨胀而保持一定的充水度、分散度和黏滞性。

(2)抗高温　缺钾植物在高温条件下，易失去水分平衡，引起萎蔫。K^+有渗透调节功能，供钾水平高的植物，在高温条件下能保持较高的水势和膨压，以保证植物能正常进行代谢。通过施用钾肥可促进植物的光合作用，加速蛋白质和淀粉的合成，也可补偿高温下有机物的过度消耗。钾还通过气孔运动及渗透调节来提高作物对高温的忍耐能力。

(3)抗寒性　钾对植物抗寒性的改善，与根的形态和植体内的代谢产物有关。钾不仅能促进植物形成强健的根系和粗壮的木质部导管，而且能提高细胞和组织中淀粉、糖分、可溶性蛋白质以及各种阳离子的含量。组织中上述物质的增加，既能提高细胞的渗透势，增强抗旱能力，又能使冰点下降，减少霜冻危害，提高抗寒性。此外，充足的钾有利于降低呼吸速率和水分损失，保护细胞膜的水化层，从而增强植物对低温的抗性。

(4)抗盐害　供钾不足时质膜可能失去原有的选择透性而受盐害。供钾不足时，原生质膜中的蛋白质分子上的巯基(—HS)易氧化成双巯基，使蛋白质分子变性，同时类脂层中的不饱和脂肪酸也脱水而易被氧化，导致原生质膜可能失去原有的选择透性而受盐害。

(5)抗病性　钾对增加作物抗病性也有明显作用。在许多情况下，病害的发生是由于养分缺乏或不平衡造成的。钾能使细胞壁增厚提高细胞木质化程度，因此能阻止或减少病原菌的入侵和昆虫的危害。另一方面，钾能促进植物体内低分子化合物(如游离氨基酸、单糖等)转变为高分子化合物(如蛋白质、纤维素、淀粉等)。可溶性养分减少后，有抑制病菌滋生的作用。

(6)抗倒伏　钾还能促进作物茎秆维管束的发育，使茎壁增厚，髓腔变小，机械组织内细胞排列整齐。因而，增强抗倒伏的能力。

(7)抗早衰　钾有防止早衰、延长籽粒灌浆时间和增加千粒重的作用。

不仅如此，钾还能抗 Fe^{2+}、Mn^{2+}以及 H_2S 等还原物质的危害。

三、钾与作物品质

钾对作物品质的改善不仅表现在提高产品的营养成分，也表现在能延长产品的贮存期、更耐搬运和运输，特别是对叶菜类蔬菜和水果类作物来说，钾能使其产品以更好的外观上市。使水果的色泽更鲜艳，汁液含糖量和酸度都有所改善。

同时还应该指出，施用过量钾肥也会由于破坏了养分平衡而造成品质下降。如苹果的果肉变绵不脆，耐贮性下降；由于细胞含水率偏高，使枝条不充实，耐寒性下降等。有资料报道，湖北省早阳县某果园，因施钾过多，使苹果叶片变小，叶色变黄，果肉纤维化而不能食用。广东某柑橘园也因施钾过多，造成柑橘果皮变厚、粗糙，糖分和果汁减少，纤维素含量增加，着色晚，品质明显下降，几乎不能食用。钾肥用量过多还会造成作物奢侈吸收，即作物吸养分大幅增加，超过作物实际需钾量，而且这些养分对提高产量没有帮助。奢侈吸收显然是一种浪费现象。

四、植物钾素营养失调症状

植物缺钾时细胞形态有明显变化，其组织中常出现细胞解体，死细胞增多。缺钾时，植株外形也有明显的变化。

由于钾在植物体内流动性很强，能从成熟叶片和茎中流向幼嫩组织进行再分配，因此植物生长早期，不易观察到缺钾症状，即处于潜在缺钾阶段。此时往往使植物生活力和细胞膨胀明显降低，植株生长缓慢、矮化。缺钾症状通常在作物生长发育的中后期才表现出来。

严重缺钾时，植株下部叶片首先出现症状，老叶上出现失绿并逐渐坏死，叶片暗绿无光泽。双子叶植物叶脉间先失绿，沿叶缘开始出现黄化或有褐色的条纹或斑点，并逐渐向叶脉间蔓延，最后发展为坏死组织；单子叶植物叶间先黄化，随后逐渐坏死。坏死组织形成与腐胺积累有关。

缺钾时，植物根系生长不良，细跟和根毛生长很差，易出现根腐病；组织柔弱易倒伏；气孔开闭失调，抗旱能力下降。供氮过量而供钾不足，双子叶植物叶片常出现叶脉紧缩而脉间凹凸不平的现象。大豆结荚成熟后，植株仍保持绿色，是缺钾的典型症状。

不同植物缺钾症状有所不同。禾谷类作物缺钾时下部叶片出现褐色斑点，严重时新叶也出现同样症状，成穗率低，抽穗不整齐，结实率差，籽粒不饱满。十字花科、豆科以及棉花等作物叶片首先脉间失绿，进而转黄，呈花斑叶，严重时出现叶片焦枯向下卷曲，褐斑沿叶脉向内发展。果树缺钾时叶缘变黄，逐步发展而出现组织坏死，果实小，着色不良，品味差。烟草缺钾影响烟叶的燃烧性。

另外，植物对钾的吸收具有奢侈的特点，过量钾的供给，可影响各种离子间的平衡。偏施钾肥，会抑制植物对钙、镁的吸收，出现钙、镁缺乏症，影响作物产量与品质。

五、常用钾肥的种类和性质

我国钾肥生产滞后于氮肥和磷肥，主要原因是我国钾资源严重缺乏。FAO 数据表明，按养分(K_2O)计算，2014 年，我国钾肥年产量仅 865 万 t(K_2O)，而年钾肥用量已达到

1340 万 t 以上，钾肥的来源主要依靠进口。由于经济作物面积的增加和人们对农产品品质的重视还会增加钾肥的需要，另外测土配方施肥技术的推广，也将增加钾肥的推荐数量，进而增加钾肥的需求。这种状况决定了我国钾肥会长期供不应求，钾肥依赖进口的局面要长期下去。

(一)我国钾矿盐的组成和含钾量

迄今为止，我国已探明的钾矿资源很少，远远不能满足农业生产的要求。我国海岸线较长，在制盐过程中有大量副产品盐卤，其中含有钾，可作为生产钾肥的原料。可从盐湖水、盐井水和海水中提取钾肥。随着水泥工业的发展，我国 20 世纪 20 年代从水泥厂的废气中回收钾，生产窑灰钾肥。我国钾矿盐的组成和含钾量见表 7-12。

表 7-12　我国生产钾肥用的含钾矿物

矿物	成分	K_2O(%)	K($mg \cdot kg^{-1}$)
含钾氯化物			
钾盐	KCl	63.1	524
光卤石	$KCl \cdot MgCl_2 \cdot 6H_2O$	17.0	141
钾盐镁矾	$4KCl \cdot 4MgSO_4 \cdot 11H_2O$	19.3	160
碳酸芒硝	$4KCl \cdot 9Na_2SO_4 \cdot 2Na_2CO_3$	3.0	25
含钾硫酸盐			
杂卤石	$K_2SO_4 \cdot MgSO_4 \cdot 2CaSO_4 \cdot H_2O$	15.6	130
无水钾镁矾	$K_2SO_4 \cdot 2MgSO_4$	22.7	188
钾镁矾	$K_2SO_4 \cdot MgSO_4 \cdot 4H_2O$	25.7	213
软钾镁矾	$K_2SO_4 \cdot MgSO_4 \cdot 6H_2O$	23.4	194
石膏镁钾矾	$K_2SO_4 \cdot MgSO_4 \cdot 4CaSO_4 \cdot 2H_2O$	10.7	89
钾芒硝	$3K_2SO_4 \cdot Na_2SO_4$	42.5	353
钾石膏	$K_2SO_4 \cdot CaSO_4 \cdot H_2O$	28.7	238
钾明矾	$K_2SO_4 \cdot Al_2(SO_4)_3 \cdot 2H_2O$	9.9	82
明矾石	$K_2Al_6(OH)_{12} \cdot (SO_4)_4$	11.4	95
含钾硝酸盐			
硝酸钾	KNO_3	46.5	386

[引自胡霭堂，植物营养学(下册)，1995]

(二)常用钾肥的种类、性质和施用技术

我国农业生产上施用的钾肥种类不多，钾肥种类也较氮、磷肥为少，主要的钾肥品种是氯化钾，氯化钾是钾肥的主要品种和基础肥料品种，占我国钾肥总用量的 90% 左右；硫酸盐型钾肥，包括硫酸钾、钾镁肥等约占 10%；硝酸钾和硫酸钾等多用作工业原料，极少用作肥料。此外，作钾肥施用的还有草木灰、窑灰钾肥等矿质钾肥。

1. 氯化钾(KCl)

氯化钾(potassium chloride 或 mariate of potash，缩写为 MOP)是主要的钾肥品种。我国目前氯化钾产量较低，以青海盐湖卤水制取氯化钾为主，1985 年产 4 万 t 氯化钾，目前年产氯化钾约是 250 万 t。氯化钾主要以光卤石(含有 $KCl \cdot MgCl_2 \cdot 6H_2O$，含 K_2O 9%~11%)、钾石盐(含有 $KCl \cdot NaCl$，含 K_2O 12%)和盐卤(含有 KCl、NaCl、$MgSO_4$ 和 $MgCl_2$ 四种主要盐类)为原料制成。

(1)含量和性质　氯化钾为白色或淡黄色或粉红色晶体，分子式为 KCl，含 K_2O 50%~60%，含 Cl 47.6%，还含有少量的钠、钙、镁、溴和硫等元素。氯化钾吸湿性不大，但长期贮存后也会结块；特别是含杂质较多时，吸湿性即增大，更容易结块。氯化钾易溶于水，是速效性钾肥。

(2)在土壤中的转化　氯化钾施入土壤中，在中性或石灰性土壤中生成氯化钙，所生成的氯化钙易溶于水，在多雨地区、多雨季节或灌溉条件下，就随水流失。若长期施用，不配施钙质肥料，土壤中的钙会逐渐减少，而使土壤板结。此外，氯化钾为生理酸性肥料，会使缓冲性小的中性土逐渐变酸。在酸性土壤中，氯化钾和土壤胶体起代换反应生成盐酸，生成的盐酸会使土壤酸性加强，也增加了土壤中铁和铝的溶解度，加重了活性铝的毒害作用，会妨碍种子发芽和幼苗生长。所以在酸性土壤上施用氯化钾应与有机肥料和石灰相配合。

氯化钾是生理酸性肥料，施入土壤后，能立即溶于土壤溶液中，以离子状态存在，除一部分钾被作物吸收利用外，另一部分则打破土壤中原有各种形态钾之间的平衡，产生离子交换、固定等过程，直至建立新的平衡体系。施入土壤中的钾，首先同土壤胶体上的阳离子起代换作用，而被土壤吸附，很少移动。残留的氯离子不能被土壤吸持，而与钾所代换出来的阳离子结合成氯化物。

(3)合理施用　合理施用氯化钾的原则：①施用氯化钾应配合施用有机肥料和石灰，以便中和酸性；②氯化钾中含有氯离子，对于忌氯作物以及盐碱地不宜施用。如必须施用时，应及早施入，以便利用灌溉水或雨水将氯离子淋洗至下层；③氯化钾可作基肥和追肥，但不能作种肥。

2. 硫酸钾(K_2SO_4)

工业制取硫酸钾是以明矾石为原料，将明矾石粉与氯化物(用食盐或盐卤均可)混合，在高温炉中燃烧，通入水蒸气，在有水蒸气时发生复分解反应而制成硫酸钾。

(1)含量和性质　硫酸钾(potassium sulphate，缩写为 SOP)是一种重要的优质无氯钾肥，同时也是一种含硫和钾的复合肥。硫酸钾为白色晶体，分子式为 K_2SO_4，含 K_2O 48%~52%，易溶于水，也是速效性钾肥。吸湿性较小，贮存时不易结块。

(2)在土壤中的转化　硫酸钾施入土壤中，其变化与氯化钾大体相同，只是交换吸附后生成物不同。在中性和石灰性土壤上生成硫酸钙，而在酸性土壤上生成硫酸，生成的硫酸钙溶解度较小，易积存在土壤中填塞孔隙。长期连续施用有可能造成土壤板结。因此，应增施有机肥料，以改善土壤结构。酸性土壤施用硫酸钾时，则需适当施用石灰，以中和酸性。

(3)合理施用　硫酸钾作基肥或追肥均可，由于钾在土壤中移动性较差，通常多作基肥用。且应注意施用深度和位置。硫酸钾还能作种肥和根外追肥。

合理施用硫酸钾的原则：①应增施有机肥料以改善土壤结构、防止土壤板结；②酸性土壤上应增加石灰以中和酸性；③硫酸钾作基肥、种肥、追肥均可。由于钾在土壤中的移动性较小，一般以基肥最为适宜，并应注意施肥深度；④应集中条施或穴施，使肥料分布在作物根系密集的湿润土层中；⑤硫酸钾的价格比氯化钾昂贵，因此通常情况下应尽量选用氯化钾，减少施肥的投资，增加经济效益。但对于缺硫或硫含量不很丰富的土壤、需硫较多的作物、对氯敏感的作物或忌氯作物、需优先保证品质的作物等均应选用硫酸钾。

3. 窑灰钾肥

窑灰钾肥(Cement kiln dust)是水泥厂的副产品。制造水泥时，原料中的铝硅酸钾矿物经高温(1100 ℃以上)煅烧，产生氧化钾气体进入烟道后，和煤燃烧时产生的二氧化碳或二氧化硫发生反应生成硫酸钾和碳酸钾。如果在配料中掺入氯化物(如 $CaCl_2$)，则可生成氯化钾。所生成的硫酸钾或碳酸钾，在随气流从高温炉中的高温区向低温区移动，在温度降低的条件下凝结成极细的晶体颗粒，并吸附在粉尘上。粉尘回收后，再经风化，就可获得窑灰钾肥。

(1)含量和性质　窑灰钾肥呈灰黄色或灰褐色，颗粒极细，轻浮，干燥时极易飞扬。窑灰钾肥含有多种成分，其中含氧化钾(K_2O)大约 8%~12%，高的可达 20%以上，还有 CaO 35%~40%，以及镁、硅、硫和多种微量元素。窑灰钾肥中所含的大部分钾(约 90%)是作物能直接吸收利用的水溶性钾，主要是硫酸钾、碳酸钾等；还有 1%~5%是能溶于 2%柠檬酸的钾，主要是铝酸钾和硅铝酸钾；另外还有少量未分解的钾长石、黑云母等含钾矿物。由于窑灰钾肥中含有 35%~40%的氧化钙，所以这种肥料是强碱性的，其水溶液 pH 值为 9~11，而且吸湿性很强，易结块，注意干燥贮存。施入土壤后，在吸水过程中能明显发热，是一种热性肥料。窑灰钾肥特别适宜在酸性土壤上施用。

(2)合理施用　合理施用窑灰钾肥的原则：①施用前先加少量湿土拌和，以减少飞扬损失；②可把少量窑灰钾肥拌入有机肥料堆中，以促进有机肥料的分解；③作追肥必须防止肥料沾在叶片上，早晨有露水时不能施用；④窑灰钾肥是强碱性肥料，因此不可与铵态氮肥混合施用，以免引起氮素的挥发损失；⑤窑灰钾肥最适于在酸性土壤上施用，或施在需钙较多的作物上；⑥可作基肥或追肥，但不可作种肥、不适合用来沾秧根；⑦可与过磷酸钙混合，否则会降低磷肥的肥效。

4. 草木灰

植物残体燃烧后所剩余的灰分统称为草木灰(plant ash)。长期以来，我国广大农村普遍以稻草、麦秸、玉米秆、棉花秆、树枝、落叶等做燃料，所以草木灰是农村中一项重要肥源。

植物残体在燃烧过程中大多被烧失，因此草木灰中仅含有植物体内各种灰分元素，如磷、钾、钙、镁以及各种微量元素养分，其中钾和钙数量较多，磷次之。因此草木灰的作用不仅是钾素，而且还有像钙、镁、磷、微量元素等营养元素作用。

(1)含量和性质　草木灰中含有各种钾盐。以碳酸钾为主，占总钾量的 90%；其次是硫酸钾，氯化钾含量较少。草木灰中的钾约有 90%都能溶于水，有效性高，是速效性钾肥。由于草木灰中含碳酸钾，因此它的水溶液呈碱性，是一种碱性肥料。草木灰中还含有弱酸溶性的磷，能被作物吸收利用。

草木灰的成分差异很大，草木灰的成分和植物种类有关，不同植物灰分中磷、钾、钙等含量各不相同。一般木灰含钙、钾、磷较多，而草灰含硅较多，磷、钾、钙较少，稻壳灰或煤灰中养分含量最少。同一种植物，因部位、组织不同，灰分的养分含量也有差别。同一种植物，幼嫩组织的灰分中含磷、钾多，衰老组织的灰分则含钙、硅多(表 7-13)。此外，土壤类型、土壤肥力、施肥情况、气候条件都会影响植物灰分的成分和含量，如盐土地区的草木灰，含氯化钠较多，含钾较少。

表 7-13　草木灰与煤灰的成分(%)

种　类	钾(K_2O)	磷酸(P_2O_5)	钙(CaO)
一般针叶树灰	5.00	1.27	25.0
一般阔叶树灰	8.27	1.53	21.4
小灌木灰	4.88	1.37	17.9
稻草灰	1.48	0.19	7.79
小麦秸秆灰	11.4	2.80	4.21
棉壳灰	18.1	3.99	10.0
糠壳灰	0.55	0.27	0.64
花生壳灰	5.33	0.54	
向日葵秆灰	29.3	1.11	13.2
烟煤灰	0.58	0.26	18.6

(引自沈其荣，土壤肥料学通论，2001)

(2)合理施用　合理施用草木灰的原则：①草木灰是以碳酸钾为主的碱性肥料，所以不能与铵态氮肥混合施用，也不应与人粪尿、圈肥等有机肥料混合，以免引起氮素的挥发损失；②草木灰可作基肥、种肥或追肥，其水溶液也可用于根外追肥；③草木灰还可用作水稻秧田的盖肥，能起到供给养分，增加地温，减少青苔，防止烂秧以及疏松表土，便于起秧等多种作用；④草木灰通常以集中施用为宜，采用条施或穴施均可；⑤草木灰应优先施在忌氯喜钾的经济作物(如烟草、马铃薯、甘薯)上；⑥我国西北和内蒙古的某些内陆盐碱土和沿海的滨海盐碱土上生长的植物中含大量钠和氯，由这些耐盐植物所得到的草木灰不能用作肥料，以免把大量的盐分带回土壤。

常用钾肥的成分、性质和施用技术要点见表 7-14。

表 7-14　常用钾肥的成分、性质和施用技术要点

肥料名称	化学成分	含钾量(K_2O,%)	性质和特点	施用技术要点
氯化钾	KCl	50~60	白色或淡黄色或粉红色晶体，含 Cl 47.6%，还含有少量的钠、钙、镁、溴和硫等元素。吸湿性弱，但长期贮存后也会结块；特别是含杂质较多时，吸湿性即增大，更容易结块。氯化钾易溶于水，作物易吸收利用，是生理酸性肥料，是速效性钾肥	适用于各种作物，作基肥或追肥，但应适当深施，集中施用。追肥宜早，早期追施效果比晚期追肥好。但对氯敏感的作物不宜施用。不宜施于盐碱、涝洼地

（续）

肥料名称	化学成分	含钾量(K_2O,%)	性质和特点	施用技术要点
硫酸钾	K_2SO_4	48~52	白色或淡黄色晶体，是一种重要的优质无氯钾肥，同时也是一种含硫和钾的复合肥，吸湿性较小，贮存时不易结块。易溶于水，作物易吸收利用，是生理酸性肥料，也是速效性钾肥	适用于各种作物，尤其是烟草、亚麻、葡萄、马铃薯及茶等，效果比氯化钾好。作基肥或追肥，但应适当深施，集中施用。追肥宜早，早期追施效果比晚期追肥好
窑灰钾肥	主要为K_2SO_4、K_2CO_3等	8~12，高的可达20%以上	灰黄色或灰褐色颗粒，颗粒极细，轻浮，干燥时极易飞扬。窑灰钾肥含有多种成分，除含钾外，还含有CaO 35%~40%，以及镁、硅、硫和多种微量元素。所含的大部分钾（约90%）是作物能直接吸收利用的水溶性钾。强碱性肥料，水溶液pH值为9~11，吸湿性很强，易结块，注意干燥贮存。在吸水过程中能明显发热，是一种热性肥料，特别适宜在酸性土壤上施用	可作基肥或追肥，但不可作种肥、不适合用来沾秧根。最适于在酸性土壤上施用，或施在需钙较多的作物上
草木灰	主要为K_2CO_3、K_2SO_4、K_2SiO_3等	5~10	是含钾较多的农家肥。除含钾外，还有磷、钾、钙、镁以及各种微量元素养分，其中钾和钙数量较多，磷次之。主要成分能溶于水，有效性高，是速效性钾肥。水溶液呈碱性，是一种碱性肥料	适用于各种土壤和作物，可作基肥、种肥或追肥，应开沟施入。其水溶液也可用于根外追肥。为了防止氨的挥发，不能与铵态氮肥混合施用，也不应与人粪尿、圈肥等有机肥料混合

六、钾肥合理施用分配与管理

钾肥是农业生产中的基础肥料。我国北方大部分土壤有效钾含量比较丰富，在目前产量水平下钾肥肥效不及氮、磷肥料明显。但是随着经济作物单产和复种指数的提高以及氮、磷化肥用量的迅速增加，目前在一些需钾较多的经济作物上已有缺钾的迹象。可以预料，钾肥将愈来愈显示它的增产作用。我国土壤缺钾已成为共识，而我国又是一个钾资源严重短缺的国家，如何有效施用和管理钾肥，如何解决钾肥供应的“瓶颈”，已是关乎农业可持续发展的大事。

(一)有效施用管理钾肥应考虑的因素

钾肥的肥效受土壤性质、作物种类与品种、施肥技术、气候条件等因素的影响。掌握好钾肥有效施用条件，才能充分发挥钾肥的增产效果，取得良好的经济效益。

1. 土壤条件

(1)土壤供钾水平　从植物营养角度可将土壤中的钾分为矿物态钾、非交换性钾或缓效钾、包括水溶性钾和交换性钾在内的有效钾。它们在土壤中呈动态平衡，直接控制着土壤的供钾状况和钾肥的效果。土壤有效钾的含量和非交换性钾释放的速率和数量，基本上能反映土壤的供钾水平。

土壤是作物需钾的重要给源，土壤有效钾的多寡是目前衡量土壤供钾水平的主要指标之一。土壤缺钾的程度是钾肥有效施用的先决条件，首先要考虑土壤有效钾含量对钾肥肥效的影响。钾肥肥效大小与土壤速效钾丰缺关系密切，土壤有效钾低的土壤，供钾水平较低，施钾的效果好；反之，施用钾肥的效果差。因此，钾肥应首先施用在含有效钾和非交换性钾低的土壤上。

(2)土壤质地　土壤质地是影响土壤含钾量和供钾能力的重要因素。因为它不仅与土壤钾的质量分数有关，还关系到土壤对钾的吸附和扩散。土壤黏粒含量是决定土壤溶液中钾浓度的重要因素。在决定钾肥用量时，必须把土壤黏粒含量，也就是土壤质地这一因素考虑进去。土壤黏重，黏粒含量高的土壤，土壤对钾的吸附能力强，钾的缓冲容量也大，施钾肥后一般有相当一部分要被黏粒吸附(或固定)，因此，对黏质土壤要比轻质土壤施入更多的钾肥，才能使土壤溶液中达到一定的钾浓度，但维持这个水平的能力较强；相反，钾缓冲容量小的土壤，只要施用少量钾肥，就能使土壤溶液达到较高的钾水平，但维持时间较短。因此，砂性土壤一次施钾不能太多，否则容易流失。质地还影响钾的扩散速度，质地愈细，电荷密度愈大，对钾的束缚力也大，扩散就会受到限制，也需要土壤中维持较高的钾浓度

(3)土壤含水量　土壤有效钾的数量随土壤含水量的增加而有所提高。土壤溶液中的钾，主要以扩散的方式移向作物根部供吸收利用，质流也有一定的作用。扩散作用是在土粒外的水膜中进行的，钾离子在土壤中向作物根系的移动状况受土壤含水量的影响，水分含量增加，移动速率加快，因此，土壤含水量高，有利于扩散作用与作物对钾的吸收。

此外，土壤溶液中钾离子浓度高，也有利于其扩散作用，在水分少的土壤中，可通过提高土壤溶液中钾离子的浓度，来加强扩散作用，因此，在干旱季节，钾施用量应适当增加。

2. 作物种类与品种

不同作物的需钾量和吸钾能力不同，施用钾肥的效果也不同。经济作物中的油料作物、薯类作物、糖用作物、麻类作物、蔬菜、果树以及烟草等需钾较多，而禾本科作物一般需钾量较少。一些常见的经济作物养分吸收量见表 7-15。

表 7-15　一些常见的经济作物养分吸收量

经济作物	产量($t \cdot hm^{-2}$)	养分吸收量($kg \cdot hm^{-2}$)		
		N	P	K
花椰菜	35	327	42	308
设施黄瓜	120~160	480~600	120~160	350~440
菠菜	30	105	20	130
设施番茄	120~160	324~432	120~160	474~632

（续）

经济作物	产量（$t \cdot hm^{-2}$）	养分吸收量（$kg \cdot hm^{-2}$）		
		N	P	K
设施西芹	90	251	27	427
辣椒	45	234	21	242
萝卜	45	126	26	154
胡萝卜	45	158	26	224
菜心	7	20	6	20
大葱	55	102	20	75
大蒜	26	215	38	146
大白菜	120	288	42	155
马铃薯	25	129	13	105
苹果	60	130~150	18~20	170~190
桃	50	110	19	140
香蕉	82	480	145	1 410
柑橘	22~45	117	16	108
葡萄	30	224	153	317
油菜	3	154	14	87
大豆	3	216	11	44

（数据来源：张福锁，陈新平，陈清主编，中国主要作物施肥指南，2009）

同一作物不同品种间对钾的要求也有差异，如水稻矮秆高产良种比高秆品种对钾肥反应更为敏感，粳稻比籼稻较为敏感。试验证明，杂交水稻对钾的吸收总量多于常规稻。杂交稻耐土壤低钾能力弱，因而要有较高的土壤有效钾含量。所以，在水稻生产中，钾肥应优先施于杂交稻。

作物不同生育期对钾的需要差异显著。一般禾谷类作物在分蘖至拔节前需钾较多，其吸收量为总需钾量的60%~70%，开花以后明显下降。棉花需钾量最大在现蕾至成熟阶段，梨树在梨果发育期，葡萄在浆果着色初期，也是需钾量最大时期。对一般作物来说，苗期对缺钾最为敏感。但与磷、氮相比，其临界期的出现要晚些。

总之，在钾肥有限的情况下，钾肥应优先施在需钾多、增产效应明显和吸钾能力弱的经济作物或品种上，并在经济作物需钾最迫切的时期施用，才能取得较好的增产效果和经济效益

3. 肥料性质

不同钾肥种类的性质不尽相同，如硫酸钾和氯化钾均为生理酸性肥料，适宜用于石灰性土壤；在酸性土壤上，应配合施用适量石灰或草木灰。窑灰钾肥为碱性肥料，宜用于酸性土壤。氯化钾适宜用于水田，而不宜用于盐碱地；至于钾肥所含氯离子对作物产量和品质的影响，报道不一，需具体分析。

4. 气候条件

降水过多会引起土壤中水溶性钾流失，且造成土壤通气不良，作物根系吸收受到抑制。然而，在干旱条件下，即使土壤交换性钾水平适宜，但由于钾的迁移与根系吸收都受到抑制，增施钾肥增产效果明显。

温度也影响钾肥的肥效。高温有利于土壤钾向有效化方向转化。生产上，采用的冻融、晒垡等措施都有利于土壤钾的释放，提高被固定钾的生物有效性。

(二)合理施用管理钾肥的原则与技术

在我国南方因受气候和土壤条件的影响，很多作物已表现出缺钾症状，而且施钾后，增产效果十分显著，这充分说明施用钾肥已是农业生产上一项重要的增产措施。但是，目前我国钾肥供应有限，不可能完全满足生产的需要，只能首先按照需求程度来分配。

1. 施于缺钾的土壤

钾肥应首先分配在严重缺钾的土壤及对钾要求多且吸收钾能力又弱的作物上，使有限的钾肥发挥其最大的增产效果。土壤质地粗的砂性土大多是缺钾土壤，施钾肥后效果十分明显，有限的钾肥应优先施用于质地轻的土壤上，以争取较高的经济效益；砂性土施钾时应控制用量，采取“少量多次”的办法，以免钾的流失。

2. 施于喜钾作物

豆科作物对钾最敏感，施钾肥后增产显著；含碳水化合物多的薯类作物和含糖较多的甜菜、甘蔗以及一些浆果等需钾量也较多；经济作物中的棉花、麻类和烟草等也是需钾较多的作物；禾本科作物中以玉米对钾最为敏感，而水稻、小麦对钾不太敏感，施钾肥后一般增产较少(尤其是在北方)。有限的钾肥应优先施于喜钾作物。钾肥对喜钾作物不仅能明显提高产量，而且还能改善产品品质。

3. 施于高产田

低产田产量水平不高，需钾不迫切。作物产量逐年提高后，作物每次收获都要带走大量的养分。在我国人们施氮、磷肥的意识很强，却很少注意补充钾肥，因此许多高产田上出现供钾不足的现象。因此，常年大量施用有机肥料或秸秆还田数量较多的高产田，钾肥可酌情减少或者隔年施用。

4. 钾肥的施用时间、方法和位置

钾肥一般作基肥，如作追肥也宜适当早施。条施钾肥通常比撒施效果好。特别是在土壤固钾能力较强的情况下，条施的效果更为显著。钾肥分次施用也是提高钾肥肥效的一个重要措施。钾肥有一定的后效，在连年施用钾肥或前茬施钾较多的条件下，钾肥的肥效常有下降的趋势。

在没有灌溉条件的干旱地区，干燥的表层土壤中钾肥的有效性较低，此时应考虑钾肥与种子一起施用或施在种子附近，其效果比撒施好。

钾肥的肥效在气候条件不好的年份比正常年景效果好，因此，遇作物生长条件恶劣、病虫害严重时，及时补施钾肥可以增强作物的抗逆性，能争取获得较好的收成。

5. 与含其他养分的肥料配合施用

不能把钾只作为一个单一的营养物质来进行研究，而应将钾和其他养分联系在一起，研究钾以及它们的交互作用效果。作物的生理代谢过程中氮和钾有“互补”作用；钾可提高氮的代谢作用，促进蛋白质的合成，增加作物对氮素的利用；由于氮素促进了作物的生长，反过来又可增强作物对钾的吸收和利用；氮钾配合施用，不仅能提高产量，而且对产品的品质也有明显的改善作用。

(三)解决我国钾肥供应不足的途径

20世纪70年代以来，我国土壤需钾呼声日益高涨。近几年，我国北方地区也先后报道了土壤缺钾的研究资料。更为严重的问题是钾肥供不应求，迄今，我国已探明的钾矿资源较少，远远不能满足农业生产对钾肥的需求。因此，必须设法寻求解决供求矛盾的各种途径。

1. 大力提倡秸秆还田，加强钾在农业体系中的自身再循环

大部分作物的秸秆或地上部分比籽粒或块茎、块根含有更多的钾。如谷类作物秸秆的含钾量远高于籽粒。甜菜地上部分含有钾的数量是块根的3倍，马铃薯地上部分含钾量与块茎几乎相等，棉花纤维含钾数量很低，一般不超过整个棉株含钾量的5%，绝大部分都在棉株中，只有豆科作物的秸秆含钾量略低于籽粒。把它们以秸秆还田的方式归还给土壤，对维持和改善土壤钾的状况以及加强钾在农业生产体系中的自身再循环有明显的作用。

2. 积极寻求生物性钾肥资源

土壤中钾的含量是比较丰富的，但90%~98%是一般作物难以吸收的形态。采用种植绿肥或某些吸钾能力强的作物，使难溶性钾转变为有效钾是十分有意义的。据国内资料报道，许多野生植物的吸钾能力很强，可称得上为富钾植物。如苦草含钾(K_2O)占干物质重的6.2%~8.1%，金鱼藻为6.0%~6.7%，空心莲子草为5.9%~11.7%，向日葵秆的含钾量也在3%以上。这些植物可以作为生物性钾资源加以利用，以增加土壤中有效钾的含量。

3. 合理轮作换茬，缓和土壤供钾不足的矛盾

各种作物需钾量不同，吸钾能力也有差异，因此可以利用轮作换茬的方式调节土壤的供钾状况。例如，豆科作物需钾量大，而吸钾能力不如禾本科的小麦，如能轮换种植这两种作物，并将小麦秸秆还田，就能起到缓和土壤供钾不足的矛盾。

4. 重视有机肥料和灰肥的施用

我国多年来作物需钾量的90%以上是靠有机肥提供的，有机肥料和灰肥对解决钾肥资源不足将继续有重要作用。但在化肥迅速发展以后，它们在施肥中所占的比重明显下降。许多人把施用有机肥料和灰肥看成是农业生产落后的标志，逐渐忽视积攒和施用有机肥料和灰肥，这种认识是极其有害的。此外，施用有机肥料其意义远不仅是补充钾的来源。

思 考 题

1. 植物体内氮素、磷素、钾素的含量和分布特点是什么？
2. 氮素、磷素、钾素在作物体内有哪些生理功能？它们缺乏和过量植物有什么症状？
3. 试述植物对氮素的吸收与同化过程。
4. 简述铵(氨)态氮肥和硝态氮肥的主要性质、代表性肥料品种及施用时的注意事项。
5. 尿素施入土壤中是如何转化的？为什么尿素适宜作根外追肥？
6. 试述过磷酸钙易产生退化的原因，并分析磷肥利用率低的原因。

7. 假定土壤 0~30 cm 磷含量为 0.1%，土壤容重 1.3 g·cm^{-3}，植物一年吸磷 30 kg·hm^{-1}，若消耗土壤全磷的 50%，可维持多少季种植作物需要？

8. 氮肥、磷肥和钾肥的合理分配施用措施有哪些？举例说明。

9. 什么是氮肥利用率？试述农业生产中，提高氮肥利用率的意义及其措施。

主要参考文献

[1]浙江农业大学．植物营养与肥料[M]．北京，中国农业出版社，1991.

[2]沈其荣．土壤肥料学通论[M]．北京：高等教育出版社，2001.

[3]朱兆良，文启孝．中国土壤氮素[M]．南京，江苏科学技术出版社，1992.

[4]吴礼树．土壤肥料学[M]．北京：中国农业出版社，2004.

[5]陆景陵．植物营养学[M].2 版．北京：中国农业大学出版社，2003．

[6]Peter E B. Nitrogen Fertilization in the Environment[M]．Woodlots & Wetland Pty. Ltd. Sydney，New South Wales Australia.，1995.

[7]林葆，等．五十年来中国化肥肥效的演变和平衡施肥学术讨论会论文集[M]．北京：农业出版社，1989.

[8]鲁如坤．我国土壤氮、磷、钾的基本状况[J]．土壤学报，1989(3)：280-286.

[9]朱宝金．土壤中非交换态 NH_4^+ 的释放及其与作物生长的关系[J]．土壤通报 1986(17)：31-33.

[10]朱兆良，等．石灰性稻田土壤上化肥氮损失的研究[J]．土壤学报，1989：26(4)：337-343．

[11]朱兆良，等．种稻下氮素的气态损失与氮肥品种及施用方法的关系[J]．土壤，1987：9(1)：5-12.

[12]熊毅，李庆逵．中国土壤[M].2 版．北京：科学出版社，1987.

[13]浙江农业大学．农业化学[M]．上海：上海科学技术出版社，1980.

[14]Marschner H. 高等植物的矿质营养[M]．曹一平，陆景陵，等译．北京：北京农业大学出版社，1991.

[15]中国农业科学院土壤肥料研究所．中国化肥区划[M]．北京：中国农业科技出版社，1986.

[16]汪善袁．磷酸、磷肥与复混肥料[M]．北京：化学工业出版社，1999.

[17]奚振邦．现代化学肥料学[M]．北京：中国农业出版社，2008.

[18]周健民．农田养分平衡与管理[M]．南京：河海大学出版社，2000.

[19]黄昌勇．土壤学[M]．北京：中国农业出版社，2000.

[20]沈其荣．土壤肥料学通论[M]．北京：高等教育出版社，2001.

[21]胡霭堂．植物营养学(下册)[M]．北京：北京农业大学出版社，1995.

[22]陆欣．土壤肥料学[M]．北京：中国农业大学出版社，2002.

[23]张福锁，陈新平，陈清．中国主要作物施肥指南[M]．北京：中国农业大学出版社，2009.

第八章　植物中微量元素营养及其肥料

摘　要　本章主要介绍植物体内中量和微量元素是植物生长发育所必需的营养元素，它们各自的含量、分布、营养功能及植物缺素症状与供应过多的危害，中微量元素肥料的种类和性质以及在农业生产中如何进行施用管理。通过本章的学习，重点掌握植物体内中微量元素营养功能及植物缺素症状与供应过多的危害，各种中微量元素肥料主要的种类、性质和施用技术。

第一节　植物中量元素营养及其肥料

钙、镁、硫三种元素是植物生长过程中需要量次于氮、磷、钾而高于微量元素的营养元素，通常称为中量元素。近年来，随着大量元素氮、磷、钾肥使用量的不断增加，复种指数的不断提高，农作物生长对钙、镁、硫元素的需求越来越迫切。

一、钙

(一)植物体内钙的含量、分布与营养功能

1. 植物体内钙的含量、形态与分布

植物体内钙的含量一般为0.1%~5.0%。不同植物种类、部位和器官的含钙量变幅很大。植物体的含钙量受植物的遗传特性影响很大，而受介质中钙供应量的影响却较小。通常，双子叶植物含钙量较高，而单子叶植物含钙量较低，双子叶植物中又以豆科植物含钙量高；根部含钙量较少，而地上部较多；茎叶(特别是老叶)含钙量较多，果实、子粒中含钙量较少。钙以 Ca^{2+} 的形态进入体内，是植物体内极不易移动的元素。在植物细胞中，钙大部分存在于细胞壁上，细胞内含钙量较高的区域是中胶层和质膜外表面；细胞器中，钙主要分布在液泡中，细胞质内较少。

2. 钙的营养功能

(1)稳定细胞膜　钙能稳定生物膜结构，保持细胞的完整性。钙与细胞膜表面磷脂和蛋白质的负电荷相结合，提高了细胞膜的稳定性和疏水性，并能增加细胞膜对 K^+、Na^+ 和 Mg^{2+} 等离子吸收的选择性。同时，钙对植物的生长、衰老、信息传递以及抗逆性等方面有重要作用。

(2)稳固细胞壁　植物中绝大部分钙以构成细胞壁果胶质的结构成分存在于细胞壁中。钙既可增强细胞壁结构和细胞间的黏结作用，又对膜的透性和有关的生理生化过程起着调节作用。

(3)促进细胞伸长和根系生长　钙是植物细胞伸长所必需的，在无 Ca^{2+} 的介质中，根系的伸长在数小时内就会停止。这是由于缺钙破坏了细胞壁的黏结联系，抑制细胞壁的形

成，而且使已有的细胞壁解体所致。

(4)参与第二信使传递　钙能结合在钙调蛋白(CAM)上对植物体内许多酶起活化功能，并对细胞代谢起调节作用。活化的钙调蛋白与细胞分裂、细胞运动、植物细胞中信息的传递以及植物光合作用及生长发育等都有密切关系。

(5)起渗透调节作用　在有液泡的叶细胞内，大部分 Ca^{2+} 存在于液泡中，对液泡内阴阳离子的平衡有重要贡献。草酸钙的溶解度很低，它的形成对细胞的渗透调节也很重要。例如，在成熟的甜菜和盐生植物的叶片中草酸钙的含量都很高。

(6)起酶促作用　Ca^{2+} 对细胞膜上结合的酶如 Ca-ATP 酶非常重要。该酶的主要功能是参与离子和其他物质的跨膜运输。迄今已发现钙可以同七十多种蛋白质结合。

3. 植物钙素营养失调症状及丰缺指标

(1)植物钙素营养失调症状　植物缺钙时，会引起许多营养失调症状。由于钙在植物体内不易移动，因此，缺钙症状首先在果实、叶尖、茎尖等部位发生。植物缺钙一般表现为：生长停滞，植株矮小，幼叶卷曲，叶缘黄化坏死，果实生长发育不良，易腐烂等。不同植物缺钙时发生的病症各异。例如，缺钙使甘蓝、莴苣和白菜等出现叶焦病；番茄、辣椒和西瓜等出现脐腐病；苹果出现苦痘病和水心病。

植物缺钙时有发生，植物钙营养过剩症状未见报道，这可能是土壤钙过多时，会引起土壤中磷、铁、锌、铜等元素吸收被抑制，造成上述元素的缺乏，因而掩盖了钙过量症状而不易被人们察觉。

(2)植物钙素营养的诊断指标　植株含钙差异颇大，一般双子叶植物如十字花科、豆科等植物含量显著高于单子叶禾本科植物。植株钙素营养状况如何，可参考植物钙素营养的诊断指标见表 8-1。

表 8-1　植物钙素营养的诊断指标

作物	钙含量状况(Ca,%)		
	缺乏	适量	过剩
小麦(幼苗期，地上部)	0.14	13.8	—
棉花(初花期，地上部)	0.80~1.02	2.20	—
甜菜(叶片)	0.66	3.70	—
烟草(叶片)	1.30~2.30	3.50~4.00	5.8
番茄(叶片)	<1.5	3.0~5.0	—
黄瓜(茎叶)	<2.0	2.5~4.5	—
甘蓝(外叶)	<1.8	2.0~3.5	—
大白菜(外叶)	<1.5	1.5~3.0	—
萝卜	—	1.0~1.5	—
柑橘(叶片)	<1.6	3.0~6.0	—
桃树(叶片)	<1.0	1.8~2.7	> 7.0
梨树(叶片)	<0.8	1.5~2.2	> 3.5
葡萄(叶柄)		0.7~2.0	—

（续）

作物	钙含量状况（Ca,%）		
	缺乏	适量	过剩
柿树（叶片）	0.26	1.35~3.11	—
樱桃（叶片）	<0.8	1.4~2.4	> 3.5
菠萝（叶片）	<0.04	0.22~0.40	—
荔枝	—	0.56	—
香蕉	<0.5	0.8~1.2	—
苹果	0.5~0.75	1.0~2.0	—

（引自陆欣《土壤肥料学》，2002）

（二）含钙肥料的种类、性质及施用

1. *石灰质肥料的作用*

（1）提供植物生长所需的钙、镁等元素　含钙石灰质肥料种类较多，CaO 含量一般都在 50%以上，其他含钙肥料 CaO 含量也多在 20%以上。同时部分含钙肥料还含有氧化镁及硅酸盐。这些肥料施入土壤能提供植物生长所需的钙、镁元素，还能补充有益元素硅。

（2）中和土壤酸性，消除铝毒和酸毒　各种石灰物质中和酸度的能力不同，可用中和值表示，其中生石灰的中和能力最强，见表 8-2。

表 8-2　各种石灰质肥料中和值

石灰质肥料	生石灰	熟石灰	白云石	石灰石	硅酸钙	高炉炉渣
组　成	CaO	$Ca(OH)_2$	$CaMg(CO_3)_2$	$CaCO_3$	$CaSiO_3$	CaO
中和值（%）	179	136	109	100	86	75~90

不同作物对其生长环境的酸性反应明显不同。在酸度较大的土壤上施用石灰，可为作物生长创造适宜的环境条件。另外，在有机质含量较多的土壤上施用过多新鲜绿肥或大量腐熟度差的有机肥料时，分解过程中产生大量的有机酸会对作物产生不良影响，施用适量石灰可以消除毒害。

我国南方强酸性土壤的总酸度中，交换性 H^+ 一般只占 1%~3%，其余均为交换性 Al^{3+}。由于 Al^{3+} 水解产生 H^+，这是导致土壤表现酸性的主要原因。施用石灰既可促进 Al^{3+} 的水解，又可中和其产生的 H^+。由于 Al^{3+} 与土壤胶体间的结合能力很强，石灰对铝的交换过程比较缓慢，所以施用石灰 1~2 天以后才能达到平衡。土壤中，活性铝离子的形态受 pH 值的控制：当 pH<4.5 时，为 Al^{3+}；pH 4.5~5.9 时，为 $[Al(OH)]^{2+}$；pH 6.0~6.5 时，为 $[Al(OH)_2]^+$；pH>6.5 时，为 $Al(OH)_3$，其中以 $[Al(OH)_2]^+$ 的毒性最强，故土壤 pH 为 4.5~5.5 时，产生铝毒的可能性最大。当活性铝的含量 10~20 $mg \cdot kg^{-1}$ 就会产生毒害，其主要表现是根系生长受阻，根变粗，根尖发黄。对铝极为敏感的有大麦、玉米、小麦、甜菜、番茄，三叶草等，施用石灰，可降低铝对它们的毒害。

（3）改善土壤的物理性状　酸性土壤含活性腐殖质较少，又缺乏钙素，土壤的结构

差，施用石灰能补充较多的钙。钙离子与土壤胶体上的氢离子进行交换，形成的钙胶体促进土壤胶体凝聚，有利于团粒结构的形成，使水、肥、气、热比较协调。

(4)促进土壤中有益微生物的活动，增加有效养分　不同类型的微生物对土壤 pH 值均有一定的要求，它们适宜的 pH 值如下：硝化细菌为 6.5~7.9，氨化细菌为 6.5~7.5，自生固氮菌为 6.5~7.8，嫌气性固氮菌为 6.9~7.3，根瘤菌为 6.0~7.0，纤维分解细菌为 6.8~7.5 等。酸性土壤施用石灰，提高了土壤 pH 值，有利于上述微生物的活动，促进土壤中固氮作用与有机质的矿化，增加土壤中的氮及其他有效养分。

(5)利用石灰的强碱性　石灰质肥料的碱性都很强，利用其特点既可直接杀死土壤中的病菌、虫卵，消灭杂草，抑制地下害虫，从而减轻病、虫、草害。也可以改变土壤酸度，抑制某些病害的发生，如十字花科的根肿病，在土壤 pH 7.2~7.4 时几乎不会发生；番茄的枯萎病在 pH8.0 时发病率明显降低。

2. 含钙肥料的种类和性质

钙肥的主要品种有生石灰、熟石灰、碳酸石灰、含钙工业废渣和其他含钙肥料。

(1)生石灰　又名烧石灰，主要成分为氧化钙(CaO)。通常用石灰石经过煅烧而成，含氧化钙 96%~99%；亦可用白云石烧制，含氧化钙 55%~58%，含有镁则称为镁石灰，兼有镁肥效果。若是用沿海地区的贝壳类烧制而成的，则称为壳灰，含氧化钙 50%左右。生石灰中和土壤酸度的能力很强，可以迅速矫正土壤酸度，此外还有杀虫、灭草、消毒土壤的功效，但用量不能过多，否则会引起局部土壤过碱。生石灰吸水后即转化为熟石灰，若长期暴露在空气中，最后转化为碳酸钙。故长期贮存的生石灰，通常是几种石灰质成分的混合物。

(2)熟石灰　又称消石灰，主要成分为氢氧化钙 $Ca(OH)_2$，含氧化钙 70%左右。由生石灰吸湿或加水处理而成，中和土壤酸度的能力也很强。

(3)碳酸石灰　由石灰石、白云石或贝壳类直接磨细而成，主要成分为碳酸钙($CaCO_3$)，含氧化钙 55%左右。其溶解度小，中和土壤酸度的能力较缓慢，后效长。

(4)含钙工业废渣　主要是一些工矿的副产品或下脚废渣，如炼铁的高炉渣，炼钢的炉渣，热电厂燃煤的粉煤灰，小氮肥厂的炭化煤球渣等均含有大量的钙质，主要成分为硅酸钙($CaSiO_3$)，含氧化钙 28%~40%。硅酸钙具有缓慢中和土壤酸度的能力，同时有利于喜硅的禾本科作物如水稻等细胞硅质化，增强其抗病虫、抗倒伏能力。

(5)石膏　农用石膏有生石膏、熟石膏、磷石膏三种。硫酸钙的溶解度很低，水溶液呈中性，属生理酸性肥料。主要用于碱性土壤，消除土壤碱性，起到改良土壤以及提供作物钙、硫营养的目的。

①生石膏　即普通石膏，俗称白石膏，主要成分为 $CaSO_4 \cdot 2H_2O$，含钙(Ca)量约 23%。它由石膏矿直接粉碎而成，呈粉末状，微溶于水，粒细有利于溶解，供硫能力和改土效果也较高，通常以 0.25mm 筛孔为宜。除钙外，还含硫(S)18.6%。

②熟石膏　又称雪花石膏，其主要成分为 $CaSO_4 \cdot 1/2H_2O$，含钙(Ca)约 25.8%。它由生石膏加热脱水而成。吸湿性强，吸水后又变为生石膏，物理性质变差，施用不便，宜贮存在干燥处。除钙外，还含硫(S)20.7%。

③磷石膏　主要成分为 $CaSO_4 \cdot 2H_2O$，约占 64%，其中含钙(Ca)约 14.9%。磷石膏是硫酸分解磷矿石制取磷酸后的残渣，是生产磷铵的副产品。其成分因产地而异，一般含

硫(S)11.9%、五氧化二磷2%左右。

(6)其他含钙肥料　一些化学氮肥如硝酸钙、硝酸铵钙等都含有钙。一些磷肥中常有含钙的成分，如普通过磷酸钙、重过磷酸钙、钙镁磷肥等，也都是重要的钙肥来源。部分化肥中钙的形态与含量见表8-3。

此外，各种农家肥中也含有一定量的钙，是不可忽视的钙源，其中骨粉、草木灰是含钙丰富的农家肥。

表8-3　部分化肥中钙的形态与含量

名称	形态	氧化钙(%)
硝酸钙	$Ca(NO_3)_2$	27
硝酸铵钙	$5Ca(NO_3)_2 \cdot NH_4NO_3 \cdot 10H_2O$	4~8
普通过磷酸钙	$Ca(H_2PO_4)_2 \cdot H_2O$，$CaSO_4$	25~29
重过磷酸钙	$Ca(H_2PO_4)_2$	16~19
钙镁磷肥	$Ca_3(PO_4)_2$，$CaSiO_3$	29~33
沉淀磷肥	$CaHPO_4$	30
磷矿粉	$Ca_5(PO_4)_3F$	28~49
窑灰钾肥	CaO	35~39

3. *石灰合理施用*

(1)石灰需用量　石灰需用量指的是将土壤pH值调节到作物生长最适宜范围下限时，所需要加入的石灰数量。石灰需用量的多少要根据土壤性质、作物种类、气候条件、石灰种类、施用目的与方法来确定。施用石灰主要是为了中和土壤酸度，石灰的用量可以大些，但具体施用多少适宜，需较复杂的土壤分析。具体确定石灰肥料用量的方法有几种，主要有根据土壤交换性酸度或水解性酸度计算法、根据土壤中阳离子交换量与盐基饱和度计算法、田间试验法等，现扼要介绍根据土壤交换性酸度计算法和田间试验法。

① 根据土壤交换性酸度来计算　目前我国施用较多的是熟石灰，以它为例按照测定的土壤交换性酸度进行计算。采用一定浓度氯化钙($CaCl_2$)溶液浸提土壤样品，然后用标准氢氧化钙溶液滴定，按下式换算石灰需要量：

$$D=\frac{mM}{100}\times\frac{74}{1000}\times2250000\times\frac{1}{2}$$

式中：D为熟石灰$Ca(OH)_2$施用量($kg \cdot hm^{-2}$)；mM/100为每100 g土壤中和时需要的$Ca(OH)_2$mmol数，74/1000为$Ca(OH)_2$的mmol数，2250000为每公顷耕地耕层土壤(30 cm)土重(kg)，1/2为在实际施用时采用实验室测定值的半数。

例如，测定100g土壤样品所提取的酸度，需要1.5mmol的$Ca(OH)_2$中和，则熟石灰施用量为：

$$熟石灰施用量=\frac{1.5}{100}\times\frac{74}{1000}\times2250000\times\frac{1}{2}=1248.8$$

② 根据田间试验结果来确定　根据田间试验结果确定石灰用量最为实用，因为影响

石灰用量的因素很多，采用田间试验的实际结果确定某一地区石灰用量较为合理。中国科学院南京土壤研究所甘家山红壤试验场进行了6年的石灰施用试验，根据土壤pH、质地及施用年限等提出了酸性红壤石灰用量(表8-4)。

表8-4 不同质地土壤第一年石灰施用量 $(kg \cdot hm^{-2})$

土壤反应	黏土	壤土	砂土
强酸性(pH4.5~5.0)	2250	1500	750~1125
酸性(pH5.0~6.0)	1125~1875	750~1125	375~750
微酸性(pH6.0)	750	375~750	375

建议对强酸性黏土每5年轮施一次，第一年施用石灰2250 $kg \cdot hm^{-2}$，第二年施用1500 $kg \cdot hm^{-2}$，第三年施用750 $kg \cdot hm^{-2}$，第四、五年停施，第六年再重新施用。这样，在施用石灰的年份中可使土壤pH值保持在5.7~6.5之间，在停施石灰的年份土壤pH值也能保持在5.5左右。

各种作物对土壤pH值适应性不同(表8-5)。茶树、菠萝等少数作物喜欢酸性环境，不需要施用石灰；水稻、甘薯、烟草、南瓜等耐酸中等作物，需要施用适量石灰；花生、玉米、马铃薯、甜菜、莴苣、番茄及豆科等一般对酸性比较敏感，要施用较多的石灰。

表8-5 主要植物生长最适pH值范围

耐酸性弱的植物	最适pH值范围	耐酸性中等的植物	最适pH值范围	耐酸性强的植物	最适pH值范围
番茄	5.5~7.0	小麦	5.5~7.5	燕麦	5.0~7.5
莴苣	6.0~7.0	玉米	5.5~7.5	黑麦	5.0~7.5
甘蓝	6.0~7.5	蚕豆	5.5~6.5	水稻	5.7~6.5
花椰菜	5.5~7.5	豌豆	6.0~7.5	杜鹃	4.5~5.0
胡萝卜	5.5~7.0	烟草	5.5~6.5	茶树	4.0~5.5
甜菜	6.5~8.0	花生	5.3~6.6	马铃薯	4.8~6.5
棉花	6.5~8.0	油菜	5.8~6.7	荞麦	4.0~6.5
大麦	6.5~7.8	甘薯	5.5~7.5	菠萝	5.0~6.0
紫花苜蓿	6.2~7.8	甘蔗	6.0~8.0	桃	5.0~6.5
葡萄	6.5~7.5	西瓜	5.5~7.5	柿	4.5~6.5
柑橘	6.0~7.5	草莓	5.0~6.5	栗	4.0~4.5
沙打旺	6.0~8.0	菠菜	6.0~8.0	兰花	4.0~5.0
草木樨	7.0~8.5	苹果	6.0~8.0	猪屎豆	4.5~7.5
大豆	7.0~8.0	苕子	5.3~7.3	亚麻	5.0~6.0

(2)石灰施用方法　石灰肥料可作基肥和追肥施用，一般多用作基肥。在酸性土壤上作基肥施用时，要深施和浅施相结合，把一部分(约1/2)石灰翻耕下去，而把另一部分(约1/2)耙入土壤。在酸性较小的土壤上，石灰可以一次耕入或耙入土中。石灰的施用也可结合有机肥料耕翻、绿肥压青或稻草还田时撒施。石灰作追肥施用时要提前追入，以满足作物对钙的早期营养要求。石灰是强碱性肥料，施用时不能与铵态氮肥、腐熟的有机肥

料混合，以免引起氨的挥发损失。在酸性土壤上施用酸性、生理酸性肥料如过磷酸钙、硫酸钾、氯化钾等均可与石灰配合施用，这样既可以中和酸性，又可以提高作物对养分的利用率。氯化钙、硝酸钙等钙肥宜采用根外追肥方式施用。一般用0.1%~0.5%浓度溶液，每隔7天左右喷施1次，连续3~4次，可防止番茄、辣椒的脐腐病，大白菜、生菜的干烧心。

4. 石膏合理施用

石膏是另一种重要的钙质肥料。石膏不仅供应26%~32%的钙，而且还含有15%~18%的硫。在我国西北、华北、东北地区，干旱、半干旱地区还分布许多碱化土壤，土壤溶液含浓度较高的碳酸钠、重碳酸钠等盐类，土壤胶体被代换性Na^+所饱和，钙离子很少，土壤胶体分散。这类土壤需要施用石膏来中和碱性、改良土壤理化性状、降低Na^+毒害。石膏的施用主要有两个目的，其施用技术分别为：

(1)以改良土壤为目的　施用石膏必须与灌排工程相结合。重度碱地施用石膏应采取全层施用法，在雨前或灌水前将石膏均匀施于地面，并耕翻入土，使之与土混匀，与土壤中的交换性钠起交换作用，形成硫酸钠，通过雨水或灌溉水，冲洗排碱。若为中度碱地，其碱斑面积在15%以下者，可将石膏直接施于碱斑上。轻度碱地宜在春、秋季节平整土地，然后耕地，再将石膏均匀施在犁沟上，通过耙地，使之与土混匀，再行播种。

(2)以提供硫素营养为目的　石膏可作基肥、追肥和种肥。旱地作基肥，一般用量为225~390 $kg \cdot hm^{-2}$，将石膏粉碎后撒于地面，结合耕作施入土中。花生是需钙和硫均较多的作物，可在果针入土后15~30天施用石膏，通常用量为225~375 $kg \cdot hm^{-2}$。稻田施用石膏，可结合耕地施用，也可于栽秧后撒施或蘸秧根，一般用量为75~150 $kg \cdot hm^{-2}$，若用量较少(7.5 $kg \cdot hm^{-2}$)可用作蘸秧根。

二、镁

(一)植物体内镁的含量、分布与营养功能

1. 植物体内镁的含量、形态与分布

植物体内镁的含量为0.05%~0.70%。不同植物的含镁量各异，豆科植物地上部分镁的含量是禾本科植物的2~3倍。镁在植物器官和组织中的含量不仅受植物种类和品种的影响，而且受植物生育时期和许多生态条件的影响。一般来说，种子含镁较多，茎、叶次之，而根系较少；作物生长初期，镁大多存在于叶片中，到了结实期，则转移到种子中，以植酸盐的形态储存。二价镁离子是植物吸收镁的主要形态。

2. 镁的营养功能

(1)叶绿素合成及光合作用　镁的主要功能是作为叶绿素a和叶绿素b卟啉环的中心原子，在叶绿素合成和光合作用中起重要作用。当镁原子同叶绿素分子结合后，才具备吸收光量子的必要结构，才能有效地吸收光量子进行光合碳同化反应。

(2)蛋白质的合成　镁的另一重要生理功能是作为核糖体亚单位联结的桥接元素，能保证核糖体稳定的结构，为蛋白质的合成提供场所。叶片细胞中有大约75%的镁是通过上述作用直接或间接参与蛋白质合成的。另外，活化RNA聚合酶也需要镁，因此，镁参与细胞核中RNA的合成。

(3)酶的活化　植物体中一系列的酶促反应都需要镁或依赖于镁进行调节。镁在ATP或ADP的焦磷酸盐结构和酶分子之间形成一个桥梁(图8-1)，大多数ATP酶的底物是Mg-ATP。镁首先与含氮碱基和磷酰基结合，而ATP在pH值为6以上形成稳定性较高的Mg-ATP复合物，其中大部分负电荷已被中和，靠ATP酶的活化点，这个复合体能把高能磷酰基转移到肽链上去。

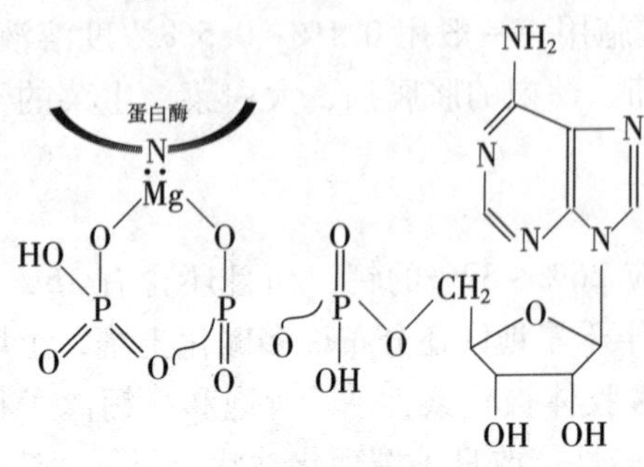

图8-1　镁联结蛋白酶和ATP的图示

Mg^{2+}还能在叶绿体基质中对RUBP羧化酶起调控作用。这种酶的活性对Mg^{2+}和pH值都有高度的依赖性。果糖-1，6-二磷酸酶也是一个需镁较多，而且需要较高pH的酶类。镁也能激活谷氨酰胺合成酶，因此，对植物体氮代谢也有重要的作用。

3. 植物镁素营养失调症状及丰缺指标

(1)植物缺镁症状　由于镁在韧皮部中的移动性较强，缺镁症状首先出现在老叶上。当植物缺镁时，其突出表现是叶绿素含量下降，并出现失绿症。植株矮小，生长缓慢，双子叶植物脉间失绿，并逐渐有淡绿色转变为黄色或白色，还会出现大小不一的褐色或紫红色斑点，严重时整个叶片坏死。禾本科植物缺镁时，叶基部叶绿素积累出现暗绿色斑点，严重缺镁时，叶尖出现坏死斑点。

不同作物表现的缺镁症状也有所不同：①玉米缺镁时，下部叶片则出现典型的叶脉间条状失绿症；②水稻缺镁首先在叶尖、叶缘出现色泽退淡变黄、叶片下垂、脉间出现黄褐色斑点，随后向叶片中间和茎部扩展；③小麦缺镁叶片脉间出现黄色条纹，心叶挺直，下部叶片下垂，叶缘出现不规则的褐色焦枯，仍能分蘖抽穗但穗小；④柑橘缺镁常使老叶叶脉间失绿，沿中脉两侧产生不规则黄化斑，逐渐向叶缘扩展；⑤番茄缺镁新叶发脆并向上卷曲，老叶脉间变黄而后变褐、枯萎，进而向幼叶发展，结实期叶片缺镁失绿症加重，果实由红色褪变为淡橙色。

(2)植物镁营养的丰缺指标　在田间条件下，尚未见到植物镁营养过剩的症状，原因同钙一样。而一般定型叶片中镁的含量低于0.2%，可断定为缺镁；镁的含量高于0.4%，镁是充足的。部分植物镁素营养的丰缺指标见表8-6。

表8-6　部分植物镁素营养的丰缺指标

植物	镁含量状况(Mg,%)		
	缺乏	适量	过剩
小麦(叶片)	0.10~0.13	0.16~0.17	—
玉米(叶片)	<0.13	0.23~0.35	—
大豆(植株)	<0.30	0.59	—
甜菜(叶片)	0.08~0.20	0.21~1.70	—
油菜(叶片)	<0.11	0.36	—
番茄(叶片)	<0.30	0.5~1.0	—

（续）

植物	镁含量状况（Mg，%）		
	缺乏	适量	过剩
黄瓜（茎叶）	<0.30	0.6~1.0	—
甘蓝（外叶）	<0.20	0.3~0.5	—
大白菜（外叶）	<0.20	0.40	—
柑橘（叶片）	<0.16	0.26~0.60	—
桃树（叶片）	<0.20	0.3~0.8	> 1.10
梨树（叶片）	<0.13	0.3~0.5	> 0.90
葡萄（叶柄）	0.22	0.26~1.50	—
柿树（叶片）	<0.14	0.17~0.46	—
猕猴桃（叶片）	<0.27	0.4~0.5	> 0.60
菠萝（叶片）	<0.13	0.41~0.57	—
荔枝	—	0.21	—
香蕉	<0.20	0.30~0.46	—
苹果	0.15~0.25	0.22~0.35	—

（引自陆欣《土壤肥料学》，2002）

（二）含镁肥料的种类、性质及施用

1. 含镁肥料的种类和性质

农用镁肥品种较少，大多是兼作肥料用的化工产品及原料。镁肥根据溶解性，可分为水溶性镁肥和弱水溶性镁肥两类。水溶性镁肥包括硫酸镁、氧化镁、碳酸镁、硝酸镁、氧化镁、硫酸钾镁，弱水溶性镁肥包括白云石、蛇纹石、光卤石等，它们的形态、含量与性质见表 8-7。

表 8-7　部分含镁肥料的形态、含量与性质

名称	形态	MgO（%）	主要性质
硫酸镁	$MgSO_4 \cdot 7H_2O$	13~16	酸性，易溶于水
氯化镁	$MgCl_2$	42.5	酸性，易溶于水
硝酸镁	$Mg(NO_3)_2 \cdot 6H_2O$	15.7	酸性，易溶于水
碳酸镁	$MgCO_3$	28.8	中性，易溶于水
氧化镁	MgO	55	碱性，易溶于水
硫酸钾镁	$K_2SO_4 \cdot 2MgSO_4$	11.2	酸性或中性，易溶于水
磷酸镁	$Mg_3(PO_4)_2$	40.6	碱性，微溶于水
白云石	$CaCO_3 \cdot MgCO_3$	21.7	碱性，微溶于水
蛇纹石	$H_4Mg_2SiO_9$	43.3	中性，易溶于水
光卤石	$KCl \cdot MgCl_2 \cdot 6H_2O$	14.4	中性，易溶于水

2. 镁肥的合理施用

镁肥的肥效与土壤性质、作物种类及镁肥品种关系密切。一般来说，在降雨多、风化淋溶较重的土壤，如我国南方由花岗岩或片麻岩发育的土壤、第四纪红色黏土、交换量低的沙土，以及大量施用石灰或钾肥的酸性土壤，土壤交换性镁含量较低，施用镁肥效果显著。需镁较多的作物如烟草、花生、紫云英、马铃薯、糖用甜菜、果树等，易出现缺镁症状，必须施用镁肥。不同镁肥品种对作物的肥效也不尽相同，在酸性红壤上施用镁肥，不同镁肥的肥效一般为碳酸镁>硝酸镁>氧化镁>硫酸镁。一般酸性土壤施用白云石和碳酸镁效果较好，碱性或中性土壤上施用氧化镁和硫酸镁较好。此外，施用含铵态氮肥，可诱发缺镁，而施用硝态氮肥能促进镁离子的吸收，因而，在镁供应不足的土壤上，最好施用硝态氮肥，而避免施用铵态氮肥。

镁肥可作基肥和追肥施用，水溶性镁肥宜作追肥，微水溶性镁肥宜作基肥，其用量视作物种类和土壤缺镁程度而定。农作物对镁的吸收量平均为 10~25 $kg \cdot hm^{-2}$，因此，以镁计，一般用量为 15~22.5 $kg \cdot hm^{-2}$。用作根外追肥，硫酸镁溶液浓度以 1%~2%为宜，每隔 7~10 天喷施 1 次，连续 2~3 次即可。

此外，镁肥施用应严格控制用量，过多施用镁肥会引起其他营养元素的比例失调，而影响作物的正常生长，导致作物产量与品质的降低。

三、硫

(一) 植物体内硫的含量、分布与营养功能

1. 植物体内硫的含量、形态与分布

植物含硫量为 0.1%~0.5%，其变幅受植物种类、品种、器官和生育期的影响很大。十字花科植物需硫最多，豆科、百合科植物次之，禾本科植物较少。硫在植物开花前集中分布于叶片中，成熟时叶片中的硫逐渐减少并向其他器官转移。例如，成熟的玉米叶片中含硫量占全株的 10%，茎占 33%，种子占 26%，根占 11%。

硫被植物吸收利用的主要形态为 SO_4^{2-}，空气中的 SO_2 也可以被植物吸收。植物体内的硫有无机硫酸盐(SO_4^{2-})和有机硫化合物两种形态。前者主要储藏在液泡中，后者主要是以含硫氨基酸如胱氨酸、半胱氨酸和蛋氨酸，及其化合物如谷胱甘肽等存在于植物体各器官中。有机态的硫是组成蛋白质的必需成分。当对植物供硫适度时，植物体内含硫氨基酸中的硫约占植物全硫量的 90%。

2. 硫的营养功能

(1) 在蛋白质合成和代谢中的作用　硫是氨基酸半胱氨酸和蛋氨酸的组分，因此，也是蛋白质的组分。在多肽链中，两个毗连的半胱氨酸残基间形成二硫键对于蛋白质的三级结构是十分重要的。正是由于二硫键的形成，才使蛋白质真正具有酶蛋白的功能。多肽链间形成的二硫键既可是一种永久性的交联(即共价键)，也可是一种可逆的二肽桥。研究蛋白质分子中二硫键的形成机理及其影响因素，对寻求细胞防脱水的途径，提高作物对干旱、热害和霜害等的抵御能力有重要意义。

(2) 在电子传递中的作用　在氧化条件下，两个半胱氨酸氧化形成胱氨酸；而在还原条件下，胱氨酸可还原为半胱氨酸。胱氨酸-半胱氨酸氧还体系和谷胱甘肽氧还体系一

样，是植物体内重要的氧化还原系统。硫氧还蛋白能够还原肽链间和肽链中的双硫键，使许多酶和叶绿体偶联因子活化。铁氧还蛋白是一种重要的含硫化合物，其特点是氧化还原热低、负电位高、在生物化合物中还原性最强的。它的氧化形式因接受叶绿素光合作用中排出的电子而被还原；还原态的铁氧还蛋白既能在光合作用的暗反应中参与 CO_2 的还原，也能在硫酸盐的还原、N_2 还原和谷氨酸的合成过程中起重要作用。

(3)其他作用

在脲酶、APS 磺基转移酶和辅酶 A 等许多酶和辅酶中，巯基(—SH)起着酶反应功能团的作用。

硫还是许多挥发性化合物的结构成分，如异硫氰酸盐和亚矾。这些成分使洋葱、大蒜、大葱和芥子等植物具有特殊的气味。在这些挥发性化合物中，芥子油具有特殊的农业价值。

3. 植物硫素营养失调症状及丰缺指标

(1)植物缺硫症状　植物缺硫时蛋白质合成受阻导致失绿症，其外观症状与缺氮很相似，但发生部位有所不同。缺硫症状往往先出现于幼叶，而缺氮症状则先出现于老叶。缺硫时幼芽先变黄色，心叶失绿黄化，茎细弱，根细长而不分枝，开花结实推迟，果实减少。在供氮充分时，缺硫症状发生在新叶；而在供氮不足时，缺硫症状发生在老叶。这表明硫从老叶向新叶再转移的数量取决于叶片衰老的速率，缺氮加速了老叶的衰老，使硫得以再转移，造成老叶先出现缺硫症。

不同作物表现的缺硫症状也有所不同：①水稻缺硫移栽后返青慢，幼叶呈淡绿色或黄绿色，叶片薄，叶尖焦枯；不分蘖或分蘖少，植株瘦矮，根系呈暗褐色，白根少，成熟期延迟，产量降低。②小麦缺硫通常幼叶叶色发黄，叶脉间失绿黄化，而老叶仍为绿色，年幼分蘖趋向于直立。③玉米缺硫初发时叶片叶脉间发黄，随后发展至叶色和茎部变红，并先由叶边缘开始，逐渐伸延至叶片中心。④油菜缺硫初始表现为植株浅绿色，幼叶色泽较老叶浅，以后叶片逐渐出现紫红色斑块，叶缘向上卷曲，开花结荚迟，花荚少小色淡，根系短而稀。⑤马铃薯缺硫叶片和叶脉普通黄化，但叶片并不提前干枯脱落，极度缺硫时，叶片出现褐色斑点。⑥大豆缺硫新叶淡绿到黄色，叶脉叶肉失绿，但老叶仍呈均匀的浅绿色，后期老叶也失绿发黄，并出现棕色斑点，植株细弱，根系瘦长，根瘤发育不良。⑦烟草缺硫整个植株淡绿色，下部老叶易枯焦，叶尖常卷曲，叶面也发生一些突起的泡点。

(2)植物二氧化硫中毒症状　当空气中二氧化硫浓度高于 0.2 $\mu L \cdot L^{-1}$时，很多植物就会在叶片的叶脉间产生“烟斑”。典型的二氧化硫中毒症状是出现在植物叶片的叶脉间的“烟斑”，“烟斑”由漂白引起失绿，逐渐呈棕色坏死。“烟斑”的形状为不规则的点状、条状或块状坏死区，坏死区和健康组织之间的界限比较分明。

不同植物二氧化硫中毒症状表现不同：①二氧化硫危害水稻时，如浓度较高，则表现急性危害，叶片变成淡绿色或灰绿色，上面有小白斑，随后全叶变白，叶尖卷曲萎蔫，茎秆稻粒也变白，形成枯熟，甚至全株死亡。如浓度较低则表现慢性危害，叶片伤斑呈褐色条状，似擦伤状，叶尖褐色，但不卷曲，谷粒失去固有的金黄色而略呈褐色。②蔬菜受二氧化硫危害的症状主要发生在叶片上，其他器官很少发生，叶片受害后呈现的颜色，因蔬菜种类而异：叶片上出现白斑或黄白斑的有萝卜、白菜、菠菜、番茄、葱、辣椒和黄瓜；出现褐斑的有茄子、胡萝卜、马铃薯、南瓜和甘薯；出现黑斑的有蚕豆。③果树受二氧化硫危害时，叶片多呈白色或褐色。梨树先是叶尖、叶缘或叶脉间褪绿，逐渐变成褐色，2~3 天后出现黑褐色斑点。葡萄在叶片的中央部分出现赤褐色斑。桃树则在叶脉间褪成灰白色或黄白色，并落叶。柑橘在叶脉间的中央部分出现黄褐色斑点，同时叶片皱褶。

(3)植物硫素营养的丰缺指标　一般认为，当植物的干物质硫含量低于 0.2%时，植物易出现缺硫症状。部分植物硫素营养的丰缺指标见表 8-8。

表 8-8　部分植物硫素营养的丰缺指标

植物	硫含量状况(S,%)		
	缺乏	适量	过剩
水稻(苗期)	0.03~0.04	0.07~0.13	—
水稻(稻草)	<0.06	0.13	—
玉米(苗期)	<0.27	0.3~0.4	—
棉花(地上部)	<0.17	0.27	—
柑橘(叶片)	<0.14	0.21~0.40	> 0.50
梨树(叶片)	<0.1	0.17~0.26	—
柿树(叶片)	—	0.21~0.44	—
猕猴桃(叶片)	<0.21	0.33~0.44	> 0.56
菠萝(叶片)	<0.07	> 0.07	—
荔枝(叶片)	—	0.10~0.16	—
香蕉(叶片)	<0.10	0.23~0.27	—
油梨(叶片)	<0.05	0.20~0.60	> 1.0
桃树(叶片)	—	0.20~0.40	—

(引自陆欣《土壤肥料学》, 2002)

(二)含硫肥料的种类、性质及施用

1. 含硫肥料的种类和性质

含硫肥料种类较多，大多数是氮、磷、钾、镁、铁肥的副成分，如硫酸铵、普通过磷酸钙、硫酸钾、硫酸钾镁、硫酸镁、硫酸亚铁等，但只有硫磺和石膏被专作为硫肥而施用。

(1)硫磺　硫磺是一种惰性的、不溶于水的黄色结晶固体，一般含硫 95%~99%。硫黄经磨细与土壤混合被土壤微生物氧化成 SO_4^{2-}，才能被作物吸收利用。

与 SO_4^{2-} 相比，硫磺作为硫肥对作物的肥效取决于施用硫肥的粒度、施用量、施用方式、土壤的硫氧化性能以及环境条件。

(2)石膏　主要化学成分是硫酸钙($CaSO_4$)，是碱土的化学改良剂，也是重要的硫肥。农用石膏粉分生石膏、熟石膏及含磷石膏。生石膏是由石膏矿石直接粉碎过筛而成，呈粉末状，微溶于水。熟石膏由生石膏加热脱水而成，易吸湿，吸水后变为生石膏。含磷石膏是用硫酸法制磷酸的残渣，含硫酸钙约64%，并含有2%左右的磷(P_2O_5)。

部分含硫肥料的形态、含量与性质见表8-9。

表8-9　部分含硫肥料的形态、含量与性质

名称	形态	硫(%)	主要性质
石膏	$CaSO_4 \cdot 2H_2O$	18.6	微溶于水，缓效
硫磺	S	95~99	难溶于水，迟效
硫酸铵	$(NH4)_2 \cdot SO_4$	24.2	溶于水，速效
普通过磷酸钙	$Ca(H_2PO_4)_2 \cdot H_2O$，$CaSO_4$	12	部分溶于水，缓效
硫酸钾	K_2SO_4	17.6	溶于水，速效
硫酸钾镁	$K_2SO_4 \cdot 2MgSO_4$	12	溶于水，速效
硫酸镁	$MgSO_4 \cdot 7H_2O$	13	溶于水，速效
硫酸亚铁	$FeSO_4 \cdot 7H_2O$	11.5	溶于水，速效

2. 硫肥的合理施用

土壤有效硫含量是标志土壤供硫水平的重要指标之一，其含量高低与硫肥肥效有密切关系。对一般作物来说，土壤有效硫的临界值为16 $mg \cdot kg^{-1}$，低于临界值，作物有可能缺硫，施硫才有增产效果，土壤有效硫大于20 $mg \cdot kg^{-1}$，一般不需要施用硫肥。否则，施多了反而会使土壤酸化并减产。

缺硫时可引起作物体内蛋白质合成受阻，出现硝酸盐、可溶性有机氮和氨的积累现象，因此，施用硫肥不仅能提高作物的产量，而且可以提高作物品质。如增施硫肥，油菜可以降低菜籽的芥酸含量，提高含油量；大白菜可减少非蛋白质氮化物NO_3^-、NO_2^-含量，可溶性糖、维生素C增加，酸度下降；充足的硫素营养有利于改善小麦面粉的烘烤品质，尤其是在高氮水平下，若硫素供应不足，烤出的面包体积小、口味差。

十字花科、豆科作物以及葱、蒜、韭菜等都是需硫较多的作物，对硫反应比较敏感，在缺硫时应及时供应少量硫肥。禾本科作物对硫敏感性比较差，比较耐缺硫，在缺硫严重时，施用硫肥较多时才显示肥效。

硫肥施用方法和用量视不同土壤和作物而定，一般用石膏作基肥或追肥。旱地为225~375kg $\cdot$ hm^{-2}，将石膏粉碎撒施于土壤表面，再翻耕、耙均匀；水田为75~150 kg $\cdot$ hm^{-2}；作种肥或蘸秧根是经济施用硫肥的有效方法，用量为30~45 kg $\cdot$ hm^{-2}为宜，其肥效往往胜于225~375 kg $\cdot$ hm^{-2}撒施的效果；通常硫肥早施比迟施效果好。

硫磺虽然元素单纯，但必须经微生物转化为硫酸盐形式后才能被植物吸收，而这种转化受土壤温度、酸碱度和硫磺颗粒大小的影响，因此在寒冷季节或干旱土壤上施用硫磺不能迅速氧化，肥效慢，应尽早施用，硫磺用量一般30~45 kg $\cdot$ hm^{-2}为宜。

第二节　植物微量元素营养及其肥料

对于作物来说，含量介于0.2~200 $mg \cdot kg^{-1}$(干重)的必需的营养元素称为微量元素。到目前为止证实为作物必需的微量元素有硼、钼、锌、锰、铁、铜、氯、镍八种。作物对微量元素的需求量虽然很少，但它们是组成酶、维生素和生长激素的成分，直接参与有机体的代谢过程。因此，了解微量元素的营养作用、微量元素肥料很有必要。

一、植物微量元素的营养功能

(一)植物体内铁的含量、分布与营养功能

1. 植物体内铁的含量、形态与分布

大多数植物的含铁量在100~300 mg·kg^{-1}(干重)，比较集中存在于叶绿体中，并且常随植物种类和植株部位的不同而有差异。某些蔬菜作物含铁量较高，如菠菜、莴苣、绿叶甘蓝等，一般均在100 mg·kg^{-1}以上，最高可达800 mg·kg^{-1}；而水稻、玉米的含铁量相对较低，约为60~180 mg·kg^{-1}。一般情况下，豆科植物的含铁量高于禾本科植物。不同植株部位的含铁量也不相同，如禾本科作物秸秆含铁量高于子粒；谷粒、块茎中的含铁量比较低。在同一植株中，铁的分布也不均匀，例如玉米茎节中常有大量铁的沉淀，而叶片中含铁量却很低，甚至会出现缺铁症状。

铁在植物体内绝大部分以有机态存在，如含铁蛋白质、细胞色素、血红素、有机酸络合物等，铁在植物体内移动性很小，它不能被再利用。植物吸收铁的形态主要是Fe^{2+}和螯合态铁。

2. 铁的营养功能

(1)叶绿素合成所必需　在多种植物体内，大部分铁存在于叶绿体中，铁虽然不是叶绿素的组成成分，但叶绿素的合成需要有铁的存在。缺铁时叶绿体结构被破坏，从而导致叶绿素不能形成。

(2)参与体内氧化还原反应和电子传递　铁的另一主要功能是参与植物细胞内的氧化还原反应和电子传递，其实质是三价的铁离子(Fe^{3+})和二价的亚铁离子(Fe^{2+})之间的化合价变化和电子转移。更重要的是，如果铁与某些有机物结合形成铁血红素或进一步合成铁血红素蛋白，它们的氧化还原能力就可提高千倍、万倍。

(3)参与植物呼吸作用　铁还参与植物细胞的呼吸作用，因为它是一些与呼吸作用有关的酶的成分。如细胞色素氧化酶、过氧化氢酶、过氧化物酶等都含有铁。铁常处于酶结构的活性部位上。铁也是磷酸蔗糖合成酶最好的活化剂，植物缺铁会导致体内蔗糖合成减少。

3. 植物铁素营养失调症状及丰缺指标

(1)植物缺铁症状　由于缺铁影响叶绿素的合成，而且铁在韧皮部的移动性很低，所以缺铁后老叶中的铁很难再转移到新叶中去，使新生的幼叶出现缺铁失绿症，因此，植物缺铁总是从幼叶开始。典型的症状是在叶片的叶脉间和细胞网状组织中出现失绿现象，在叶片上往往明显可见叶脉深绿而脉间黄化，黄绿相间相当明显。严重缺铁时，叶片上出现坏死斑点，叶片逐渐枯死。

不同作物症状为：①果树等木本树种容易缺铁，新梢叶片失绿黄白化，称“黄叶病”；②禾谷类作物水稻、麦类及玉米等缺铁，叶片脉间失绿，呈条纹花叶，症状越近心叶越重，严重时心叶不出，植株生长不良，矮缩，生育延迟，有的甚至不能抽穗。③豆科作物如大豆最易缺铁，缺铁时上部叶片脉间黄化，叶脉仍保持绿色，并有轻度卷曲，严重时全

部新叶失绿呈黄白色，极端缺乏时，叶缘附近出现许多褐色斑点，进而坏死。④花卉观赏作物也容易缺铁，叶片呈清晰网状花纹，因而可增添几分观赏价值。

(2)植物亚铁中毒症状　实际生产中亚铁中毒不多见，但我国南方酸性渍水稻田常出现亚铁中毒。水稻亚铁中毒症状表现为，地上部生长受阻，下部老叶叶尖、叶缘脉间出现褐斑，叶色深暗，根部呈灰黑色，易腐烂等。

(3)植物铁素营养的丰缺指标　铁是植物正常生长不可或缺的重要微量元素，在植物体内的含量比其他微量元素要丰富，含铁量在50~250 $mg \cdot kg^{-1}$，当植物体内的含量低于50 $mg \cdot kg^{-1}$时，就有可能出现缺铁症状，大于300 $mg \cdot kg^{-1}$时，即可能出现铁的毒害作用。

(二)植物体内硼的含量、分布与营养功能

1. 植物体内硼的含量、形态与分布

植物体内硼的含量变幅很大，含量低的只有2 $mg \cdot kg^{-1}$(干重)，含量高的可达100 $mg \cdot kg^{-1}$。一般来说，双子叶植物的需硼量高于单子叶植物；具有乳液系统的双子叶植物，如蒲公英和罂粟含硼量更高。植物体内硼的分布规律是：繁殖器官高于营养器官；叶片高于枝条，枝条高于根系。植物体内硼比较集中的分布在子房、柱头等花器官中，因为它对繁殖器官的形成有重要作用。

硼以硼酸的形态被植物根吸收。硼被吸收后常牢固地结合在细胞壁结构中，在植物体内相对来说几乎是不移动的，再利用程度极低。但对于那些可在叶片中合成多元醇的植物，如洋葱、芹菜、甘蓝、胡萝卜、咖啡、杏、苹果、桃等，硼可以与多元醇形成复合体，并在韧皮部中自由移动，从而使硼的转运和再利用程度提高。

2. 硼的营养功能

(1)促进体内碳水化合物的运输和代谢　硼的重要营养功能之一是参与糖的运输。硼能促进糖的运输的原因是：①合成含氮碱基的尿嘧啶需要硼，而尿嘧啶二磷酸葡萄糖(UDPG)是蔗糖合成的前体；②硼直接作用于细胞膜，从而影响蔗糖韧皮部装载；③缺硼容易生成胼胝质，堵塞筛板上的筛孔，影响糖的运输。因此，供硼不足时，大量碳水化合物在叶片中积累，使叶片变厚、变脆，甚至畸形。植株顶部生长停滞，生长点死亡。

(2)参与半纤维素及细胞壁物质的合成　硼酸与顺式二元醇可形成稳定的酯类，它们可作为细胞壁半纤维素的组分，而这种复合物在高等植物体内常结合在细胞壁中。质外体中硼的功能类似于钙，具有调节和稳定细胞壁和质膜结构的作用。

(3)促进细胞伸长和细胞分裂　缺硼最明显的反应之一是主根和侧根的伸长受抑制，甚至停止生长，使根系呈短粗丛枝状。

(4)促进生殖器官的建成和发育　植物的生殖器官，尤其是花的柱头和子房中硼的含量很高。所有缺硼的高等植物，其生殖器官的形成均受到影响，出现花而不孕。硼能促进植物花粉的萌发和花粉管的伸长，减少花粉中糖的外渗。植物缺硼抑制了细胞壁的形成，花粉母细胞不能进行四分体分化，花粉粒发育不正常。

(5)调节酚的代谢和木质化作用　硼与顺式二元醇形成稳定的硼酸复合体(单酯或双酯)，从而能改变许多代谢过程，并通过形成稳定的酚酸-硼复合体(特别是咖啡酸-硼复合体)来调节木质素的生物合成。硼还对多酚氧化酶所活化的氧化系统有一定的调节作

用。缺硼时，多酚氧化酶活性提高，将酚氧化成黑色醌类化合物，使作物出现病症。

(6)提高豆科作物根瘤的固氮能力　硼可以提高豆科作物根瘤的固氮能力并增加固氮量，这与硼充足时能改善碳水化合物的运输，为根瘤提供更多的能源物质有关。

3. 植物硼素营养失调症状及丰缺指标

(1)植物缺硼症状　对于大多数植物来说，硼在韧皮部中的移动性低，再利用程度差，因此缺硼的症状表现在幼嫩部位。植物缺硼的共同特征为：①茎尖生长点生长受抑制，严重时枯萎，甚至死亡；②老叶叶片变厚变脆、畸形，枝条节间短，出现木栓化现象；③根的生长发育明显受阻，根短粗兼有褐色；④生殖器官发育受阻，结实率低，果实小、畸形，缺硼导致种子和果实减产。

对硼比较敏感的作物会出现许多典型症状，如甜菜"腐心病"、油菜"花而不实"、棉花的"蕾而不花"、花椰菜的"褐心病"、小麦的"穗而不实"、芹菜的"茎折病"、苹果的"缩果病"等。

(2)植物硼中毒症状　硼过量会阻碍植物生长，大多数耕作土壤的含硼量一般达不到毒害程度，但被粉煤灰、污水、城市及工业废弃物污染的土壤上，硼常大量积累，施用过量硼肥会造成毒害。硼中毒首先在高浓度硼积累的部位出现失绿、焦枯坏死症状，叶缘最易积累，所以硼中毒最常见的症状之一是作物叶缘出现规则黄边，称为镶"金边"。

(3)植物硼素营养的丰缺指标　不同植物对硼的需求量是不同的，因此各有其缺乏、适量和毒害的临界水平；而同一植物在不同发育期和不同部位，其临界水平也不同。一般而言，植物硼适量的水平为 20~100 $mg \cdot kg^{-1}$；低于 15 $mg \cdot kg^{-1}$可能缺硼；大于 200 $mg \cdot kg^{-1}$即可能出现作物硼中毒症状。

(三)植物体内锰的含量、分布与营养功能

1. 植物体内锰的含量、形态与分布

植物体内锰的含量变化幅度很大，一般在 10~300 $mg \cdot kg^{-1}$(干重)。植物各生育期以及各器官中锰的含量也有较大变化。如玉米植株中锰的含量常随株龄的增长而降低，且累积在叶片的边缘，玉米叶缘含锰量可高出叶片本身的一倍。甜菜叶柄中锰的含量只有叶片中的一半。这说明在植物组织中锰的分布是不均匀的。

植物主要吸收的一是 Mn^{2+}，二是结合态锰，即锰与蛋白质结合，存在于酶及生物膜上。它在植物体内的移动性不大，当植物缺锰时，一般幼小到中等叶龄的叶片最易出现症状，而不是最幼嫩的叶片。在单子叶植物中锰的移动性高于双子叶植物，所以谷类作物缺锰症状常出现在老叶上。

2. 锰的营养功能

(1)直接参与光合作用　锰直接参与光合作用表现在 3 个方面：①在光合作用中，锰参与水的光解和电子传递。水的光解除需要 Mn^{2+}外，还需要 Cl^-。缺锰时，叶绿体仅能产生少量的氧，并且光合磷酸化作用减弱，糖和纤维素的合成也随之减少；②锰是维持叶绿体结构所必需的微量元素。锰与蛋白质形成酶蛋白，酶蛋白是光合作用中不可缺少的参与者。③锰能控制细胞液的氧化还原电位，从而调控植物体中 Fe^{3+}和 Fe^{2+}的比例。当植物吸收过量锰时，就会引起缺铁失绿症。

(2)调节酶活性　锰在植物代谢过程中的作用是多方面的，如直接参与光合作用，促

进氮素代谢，调节植物体内氧化还原状况等，而这些作用往往是通过锰对酶活性的影响来实现的。锰作为辅助因子可以激活植物体内很多种酶。

(3)促进种子萌发和幼苗生长　锰能促进种子萌发和幼苗早期生长，因为它对生长素促进胚芽鞘伸长的效应有刺激作用，而且能加快种子内淀粉和蛋白质的水解过程，促使单糖和氨基酸能及时供幼苗利用。此外，锰对维生素的形成及加强茎的机械组织有良好作用。锰对根系生长也有影响。

3. 植物锰素营养失调症状及丰缺指标

(1)植物缺锰症状　植物缺锰时，通常表现为叶片失绿并出现杂色斑点，而叶脉仍保持绿色。燕麦对缺锰最为敏感，常出现燕麦“灰斑病”，因此常用它作为缺锰的指示作物。豌豆缺锰会出现豌豆“杂斑病”，并在成熟时，种子出现坏死，子叶表面出现凹陷。果树缺锰时，一般也是叶脉间失绿黄化(如柑橘)。

(2)植物锰中毒症状　一般表现为根颜色变褐、根尖损伤、新根少。叶片出现褐色斑点，叶缘白化或变成紫色，幼叶卷曲等。不同作物表现不同：水稻锰中毒植株叶色褪淡黄化，下部叶片、叶鞘出现褐色斑点。棉花锰中毒出现萎缩叶。马铃薯在茎部产生线条状坏死。茶树受锰毒害叶脉呈绿色，叶肉出现网斑。柑橘出现异常落叶症，大量落叶，落下的叶片上通常有小型褐色斑和浓赤褐色较大斑，称“巧克力斑”。过量锰还会阻碍作物对钼和铁的吸收，往往使植物出现缺钼和铁症状，也会诱发双子叶植物如棉花、菜豆等缺钙(皱叶病)。

(3)植物锰素营养的丰缺指标　在成熟的叶片中，锰的含量为10~20 mg·kg^{-1}时，即接近缺锰的临界水平。这一数值相当稳定，很少受植物种类、品种和环境条件的影响。低于此水平，植株的干物质产量、净光合量和叶绿素含量均迅速降低，但呼吸和蒸腾速率不受影响。植物含锰量超过600 mg·kg^{-1}时就可能发生毒害作用，但各种作物又有区别，甚至在同一种植物的不同品种间也可相差好几倍。

(四)植物体内铜的含量、分布与营养功能

1. 植物体内铜的含量、形态与分布

植物需铜数量不多。大多数植物的含铜量在5~20 mg·kg^{-1}(干重)，多集中于幼嫩叶片、种子胚等生长活跃的组织中，而茎秆和成熟的叶片中较少。在叶细胞的叶绿体和线粒体中都含有铜，约有70%的铜结合在叶绿体中。因此，叶绿体中含铜量比较高。植物吸铜受代谢作用的控制，根系中铜的含量往往比地上部高，尤其是根尖。植物上部是种子和生长旺盛部位，含铜量较高。铜的移动取决于体内铜的营养水平。供铜充足时，铜较易移动；而供应不足时，铜则不易移动。植物吸收铜的形态主要是Cu^{2+}和螯合态铜。

2. 铜的营养功能

(1)参与体内氧化还原反应　铜是植物体内许多氧化酶的成分，或是某些酶的活化剂，例如细胞色素氧化酶、多酚氧化酶、抗坏血酸氧化酶、吲哚乙酸氧化酶等都是含铜的酶。由此可见，铜是以酶的方式参与植物体内的氧化还原反应。铜也能催化脂肪酸的去饱和作用和羧基化作用，在这些氧化反应中它也起电子传递的作用。

(2)构成铜蛋白并参与光合作用　叶片中的铜大部分结合在细胞器中，尤其是叶绿体中含量较高。铜与色素可形成络合物，对叶绿素和其他色素有稳定作用，特别是在不良环

境中能防止色素被破坏。铜也积极参与光合作用，在光系统Ⅰ中，可通过铜化合价的变化传递电子；光合系统Ⅱ中的质体醌的生成也必需铜。

(3)超氧化物歧化酶(SOD)的重要组分　铜与锌共同存在于超氧化物歧化酶中。铜锌超氧化物歧化酶(CuZn-SOD)是所有好氧有机体所必需的，具有催化超氧自由基歧化的作用，以保护叶绿体免遭超氧自由基的伤害。

(4)参与氮素代谢，影响固氮作用　铜还参与植物体内的氮素代谢作用。在蛋白质形成过程中，铜对氨基酸活化及蛋白质合成有促进作用。缺铜时，蛋白质合成受阻，可溶性氨态氮和天冬酰胺积累，有机酸也明显增加，导致植物体内 DNA 含量降低。铜对共生固氮作用也有影响，它也可能是共生固氮过程中某些酶的成分。缺铜时豆科植物根瘤减少，固氮能力下降。

(5)促进花器官的发育　缺铜明显影响禾本科作物的生殖生长。麦类作物的分蘖数增加，秸秆产量高，但却不能结实。小麦孕穗期对缺铜敏感，表现为花药形成受阻而且花药和花粉发育不良，生活力差。施铜肥后，籽粒产量有明显增高。

3. 植物铜素营养失调症状及丰缺指标

(1)植物缺铜症状　植物缺铜一般表现为顶端枯萎，节间缩短，叶尖发白，叶片变窄变薄，扭曲，繁殖器官发育受阻、裂果。不同作物往往出现不同症状。由于麦类作物对铜最为敏感，所以它们最容易出现缺铜症状。麦类作物病株上位叶黄化，剑叶尤为明显，前端黄白化，质薄，扭曲披垂，坏死，不能展开，称“顶端黄化病”。老叶在叶舌处弯折，叶尖枯萎，呈螺旋或纸捻状卷曲枯死。叶鞘下部出现灰白色斑点，易感染霉菌性病害，称为“白瘟病”。轻度缺铜时抽穗前症状不明显，抽穗后因花器官发育不全，花粉败育，导致穗而不实，又称“直穗病”。柑橘、苹果和桃等果树的“枝枯病”或“夏季顶枯病”：叶片失绿畸形，嫩枝弯曲，树皮上出现胶状水疱状褐色或赤褐色皮疹，逐渐向上蔓延，并在树皮上形成一道道纵沟，且相互交错重叠。

(2) 植物铜中毒症状　植物对铜的忍耐能力有限，铜过量很容易引起毒害。从外部特征看，铜中毒很像缺铁，铜中毒症状表现为：新叶失绿，老叶坏死，叶柄和叶的背面出现紫红色，主根的伸长受阻，侧根变短。

(3)植物铜素营养的丰缺指标　大多数植物的含铜量在 5~20 mg·kg^{-1}，当植物体铜的含量低于 4 mg·kg^{-1}时，就有可能缺铜。对于一般作物来讲，含铜量高于 20 mg·kg^{-1}时，作物就可能中毒。

(五)植物体内锌的含量、分布与营养功能

1. 植物体内锌的含量、形态与分布

植物正常含锌量为 25~150 mg·kg^{-1}(干重)，含量因植物种类及品种不同而有差异。在植株体内锌一般多分布在茎尖和幼嫩的叶片中，植物根系的含锌量常高于地上部分。供锌充足时，锌可在根中累积，而其中一部分属于奢侈吸收。

锌主要以 Zn^{2+}形式被吸收。植物缺锌时，老叶中的锌可向较幼小的叶片转移，只是转移率较低。

2. 锌的营养功能

(1)某些酶的组分或活化剂　锌是许多酶的组分，例如乙醇脱氢酶、铜锌超氧化物歧

化酶、碳酸酐酶和 RNA 聚合酶都含有结合态锌；锌也是许多酶的活化剂，在生长素形成中，锌与色氨酸酶的活性有密切关系。在糖酵解过程中，锌是磷酸甘油脱氢酶、乙醇脱氢酶和乳酸脱氢酶的活化剂。

(2)参与生长素的代谢　锌在植物体内的主要功能之一是参与生长素的代谢。锌能促进吲哚和丝氨酸合成色氨酸，而色氨酸是生长素的前身，因此锌间接影响生长素的形成。

(3)参与光合作用中 CO_2 的水合作用　锌是碳酸酐酶专性活化离子，碳酸酐酶(CA)可催化植物光合作用过程中 CO_2 的水合作用。缺锌时，植物的光合作用效率大幅降低，这不仅与叶绿素含量减少有关，而且也与 CO_2 的水合反应受阻有关。锌也是醛缩酶的激活剂，而醛缩酶则是光合作用碳代谢过程中的关键酶之一。

(4)促进蛋白质代谢　锌是蛋白质合成过程中多种酶的组成成分，如 RNA 聚合酶、谷氨酸脱氢酶等，因而与蛋白质代谢有密切关系，缺锌时蛋白质合成受阻。在微量元素中，锌是影响蛋白质合成最突出的元素。

(5)促进生殖器官发育和提高抗逆性　锌对植物生殖器官发育和受精作用都有影响。锌和铜一样，是种子中含量比较高的微量元素，而且主要集中在胚中。锌还可提高植物的抗旱性、抗热性、抗低温和抗霜冻的能力。

3. 植物锌素营养失调症状及丰缺指标

(1)植物缺锌症状　缺锌使植株矮小，节间短簇，叶片扩展和伸长受到抑制，出现小叶，叶片失绿黄化，并可能发展成红褐色。一般症状最先表现在新生组织上，如新叶失绿呈灰绿色或黄白色，生长发育推迟，果实小，根系生长差。

植物对缺锌的敏感程度常因其种类不同而有很大差异。禾本科植物中玉米和水稻对锌最为敏感，玉米“白花苗”、水稻“倒缩稻”是典型的缺锌症状，通常可作为判断土壤有效锌丰缺的指示作物。多年生果树对锌也比较敏感，如柑橘、葡萄、桃和苹果等，果树缺锌幼叶变小直立，由于节间缩短而呈簇状和丛生，称“花苗病”和“小叶病”。

(2)植物锌中毒症状　一般认为含锌量大于 400 $mg \cdot kg^{-1}$ 时，植物就会出现中毒症状。锌中毒一般症状是植株幼嫩部分或顶端失绿，呈淡绿或灰白色，进而在茎、叶柄、叶的下表面出现红紫色或红褐色斑点，根伸长受阻。水稻锌中毒幼苗长势不良，叶片黄绿并逐渐萎黄，分蘖少，植株低矮，根系短而稀疏。小麦叶尖出现褐色条斑，生长迟缓。大豆首先在叶片中肋出现赤褐色色素，随后叶片向外侧卷缩，严重时枯死。

(3)植物锌素营养的丰缺指标　不同植物种类、生长时期、生长状况和环境因素对锌的需求量有很大影响，因此各有其缺乏、适量和毒害的临界水平。植物正常含锌量为 25~150 $mg \cdot kg^{-1}$，通常植物含锌量低于 20 $mg \cdot kg^{-1}$ 时就有可能出现缺锌症状，而当含锌量大于 400 $mg \cdot kg^{-1}$ 时，植物就会出现中毒症状。

(六)植物体内钼的含量、分布与营养功能

1. 植物体内钼的含量、形态与分布

在十七种必需营养元素中，植物对钼的需要量较低，其含量范围为 0.1~300 $mg \cdot kg^{-1}$(干重)，通常含量不到 1 $mg \cdot kg^{-1}$。国内外资料表明，豆科作物含钼量明显高于禾本科作物。豆科牧草含钼量较高，其种子含钼量约为 0.5~20 $mg \cdot kg^{-1}$，

根瘤中含钼量也很高。谷类作物含钼量一般为0.2~1 mg·kg^{-1}，且以幼嫩器官中含量较高，叶片含钼量高于茎和根。

钼以MoO_4^{2-}、$HMoO_4^-$形态被植物吸收。代谢影响根系对钼的吸收速率，SO_4^{2-}是植物吸收钼的竞争离子。

2. 钼的营养功能

(1)硝酸还原酶的组分　钼的营养作用突出表现在氮素代谢方面。它参与酶的金属组分，并发生化合价的变化。在植物体中，钼是硝酸还原酶和固氮酶的成分，这两种酶是氮素代谢过程中不可缺少的。对豆科作物来说，钼有其特殊的重要作用。

(2)参与根瘤菌的固氮作用　钼的另一重要营养功能是参与根瘤菌的固氮作用。固氮酶是由钼铁氧还蛋白和铁氧还蛋白两种蛋白组成的，这两种蛋白单独存在时都不能固氮，只有两者结合才具有固氮能力。在固氮过程中，钼铁氧还蛋白直接和游离氮结合，因它是固氮酶的活性中心。钼在固氮酶中也是起电子传递作用。

(3)促进植物体内有机含磷化合物的合成　钼与植物的磷代谢有密切关系。钼酸盐会影响正磷酸盐和焦磷酸酯一类化合物的水解作用，还会影响植物体内有机态磷和无机态磷的比例。

(4)参与体内的光合作用和呼吸作用　钼对植物的呼吸作用也有一定的影响，植物体内抗坏血酸的含量常因缺钼而明显减少。而缺钼会引起叶绿素含量减少，导致光合作用强度降低，还原糖的含量减少。

(5)促进繁殖器官的建成　钼除了在豆科作物根瘤和叶片脉间组织积累外，在繁殖器官中含量也很高，这表明它在受精和胚胎发育中的特殊作用。

3. 植物钼素营养失调症状及丰缺指标

(1)植物缺钼症状　缺钼的共同特征是植株矮小，生长缓慢，叶片失绿，且有大小不一的黄色或橙黄色斑点，严重缺钼时叶缘萎蔫，有时叶片扭曲呈杯状，老叶变厚、焦枯，以致死亡。

不同作物缺钼症状不同：①十字花科的花椰菜，其缺钼最典型的症状是，叶片明显缩小，呈不规则状的畸形叶，或形成鞭尾状叶，通常称为“鞭尾病”或“鞭尾现象”。②柑橘缺钼表现为成熟叶片沿主脉局部失绿和坏死，即柑橘“黄斑病”。③豆科作物缺钼时，根瘤发育不良，根瘤小而且数量也少，叶片症状与缺氮十分相似，老叶首先失绿，所不同的是严重缺钼的叶片，由于有NO_3^-—N积累，致使叶缘会出现坏死组织，而且缺钼症状最先出现在老叶或茎中部的叶片上，并向幼叶及生长点发展，以致遍及全株。

(2)植物钼中毒症状　植物耐钼的能力很强，钼过剩不易显现症状。茄科植物较敏感，症状表现为叶片失绿；番茄和马铃薯小枝则呈红黄色或金黄色。

(3)植物钼素营养的丰缺指标　不同植物对钼的需求量也是不同的，因此各有其缺乏、适量和毒害的临界水平，植物正常含钼量为0.1~0.5 mg·kg^{-1}。一般而言，一般作物含钼量低于0.1 mg·kg^{-1}，而豆科作物低于0.4 mg·kg^{-1}时就有可能缺钼。在大于100 mg·kg^{-1}的情况下，大多数植物并无不良反应，而且还生长得很好。番茄植株中钼的浓度达1000~2000 mg·kg^{-1}时，叶片上才会出现明显的钼中毒症状。但如果牧草中含钼量超过15 mg·kg^{-1}时，动物就可能会中毒，特别是奶牛最为敏感。一般要求饲料含钼量不超过5 mg·kg^{-1}，因此牧草施用钼肥必须适量。

(七)植物体内氯的含量、分布与营养功能

1. 植物体内氯的含量、形态与分布

氯是一种比较特殊的矿质营养元素，它普遍存在于自然界，在必需的微量元素中，植物对氯的需要量最多，植物体内氯的含量常高达0.2%~2%(干重)，含氯10%的植物并不少见。在植物体中，氯以离子(Cl^-)态存在，移动性很强。大多数植物吸收Cl^-的速度很快，并且植物吸收Cl^-受代谢的影响。因此，植物吸收的大量Cl^-只能积聚在细胞质中。氯的分布特点是：茎叶中多，子粒中少。

2. 氯的生理功能

(1)参与光合作用　在光合作用中，氯作为锰的辅助因子参与水的光解反应，水光解反应是光合作用最初的光化学反应，氯的作用位点在光系统Ⅱ。

(2)调节气孔运动　氯对气孔的开张和关闭有调节作用。对于某些淀粉含量不高的作物(如洋葱)，K^+流入保卫细胞时，由于缺少苹果酸根，需由Cl^-作为陪伴离子。由于氯在维持细胞膨压、调节气孔运动方面的明显作用，从而能增强植物的抗旱能力。

(3)激活H^+-泵ATP酶　原生质上的Mg-ATP酶主要由一价阳离子(尤其是K^+)激活。而液泡膜上的H^+-ATP酶需要氯化物来激活，将原生质中的H^+转运到液泡内，使液泡内的$pH<6$，进而影响其他离子向液泡的运输。

(4)抑制病害发生　施用含氯肥料对抑制病害的发生有明显作用。据报道，目前至少有10种作物的15个品种，其叶、根病害可通过增施含氯肥料而明显减轻。例如冬小麦的全蚀病、条锈病，春小麦的叶锈病、枯斑病，大麦的根腐病，玉米的茎枯病，马铃薯的空心病、褐心病等。

(5)电荷平衡及渗透调节功能　在许多阴离子中，Cl^-是生物化学性质最稳定的离子，它能与阳离子保持电荷平衡，维持细胞内的渗透压。

3. 植物氯素营养失调症状及丰缺指标

(1)植物缺氯症状　缺氯的典型症状是叶缘萎蔫，根伸长强烈受阻，根细而短，侧根少。由于氯的来源(土壤、雨水、肥料、空气污染等)很多，在田间条件下植物很少出现缺氯症。

不同作物缺氯症状不同：①番茄缺氯时，首先是叶片尖端出现凋萎，而后叶片失绿，进而呈青铜色，逐渐由局部遍及全叶而坏死；根系生长不正常，表现为根细而短，侧根少；还表现为不结果；②甜菜缺氯的症状是，叶细胞的增殖速率降低，叶片生长明显缓慢，叶面积变小，并且叶脉间失绿；③莴苣、甘蓝和苜蓿缺氯时，叶片萎蔫，侧根粗短呈棒状，幼叶叶缘上卷成杯状，失绿，尖端进一步坏死。

(2)植物氯中毒症状　氯常见中毒的症状是叶缘似烧伤，早熟性发黄及叶片脱落。不同植物氯中毒症状各异：①番茄表现为下部叶的小叶尖端首先萎蔫，明显变窄，生长受阻；②棉花叶片凋萎，叶色暗绿，严重时叶缘干枯，卷曲，幼叶发病比老叶重；③甜菜叶片生长缓慢，叶面积变小，脉间失绿，开始时与缺锰症状相似。甘蔗根长较短，侧根较多。

(3)植物氯素营养的丰缺指标　由于氯的来源很多，在田间条件下植物很少出现缺氯症，实际上，氯过多是生产中的一个问题。当外界溶液中氯化物的浓度大于0.2%时，氯

敏感植物(如烟草、菜豆、马铃薯、柑橘、莴苣和一些豆科作物)会发生中毒。

(八)植物体内镍的含量、分布与营养功能

1. 植物体内镍的含量、形态与分布

大多数植物体的营养器官中镍的含量一般在 0.05～10 mg · kg^{-1}(干重)，平均 1.10 mg · kg^{-1}。不同植物种类之间镍的含量差异很大，根据植物对镍的累积程度不同，可分为两类：第一类为镍超累积型，主要是野生植物，镍含量超过 1000 mg · kg^{-1}，例如庭荠属、车前属属于此种类型。第二类为镍积累型，其中包括野生的和栽培的植物，例如紫草科、十字花科、豆科和石竹科的某些种类。植物主要吸收离子态镍(Ni^{2+})，其次吸收络合态镍(如 Ni-EDTA 和 Ni-DTPA)。

2. 镍的营养功能

(1)有利于种子发芽和幼苗生长　低浓度的镍能刺激许多植物的种子发芽和幼苗生长，例如小麦、豌豆、蓖麻、白羽扇豆、大豆、水稻等。试验证明，用 100 mg · kg^{-1}的镍处理小麦种子，能促进根系与地上部的生长。

(2)催化尿素降解　在高等植物中，脲酶是目前已知的唯一 1 个含 Ni 的酶。在其他微生物、动物中还发现了一些含镍的酶，如氢化酶、甲基辅酶、肝脱氢酶等。镍是脲酶的金属辅基，脲酶的作用是催化尿素水解为氨和二氧化碳，脲酶普遍存在于高等植物、细菌、真菌和藻类中。镍对于脲酶维持构型与发挥功能是必需的。

(3)防治某些病害　低浓度的镍可以促进紫花苜蓿叶片中过氧化物酶和抗坏血酸氧化酶的活性，进而促进微生物分泌的毒素降解和增强作物的抗病能力。另外，镍可降低 IAA 氧化酶活性而提高多酚氧化酶活性，间接影响酚类合成，并提高作物的抗病性，如低浓度镍能防治谷类作物的锈病、水稻叶枯病、棉花枯萎病等。

3. 植物镍素营养失调症状及丰缺指标

(1)植物缺镍症状　有关作物缺镍的报道不多，但在营养液培养或土培、田间条件下，也获得一些结果。缺镍时主要表现为：叶片脲酶活性下降，根瘤氢化酶活性降低，叶片出现坏死斑、茎坏死、种子活力下降等。例如，大麦缺镍植株的叶小色淡、直立性差，最初脉间失绿，然后中脉前半段白化，并继续向下发展，同时叶尖和叶缘也发白。

(2)植物镍中毒症状　过量的镍对植物也有毒，且症状多变。镍中毒症状表现为：生长迟缓，叶片失绿、变形；有斑点、条纹，果实变小、着色早等。镍中毒表现的失绿症可能是由于诱发缺铁和缺锌所致。

(3)植物镍素营养的丰缺指标　对镍比较敏感的植物，中毒的临界浓度>10 μg · g^{-1}，对镍中等敏感植物的临界浓度>5 μg · g^{-1}。但是，到目前为止，还没有发现土培植物及土壤细菌缺镍的证据。

二、微量元素肥料的种类、性质及施用

(一)微量元素肥料的种类和性质

微量元素肥料(简称微肥)是指含有微量元素养分的肥料，如硼肥、钼肥、锌肥、锰肥、铁肥、铜肥、氯肥等，可以是含有一种微量元素的单纯化合物，也可以是含有多种微

量和大量营养元素的复合肥料和混合肥料。微量元素肥料品种很多，目前较为常用的单纯化合物微量元素肥料形态、含量与性质见表 8-10。

表 8-10 常用微量元素肥料形态、含量与性质

名称	形态	元素(%)	主要性质
硼肥			
硼酸	H_3BO_3	16.1~16.6	白色结晶或粉末，溶于水
硼砂	$Na_2B_4O_7 \cdot 10H_2O$	10.3~10.8	白色结晶或粉末，溶于水
五水四硼酸钠	$Na_2B_4O_7 \cdot 5H_2O$	14	白色结晶或粉末，易溶于热水
无水硼砂	$Na_2B_4O_7$	20	无色晶体或玻璃体，吸湿性较强，溶于水
十硼酸钠	$Na_2B_{10}O_{16} \cdot 10H_2O$	18	白色棱形晶体，溶于水
钼肥			
钼酸铵	$(NH_4)_6Mo_7O_{24} \cdot 4H_2O$	50~54	黄白色结晶，溶于水
钼酸钠	$Na_2MoO_4 \cdot 2H_2O$	35~39	青白色结晶，易溶于水
含钼玻璃		2~3	粉末状，难溶于水
含钼废渣		10	难溶于水
锌肥			
硫酸锌	$ZnSO_4 \cdot 7H_2O$ $ZnSO_4 \cdot H_2O$	23 35	无色或白色结晶，易溶于水
氯化锌	$ZnCl_2$	48	白色结晶，溶于水
碳酸锌	$ZnCO_3$	52	白色粉末，不溶于水，溶于酸碱
氧化锌	ZnO	78	白色粉末，不溶于水，溶于酸碱
螯合态锌	Zn-EDTA	14	白色粉末，溶于水
锰肥			
硫酸锰	$MnSO_4 \cdot H_2O$	31	易溶于水
氯化锰	$MnCl_2 \cdot 4H_2O$	27	易溶于水
碳酸锰	$MnCO_3$	43	难溶于水
硝酸锰	$Mn(NO_3)_2 \cdot 4H_2O$	21	易溶于水
硫酸锰铵	$3MnSO_4 \cdot (NH_4)_2SO_4$	26~28	易溶于水
铁肥			
硫酸亚铁	$FeSO_4 \cdot 7H_2O$	19	易溶于水
硫酸亚铁铵	$FeSO_4 \cdot (NH_4)_2SO_4 \cdot 6H_2O$	14	易溶于水
三氯化铁	$FeCl_3$	20.6	易溶于水
螯合铁	Fe-EDTA，Fe-HEDTA， Fe-DTPA，Fe-EDDHA	5~12	易溶于水
氨基酸螯合铁	$Fe \cdot H_2N \cdot R \cdot COOH$	10~16	易溶于水

（续）

名称	形态	元素(%)	主要性质
柠檬酸铁	$C_6H_5O_7Fe \cdot 5H_2O$	16.5~18.5	溶于热水
铜肥			
硫酸铜	$CuSO_4 \cdot H_2O$	35	蓝色晶体，溶于水
	$CuSO_4 \cdot 5H_2O$	25	蓝色晶体，溶于水
碱式硫酸铜	$CuSO_4 \cdot 3Cu(OH)_2$	13~53	绿色晶体，难溶于水，能溶于稀酸和氨水
	$CuSO_4 \cdot Cu(OH)_2$	57	
氧化铜	CuO	89	红棕色粉末，难溶于水
螯合态铜	Cu-EDTA	18	溶于水
硫化铜	CuS	80	黑色粉末，难溶于水
含氯化肥			
氯化铵	NH_4Cl	66	白色晶结，溶于水
氯化钾	KCl	47	白色或淡黄色结晶，溶于水
氯化钙	$CaCl_2$	65	白色粉末，溶于水

(二)微量元素肥料的合理施用

1. 铁肥的合理施用

(1)根据土壤有效铁含量施用铁肥　我国南方酸性土壤含铁量很高，一般不缺铁。但对锰很敏感的作物如菠萝，当锰过量时会引起缺铁。有一些石灰性土壤，铁容易形成氢氧化铁和碳酸铁沉淀，而出现缺铁现象。

(2)按作物对缺铁反应敏感性施用铁肥　双子叶作物比单子叶作物容易缺铁。多数果树容易缺铁，禾谷类作物不易发生缺铁。对铁敏感的作物有菠菜、番茄、柑橘、大豆等，对铁不敏感的作物则有小麦、水稻等禾谷类作物。

(3)铁肥的施用方法　作物吸收铁肥的形态一般是二价铁，但由于二价铁易被氧化为三价铁而失效，故铁肥多采用叶面喷施方式。喷施的浓度一般以0.2%~1%为宜，农作物一般在生长中前期喷施，果树则多在萌芽前喷施。果树和林木也可采用局部富铁法矫正，即用5~10 kg的硫酸亚铁与200~300 kg优质的有机肥混匀，在树冠外围挖沟环施后覆土，使局部富集大量的亚铁盐供树木的根系吸收。高压注射法也是一种有效的施铁方法。即用浓度为0.3%~0.5%的硫酸亚铁溶液直接注射到树干内。

2. 硼肥的合理施用

(1)根据土壤有效硼含量施用硼肥　土壤中硼的含量及其有效性是影响硼肥肥效的主要因素之一。一般土壤pH4.7~6.7时硼的有效性最高，因此作物缺硼大多发生在中、碱性的土壤上；而且是一般砂壤土含量低，重壤土含量高，总的趋势是：沙壤<轻壤<中壤<重壤。但在湿润多雨地区，水溶性硼易遭淋失，因此在强烈淋溶的酸性土中，有效硼一般较少，同样会发生作物缺硼现象。

(2)按作物对缺硼反应敏感性施用硼肥　不同作物对硼的需要量不同。一般双子叶植物需硼量常比单子叶植物高。按照植物需硼量的高低。大体可将植物分为三组，需硼量高的植物：甜菜、油菜、萝卜、甘蓝、花椰菜、芹菜等；需硼量中等的植物：番茄、马铃薯、胡萝卜、茶树、桃等；需硼量低的植物：柑橘、禾本科牧草等。硼肥施用应优先考虑需硼量较大的作物；对于需硼量较小的作物，只有缺硼的土壤上施用才有良好效果。

(3)硼肥的施用方法　硼肥常用的施用方法有撒施、条施和叶面喷施。硼肥直接作种肥，易对种子和幼苗产生毒害，故一般不用硼肥处理种子。作物需硼肥的适量与过量的界限相差较小，如施用不当，容易发生过量的毒害。一般作物根外追肥的浓度，硼酸为0.02%~0.1%，硼砂为0.05%~0.20%。用硼砂作基肥时，一般施用量为7.5~15 kg·hm^{-2}，与干细土混匀进行撒施、条施或穴施。

3. 锰肥的合理施用

(1)根据土壤有效锰含量施用锰肥　作物缺锰常出现在成土母质含锰量较低的砂土或游离碳酸盐含量较高的石灰性土壤上。而我国南方酸性土壤有效锰的含量较高，大部分土壤均不必施用锰肥，只有当大量施用石灰使土壤pH值升高时，才可能发生“诱发性缺锰”。另外，水旱轮作由于土壤有效锰淋失严重，也有可能导致缺锰。

(2)按作物对缺锰反应敏感性施用锰肥　不同种类的作物或同一作物的不同品种对锰的敏感程度不同。燕麦、小麦、菠菜、甜菜、菜豆、黄瓜、草莓等是对锰敏感的作物；而大麦、芹菜、白菜、花椰菜、番茄等对锰中度敏感；水稻、玉米、芦笋等对锰不敏感。

(3)锰肥的施用方法　锰肥宜作种肥、基肥和叶面喷施。用作拌种，每千克种子用5~10 g硫酸锰，先用少量水溶解，然后均匀地喷洒在种子表面，阴干后播种。基肥施用硫酸锰15~30 kg·hm^{-2}。为减少土壤对锰的固定，应与有机肥混合均匀后施用。叶面喷施也是一种简单易行的好方法，每公顷用浓度为0.1%硫酸锰50 kg溶液。浸种时常用浓度为0.1%~0.2%硫酸锰溶液浸种8 h，种子与溶液比例为1∶1，捞出晾干后播种。

4. 铜肥的合理施用

(1)根据土壤有效铜含量施用铜肥　当土壤有效铜含量低于4 mg·kg^{-1}时，施铜肥有一定效果，有效铜量低的土壤，施用效果显著。

(2)按作物对缺铜反应敏感性施用铜肥　按作物对缺铜反应敏感性大致可将作物分成三类：①对缺铜反应敏感的作物，如麦类、水稻、洋葱、莴苣、花椰菜、胡萝卜等；②对缺铜反应较敏感的作物如马铃薯、甘薯、黄瓜、番茄、果树等；③对缺铜反应一般的作物，如玉米、大豆、油菜等。对缺铜敏感的作物，施铜肥肥效高，应优先考虑施用铜肥。

(3)铜肥的施用方法　常用铜肥是硫酸铜，施用方法有基施、喷施和作种肥。基肥：用硫酸铜10~15 kg·hm^{-2}，拌细干土150~225 kg，开沟施用播种行两侧，每隔3~4年施一次。种肥：拌种，每千克种子拌硫酸铜1 g，先用少量水溶解，然后均匀地喷在种子上，阴干后即可播种。浸种：取硫酸铜加水配成浓度为0.01%~0.05%的溶液，将种子放入浸泡12~24 h，捞出阴干后播种。喷施：将硫酸铜配成浓度为0.02%~0.20%的溶液，在作物苗期至开花期喷施2~3次，每次间隔7~10天，每次用肥液750~1125 kg·hm^{-2}。

5. 锌肥的合理施用

(1)根据土壤有效锌含量施用锌肥　土壤有效锌的含量，受土壤条件影响较大。一般认为，容易缺锌的土壤主要集中在：淋溶性强烈的酸性土壤，尤其是砂性较大的土壤，施用石灰时易诱发性缺锌；碱性土壤、有机质土、花岗岩母质发育的土壤和冲积土等也易缺锌。

(2)按作物对缺锌反应敏感性施用锌肥　不同作物对锌的敏感程度不同。水稻、玉米、烟草、柑橘、芹菜等是对锌敏感的作物；而马铃薯、洋葱等对锌中度敏感；麦类、胡萝卜、豌豆等对锌不敏感。

(3)锌肥的施用方法　锌肥可用作基肥、追肥、种肥和根外追肥。难溶性锌肥如碳酸锌、氧化锌、硫化锌等宜作基肥施用，水溶性锌肥如硫酸锌、螯合态锌等作种肥和追肥效果好。生产上常用的锌肥多是硫酸锌，作基肥施用量为7.5~11.5 kg · hm^{-2}，可与细土或有机肥混合均匀后撒施；根外追肥的溶液浓度为0.1%~0.2%，大约用量为750 kg · hm^{-2}溶液；浸种用硫酸锌溶液浓度为0.02%~0.10%，浸种时间一般为12~24 h，阴干后即可播种；拌种每千克种子用2~6g硫酸锌，以少量水溶解，喷于种子上，边喷边搅拌，用水量以能搅拌种子即可，种子晾干后播种。

6. 钼肥的合理施用

(1)根据土壤有效钼含量施用钼肥　在我国南方酸性土壤中，虽然全钼含量很高，但可给性都往往很低，有效钼过少，不能满足作物需要。因此，在南方的红壤上，钼的肥效一般都很好。在酸性土壤上施用钼肥时，要与施用石灰以及酸碱性一起考虑，才能获得较好效果。

(2)按作物对缺钼反应敏感性施用钼肥　作物对钼的敏感性不同，一般是需要量大的作物多敏感，需要量小的作物多不敏感。对钼敏感的作物主要有花生、菠菜、花椰菜、洋葱等；对钼中度敏感的作物主要有大豆、油菜、萝卜、番茄、柑橘等；对钼不敏感的作物主要有禾本科作物、马铃薯、芹菜、葡萄等。

(3)钼肥的施用方法　钼肥可作基肥、追肥和种肥施用。含钼的其他化学肥料及含钼工业废渣作基肥施用，肥效持久，用量以有效钼计算为75~300 g · hm^{-2}，常用的钼酸铵肥料，作物需要量小，但价格昂贵，拌种或喷施比较有效。拌种每千克种子用钼酸铵2克，配成浓度为3%~5%的溶液均匀喷于种子表面，阴干后即可播种；浸种用浓度为0.05%~0.1%的钼酸铵溶液，浸12 h；叶面喷施用浓度为0.01%~0.1%的钼酸铵溶液，于蕾期至盛花期喷施2~3次。

7. 含氯化肥的合理施用

含氯化肥使用不当可造成烧种、伤苗等“氯害”现象，在具体施用中应注意以下几方面：

(1)适宜用在多雨季节或降水较多的地区，无灌溉条件下的旱地、排水不良的盐碱地和高温干旱季节以及缺水少雨地区最好不用或少用含氯化肥。

(2)含氯化肥应优先施用于水稻、小麦、油菜、菠菜、萝卜、豆类等耐氯性强或中等耐氯的作物上；对耐氯性弱的作物，如烟草、茶叶、莴苣、柑橘、葡萄等，一般不施或严格控制用量。

(3)在施用含氯化肥时，配合施用腐熟的有机肥，可以提高含氯化肥的肥效，减轻氯离子的不良影响。

(4)含氯化肥可作基肥或追肥，不宜作种肥。可用在作物生长的中、后期，在苗期应少用或不用。

思　考　题

1. 钙有哪些主要生理功能？植物缺钙有哪些典型症状？
2. 石灰质肥料有哪些作用？如何合理施用？
3. 镁有哪些主要生理功能？植物缺镁有哪些典型症状？
4. 镁肥如何施用才更有效果？
5. 硫有哪些主要生理功能？植物缺硫有哪些典型症状？
6. 怎样提高硫肥的施用效果？
7. 植物缺硼的主要症状及原因？
8. 钼有哪些主要生理功能？
9. 植物缺锌的主要症状是什么？
10. 对锰敏感的作物有哪些？
11. 植物缺铁的发生部位及典型症状是什么？
12. 最常用铜肥是什么？施用方法如何？
13. 含氯化肥的使用要注意什么问题？
14. 与大量元素肥料相比施用微肥应注意哪些问题？

主要参考文献

[1]沈其荣．土壤肥料学通论[M]. 北京：高等教育出版社，2001.
[2]陆欣．土壤肥料学[M]. 北京：中国农业大学出版社，2002.
[3]吴礼树．土壤肥料学[M]. 北京：中国农业出版社，2004.
[4]林葆，等．中国肥料[M]. 上海：上海科学出版社，1994.
[5]奚振邦．现代化学肥料学[M]. 北京：中国农业出版社，2003.
[6]张洪昌，等．肥料应用手册[M]. 北京：中国农业出版社，2011.
[7]陆景陵．植物营养学[M]. 北京：中国农业大学出版社，2003.

肥料部分

第九章　复混肥料

摘　要　本章主要介绍复混肥料的概念、分类、养分标识、生产工艺以及主要的复混肥料和合理施用等。通过本章的学习，重点掌握复混肥料概念、分类、养分标识方法、主要的复混肥料的种类、性质和合理施用方法。

第一节　复混肥料概述

复混肥料是世界化肥工业发展的反映，复混肥料全世界的消费量已超过化肥总消费量的1/3，而我国约占国内化肥总消费量的18%。我国作物多样化，土壤也由过去克服单一营养元素缺乏的所谓“校正施肥”转入多种营养成分配合的“平衡施肥”。从20世纪50年代我国开始生产和施用复混肥料，到2007年就已经有4400家企业获得了生产复混肥料的许可证，实际年产量达6000余万吨(实物)。国产复混肥料逐渐成为市场主体，并具备了一定的竞争力。为此，加快我国复混肥料工业的发展与在农业上的施用势在必行。

一、复混肥料的概念及养分含量标识

(一)复混肥料的概念

复混肥料是指含有氮、磷、钾三种或其中两种营养元素的化学肥料。含有氮、磷、钾三要素中两者的称为二元复混肥料，如磷酸铵、硝酸钾、磷酸二氢钾。含有氮、磷、钾三要素的肥料称为三元复混肥料，如铵磷钾肥、尿磷钾肥、硝磷钾肥等。在复混肥料中添加一种或几种中、微量元素的称为多元复混肥料。除养分外，在复混肥料中科学地添加植物生长调节剂、除草剂、抗病虫农药等物质的称为多功能复混肥料。

(二)复混肥料的养分含量标识

复混肥料中单质养分和总养分只能以肥料中含有的氮(N)、五氧化二磷(P_2O_5)、氧化钾(K_2O)的含量计算，养分含量用氮N、P_2O_5和K_2O百分数来表示。

复混肥料中养分的表示方法，按N、P_2O_5、K_2O顺序排列，每个素之间以“-”连接，即“N-P_2O_5-K_2O”样式，且以阿拉伯数字表示养分含量。例如，15-15-15，表示是氮(N)磷(P_2O_5)钾(K_2O)含量各为15%的三元复混肥；18-46-0，表示该肥料中含氮18%，含五氧化二磷46%，肥料中不含钾。若肥料袋标明是15-8-12(S)，附在最后的符号(S)表示肥料中的钾是用硫酸钾作为原料，不含氯元素，适合于烟草等忌氯作物上施用。还有的用15-15-15-1.5 Zn表示，表明该肥料中除含有氮磷钾三要素外，还含有1.5%的锌，但有效养分只计算氮磷钾三要素。

二、我国复混肥料(复合肥料)的国家标准

我国对复混肥料的质量有国家标准，对复混肥料的总养分含量、水溶性磷占有效磷百分率、水分(H_2O)的质量分数、粒度以及氯离子(Cl)的质量分数等都有严格的要求。复混肥料(复合肥料)应符合表 9-1 的要求。

表 9-1 复混肥料(复合肥料)国家标准(GB 15063—2009)

项目			指标		
			高浓度	中浓渡	低浓度
总养分($N+P_2O_5+K_2O$)的质量分数[a](%)		≥	40.0	30.0	25.0
水溶性磷占有效磷百分率[b](%)		≥	60	50	40
水分(H_2O)的质量分数[c](%)		≤	2.0	2.5	5.0
粒度(1.00~4.75 mm 或 3.35~5.60 mm)[d](%)		≥	90	90	80
氯离子(Cl)的质量分数[e](%) ≤	未标“含氯”的产品	≤		3.0	
	标识“含氯(低氯)”的产品	≤		15.0	
	标识“含氯(中氯)”的产品	≤		30.0	

注：[a] 组成产品的单一养分含量不应小于 4.0%，且单一养分测定值与标明值负偏差的绝对值不应大于 1.5%；

[b] 以钙镁磷肥等枸溶性磷肥为基础磷肥并在包装容器上注明为“枸溶性磷”“ 水溶性磷占有效磷百分率”项目不做检验和判定。若为氮、钾二元肥料，“水溶性磷占有效磷百分率”项目不做检验和判定；

[c] 水分为出厂检验项目；

[d] 特殊形状或更大颗粒(粉状除外)产品的粒度可由供需双方协议确定；

[e] 氯离子的质量分数大于 30.0%的产品，应在包装袋上标明“含氮(高氯)”，标明“含氮(高氯)”的产品氯离子的质量分数可不做检验和判定。

三、我国复混肥料的发展现状

我国自 20 世纪 50 年代起开始施用复混肥料，经历了较长时间才逐渐被农民接受。就 1970 年到 1980 年的 10 年间，平均每年施用复混肥料(折纯养分)约 27.3 万 t，占年施用化肥总量的 2.2%。20 世纪 80 年代中后期，复混肥料施用快速增长。1990 年的施用量为 341.6 万 t，占化肥施用总量的 13.19%；1995 年为 670.8 万 t，占化肥施用总量的 18.67%；2000 年为 917.7 万 t，占化肥消费总量 4146.3 万 t 的 22.1%；到 2005 年，全国复混肥料的用量为 1225 万 t，占化肥消费总量 4897.5 万 t 的 25%(表 9-2)。

表 9-2 我国近年复混肥料施用量及其在化肥用量中所占的比例

项目	1981 年	1985 年	1990 年	1993 年	1995 年	1997 年	2005 年
化肥用量(万 t 养分)	1334.9	1775.8	2590.3	3980.9	3593.6	4125	4897.5
混肥料用量(万 t 养分)	56.6	179.6	341.6	797.8	670.8	880	1225
复混肥料占化肥比例(%)	4.24	10.11	13.19	20.04	18.67	21.33	25

(引自张福锁、张卫峰，中国化肥产业技术与展望，2007)

第二节　复混肥料的分类和特点

一、复混肥料的分类

复混肥料是由化学方法或物理方法加工制成，国内外对复混肥料的分类方法不完全一致。在美国通称为复合肥料，在欧洲分为复合肥料和混合肥料两类，我国复混肥料通常是复合肥料和混合肥料的总称。

(一)按生产工艺分类

1. 化成复合肥料

指仅通过化学方法合成的复混肥料。包括以下两类。

一类为两元素复合肥料，通过纯化学反应合成。主要有如下品种：①硝酸磷肥，一般总养分含量为40%，氮磷比例为1∶1型和2∶1型两种；②磷酸二铵，含氮18%，含磷46%，总养分为64%；③磷酸一铵，一般含氮为10%～12%，含磷为45%～51%，总养分为55%～60%。

由于两元素复合肥料含有的氮磷或氮钾比例不合理，多年前在一些发达国家都已不再直接使用，只作为加工BB肥的原料。目前，我国生产的磷酸一铵多用作加工混配肥料的原料。

另一类是三元素复混肥料。在生产过程中既有化学反应，也有混合工艺。一般以磷酸作为主要原料，加氨进行反应，然后加入钾肥混合，经浓缩后成为三元素复混肥料。其中磷酸与氨反应是化学过程，加钾是物理混拌过程。这一生产工艺也称为料浆法工艺，采用这种工艺的一般为大中型企业，生产的都是高浓度肥料。从国外进口的复混肥料如15-15-15、16-16-16以及国内大型企业生产的复混肥料均是采用这种工艺。这种工艺生产的复混肥料习惯上称为复合肥，复合肥是复混肥料的一种。

该种复混肥料的优点主要有：

(1)养分均匀，每个颗粒之间养分是一致的，很少有误差，所以单个养分含量和总养分含量均易达标；

(2)物理性状好，颗粒大小均匀，抗压强度大，表面光滑，在贮、运过程中不易破碎，不易结块，肥料质量能够得到保证。

2. 混配肥料

国内多采用干粉造粒，即采用粉状肥料(若是颗粒肥如尿素，必须预先破碎)经物理混合、造粒而成。采用这种工艺，一般生产规模不大，小的企业年产不足万吨，大的企业也只是5万～10万t，多数在1万～3万t。并且，生产的肥料养分浓度较低，总养分大多在25%～35%之间。

国外混配肥料以BB肥为主，通常以颗粒氮、磷、钾肥经混拌而成，但要求掺混、磷、钾肥颗粒大小和密度基本相当，否则会产生分离，导致养分不均匀，影响肥效。出售时可根据农户要求按一定配方装配。

(二)按用途分类

1. 通用型复合肥

在我国把氮、磷、钾养分含量相等的肥料称为通用型肥料，例如15-15-15、16-16-16。由于这种肥料在各种土壤和作物上都可以使用，因此也被称为“傻瓜肥”。通用型肥料施用方便，但也有其明显的不足，即养分配比的针对性较差。在南方施用这种肥料，很可能会造成磷浪费；而在北方，如在小麦上使用，则可能会造成钾浪费。

2. 专用型复合肥

专用型肥料主要依据作物营养特点和土壤养分状况确定配方。考虑到复混肥主要作基肥施用，氮肥是普遍要追施的，因此在配方中重点考虑磷钾的比例。

(1)作物类型　按作物养分需求不同，大致可以分为喜磷作物和喜钾作物两大类。喜磷作物为油料作物，如油菜籽、大豆、向日葵，以及豆科牧草等。喜钾作物为瓜果、菜、茶叶、薯类、烟草和糖料作物。

(2)土壤类型　主要依据区域的土壤供肥特点、施肥习惯以及各地的肥料试验结果确定配方，目前我国土壤大致是南方以缺钾为主，北方以缺磷为主。

因为专用肥的配方考虑到作物和土壤的特点，具有更强的针对性，所以，同样是45%的养分，专用肥的肥效普遍好于通用型肥料。

(三)按养分形态分类

目前，在国内肥料市场上出现的肥料，大致分为以下几类。

(1)尿基复合肥　主要特点是以尿素溶液喷浆造粒而成。

(2)硝基复合肥　在生产硝酸磷肥基础上加钾制成。其主要特点是氮源中含有硝态氮，适合旱地北方低温区使用，尤其适合在蔬菜、果树上使用。目前进口复合肥基本是此类复合肥。

(3)硫基复合肥　指复合肥中的钾源为硫酸钾，适宜于对氯敏感的作物。

(4)氯基复合肥　或以氯化钾为钾源，或以氯化铵为氮源，或两者兼有(也称为双氯化肥)。

(四)按养分配比分类

通常习惯上将氮、磷、钾养分含量分别大于20%的复混肥料称为高氮型、高磷型、高钾型复混肥料。

1. 高氮型复合肥

高氮型复混肥料主要用于一次性施肥和作物追肥，一次性施肥主要适用于东北春玉米底肥和山东、河南等地的小麦底肥。肥料品种主要有28-9-11、26-10-12、25-13-10等。在华北地区，很多农民种植夏玉米时习惯不施底肥，而在玉米苗期一次性追，因此高氮型追肥主要用于华北地区夏玉米以及小麦、棉花追肥。肥料品种主要有28-6-16、30-5-15、30-10-10、32-6-12、32-0-18、30-0-16、35-5-10、石家庄联碱化工生产的25-10-10、28-9-9，撒可富20-10-10、24-16-6、25-23-5，嘉吉的25-13-17、24-8-11(蔬菜专用)。

2. 高磷型复合肥

高磷型复混肥料可分为土壤专用型和作物专用型两类，土壤专用型针对土壤速效磷含量较低的地区和部分盐碱化土壤的小麦、玉米、棉花，肥料品种主要有 15-27-8、13-20-12。作物专用型应用于东北春玉米种肥、油菜专用肥、豆类专用肥，肥料品种主要有 16-18-12，撒可富种肥 10-15-5、12-23-5，豆类专用 15-23-10，土壤专用 15-25-5、15-20-10。

3. 高钾型复合肥

为了满足经济作物对品质及产量的要求，很多厂家开发了高钾型复合肥，用于果树、大蒜、烟草、蔬菜等基肥和追肥。这部分肥料对溶解度、外观、色泽要求较高，有的肥料还添加腐殖酸等增效剂。肥料品种主要有 15-15-20、18-6-24、15-10-20、20-5-30、10-6-24、16-8-20、16-10-24、15-10-20、12-8-20。

4. 氮钾型复合肥

由于我国大部分地区土壤养分氮素普遍匮乏，加之近年来钾的增产效果愈发显著，同时熔体造粒法、转鼓造粒法、团粒法等国内应用的复混肥料生产工艺提高复混肥料中磷含量有困难，因此氮钾型复混肥料在国内所占比重较高，市场上存在的肥料品种有 16-0-40、20-10-20、18-9-18、14-12-14、18-8-14、20-5-30(果菜类蔬菜，追肥)。

5. 氮磷型复合肥

我国大部分地区农民有施用二铵的习惯，部分厂家根据自身生产工艺状况开发了氮磷型复混肥料，不含或含有少量钾元素。如国产和进口磷酸二铵，天脊硝酸磷肥(27-11-0)、硝酸磷钾(22-9-9、22-9-6)，撒可富 16-16-8、18-18-8，双联 10-10-5、16-18-8、18-16-8。

6. 均衡型复合肥

由于均衡型复混肥料对于生产工艺要求不高，而且产品性能稳定、适用面广，所以目前仍在市场上占据主要份额。主要品种有 5-15-15、16-16-16、17-17-17 等，各个厂家均有生产。

二、复混肥料的特点

与单质肥料相比较，复混肥料有许多优点，同时也有缺点。

(一)复混肥料的优点

1. 所含养分种类多、有效成分含量也高

复混肥料至少含有两种营养元素，营养元素的种类比单质肥料多。因此，施用一次可同时供给作物多种养分，从而使作物获得较好的营养，且有利于发挥营养元素之间的协同作用。复混肥料一般养分含量比较高，即使是低浓度的三元复混肥，养分总含量规定在 25%以上，比碳铵、普通过磷酸钙都高。

2. 物理性状好

复混肥料一般都经过造粒，有的还涂有疏水性膜，吸湿性明显降低，颗粒比较坚实，粒度大小均匀，吸湿性小，无尘，便于贮存和施用，尤其适合于机械化施肥。

3. 副成分少，对土壤性质没有影响

复混肥料有效成分高，副成分必然少，因此只要施用合理，一般不会对土壤产生不良影响。此外，在掺混复肥中还含有一定量的填料，如磷石膏、白云石粉、粉煤灰等，具有一定的改土效果。

4. 生产成本低，节省包装、贮运和施用费用

1 t 磷酸铵所含的氮(N)和磷(P_2O_5)的总量相当于 0.9 t 硫酸铵和 2.5 t 过磷酸钙，而体积却缩小了 2/3。因此可节省包装材料和运输费用，提高施肥的劳动生产率。

(二)复混肥料的缺点

1. 养分比例相对固定

每种复混肥料中养分的比例是固定的，而不同土壤、不同作物所需的营养元素种类、数量和比例是多样的。复混肥料难以满足各类土壤和各种作物的不同要求，如三元复混肥氮磷钾养分含量为 15-15-15，作物吸收的氮与钾往往比磷高，长期施用此类肥料后，会导致土壤中磷素累积，并引起微量元素缺乏等一系列生理障碍。因此，复混肥中的养分必须按土壤情况和作物需要量以及肥料利用率合理配制，制成适宜于某种土壤气候条件下的某种作物专用肥，这样既可减少肥料成分的浪费，又能最大限度地发挥复混肥料的优越性。

2. 难于满足施肥技术的要求

复混肥料中的各种养分只能采用同一施肥时期、施肥方式和深度，其养分所处位置和释放速率很难完全符合作物某一时期对养分的特殊要求，这样不能充分发挥各种营养元素的最佳施肥效果。

第三节　复混肥料的工艺及产品

一、团粒法复混肥料

该方法是国内外复合肥生产的主要方法。根据使用造粒设备的不同，可分为圆成粒、转鼓成粒、双浆混合成粒等工艺。前两种方法是目前复混肥料厂生产中广为采用的方法，技术成熟、质量可靠。

(一)基本原理

团粒法工艺成粒的基本原理是一定颗粒细度(粉粒状)的基础肥料借助肥料盐类的液相黏聚成粒，再借助外力使黏聚的颗粒产生运动，相互间的挤压滚动使其紧密而成型。

(二)生产特点

流程特点：第一，团粒法产品在生产过程中是将粉末状的干质混合料借助液相并受机械作用结成颗粒因而整个流程内没有化学反应发生，这是该产品最显著的特点。第二，产品生产工艺流程较长，在整个生产过程中筛分、造粒、干燥、冷却等过程需要单独的装

置。第三，氮源选择面广，尿素、MAP(磷酸一铵)等均可加入，但由于不能以高浓度的液氨和磷酸为原料，因而难以生产高含量复混肥料。

优缺点：由于团粒法生产工艺相对简单，不需要加温、加压等条件限制，所以产品控制稳定、技术成熟，投资少，操作简便。但是由于造粒过程中没有化学反应，仅靠液相黏结成粒，所以产品颗粒强度差，产品容易粉化结块。

二、料浆法复混肥料

(一)基本原理

料浆法复混肥料生产时进入造粒过程中的全部或大部分物料都是料浆形式，料浆通常是硝酸、磷酸或硫酸与氨反应生成的，再经过造粒、干燥等工艺制成颗粒。按原料分类，可以分为硫酸铵-磷酸铵系、硝酸铵-磷酸铵系、尿素-磷酸铵系等。

(二)生产特点

流程特点：第一，通过氨和磷酸等发生中和反应形成料浆，比团粒法造粒过程复杂。第二，原料广泛，既可是液态的，也可是固体尿素、MAP(磷酸一铵)、DAP(磷酸二铵)等，固体原料需经熔融态处理。第三，AZF料浆法流程复杂，但产品灵活，可生产各种类型的复合肥产品，NPK产品最高含氮量可达30%左右，但硫酸氢钾工艺流程固定，配方固定。

优缺点：整个流程装置复杂、自动化程度高，因而产品内在质量控制精确，产品类型丰富。另外可使用管式反应器，节省能耗。由于操作复杂，造成生产成本高，并且对原料(尤其是磷酸)质量要求较高。料浆法工艺中的硫酸氢钾工艺与某些生产工艺相比氮含量难以提高，难以生产高氮型复合肥。

(三)硫酸铵-磷酸铵系复合肥

由硫酸铵与磷酸铵、钾盐组成的一系列硫磷铵系复合肥吸湿性小，呈微酸性，对碱性土壤有改良的作用，对茶叶、甘蔗有独特的肥效，适用于多种土壤和作物。20世纪70年代中期，美国国家肥料开发中心研究成功的管道反应器用氨中和磷酸、硫酸的技术首先应用于硫磷铵系复合肥的生产，该法已在我国的复合肥生产中得到广泛的应用。原料湿法磷酸(小于40%P_2O_5)加入尾气洗涤系统，洗涤转鼓氨化粒化器、回转干燥机-回转冷却筒等，抽出含氨、含尘尾气得到的洗涤酸经过酸预热器加热，经计量后加入管道反应器。硫酸经计量后从反应管的另一端加入。液氨和少量水从反应管的端部加入。酸和氨在管道里高速流通时迅速混合并发生反应。反应热使物料温度上升到料液沸点以上，产生的蒸气使管内物料处于0.3~0.4 MPa的压力状态，高温使磷酸铵的溶解度增大，所用原料磷酸的浓度可以稍高一些，这就意味着随磷酸进入生产系统的水量减少，中和反应热用来蒸发物料带入水分的比例增高，管道反应器工艺的造粒物料干燥负荷显著降低。

(四)硝酸铵-磷酸铵系复合肥

硝酸铵-磷酸铵系复合肥生产多数是把硝酸铵浓溶液加入磷酸与氨反应器的预中和

器，或者把浓硝酸铵溶液加入回转鼓氨化粒化器，与预中和器来的磷酸铵料浆一起在氨化粒化器内造粒。少数工厂把硝酸和磷酸的混合酸用氨中和，生成的 N—P 料浆返料造粒，或者再加钾盐制造 N—P—K 复合肥。硝酸铵的溶解度大，硝磷铵料浆的造粒更是一个典型的料浆造粒过程。

20 世纪 60 年代后期，荷兰 Stamicarbon 公司和挪威 Norsk Hydro 公司均开发了复合肥料适用的熔融体塔式喷淋粒化工艺技术，硝磷铵和硝酸磷肥工厂设计为塔式造粒的比例增多。在这种工艺技术中，硝酸铵或硝酸磷肥中和料浆浓缩至大于 96%的浓度，把浓料浆用泵送至造粒塔顶，在一个快速混合的搅拌槽里把料浆和加入的钾盐细粉、返料细粉混合，料浆经旋转喷洒器从塔顶喷下，在空气流中凝固成粒。法国钾盐工程公司(PEC)在该公司的硝酸磷肥和硝磷铵系复混肥料生产中大力推广“成粒干燥器”(spherodizer)造粒技术，在中国称喷浆造粒技术。该技术是美国的化学与工业公司于 20 世纪 50 年代初应用于磷酸铵生产的，法国钾盐工程公司把该法用于浓度低的碳化法硝酸磷肥生产中。苏联的料浆浓缩法磷酸铵、罗马尼亚的磷酸铵生产也用这种方法把磷酸铵浆造粒干燥。中国安徽的铜陵磷铵厂及中国数十家料浆浓缩法磷铵厂均用此法来实现料浆的造粒干燥操作。在喷浆造粒干燥工艺中，含水 15%~30%的料浆被喷散成液沫，迎着转筒中固体返料和钾盐粉粒自抄板下落的料幕形成“幕障喷涂”，又称“幕帘喷涂”。干燥用的热空气自喷浆方向从转筒的前端吹入，因为颗粒多次循环地通过喷涂后才移至转筒中部，所以能够得到多次涂层，并使涂上的料液的水分迅速蒸发。从转筒出料端卸出的产物大部分显著地增大了粒度，颗粒圆润、坚硬。卸出物料的水分含量可借控制热空气的流量、温度达到预定的要求。硝酸铵、磷酸铵系复合肥和硝酸磷肥产品允许的水分含量一般小于 1.0%。

三、浓溶液的造粒塔复混肥料

熔体造料技术是料浆法造粒技术中的一种特殊形式，随着复合肥生产技术的进步，熔体造粒技术逐渐演变成了一种独立的复混肥料生产技术。

(一)基本原理

熔体造粒工艺的特点是物料处于高温熔融状态，含水量很低，可流动的熔体直接喷入冷媒体中，物料在冷却时固化成球形颗粒，或者可流动熔体喷入机械造粒机内的返料粒子上，使之在细小的粒子表面涂布或粒结成符合要求的颗粒。溶液的蒸发或浓缩需要消耗能量，但在能量利用方面远较干燥颗粒产品有效，而且在某些生产工艺中还可以充分利用反应热来蒸发部分甚至全部水分。一般的造粒工艺，干燥机通常是造粒装置中最大的而且也是最昂贵的设备，而熔体造粒工艺无须干燥，节省了投资和能耗。熔体造粒法制复合肥技术最早应用于磷酸一铵、硝基磷酸铵、尿素磷酸铵，在这些生产方法中可以加入钾盐或其他固体物生产颗粒状氮磷钾复合肥产品。按造粒方式的不同，熔体造粒法制复合肥工艺还可分为造粒塔喷淋造粒工艺、油冷造粒工艺、双轴造粒工艺、转鼓造粒工艺、喷浆造粒工艺、盘式造粒工艺、钢带造粒工艺等。

(二)生产特点

流程特点：第一，尿素、硝铵等原料需制成熔融态，可直接使用尿素厂的尿液，其制作共熔体是生产的关键。第二，可轻松生产含氮25%以上的复混肥料，但氮源仅能为尿素或硝态氮，且同一套装置不同氮源间转换困难。第三，不需干燥过程，节省能耗，产品外观圆润、独特。

优缺点：产品外观美观，不易结块，能吸引消费者。不需干燥设备，节省成本和能耗，生产高氮型复合肥很方便。造粒塔法复合肥产品生产由于自身条件制约，产品规格受到限制，一般不能生产高磷型和42%含量以下的复混肥料。另外，尿素在100 ℃以上熔融状态产生的缩二脲含量较高。

四、掺混复混肥料

(一)粉状肥料的掺混

粉状掺混是制造复混肥料的早期工艺，是按比例称取基础肥料后，在简单容器内进行混合的。基础肥料在混合之前通常要经过破碎至6目左右过筛。粉状掺混肥料在贮藏中经常出现结块，早期通过加入废弃物或石灰粉来改善肥料的物理性质。另外，许多工厂将基础肥料“熟化”后进行混合，可以使化学反应完全，减少结块。目前在市场上粉状掺混肥料相对较少。

(二)颗粒肥料的掺混

颗粒掺混肥原料全部是颗粒状，并且颗粒大小大致一致，所用原料主要是尿素、氯化铵、硝酸铵、硫酸铵、磷酸一铵和磷酸二铵以及氯化钾等。颗粒掺混肥料通常的生产方法是原料经过前期处理后进入分隔的贮斗，然后通过称量装置分别称量后流入混合机。掺混肥料的技术要求是基础肥料颗粒大小一致。

(三)生产特点

流程特点：由于没有加温、加湿、干燥等过程，生产流程简单，环境污染小，原料利用率高，加工过程简单，容易操作，养分配比灵活，可以满足各种批量生产需要。装置规模一般为年产0.5万t至3万t。

优缺点：生产简单，设备简单，养分配比灵活，适应性强，适合各种规模生产，建设投资最小，产投比大。但对原料尤其是大颗粒尿素、大颗粒钾肥等依赖相对较大，工艺差的产品分离度较大。

五、挤压法造粒复混肥料

目前复混肥料生产以盘式造粒和转鼓造粒为主。近年来也有一些厂家采用挤压造粒生产NPK产品，其造粒过程是将机械作用施加压力于物料，从挤压模具孔板中挤压成粒，得到圆柱形和一些不规则形状预粒，粒级从1.0~5.0 mm，视造粒机的机型而定。挤压造粒工艺生产复合肥、专用肥，规模大小在设备配套上具有很大的灵活性，流程短、无返粒、投资低。挤压造粒通常有两种：一是推压式造粒，另一种是转辊式造粒。推压式造粒进料含水量通常为5%~8%，经过挤压后得到圆柱状产物，再经过冷却得到含水小于5%的产品，其成粒率在85%左右。转辊式造粒进料含水可以更低，为0.5%~1.5%，通过挤压得到的带状物料经破碎、筛分得到块状或有棱角的产品，由于产品含水量低，不需要进行干燥。

挤压法投资一般只占团粒法的1/5左右。该法较适合热敏性物料(如尿素、磷酸铵)和水敏性物料(如碳铵、氯化铵)系例复混肥料的造粒。缺点是受到原料可塑性的限制，品种不如团粒法多。国内挤压机生产单位甚多，形式多样，但单机能力小、设备维修费用高、备件加工量较大，较适合有机械加工能力的厂家，不适宜较大规模的工业化生产。另外，由于该法生产出来的产品不是圆粒状的，肥料为直径1~4 mm的粒状，并且粒度偏大，不适合机械化施肥。

第四节　复混肥料的种类和性质

一、复合肥料的种类和性质

复合肥料的品种和规格有限，较难适应不同土壤、作物的需要，在施用时需配合一二种单质化肥加以调节养分比例。如磷铵中磷的含量是氮的3倍左右，施用时需要配合适量氮肥才能满足作物要求。

(一)二元复合肥

1. *磷酸铵*

磷酸铵(N 10%~18%，P_2O_5 44%~52%)是一类由磷酸与氨反应生成的高浓度化成复合肥料。肥料级磷酸铵产品常是一铵和二铵的混合物，而以其中一种为主。

磷酸铵类产品都是白色结晶状物质。目前世界上使用最广泛的磷酸铵品种是磷酸一铵和二铵，其基本理化性质见表9-3。磷酸铵在农业中用作肥料时，要特别注意其遇热分解及碱性条件下分解。在pH值大于7.5的石灰性土壤上，很易发生分解，导致氨的挥发损失。同时因部分水溶性磷生成$CaHPO_4$而向枸溶性磷退化。

表9-3　磷酸铵的主要理化性质

名称	代号	水中溶解度(25 ℃，$g \cdot kg^{-1}$)	溶液pH值(0.1 $moL \cdot L^{-1}$)	分子分解温度(℃)	养分含量			
					结晶		肥料级	
					N	P_2O_5	N	P_2O_5
磷酸一铵	MAP	416	4.4	>130	12.17	61.71	10~12	48~52
磷酸二铵	DAP	721	7.8	>70	21.19	53.76	18	46

(引自刘克峰，2013)

磷酸一铵和磷酸二铵的差别在于：磷酸一铵是含氮12%，含P_2O_5 52%的二元复合肥；磷酸二铵是一种含N18%，含P_2O_5 46%的二元复合肥料。因而他们的养分含量是有区别的，磷酸一铵的含氮率比磷酸二铵低点，而它的含P_2O_5率又比磷酸二铵高些。施用量不大时可以不必介意。

磷酸二铵是低氮、高磷的复合肥料，施在缺磷的土壤上效果特别好。这是因为施肥对路，解决了作物需磷而土壤缺磷的矛盾。20 世纪 80 年代，我国北方农田土壤缺磷，农民最初把磷酸二铵施在各种作物上增产效果都很明显，所以它在我国北方地区很受欢迎。当时这种高浓度磷复肥主要从美国进口，近年来我国自产的磷酸二铵不仅数量能自给，质量也跟国外进口的一样好。

多年施用磷酸二铵后效果会下降，这是因为磷酸二铵是低氮、高磷的复合肥料，长期施用磷酸二铵，土壤速效磷含量会提高很快，从而出现新的养分不平衡所致。磷酸二铵的养分不全面，需要补充其他养分的肥料，以保证平衡施肥。

2. 磷酸二氢钾

磷酸二氢钾是白色或灰白色细结晶，吸湿性弱，物理性质好，易溶于水，20 ℃时水中溶解度 22.6%，水溶液酸性，pH 3~4 磷酸二氢钾熔点 253 ℃，加热至 400 ℃时能脱水生产偏磷酸钾。磷酸二氢钾的水溶液能与硝酸银起作用，生成黄色沉淀，可作为一种鉴别反应。

(二)三元复合肥

三元复合肥是含有氮磷钾三种养分的一类复合肥料(三元肥料)，而不是一个品种。氮磷钾三元复肥中的养分比例，理论上可以任意配置，生产千百个品种。但事实上，限于原料、工艺流程、销售要求和作物施肥的需要，固体剂型又稳定的三元复肥商品，达到批量的只有几十种。

三元复肥的基本类型有三个：硫酸钾型、尿磷钾型和硝磷钾型。生产这些三元复肥的磷源相似，大都采用磷酸铵、重钙或普钙，主要差别是氮源。上述三种复肥的氮源分别是硫酸铵(常配硫酸钾作钾源)、尿素(一般配氯化钾)和硝酸铵(一般配氯化钾)。下面介绍几个品种：

1. 15-15-15 型复肥

15-15-15 型复肥是我国从 20 世纪 60 年代后，不断增加进口的主要三元复肥品种，这是一种 N、P、K 养分相等的 1∶1∶1 型复肥，世界多数国家都生产和施用，尤其是欧洲国家。我国也大都从欧洲进口。这种三元复肥我国习惯上称通用型复肥，即可以用于所有土壤和作物。当将三元复肥用于有特殊要求的作物时，可以按施肥要求用单一肥料调节其养分比例。这种复肥一般具有以下特点：

(1)粒型一致，外观较好，粒径以 1.5~3 mm 居多。

(2)养分含量高达 45%，所有组分都能水溶。

(3)氮素一般由硝态氮和铵态氮两部分组成，各占 50%左右。有些产品的铵态氮常较多(50%~60%)，硝态氮较少(40%~50%)。

(4)磷素中既有水溶性磷，也有枸溶性磷，一般水溶性磷较少，占 30%~50%，枸溶性磷较高。

(5)多数产品的钾素以氯化钾形态加入，即产品中含有约 12%的氯。只有当注明用于忌氯作物的产品，才用硫酸钾作钾肥源，但价格较贵。

(6)产品中一般不添加微量元素养分。

2. 其他三元复肥

15-15-15 以外的三元复肥，批量生产的有几十种。其中属 1∶1∶1 型的，除 3 个 15 的以外，还有如 8-8-8、10-10-10、14-14-14 和 19-19-19 等多种。更多的产品属 NPK 养分的含量不相等的，如巴斯夫(BASF)公司等欧洲集团生产的 12-12-17-2(MgO)型、13-13-21 型、15-15-12 型、10-20-20 型、12-24-12 型等，其中销售商建议 12-12-17-2(MgO)型用于蔬菜等经济作物，而建议 13-13-21 型复合肥主要用于烟草等需高钾的作物。可见，氮磷钾养分不相等的三元复肥大都用于有相应营养要求的对象作物，实际上就是通常所称的专用复合肥料。

此外还有一些特殊类型的三元复合肥料，如配有缓释氮肥(长效氮肥)的三元复肥，添加某种有针对性农药的三元复肥等。如巴斯夫(BASF)公司推出的缓释氮复肥系列中，氮源均配入不同量的异丁烯叉二脲；郑州大学化工学院许秀成等于 20 世纪 80 年代中研究成功一种具缓释功能的包裹肥料，这是以氮肥为核心，磷肥为外壳，以氮磷泥浆为黏结剂的颗粒复合肥料。在此基础上，许秀成等将其开发成一组以“喜乐施”(Luxuriance)为品牌的系列缓释复混肥产品。

二、混合肥料种类和性质

混合肥料是将两种或两种以上的单质化肥，或用一种复合肥料与一两种单质化肥，通过机械混合的方法制取成不同养分配比的肥料。其生产工艺流程以物理过程为主。按照生产工艺不同，混合肥料可以分为粉状混合肥料、粒状混合肥料和掺合肥料、专用型复混肥料和液态混合肥料。混合过程中必须注意所选物料的相配性和物理性状，以免影响产品的品质。

(一)粉状混合肥料

这种肥料采用干粉掺合或干粉混合而成，主要配料成分有粉状过磷酸钙、重过磷酸钙、硝酸铵、氯化钾等，这种肥料的缺点是物理性状差，易吸湿结块，施用不便，尤其不适于机械化施肥。

在加工中加入适量的棉籽壳粉、稻壳粉、蛭石粉、硅藻土等物料，可以减少结块现象。也可先将混合成的物料堆置几周，让配料组分之间的反应趋于完全，这个过程称为熟化。熟化后的物料在包装前用筛子过筛。

(二)粒状混合肥料

粒状混合肥料是在粉状混合肥料的基础上发展起来的。肥料先通过粉状搅拌混合后，造粒筛选再烘干。粒状混合肥料是我国目前主要的混合肥料品种，且粒状混合肥料在我国发展方兴未艾，具有很好的发展前景。

可用于生产粒状混合肥料的基础肥料种类较多，但一般来说，加入的磷肥品种决定了其养分总含量的高低，如用硝酸磷肥、重过磷酸钙、磷酸铵作为磷源，则制得高浓度混合肥料，用过磷酸钙、钙镁磷肥只能制成中、低浓度的混合肥料。目前我国高浓度磷肥品种不足，因此，生产的混合肥料中以中、低浓度为主。

粒状混合肥料的优点是颗粒中养分分布比较均匀，物理性状好，施用方便。这类肥料是我国目前主要的复混肥料品种，发展前景广阔。

（三）掺合肥料

掺合肥料（blended fertilizer）简称BB肥，是以两种或两种以上粒度相近的不同种粒状肥料为原料，通过机械混合而成的肥料。产品可散装或袋装进入市场。

掺合肥料具有生产设备简单，能源消耗少，加工费低廉，生产环境好，可散装运输、节省包装费用、随混随用，不用考虑贮存中的变化、农民从肥料中能明显地看到氮、磷、钾的肥料颗粒，不易因造假而受到损失；适合小批量生产，可以灵活改变配方，以满足不同土壤和作物对养分配比的要求。其缺点是，若这种肥料各个组成成分的粒径和比重相差太大，则在装卸过程中容易产生分离现象，从而导致肥效降低。为避免出现这种现象，一要注意干施，随混随施；二要强调配料的颗粒大小相对一致，以防止产品运输和施用中不同粒级基础肥料出现分离，而导致施肥不均。

（四）专用型复混肥料

随着农业生产集约化、专业化、机械化、科学化和可持续发展的需求进一步提高，专用型复混肥料的生产与施用日益盛行。近二三十年来，世界各国，尤其是欧美及日本等国家专用型复混肥发展很快，从单质化肥到复混肥再到专用复混肥的发展是化肥工业的前进方向，也是农业生产发展的结果。通用型与专用型复混肥两者是相辅相成的，生产与施用专用型复混肥有更深一层的作用与意义。专用型复混肥的施用表明施肥环节已逐步从单一的“归还”“补足”，甚至“矫正”阶段进入到要求有针对性、平衡、持续的新的更高的阶段。

专用型复混肥开发的关键是配方，配方中至少包括3项技术内容：①养分含量，种类，比例，形态等；②基础肥源和合理的加工工艺；③相应的施用技术。配方的制定有一个周密的过程，从以某特定作物或某一类型作物的营养要求做依据，再经过参考所用地区土壤、肥源、气候等因子的矫正，最后对所得的产品，必须有生物试验的验证和评价，才能推广销售。

（五）液态混合肥料

液态混合肥料包括：清液型和含有悬浮颗粒的悬浮型两类。典型工艺是氨化磷酸或聚磷酸作为液态肥，再加入氮肥和钾肥，配制成各种规格的肥料，还可在液态肥中加入适量微量元素或农药，制成多元混合肥料或多功能混合肥料。近年来聚磷酸铵有代替正磷酸铵的趋势，因它对金属离子有较强的螯合功能。在含聚磷酸铵的液态混合肥料中，可以加入较多量的锌、铁、铜等盐类或氧化物，其稳定天数较长。

为了阻止液态混合肥料中悬浮固体物的沉降，延长悬浮的稳定天数，可以选用一些助悬浮剂，主要是一些高度分散的黏土矿物。助悬浮剂的添加量为溶液量的1%~2%。悬浮型液肥的养分浓度可相应提高，所选原料可用不完全溶解的粗制品。

液态混合肥料的优点是在肥料二次加工中不需要蒸发和干燥，不产生粉尘和烟雾；产品无吸湿和结块问题；贮存和装卸较为方便；可以叶面喷施、滴灌或结合灌溉施用，也可作为营养液进行无土栽培；制成多功能混合肥料较为方便等。其主要缺点为需要有特殊的装运、贮存、分配及施用系统和机具。液态混合肥料在低温下可能发生盐析，因而在寒冷地区施用受到一定限制。

三、肥料混合

(一)肥料混合的原则

氮、磷、钾单元肥料，有些可以相互混合加工成掺混复肥。而另一些则不能混合，若将其制成复混肥料，不但不能发挥其增产效果，而且会造成资源浪费，因此，在选择生产原料时必须遵循以下原则：

1. 混合后肥料的临界相对湿度要高

肥料的吸湿性以其临界相对湿度来表示，即在一定的温度下，肥料开始从空气中吸收水分时的空气相对湿度。肥料混合后往往吸湿性增加，临界相对湿度比其组分中的单元肥料降低。

2. 混合后肥料的养分不受损失

在肥料混合过程中由于肥料组分之间发生化学反应，导致养分损失或有效性的降低。

(1)氨的挥发损失

铵态氮肥、腐熟度高的有机肥(如堆肥、鸡粪等)与钙镁磷肥、石灰、草木灰等碱性肥料混合时易发生氨挥发；尿素与大豆粉混合时，由于脲酶的作用加速尿素的水解，生成不稳定的$(NH_4)_2CO_3$而引起氨挥发损失。

尿素与钙镁磷肥混合时虽不会发生氮素损失，但施入土壤后，尿素水解吸收土壤中H^+，使施肥点附近土壤pH升高，再遇上碱性的钙镁磷肥极易造成NH_3挥发损失，因此，尿素最好不要与钙镁磷肥混合或制成钙镁磷肥包膜尿素。

(2)硝态氮肥的气态损失

硝态氮肥与过磷酸钙混合易生成氧化亚氮(N_2O)而使氮损失，与未腐熟的有机肥(如植物油粕等)混合易发生反硝化脱氮。

(3)磷的退化作用

速效性磷肥如过磷酸钙、重过磷酸钙等与碱性肥料混合生成不溶性或难溶性磷酸盐而降低肥效。

尿素与过磷酸钙混合时，若物料温度超过60℃，会使部分尿素水解进而使水溶性磷活性下降，磷酸二铵与过磷酸钙混合时也会发生类似反应。

(二)原料选择

在选择原料时，必须注意各种肥料混合的宜忌情况。主要应考虑原料肥料混合的适宜性(图9-1)：

(1)可以混合　混合后不发生养分损失，且能改善其物理性状。

(2)可混合但不宜久置　混合后立即施用并无不良影响，长期放置则性状变劣或发生养分损失。

(3)不可混合　混合后即发生养分损失或养分退化。

此外，原料选择时还要考虑作物对肥料的特殊要求，如忌氯作物、喜硫作物等。

□—可以混合

△—可以暂时混合但不宜久置

×—不可混合

		1 硫酸铵	2 硝酸铵	3 碳酸氢铵	4 尿素	5 氯化铵	6 过磷酸钙	7 钙镁磷肥	8 磷矿粉	9 硫酸钾	10 氯化钾	11 磷铵	12 硝酸磷肥
1	硫酸铵												
2	硝酸铵	△											
3	碳酸氢铵	×	△										
4	尿素	□	△	×									
5	氯化铵	□	△	×	□								
6	过磷酸钙	□	△	×	□	□							
7	钙镁磷肥	△	△	×	□	×	×						
8	磷矿粉	□	△	×	□	□	△	□					
9	硫酸钾	□	△	×	□	□	□	□	□				
10	氯化钾	□	△	×	□	□	□	□	□	□			
11	磷铵	□	△	×	□	□	□	×	×	□	□		
12	硝酸磷肥	△	△	×	△	△	△	×	△	△	△	△	

图 9-1　矿质肥料的相互可混性

第五节　复混肥料合理施用

一般来说，复混肥料具有多种营养元素、物理性状好、养分浓度高、施用方便等优点。但因复混肥料的品种是多种类型的，其增产效果与土壤肥力、作物种类、肥料中养分含量和形态、施肥时期和方法等有关，若施用不当不仅不能充分发挥其优越性，而且会造成养分的浪费。为了合理施用复混肥料，充分发挥其增产作用，取得良好的经济效益，必须针对当地作物、土壤、气候特点，选好、用好复混肥料。

一、因土壤施用

土壤养分状况不同，施用复混肥料的效果差异很大，因此，必须根据土壤供肥水平，因地制宜选择合适的复混肥料品种。一般来说，在某种养分水平供应高的土壤上，选用该养分含量低的复混肥料。例如，在含钾量高的土壤上，则宜选用高氮、高磷、低钾复混肥料，或选用氮、磷二元复混肥。相反，在某种养分供应水平低的土壤上，则在复混肥中该养分配置应该是高量的。

二、因作物施用

根据作物种类和作物营养的特点不同，选用适宜的复混肥料品种，对于提高作物产量、改善农产品品质具有十分重要的意义。例如，谷类作物以提高产量为主，对养分需求一般是氮、磷>钾，所以宜选用高氮、高磷、低钾型复混肥料；而经济作物多以追求品质为主，对养分需求一般是钾>氮>磷，所以宜选用高钾、中氮、低磷型复混肥料，这是因为充足的钾对提高经济作物产品品质具有特别重要的作用。

三、因养分含量和形态施肥

复混肥料种类多，成分复杂，养分含量各不相同。盲目施用必然造成某种营养元素施用过量或某种营养元素不足，致使养分比例失调。因此，施用前必须根据复混肥的成分、养分含量和作物施肥的需要计算出肥料用量。

含铵态氮、酰胺态氮的品种在旱地和水田都可使用，但应深施覆土，以减少养分损失；含硝态氮品种的宜施于旱地，在水田和多雨地区少施或不施，以防淋失和反硝化脱氮。复混肥料中的磷有水溶性和枸溶性两种，水溶性磷肥在各种土壤上均可施用，含枸溶性磷的更适合于酸性土壤上施用。以磷钾养分为主的复混肥，应集中施于根系附近，这样既可避免养分被土壤强烈固定，又便于作物吸收。含高氯离子的复混肥不宜在忌氯作物和盐碱地上施用。

四、施肥时期和方法

复混肥料中含有磷钾养分，同时肥料多呈颗粒状，比粉状单元肥料分解缓慢，因此作基肥或种肥效果较好。作种肥时必须将种子和肥料隔开 5 厘米以上，否则会严重影响出苗率而减产。复混肥作基肥原则上也应深施盖土，施肥深度应在各种作物根系密集层。施肥方法条施、穴施、全耕层深施均可。总之，深施盖土、集中施用是提高复混肥肥效的基本原则，切忌把复混肥撒施在表土，以免作物难吸收，养分损失大，增产效果差。

思 考 题

1. 简述复混肥料的定义、养分含量的表示方法及主要类型。
2. 复合肥料和混合肥料的区别是什么？复混肥料有哪些优缺点？
3. 阐述混合肥料选择基础肥料的原则、计算方法和配方设计的具体步骤。
4. 试述提高复混肥料肥效的影响因素。

主要参考文献

[1]林葆，等．中国肥料[M]．上海：上海科学技术出版社，1994.

[2]褚天铎，等．化肥科学使用指南[M]．北京：金盾出版社，1997.

[3]孙羲．植物营养原理[M]．北京：中国农业出版社，1997.

[4]刘念祖，陆景陵．土壤肥料学(下册)[M]．北京：中央广播电视大学出版社，1990.

[5]李庆逵，朱兆良，于天仁．中国农业持续发展中的肥料问题[M]．南昌：江西科学技术出版社，1998.

[6]陆景陵，陈伦寿，曹一平．科学施肥必读[M]. 北京：中国农业出版社，2008.
[7]胡霭堂．植物营养学(下册)[M]. 北京：中国农业大学出版社，2003.
[8]陆欣．土壤肥料学[M]. 北京：中国农业大学出版社，2011.
[9]毛知耘．肥料学[M]. 北京：中国农业出版社，1997.
[10]沈其荣．土壤肥料学通论[M]. 北京：高等教育出版社，2001.
[11]关连珠．土壤肥料学[M]. 北京：中国农业出版社，2001.
[12]吴礼树．土壤肥料学[M]. 北京：中国农业出版社，2004.
[13]施木田．南方作物施肥指南[M]. 福州：福建科学技术出版社，2010.
[14]张福锁，张卫峰，等．中国化肥产业技术与展望[M]. 北京：化学工业出版社，2007.

第十章　有机肥料与有机废弃物的合理利用

摘　要　有机肥料是中国农业发展的基础，它不但给植物生长提供营养，而且还能起到改良土壤结构、改善作物品质的积极作用。本章主要介绍有机肥对植物生长以及在土壤肥力方面的作用，分述粪尿肥、堆沤肥、秸秆还田、绿肥以及微生物有机肥的成分、特性、制作方法、管理方式以及对作物生长和土壤的影响。要求重点掌握几种常用有机肥的成分、特性，特别是管理方式等，深入理解各种有机肥对植物、土壤肥力、生态环境的影响，了解综合利用有机肥料的意义。

第一节　有机肥料概述

有机肥料又称农家肥料，主要指来自农村、城市可用作肥料的有机物。其包括人、畜粪尿、作物秸秆、绿肥和一些生活垃圾等。有机肥料在提供作物养分、保持与提高土壤肥力和保护生态环境等方面有着特殊的作用。尤其在改善作物品质、培肥地力等方面是化学肥料无法代替的。我国在有机肥的利用上有着悠久的历史和丰富的经验，目前，我国每年有机肥的总量达 $1.8\times10^{12}\sim2.4\times10^{12}$ kg，其中氮、磷、钾养分含量有 $1.5\times10^{10}\sim2\times10^{10}$ kg，占肥料总量的40%左右。特别是农业中的钾素供应，约有70%来自于有机肥的钾源。因此，实行有机肥与化肥相结合的施肥制度是十分必要的。有机肥是农业生产的重要资源。它具有来源广、数量大、养分全、作用多样等优点，但也有含量低、肥效长而慢、体积大、使用不便、成本低等缺点。有机肥与化肥配合施用能促进作物增产、改善品质、提高肥效和土壤肥力。合理利用有机废弃物，有利于环境保护和农业的可持续发展。

一、有机肥料的种类和特点

（一）有机肥料种类

有机肥料包括粪尿类、秸秆肥类、堆沤肥、沼气肥、绿肥类、微生物肥料类和农村城镇废弃物等几大类，其中粪尿肥、堆沤肥、秸秆和绿肥是我国有机肥料的主体。

（二）有机肥料的特点

（1）有机肥料来源广、种类多、数量大。具有作用多样性，养分全面但含量低等特点。有机肥含有作物生长所需的各种必需元素，如氮、磷、钾、硫、钙、镁和微量元素，是一种完全肥料。因此增施有机肥料能较全面地供应作物养分，有利作物的正常生长发育。

(2)有机肥料所含的营养元素浓度较低。其中猪粪含氮1.05%、磷0.64%、钾1.05%；优质堆肥含氮1%~1.5%、磷0.09%~0.11%、钾0.50%~0.54%，故难于满足作物需肥高峰期的要求。

(3)有机肥含有丰富的有机质，培肥地力效果明显。但是有机肥料肥效缓慢，肥料中的氮素当季利用率很低。因为有机肥料养分主要呈复杂的有机物形态，施用后需经微生物分解方可逐步释放出来，因而肥效迟缓但持久。

(4)有机肥料是废物的再利用，成本低，节约能源，对降低农业投入和环境保护有重要意义。农业生产越发达，生产出的有机废物也越多，作物秸秆、畜粪尿均随农牧业的发展而增多。

(5)有机肥料中含有大量的有益微生物，可以提高土壤微生物活性，有利于土壤肥力的不断提高。

二、有机肥料在农业生产中的作用

1. 提供作物所需的各种养分

有机肥料含有作物生长发育所需的各种营养元素，如氮、磷、钾、钙、镁、硫和微量元素。有机肥料中钾的利用率最高，如秸秆直接还田，有50%~90%的钾可被作物利用。故有机肥料在平衡土壤养分中起重要作用。

2. 有机肥料的改土作用能提高土壤肥力

施用有机肥料是增加和更新土壤有机质的重要手段。有机肥能增加土壤有机碳，调节C∶N比值。有机肥施入土壤后，厩肥、秸秆、堆肥及根茬等能较多地积累土壤有机质，而绿肥尤其是豆科绿肥对提高有机质含量的作用较小，往往是在供应养分、更新土壤有机质上起良好作用。秸秆覆盖还田进入土壤的有机质绝大部分与矿物胶体结合，成为有机无机复合态。从复合的方式看，主要是松结态，其次是紧结态，而稳结态中的腐殖质很少。施用有机肥料后，土壤中以0.01~0.05 mm级别复合体的有机质含量增加最多。由于粗粒复合体数量增加，表示团聚体的水稳性高，疏松多孔，吸水不易散开，所以增强了土壤的保水性和毛管持水量，并降低蒸发量。同时土壤化学性状改善，这是由于有机肥的施入增加了阳离子交换量。因为腐殖质胶体只含有较多的羧基、酚基、稀醇基、酚羟基等功能团，增加了与阳离子进行交换的“交换点”。土壤阳离子交换量的增加，有利于提高土壤保蓄养分的能力和缓冲性。特别是有机肥料可为土壤微生物提供能量和营养物质。施入有机肥能促进微生物的繁殖，增强呼吸作用以及氨化、硝化作用，有机肥含有大量的酶类，能增强土壤酶活性。

3. 有机肥料的积制与环境保护

合理利用有机肥料可以减少环境污染，如消除因畜、禽业集中饲养而带来的排泄物对土壤、水源、空气的污染；还可通过提高土壤的吸附力来消除和减弱农药对作物的毒害。研究证明，腐殖质的存在直接影响和控制农药在土壤中的残留、降解、生物有效性、流失、挥发等。

汞、镉、铜、锌、镍等重金属对土壤的污染程度，不仅取决于它们的含量，还取决于它们在土壤中的存在形态，即在土壤中的缔合方式。一般而言，有机肥料中腐殖质缔合作用，在一定程度上可减轻金属汞对作物的毒害，减少进入食物链中的汞量，使农产品的质量得到改进。

三、有机肥料施用

1. *有机肥可以与无机肥料配合施用*

它不仅能提高和更新土壤有机质，培肥土壤，还能促进作物优质高产。有机肥可以提高化肥肥效。首先是调节土壤中 C∶N 比，从而减少氨态氮肥的挥发，同时化学氮肥可促进有机质的矿化。这些都有助于提高肥效。有机肥与化肥配合施用，促进了有机肥的矿化和化学氮肥的生物固定，一方面提高了有机肥中氮的有效性，减少磷肥固定，增加磷的有效性，补充土壤有效钾和微量元素，维持土壤中的养分平衡。另一方面延长了化学氮肥的供肥强度，这些均有利于作物的生长发育。

2. *施用技术*

有机肥料养分释放慢、肥效长，最适宜作基肥施用。基肥可全层施用或集中施用。全层施用具有简单、省力，肥料施用均匀等优点，适宜于种植密度较大的作物和用量大、养分含量低的粗有机肥料；集中施用一般采取在定植穴内施用或挖沟施用，适用于养分含量高的商品有机肥料。有机肥料不仅是理想的基肥，腐熟好的有机肥料含有大量速效养分，也可作追肥施用，一般采取穴施或沟施。有机肥料作追肥应注意：同化肥相比追肥时期应提前几天；制定合理的基肥、追肥分配比例，对高温栽培作物，最好减少基肥施用量，增加追肥施用量；后期追肥的主要目的是为了满足作物生长过程对养分的快速需要，保证作物产量。有机肥料养分含量低，当有机肥料中缺乏某些养分成分时，可施用适当的含有这些养分的单质化肥加以补充。还可以做壮苗肥用，现代农业生产中，许多作物均先采用在苗圃、温床或温室里培育幼苗，然后移植至本田的栽培方法。育苗期对养分需要量虽小，但养分不足不能形成壮苗，不利于移栽和定植。充分腐熟的有机肥料养分释放均匀，养分全面，能供给育苗期养分需求。一般以 10% 发酵充分的有机肥料加入一定量的草炭、蛭石或珍珠岩，用土混合均匀做育苗基质使用。做营养土更适合现代农业的发展，当前无土栽培技术突飞猛进。传统的无土栽培是以各种无机化肥配制成一定浓度的营养液，浇在营养土或营养钵等无土栽培基质上，以供作物吸收利用。营养土和营养钵一般采用泥炭、蛭石、珍珠岩、细土为主要原料，再加入少量化肥配制而成。如在基质中配上有机肥料，作为供应作物生长的营养物质，在作物的整个生长期中，隔一定时期往基质中加一次固态肥料，可以保持养分的持续供应。用有机肥料替代定期浇营养液，可减少基质栽培浇灌营养液的次数，降低生产成本。

第二节　粪尿肥

粪尿肥(fecaluria fertilizer)是人和动物的排泄物，含有丰富的有机质和作物所需的各种营养元素，属优质完全肥料。粪尿肥包括人粪尿、家畜粪尿、禽粪、厩肥等。

一、人粪尿

人粪是食物经消化后未被吸收利用而排出体外的残渣，是一种高氮的速效有机肥料。

人粪中含有70%~80%的水分、20%左右的有机质，主要是纤维素、半纤维素、脂肪、脂肪酸、蛋白质、氨基酸、各种酶、粪胆汁，还有少量的臭味物质，如粪臭质、吲哚、硫化氢等；人粪中另有5%左右的矿物质，主要是钙、镁、钾、钠的硅酸盐、磷酸盐和氯化物等；此外，人粪中还含有大量微生物和寄生虫卵。

人尿是食物经消化、吸收和代谢后所产生的废液，其成分除受食物种类的影响外，还与新陈代谢的强度有密切关系。人尿中约含95%的水分、5%左右的水溶性有机物和无机盐类，其中含尿素1%~2%，氯化钠1%左右，并含有少量的尿酸、氨基酸、磷酸盐、铵盐和各种微量元素等。人尿中的磷、钾以水溶性无机物状态存在，氮主要以尿素态存在。

从人粪尿的养分含量来看，含氮较多，磷、钾少，碳氮比低(约5∶1)。其中，人尿中的速效养分含量高，磷、钾均为水溶性，氮以尿素、铵态氮为主，占90%左右；人粪中的养分呈复杂的有机态，需进一步转化才能为作物利用。

人粪尿中由于混有病菌、病毒和寄生虫卵等，因此使用前都要经过一定阶段的贮存并使其腐熟后使用。在贮存过程中，人粪尿中的尿素容易分解为碳酸铵，进一步分解成氨而挥发损失，所以合理积存人粪尿必须注意防氨挥发，同时要杀灭各种病原菌，达到无害化要求，并防止蚊蝇孳生繁殖，以利环境卫生。其贮存方式主要有两种类型。第一种贮存类型为：加盖粪缸、三格化粪池、沼气发酵池三种。第二种贮存类型为堆制处理：北方农村一般将人粪尿按一定的比例与细土相混，做成堆肥，俗称大粪土。有的还加入作物秸秆、家畜粪尿制成高温堆肥，用泥浆封堆，利用堆积过程中微生物分解有机质产生的热量使肥堆内温度上升，可杀死大部分病原菌，达到无害化要求。

人粪尿是一种以氮为主的速效性有机肥料，适用于一般作物，尤其是对叶菜类、禾谷类作物、纤维作物、茶等效果更为显著。由于人粪尿中含有较多的氯离子，对瓜果、甜菜、薯类、烟草等忌氯作物要谨慎使用。人粪尿中含氮较多而磷、钾较少，应根据作物的需肥情况和土壤肥力适当配合施用磷、钾肥，以平衡作物的营养和提高人粪尿中氮素的利用率。

人粪尿可作种肥、基肥和追肥施用。作追肥时，应掺2~3倍水稀释，既使其混合均匀又减少氨的挥发，同时防止烧苗。水田施用时，应先排水，施后结合耘田使土肥相融，2~3天后再灌水；如结合灌溉进行淌施，既均匀又省力。用于旱作物追肥时，人粪尿必须稀释使用，以免损害根、叶。人粪尿作种肥时，宜用鲜尿浸种，一般浸种2~3 h为宜，其中所含的吲哚乙酸能促进发芽、发根、齐苗和壮苗。目前我国的人粪尿除直接单施外，也可制成厩肥、沼气肥等混合施用。

二、家畜粪尿

家畜粪尿是猪、牛、马、羊等的排泄物，是我国农村的主要有机肥源。由于其中含有丰富的有机质和作物所需要的各种营养元素，因此称为完全肥料。各种家畜粪尿中养分含量见表10-1。

(一)猪粪

猪粪质地较细，含纤维少，碳氮比小，养分含量高，氮素含量比牛粪高1倍，磷、钾含量也高于牛粪和马粪，钙、镁含量低于其他粪肥，还含有微量元素。腐熟后的猪粪能形成大量的腐殖质和蜡质，而且阳离子交换量超过其他畜粪。施用猪粪能增加土壤的保水性，蜡质能防止土壤毛管水分的蒸发，对于抗旱保持土壤水分有一定作用。猪粪含有较多的氨化细菌，由于含水较多，纤维分解菌少，分解较慢。故猪粪劲柔，后劲长，既长苗，又壮棵，使作物子粒饱满。因此，猪粪适宜施用于各种土壤和作物。既可作底肥也可作追肥。

表 10-1　新鲜家畜粪尿中各成分含量　　%

种类		水分	有机质	N	P_2O_5	K_2O	CaO	C：N
猪	粪	81.5	15.0	0.6	0.40	0.44	0.09	14：1
	尿	96.7	2.8	3.0	0.12	0.95	—	
马	粪	75.8	21.0	0.58	0.30	0.24	0.15	24：1
	尿	90.1	7.1	1.20	微量	1.50	0.45	
牛	粪	83.3	14.5	0.32	0.25	0.16	0.34	26：1
	尿	93.8	3.5	0.95	0.03	0.95	0.01	
羊	粪	65.5	31.4	0.65	0.47	0.23	0.46	29：1
	尿	87.2	8.3	1.68	0.03	2.10	0.16	

（引自沈其荣，土壤肥料学通论，2001）

(二)牛粪

牛粪质地细密，含水量较高，通透性差，有机质难分解，腐熟慢，发酵温度低，属于冷性肥料。牛粪的养分含量比其他家畜略低，碳氮比大。为加速牛粪分解，可加入一定量的马粪、3%~5%钙镁磷肥或磷矿粉混合堆沤。牛粪对改良有机质少的砂土具有良好的效果，一般作基肥施用。

(三)马粪

马粪疏松多孔，纤维素含量较高，并含有较多的高温纤维分解细菌，碳氮比低，水分含量少。马粪在堆积过程中能产生较多的热量，属热性肥料，是积制高温堆肥和温床发热的好材料。马粪能显著改善土壤物理性质，施在质地黏重的土壤为佳，还适合施用在低洼地、冷浸土壤上。

(四)羊粪

羊也是反刍动物，羊对饲料咀嚼很细，饮水少，因此粪质细密干燥，肥分浓厚。羊粪中有机质、氮、磷和钙含量都比猪、马、牛粪高。此外，羊粪可与猪、牛粪混合堆积，这样可缓和它的燥性，达到肥劲相对“平稳”。羊粪适用于各种土壤。

三、厩肥

厩肥是家畜粪尿和各种垫圈材料混合积制的肥料。在北方多用泥土垫圈，称之土粪；在南方多用秸秆垫圈，称为厩肥。

厩肥是营养成分较齐全的完全肥料，其养分含量依家畜的种类、饲料的优劣、垫料的种类和用量等而不同，尤其是家畜的种类和垫料对养分含量影响较大。腐熟的厩肥因质量差异很大，施入土壤后当季肥料利用率也不一样，氮素当季利用率的变幅为10%~30%；厩肥中磷素的有效性较高，可达30%~40%，大幅超过化学磷肥；厩肥中钾的利用率一般在60%~70%之间。厩肥具有较长的后效，如果年年大量施用，土壤可积累较多的腐殖质，同时厩肥含有大量的腐殖质和微生物，因此厩肥在改良土壤、提高土壤肥力和化学肥料的肥效上有明显的作用。

新鲜厩肥一般不直接施用，因为易出现微生物和作物争水争肥的现象，如在淹水条件下，还会引起反硝化作用，增加氮的损失。如土壤质地较轻，排水较好，气温较高，或作物生育期较长，可选用半腐熟的厩肥使用。厩肥富含有机质，其肥料迟缓而持久，一般作基肥施用，在休闲期或播种前，将厩肥均匀撒施于地表后，翻耕入土。基肥施用时亩用量一般为1000~1500 kg。厩肥作基肥时，应配合化学氮、磷肥施用，除可满足作物养分需要外，也可提高化肥的利用率。为充分发挥厩肥的增产效果，施用时应根据土壤肥力、作物类型和气候条件综合考虑。

第三节　堆沤肥和秸秆还田

堆、沤肥是以秸秆、杂草、树叶、草皮、绿肥、垃圾及其他有机废弃物为主要原料，混合人、畜粪尿和泥土等堆积、沤制、腐解而成的一种有机肥料。沼气发酵肥是制取沼气厌氧发酵后的残留物，包括沼液和沼渣。沼气发酵肥具有养分全、速效与缓效养分兼备、含有生理活性物质、臭味小、卫生等特点，因此既可作肥料，又可作饲料和食用菌培养料。秸秆是我国一种取之不尽、用之不竭的农业宝贵资源，其数量巨大，来源广泛。据统计，2017年我国秸秆的产量超过8亿t。秸秆含有各种营养元素，通过秸秆还田可使其含有的营养又重新回到土壤中，增加土壤肥力。

一、堆肥

堆肥化就是在人工控制下，在一定的水分、碳氮比和通风条件下通过微生物的发酵作用，将有机废物转变为肥料的过程，一般把堆肥化的产物称为堆肥(compost)。在堆肥过程中，伴随着有机物分解和腐熟物形成，堆肥的材料在体积和重量上也发生明显的变化，一般体积减少1/2左右，重量上减少1/2左右。

(一)堆肥的积制方法

堆肥的积制按堆腐期间的温度状况不同，分为普通堆制和高温堆制两种方法。普通堆制的特点是在嫌气、常温条件下，使有机质缓慢分解，该法操作简便易行、养分损失较少，但腐熟时间较长，一般需3~4个月。高温堆制法是在通气良好、水分适宜和高温的条件下，通过好热性微生物的强烈分解作用，加快堆肥的腐熟。高温堆制法一般要经过升温、高温、降温、腐熟等四个阶段，高温阶段可以杀死秸秆、粪尿等原料中的大部分病菌、幼虫、虫卵以及杂草种子等有害物质，是对人畜粪尿无害化处理的一个重要方法。下面介绍堆肥简易的堆制方法：

1. 备料

(1)粪引物　主要为人、畜、禽粪尿，这类材料含氮丰富，并有大量微生物。粪引物是保证微生物活动的养料物质，是堆肥发酵不可少的原料，也是影响堆肥质量的主要成分。

(2)酿热物　主要为秸秆、垃圾、各种植物残体、杂草等。这些物质富含纤维素和半纤维素等，是造肥过程中升温的原料。

(3)吸附物　主要为干肥土、河塘泥等。其本身含有一定量养分，并是吸水、吸肥的主要物质。

以上三种堆肥原料的大致比例为吸附物：酿热物：粪引物=5：3：2，可依当地自然资源，灵活搭配就地利用。

2. 堆积

将已备好的原料，浇上粪汁，充分混合均匀后，堆放在已选好的场地上。堆放时以自然状态为好，以利通风透气，堆至一半高时再设通风柱，常用玉米秆、木棍等，最好高出堆顶半尺，数量4~5个。

3. 封堆

堆好后立即用泥或塑料薄膜封堆，厚4~6 cm。封堆的目的一是保肥、保温，二是利于环境卫生，防蚊蝇。

4. 调温管理

封堆后要定期测定温度，可采用温度计或温度遥测仪测定。高温阶段(大于50℃)要持续3~4天。当温度大于65℃时，应向堆内加冷水，或局部开封降温。在高温阶段，应堵死通气孔，否则分解过快，易损失氮素。如温度已达40℃又突然下降，应立即堵住风口以保温，从而达到腐熟、保肥的目的。冬季造肥一般不用通气孔。

(二)堆肥影响因素

堆肥的腐熟过程是一系列复杂的微生物活动过程，由于堆制方法和堆制条件的不同，微生物的种类、数量和作用强度就有差异，腐熟堆肥成分与特征见表10-2。堆制过程中，各种环境条件对堆肥内微生物的活动影响很大，因此创造适宜条件，加速或控制微生物的活动，可使堆肥腐熟良好，减少养分的损失，。堆肥过程中影响微生物活动的几个因素包括：

表10-2　腐熟堆肥的成分与特性

项目	指标	项目	指标
N(%)	>2	持水量(%)	150~200
C：N	<20	阳离子交换量($cmol \cdot kg^{-1}$)	75~100
灰分(%)	10~20	还原糖(%)	<35
水分(%)	10~20<40	颜色	棕黑
P(%)	0.15~0.25	气味	泥土气

(引自谢德体，土壤肥料学，2004)

1. 有机物

有机物是微生物赖以生存和繁殖的重要因素。堆肥反应的特性是它需要一个合适的有机物范围，高温好氧堆肥中，适合堆肥的有机物含量范围为20%~80%。当有机物含量低于20%时，堆肥过程产生的热量不足以提高堆层的温度而达到堆肥的无害化，也不利于堆体中高温分解微生物的繁殖，无法提高堆体中微生物的活性；当堆体有机物含量高于80%时，由于高含量的有机物在堆肥过程中对氧气的需求很大，而实际供气量难以达到要求，往往使堆体达不到好氧状态而产生恶臭。

2. 水分

水分含量是指整个堆体的含水量。在堆肥过程中，水分是一个重要的物理因素，水分的多少直接影响好氧堆肥有机物腐熟的快慢，且影响堆肥质量，甚至关系到好氧堆肥工艺的成败。堆肥的起始含水率一般为原材料重量的50%~60%，后熟阶段水分控制在40%左右。

3. 温度

温度是堆肥腐熟过程微生物活动的标志，是影响微生物活动和堆肥工艺过程的重要因素。堆肥中微生物分解有机物而释放热量，从而使堆体温度上升，加快堆体水分蒸发，杀死堆体中有害寄生虫、病菌及虫卵等。高温堆肥温度最好控制在45~60℃。

4. 通气

通气状况是好氧堆肥成功的重要因素之一，供气可为堆体提供充足的氧气、调节温度、散除水分。在堆肥的不同阶段，通气的作用有所差别，堆肥前期通气主要提供微生物氧气以降解有机物，堆肥后期通气主要是冷却堆体和带走水分，达到堆肥体积、重量减少的目的。

5. 碳氮比

堆肥原料初始碳氮比一般调整为25~35∶1，以利于堆肥过程中有机物料的分解，保证成品堆肥一定的碳氮比。对于秸秆类原料一般通过加入人粪尿、牲畜粪以及城市污泥等调节。

6. pH 值

pH值对微生物的生长有重要影响，一般微生物最适宜的pH值是中性或弱碱性，pH值太高或太低都会使堆肥处理遇到困难。在整个堆肥过程中，pH值随时间和温度的变化而变化。堆肥原料初始pH值过酸可通过加入石灰或碳酸氢铵等碱性材料调节；反之，如果过碱可加入糖泥、草炭等酸性物质调节。

(三)堆肥施用技术

堆肥一般用作基肥，腐熟良好的堆肥也可作种肥和追肥施用。作基肥施用时，在施用量较大的情况下，一般在土壤翻耕前，将堆肥均匀散开，翻耕入土，再反复耕耙使堆肥与土壤充分混合；在施用量较小时，可采取条施、穴施。

施用堆肥作基肥还应该注意如下几点：①半腐熟的堆肥不宜与种子或植物根系直接接触，否则可能会产生烧根烧苗现象。②换茬相隔时间短，应使用腐熟堆肥，以免烧根烧苗，且可提早产生肥效。换茬相隔时间较长，如秋季翻耕，春暖后播种，可施用半腐熟堆肥。③生长期较长的作物如水稻、玉米等可用半腐熟的堆肥，蔬菜等生长期短的作物应施用腐熟充分的堆肥。④砂性土可用半腐熟的堆肥，宜深施一些。黏性土则最好施用腐熟度高的堆肥，浅耕浅施。⑤堆肥是迟效肥料，肥效稳而长，但供肥强度不大，需根据作物需要配合施用一些速效肥料。

二、沤肥

沤肥(compost extracts)是以作物秸秆、绿肥、青草、草皮、树叶等植物残体为主，混合垃圾、人畜粪尿、泥土等，在嫌气、常温条件下沤制而成的有机肥料，是我国南方地区重要的积肥方式。

沤肥在沤制过程中，有机物质在缺氧条件下腐解，养分不易损失，同时形成的速效养分多被泥土所吸附，不易流失。因此，沤肥是速效和迟效养分兼备、肥效稳而长的多元素有机肥料。沤肥养分全面，除含较高的有机质外，还富含氮、磷、钾、钙、镁、硅、铜、锌、铁、锰、硼等元素。

(一)沤肥的积制方法

沤肥因各地习惯、材料、制法的不同，沤制方法大同小异，但都是以嫌气发酵为主，其中凼肥沤制和草塘泥沤制是两种基本的沤制方式。

1. 凼肥沤制

凼肥的沤制因地点、方法和原料的不同分为家凼和田间凼两种。家凼以农家的污水、废弃物和垃圾等为主要原料，陆续加入，常年积制，每年出凼肥数次。家凼一般深60~100 cm，大小、性状根据地形、原料及需肥量而定。田间凼设在稻田的田角、田边或田间，根据季节分为春凼、冬凼和伏凼。田间凼深50 cm左右，形状呈长方形或圆形，内壁捶实打紧，以防漏水。田间凼以草皮、秸秆、绿肥、厩肥和适量的人畜粪尿、泥土为原料，拌合均匀后保持一浅水层沤制，至凼面有蜂窝眼，水层颜色呈红棕色且有臭味时，凼肥即已腐熟。

2. 草塘泥沤制

草塘泥的沤制分为罱泥配料、选点挖塘、入塘沤制和翻塘精制四个步骤。一般于冬春季节罱取河泥，拌入切成小段的稻草，制成稻草河泥，将稻草河泥加入人畜粪尿、青草、绿肥等原料，分层次移入挖好的空草塘中，使配料混合均匀并踩紧，装满塘后保持浅水层沤制，待水层颜色呈红棕色并有臭味时，肥料即已腐熟可用。

(二)沤肥施用技术

沤肥是适合各种作物、土壤的优质有机肥料，具有供应养分和培肥土壤的双重作用。南方地区沤肥主要用作水稻基肥，一般于翻耕前将沤肥均匀撒施于田面，然后立即耕地。如果沤肥苗肥用量少，可于耙田后均匀撒施于田面做面肥施用；如果苗肥用量大，最好采取深施与面施相结合的方法，即分两次施用。沤肥施用后应及时耕耙整田插秧，以避免氮素的挥发和流失。沤肥由于具有肥效稳而长但供肥强度不大的特点，前期应配合施用速效性肥料，以避免供肥不足。

三、沼气发酵肥

沼气发酵肥即沼气肥(biogas fertilizer)，是指作物秸秆与人粪尿等有机物，在沼气池中经过厌氧发酵制取沼气后的残留物，包括沼液和沼渣，其中沼液占沼气肥总量的85%

左右，沼渣的肥料质量比一般的堆沤肥要高，但仍属迟效肥，而沼液是速效性氮肥，其中铵态氮含量较高。沼气肥由于在密闭嫌气条件下发酵，因此养分损失少，氮、磷、钾损失平均为5.6%、9.3%和7.2%，而且氮和钾均有50%以上转化成速效态。沼气肥具有养分全、速效与缓效养分兼备、含有生理活性物质、臭味小、卫生等特点，既可作肥料，又可作饲料以及食用菌培养料，因而是一种优良的、综合利用价值大的有机肥料。

(一)沼气肥种类

沼气肥按照发酵工艺、发酵规模以及发酵原料的差异，可分为农户沼气肥、畜禽养殖场沼气肥、工业废弃物沼气肥，城市公厕、污水沼气肥等种类；按形态及养分特征，分为沼液肥和沼渣肥。

(二)沼气肥的施用

沼气肥是矿质化和腐殖化进行比较充分的肥料，可作基肥、追肥，也可用作浸种发苗。

(1)基肥　沼气肥速效养分含量高，为防止养分分解和损失，宜深施，一般每亩用量1000~2500 kg。

(2)追肥　沼气肥中有85%左右为沼液，因此作追肥十分方便，沼液可泼浇，也可随灌溉水施入。追施沼液肥不仅能增加作物产量，而且还能防止作物病虫害，增强作物防冻能力。

(3)沼气液肥浸种　由于沼气肥中含有作物所需的多种营养元素和大量的微生物代谢产物，用沼液浸种能抗御不良环境，提高种子发芽率，种子出苗后苗齐苗壮，生育良好。

四、秸秆还田

目前，我国每年秸秆产量大约为6亿~7亿t，数量巨大，是一种取之不尽、用之不竭的农业宝贵资源。秸秆还田是把不宜直接作饲料的秸秆直接或堆积腐熟后施入土壤中的一种方法。秸秆还田具有增加土壤有机质及氮、磷、钾等养分含量；提高土壤水分的保蓄能力；改善植株性状，提高作物产量；改善土壤性状、增加团粒结构等优点。秸秆还田一般可增产5%~10%。

(一)秸秆还田的方式

秸秆还田一般分为过腹还田、堆沤还田和直接还田三种方式。过腹还田是用秸秆饲喂牛、马、猪等牲畜后，以畜粪尿施入土壤；堆沤还田是将作物秸秆制成堆肥、沤肥等，作物秸秆发酵后施入土壤；直接还田分翻压还田和覆盖还田两种。翻压还田是在作物收获后，将作物秸秆在下茬作物播种或移栽前翻入土中，而覆盖还田是将作物秸秆或残茬直接铺盖于土壤表面。

(二)秸秆还田技术要求

1. 秸秆还田量

研究表明，秸秆还田的数量为2250~3000 $kg \cdot hm^{-1}$为宜。在北方一年只种一季，可结合机械化收割，将秸秆切碎后全部犁施入土壤。在南方茬口较短的地区，秸秆还田的数量要根据当地的情况而定，可采用留高茬还田，再生稻草还田等。在一般情况下，旱地要在播种前15~45天，水田要在插秧前7~10天将秸秆施入土壤，并配施一定数量的化学氮肥施用。在气候温暖多雨的季节，可适当增加秸秆还田数量；否则，减少还田数量。

2. 配施速效化肥

在秸秆还田的同时，应配合施用适量的化学氮肥或腐熟的人畜粪尿调节碳氮比，以避免出现微生物与作物竞争氮素的情况，影响作物苗期生长。同时，还可以促进秸秆加快腐烂和土壤微生物的活动。一般认为，将干物质含N量提高至1.5%~2.0%，降低到25~30∶1为宜。配施的化学氮肥可以是氨态氮和酰胺态氮肥，不宜硝态氮肥，以免还原条件反硝化作用脱氮。

3. 水分管理

秸秆还田后，要保持土壤适当的含水量。在旱地，应保持田间持水量的60%~80%；在水田，应浅水灌溉，干干湿湿，排水烤田相结合，这样才能有利秸秆的腐烂，同时也可减少水田还原条件下分解产生有毒物质，如CH_4、有机酸、H_2S等。

4. 其他

秸秆直接还田没有经过高温发酵，可能引起病害的蔓延，如水稻纹枯病、小麦黑粉病、玉米大斑病和黑粉病等。因此，在不具备相应农药或发生病虫害的情况下，秸秆不能直接还田，避免造成病虫害的蔓延。

第四节　绿肥

绿肥(green manure)泛指用作肥料的绿色植物体。凡是栽培用作绿肥的作物称为绿肥作物。人工合成的化肥在生产上应用之前，种植绿肥和施用厩肥(农家肥)仍然是增加土壤养分的主要手段。随着农业生产的不断发展，绿肥已由原来大田轮作和直接肥田为主的栽培利用方式，逐步过渡到多途径发展的种草业。绿肥与牧草生产相结合，将土壤资源的开发利用，养殖业的发展，土壤的改良和培肥联系起来，有利于实现有机物质的多级转化利用，促进整个农业生产中物质和能量的良性循环，改善生态条件和食物结构，促进农业的全面发展，实现农业生产的优质、高产、高效。

一、绿肥在农业生产中的作用

1. 提高和活化土壤中有机质

合理施用绿肥，对土壤有机质的积累及活化原有的有机质是有利的，绿肥作物平均鲜草产量一般在1.5×10^4~3.0×10^4 kg·hm^{-1}，地下生物量也在1.2×10^4~2.25×10^4 kg·hm^{-1}。如以平均有机质含量150~180 g·kg^{-1}计算，直接翻压后，施入土壤的新鲜有机质约3240~7875 kg·hm^{-1}。绿肥经施入土壤后，产生矿化和积累两个完全相反的过程，矿化率越高则积累率就越低。一般绿肥易分解成分高，翻压后微生物活性增强，产生了激发效应，使土壤中原有的有机质矿化作用增强，提高了有机质的分解率。当施入土壤中的绿肥积累的碳量大于激发效应损失的碳量，就能使土壤有机质积累有所增加。

施用绿肥可以增加土壤有机复合体的数量，增加的多少因土壤和绿肥不同而异，一般认为秸秆>绿肥，禾本科绿肥>豆科绿肥。同时，施用绿肥可以提高土壤复合体中不同胡敏酸、富里酸的含量以及胡敏酸/富里酸的比值，并使复合体中不同结合形态的腐殖质含量增加。

2. 能提供作物养分，提高粮食产量

绿肥作物根系发达，可活化、吸收土壤中钾、磷等矿质元素。豆科绿肥还可固氮，其固定的氮素可以直接或间接归回土壤中，绿肥生长还可产生大量的有机体还入农田，因此可以提供大量的养分，能有效提高农作物产量。

3. 可改善土壤理化性状，加速土壤熟化，改良低产田

绿肥能提供较多的新鲜有机物质与钙素等养分。新鲜绿肥含有10%~15%的有机质，绿肥作物的根系有较强的穿透能力与团聚作用，因此种植绿肥能改善土壤团粒结构，促使土壤孔隙度的增多，使土壤疏松油润，利于保水、保肥以及协调水肥气热。此外，我国的低产土壤面积大，分布广，绿肥大多具有较强的抗逆性，能在条件较差的土壤环境中生长，如瘠薄的沙荒地、涝洼盐碱地及红壤等，因此绿肥在改良土壤方面起着非常重要的作用。

4. 能防风固沙、保持水土，改善生态环境

绿肥植物茎叶茂盛，覆盖地面，可减少水、土、肥的流失。尤其在坡地上种植绿肥，由于茎叶的覆盖和根系的固结作用，可大大减少雨水对表土的侵蚀和冲刷。据试验，草木樨地比裸露地减少地表径流43.8%~61.5%，减少冲刷量39.9%~90.8%。荒山荒坡种植紫穗槐、沙打旺，减少径流73.5%，减少冲刷62.7%。二年生紫穗槐在苗高40~90 cm时，迎风坡积沙5~10 cm，背风坡积沙45 cm。

果、茶、桑、橡胶园种绿肥，可减少土温的日变幅，有利于作物根系生长，还能减少杂草的危害。风沙大的荒沙地、沟渠坡边和梯田梯壁种植多年生绿肥牧草，有固沙护坡的作用。

绿肥作物还能绿化环境，净化空气。每公顷绿色植物每天能吸收360~900 kg的二氧化碳，放出240~600 kg的氧气。除此之外，还可减少或消除悬浮物、挥发酚、多种重金属的污染。

5. 是轮作倒茬的重要措施

连作是当前农业生产导致土传病害发生的主要原因之一，如在连作制度中插入一茬绿肥可以大幅度减少一些作物的连作障碍，减少病害、虫害的发生。特别是在长期种植一种作物或者连作障碍严重的地区，插入种植绿肥非常有效。例如，在烟草生产地区插入绿肥可明显缓解烟草黑胫病等病害的发生。

6. 可提供大量饲草，是促进农牧业发展的纽带

把绿肥作为饲草来应用是发展畜牧业最经济有效的办法。如草木樨、苜蓿、紫穗槐、白三叶等既是绿肥又是很好的牧草饲料。绿肥牧草饲用价值高，富含蛋白质、矿物质、维生素等多种营养成分，而且适口性好、便于加工和储存，是畜禽的优良饲草来源。绿肥牧草可以直接放牧利用，如果园间作绿肥，可以放养肉鹅；冬闲田种植多花黑麦草、紫云英或苕子，可放养鹅、山羊等。绿肥牧草也可刈割后饲喂，或制作青贮、干草、加工草粉、草块和草颗粒等。苜蓿干草是奶牛和肉牛的首选饲草，适口性好，并能促进家畜对其他饲粮成分的采食和消化。

二、常用绿肥作物的栽培利用

我国绿肥资源十分丰富，现有10科42属60多种，共1000多个品种。其中生产上常用的有4科20属26种，约有品种500多个。主要绿肥的营养成分见表10-3。

表10-3 主要绿肥的营养成分 %

品种	状态	水分	粗蛋白	粗脂肪	粗纤维	无氮浸出物	粗灰分
紫云英	鲜草	88.6	2.89	0.75	1.34	5.27	1.15
紫云英	干草	12.03	22.27	4.79	19.53	33.54	7.87
紫花苜蓿	鲜草	74.70	4.50	1.00	7.00	10.40	2.40
金花菜	干草	7.23	23.25	3.85	16.99	38.74	9.94
白花草木樨	干草	7.37	17.51	3.17	30.35	34.55	7.05
黄花草木樨	干草	7.32	17.84	2.59	31.38	33.88	6.99
毛叶苕子	干草	6.30	21.37	3.97	26.04	31.62	10.70
光叶紫花苕子	鲜草	86.94	3.49	0.87	2.58	4.41	1.61
箭筈豌豆	干草	11.00	13.30	1.10	25.20	43.20	6.20
白三叶	鲜草	82.20	5.10	0.60	2.80	7.20	2.10
绛三叶	鲜草	82.60	3.23	0.50	4.60	7.16	1.91
红三叶	鲜草	82.20	3.00	0.60	3.80	8.60	1.80
百脉根	鲜草	77.00	2.60	0.50	5.10	12.50	2.30
胡枝子	鲜草	86.40	4.60	0.80	2.10	4.80	1.30
葛藤	鲜草	81.80	3.40	1.10	5.70	6.10	1.90
沙打旺	干草	9.87	20.50	3.87	27.8	28.73	9.23
蚕豆	鲜草	84.40	3.60	0.80	2.10	6.80	2.30
秣食豆	干草	13.50	13.77	2.35	28.75	34.02	7.61
细绿萍	干草	9.00	21.00	2.57	14.60	50.97	15.00

（引自谢德体，土壤肥料学，2004）

下面介绍常见的豆科绿肥和非豆科绿肥。

(一) 豆科绿肥

豆科绿肥是绿肥作物的主体，品种多、栽培面积大。它不仅是优良的肥料，而且还是优质青饲料。尤其是豆科绿肥作物能够进行生物固氮，可为农作物提供丰实而价廉的氮素营养，这对提高作物产量、促进农业发展起着重要的作用。

豆科绿肥作物常见的栽培品种有紫云英、草木樨、苕子、箭筈豌豆、田菁、金花菜、紫花苜蓿、绛三叶等。

1. 紫云英(*Astragalus sinicus*)

紫云英又名红花草、草籽等，是豆科黄芪属一年生或越年生草本植物，多在秋季套播于晚稻田中，作早稻的基肥，是我国稻田最主要的冬季绿肥作物。

紫云英性喜温暖的气候，一般有明显的越冬期，适于排水良好的土壤。最适宜生长温度为15~20 ℃，种子在4~5 ℃时即可萌发生长，幼苗期低于8 ℃生长缓慢，日均气温达到6~8 ℃以上时，生长速度明显加快。紫云英在湿润且排水良好的土壤中生长良好，怕旱又怕渍，生长最适宜的土壤含水量为20%~25%，土壤以质地偏轻的壤土为主。

紫云英固氮能力较强，盛花期平均每亩可固氮5~8 kg。紫云英对根瘤菌要求专一，接种根瘤菌剂是新扩种地区栽培紫云英成败的关键指标之一，也是老区提高产量的一项有效措施。接种方法以拌种的效果较好，拌种时用米糊、泥浆等作黏着剂，可提高接种效果。

2. 草木樨(*Melilotus*)

草木樨又叫野良香、野苜蓿，是豆科草木樨属，为一年生或两年生草本植物。我国生产上常用的种类为两年生白花草木樨，主要在东北、西北、华北等地区栽培，多与玉米、小麦间种或复种，也可在经济林木行间或山坡丘陵地种植，保持水土。在南方多利用一年生黄花草木樨，主要在旱地种植，用作麦田或棉花肥料。草木樨养分含量高，不仅是优良的绿肥，也是重要的饲料，但其植株含香豆素，直接作饲料，牲畜常需要经过一段适应时间。

草木樨具有很强的生活力和适应性，能耐旱、耐寒、耐瘠薄、耐盐碱等。草木樨根系发达，尤其是其主根可达2 m以上，在干旱时可利用下层水分而正常生长，抗旱能力强。草木樨种子在平均温度3~4 ℃时就能萌动发芽，第一年发育健壮的植株在冬季-30 ℃的严寒下能安全越冬。草木樨对土壤的适应性很强，在黏性土、砂土以及其他一些绿肥作物难以生长的瘠薄土均可很好地生长。草木樨的耐盐性也很强，在耕层土壤含盐量不超过0.3%时，种子可出苗生长，成龄植株可耐0.5%以上的含盐量。

草木樨种子在播种前一般需要预处理，主要是为了消除大量的硬籽。草木樨的播期较长，早春、夏季和初冬均可播种。在风沙较大的北方地区，草木樨通常是夏播，夏播一般不迟于7月中旬，以利于安全越冬。江淮一带，秋播以9月中为宜。北方地区冬播一般在土壤早晚微冻，中午化冻，地温低于2℃时播种。播种量撒播在旱地一般每亩2~3 kg，水地约1 kg；条播旱地一般每亩1~2 kg，水地约0.5~1 kg。

3. 苕子(*Vicia*)

苕子系巢菜属多种苕子的总称，属一年生或越年生豆科草本植物，其栽培面积仅次于紫云英和草木樨。我国栽培最多的品种有：蓝花苕子种，如四川油苕、花苕，湖北嘉鱼苕子，江西九江苕子等，在四川、湖北、浙江及华南等地栽培较为广泛；紫花苕子种适应性广，除不耐湿外，其他抗逆性都强，属这一种的主要有光叶紫花苕(简称光苕)和毛叶紫花苕，前者适合于长江中下游地区和西南各省种植，而后者在西北、华北、东北等地区栽培较多。

光叶紫花苕子主根大，入土深达1~2 m，侧根极为发达。株高2~2.5 m，种子圆形暗黑色，千粒重15~30 g。光叶紫花苕子发芽最适温度为20 ℃左右，耐寒性较毛叶紫花苕子稍差。它属于冬性类型，需经过0~5 ℃的低温20天以上，才能度过春化阶段。目前选育出的早熟光叶紫花苕子，春性强，对低温的要求不严格，具有早发、早熟、高产的特性。

光叶紫花苕子除耐湿性比紫云英差外，耐寒、耐瘠、耐盐、耐酸和耐旱的能力均比紫云英、黄花苜蓿强。在pH值5~8，含盐量在0.15%的土壤上均能正常生长。

4. 箭筈豌豆(*Vicia sativa*)

箭筈豌豆又叫磊巢菜、野豌豆，是巢菜属一年生或越年生豆科草本植物。原引自欧洲和澳大利亚，中国有野生种分布，在我国各地都有栽培，主要用于稻、麦、棉田复种或间套种，也可在果桑园中种植利用。箭筈豌豆种子含有氢氰酸，人畜食用过量会引起中毒，但经蒸煮或浸泡后易脱毒。种子含含量淀粉，是优质粉丝的原料。

箭筈豌豆生长的起点温度较低，春发较早，生长快，成熟期早。箭筈豌豆适应性较广，不耐湿，不耐盐碱，但耐旱性较强。喜凉爽湿润气候，在-10 ℃短期低温下可以越冬。

5. 田菁(*Sesbania cannabina*)

田菁又叫碱青、涝豆。为豆科田菁属植物，一年生或多年生，多为草本、灌木，少有小乔木。我国大部分地区都有种植，多用于华北地区麦后复种以及玉米间作套种、苏北一带棉田套种、南方稻田间套种等。田菁压青除可用作肥料外，其种子含有丰富的半乳甘露聚糖胶，是重要的化工原料。

田菁植株高大，喜高温高湿条件，可春播也可夏播，在南方秋播也可收种。种子在12 ℃开始发芽，最适生长温度为20~30 ℃。田菁的抗旱能力较差，特别是幼苗期。田菁的适应性很强，对土壤的要求不严，从砂土到重黏土，都可很好生长。田菁的抗逆性很强，具有耐盐、耐涝、耐瘠的特性。当土壤耕层全盐含量不超过0.5%时，可以正常发芽生长，但氯离子含量超过0.3%，生长受到抑制。成龄植株受水淹后仍能正常生长，受淹茎部形成海绵组织和水生根，并能结瘤和固氮，是一种改良涝洼盐碱地的重要夏季绿肥作物。

6. 金花菜(Medicago hispida)

金花菜又称黄花苜蓿、黄花草子、草头等。金花菜属豆科苜蓿属一年生或越年生草本植物。金花菜喜温暖湿润的气候。种子发芽适温为20 ℃左右，秋季播种。早播、秋播时，分枝多，且匍匐地面生长，在密植或有支架作物混播时，茎叶向上生长。金花菜对土壤要求不严，pH5.5~8.5为宜，能耐可溶性氯盐0.2%以下的盐碱土，也能耐一定酸性。金花菜在南方的水田、旱地可做冬绿肥，在北方的灌溉地也可春播作为春绿肥。

7. 紫花苜蓿(*Medicago sativa*)

紫花苜蓿是多年生豆科草本植物，苜蓿不耐湿，我国主要分布在西北、华北或东北地区，淮河一带也有少量种植。主要用作轮作倒茬养地作物，同时它的草质优良，营养丰富，产草量高，有“牧草之王”的美誉。

紫花苜蓿根系强大，入土深，根长为数米甚至超过10 m，支根也很发达，多集中在0~40 cm的土层内，因为具有较强的抗旱能力。苜蓿喜温暖的半干旱气候，低温达到5~6 ℃种子即可发芽，春季7~9 ℃就开始生长，幼苗能耐零下5~6 ℃的低温，成株能在-30 ℃的低温条件下越冬。苜蓿对土壤要求不高，但不耐强酸和强碱，适合的pH值在6.5~8.0之间，在含盐量0.3%的土壤上能良好生长。不耐积水。

8. 绛三叶(*Trifolium incarnatun*)

绛三叶又称绛车轴草、地中海三叶草、深红三叶草、意大利车轴草、紫车轴草、猩红苜蓿。属一年生或越年生草本植物。喜温暖湿润，既不抗寒，也不抗热，更不抗干旱。适宜于气温不太低，而降雨量多的温带，或亚热带的高山区种植。耐湿性不如紫云英；对土壤要求不严，能在多种类型土壤中生长，但不耐盐碱也不耐贫瘠，在强酸性和强碱性土壤上，土壤 pH 值低于 5.6 或高于 8 都生长不良，在低湿瘠薄的土壤上亦生长较差。在排水良好的肥沃土壤上生长良好。发芽最适宜温度 20~25 ℃，超过 30 ℃或低于 10 ℃时发芽率均显著降低。在适宜的土壤湿度下，幼苗生长迅速，长成后形成密集、多叶的草丛。

此外，常见的豆科绿肥作物还有柽麻(*Crotalaria juncea*)、多变小冠花(*Coronilla varia*)、蚕豆(*Vicia faba*)、乌豇豆(*Vigna cylindrical*)、绿豆(*Vigna radiate*)、印度豇豆(*V. sinensis*)、秣食豆(*Glycine max*)等。

(二)非豆科绿肥

1. 肥田萝卜(*Raphanus sativus*)

肥田萝卜又称为满园花，是十字花科萝卜属，一年生或越年生双子叶草本植物。全国各地均可栽培，以江西、湖南、广西、云南、贵州等省(自治区)尤为普遍。多用于稻田冬闲田利用或在红壤旱地上种植，同时是果园优良的绿肥。肥田萝卜对土壤中难溶性磷的利用能力较强，常被认为是解磷绿肥。

肥田萝卜喜凉爽气候，种子发芽的最适温度为 15 ℃左右，生长的最适温度为 15~20℃。对土壤要求不严，除渍水地和盐碱地外，各地一般都能种植。对土壤的酸碱度的适应范围为 pH 4.8~7.5，由于耐酸、耐瘠、生育期短，是改良红黄壤低产田的重要先锋作物。可单作，也可与豆科、禾本科绿肥等混作或间作，以混播的鲜草产量和品质较好。

2. 黑麦草(*Lolium multiflorum*)

黑麦草为一年生或多年生禾本科草本植物。作绿肥主要在长江中下游地区和淮河流域较为普遍。多采用与豆科绿肥如紫云英、苕子、箭筈豌豆等混播，是很好的饲料作物和庭院绿化作物。黑麦草有一定的解钾能力，能利用部分土壤矿物钾。

黑麦草喜温暖湿润气候，在 10 ℃时生长良好，-16 ℃低温可以越冬，但不耐高温，当气温超过 25 ℃时，生长受抑制。耐瘠性好，在生土、盐荒地、红壤土都可生长。

3. 红萍(*Azolla* spp.)

红萍又叫满江红、绿萍，是满江红科满江红属的水生蕨类植物，其植物体管腔内有鱼腥藻与之共生，有较强的固氮能力，广泛用作稻田绿肥和饲料。我国生产利用较普遍的有中国满江红(*A. imbricate*)、蕨状满江红(*A. filiculoides*)和卡洲满江红(*A. caroliniana*)。

红萍对温度十分敏感，但因种类而异。蕨状满江红耐寒性较强，起繁温度为 5 ℃左右，15~20 ℃为适宜生长温度，多在冬春放养；中国满江红和卡洲满江红耐热性较强，起繁温度为 10 ℃左右，20~25 ℃为适宜生长温度，多在夏季放养。几种红萍配合放养，有利于延长放养期和提高产萍量。红萍耐盐性也较强，在 0.5%含盐量的水中可以正常生长，其吸钾能力也强，在水中钾素很低的情况下，生长良好，是一种富钾的水生绿肥。

4. 富钾绿肥

富钾绿肥是近些年来广泛受到关注的一类绿肥，因其茎叶含有高量的钾而得名。除了钾之外，它们的茎叶一般都含有高量的氮，所以蛋白质含量高，大多是优质的饲草来源。目前常见的富钾绿肥有商陆(*Phytolacea americanna*)、小葵子(*Guizotia adyssinica*)、籽粒苋(*Amaranthus*)和空心莲子草(*Alternanthera philoxeroides*)等。

第五节　微生物肥料

我国微生物肥料研究、生产、应用已有 60 多年的历史，其间经历了几次大的起伏。自 20 世纪 80 年代至今，微生物肥料处在一个新的发展时期，产品种类、推广应用、基础研究等方面都取得了长足的进步，现已成为肥料家族中的重要成员。

一、微生物肥料的概念、种类和特点

(一) 微生物肥料概念

关于微生物肥料的定义，较长时间以来一直存在争议，有两种不同的观点。一种意见认为“肥料”是应该向作物提供营养的制品，而且应该是直接供应作物的营养元素，所以将此类微生物制剂称为微生物肥料是不科学的；另一种意见则认为此类制品的作用是综合的，有的既有营养作用又有刺激和调控生长作用，有的甚至有减轻农作物病虫害的作用，很难以一种单一的解释来阐明其作用。目前微生物肥料有一种定义已被农业微生物界广泛接受，即所谓微生物肥料(microbiological fertilizers)。是指一类含有活微生物的特定制品，应用于农业生产中，能够获得特定的肥料效应，在这种效应的产生中，制品中活微生物起关键作用。微生物肥料在我国又被称作细菌肥料、生物肥料。

(二) 微生物肥料种类

一般地，可将微生物肥料分为两类，一类是通过其中所含微生物的生命活动，增加作物营养元素的供应量，促使作物营养状况的改善，进而增加产量，代表品种主要有根瘤菌肥、固氮菌肥。另一类是广义的微生物肥料，其制品虽然也是通过其中所含的微生物生命活动作用使作物增产，但它不仅仅限于提高作物营养元素的水平，还包括了它们所产生的次生代谢物质，如激素类物质对作物起刺激作用，促进作物对营养元素的吸收利用，或者能够拮抗某些病原微生物的致病作用，减轻病虫害而使作物产量增加。

目前，市面上微生物肥料的种类较多，按照制品中特定的微生物种类可分为细菌肥料、放线菌肥料、真菌类肥料；按作用机理分为根瘤菌肥料、固氮菌肥料、解磷菌类肥料、硅酸盐菌类肥料；按制品内微生物种类多少分为单一的微生物肥料和复合微生物肥料。

(三) 微生物肥料特点

微生物肥料是一类活菌制品，它的效能与此直接相关，其特点主要包括以下几个方面：

(1) 微生物肥料的核心是制品中特定的有效活微生物，因此，任何一个国家对此类产品的有效活菌数都有具体的规定，有效活菌数降到一定数量时，它的作用也就没有了。

(2) 微生物肥料是一类农用活菌制品，从生产到使用都要注意给产品中微生物一个生存的合适环境，包括适宜的水分含量、pH 值、温度、载体中残糖含量等。

(3) 微生物肥料作为活菌制品有一个有效期问题，不同微生物肥料其有效期有差别。

(4) 微生物肥料有其适用的特定作物和地区。

(5)微生物肥料使用时切勿长时间暴露在阳光下，同时不能与杀菌剂混用，以免杀死其中的微生物。

二、微生物肥料功能

微生物肥料的功效是一种综合作用，主要是与营养元素的来源和有效性有关，或与作物吸收营养、水分和抗病(虫)害有关，主要包括以下几个方面：

1. 增进土壤肥力

这是微生物肥料的主要功效之一，各种自生、联合或共生的固氮微生物肥料，可以增加土壤中的氮素来源，多种解磷、解钾的微生物，可以将土壤中难溶的磷、钾释放出来，转变为作物能吸收利用的磷、钾化合物，使作物生长环境中的营养元素供应增加。

2. 制造和协助农作物吸收营养

微生物肥料中最重要的品种根瘤菌肥料，肥料中的根瘤菌可以侵染豆科植物根部，在根上形成根瘤，通过根瘤固定的氮素可以供给豆科植物一生中氮素的50%~60%。此外，丛枝菌根真菌(AM真菌)是一种土壤真菌，它能与多种植物根系共生，其菌丝可以吸收更多的营养物质供给植物吸收利用，尤其是促进对磷的吸收，对在土壤中移动缓慢的锌、铜、钙等元素也有加强吸收的作用。

3. 增强植物抗病(虫)害和抗旱能力

目前有一类微生物菌剂(植物根际促生菌剂，PGPR)对植物病害，尤其是土传病害，具有减轻和降低发生的作用。这类微生物通过产生胞外酶、分泌铁载体、竞争生态位点等机制抑制病原菌的生长。

4. 减少肥料的使用量和提高作物品质

使用微生物肥料后可以减少肥料的施用量。例如，根瘤菌肥、固氮菌肥由于能固定空气中的氮素供作物吸收利用，因而可以少施氮肥。许多研究表明，使用微生物肥料可以提高农产品品质，收获物蛋白质、糖分、维生素等含量提高。

三、几种主要微生物肥料

1. 固氮菌类肥料

就是利用固氮菌的作用固定空气的氮素，供给作物氮素，从而减少化学氮肥的施用。自生和联合固氮微生物单就固氮而言，比起共生固氮的根瘤菌，其固氮量要少得多，而且施用时受更多条件的限制，如更易受到环境条件中氮含量的影响。

2. 根瘤菌肥料

根瘤菌肥料的出现和应用已有100多年历史，是目前世界上公认效果最稳定、最好的微生物肥料。根瘤菌肥料施入土壤后，能与豆科作物作用形成根瘤，从而固定空气中的氮素，供作物吸收利用。其品种包括大豆根瘤菌、花生根瘤菌、苜蓿根瘤菌、牧草根瘤菌等。

3. 解磷微生物肥料

又称为生物磷肥、磷细菌接种剂，通过解磷微生物的作用释放土壤中的难溶态磷，使其在作物根部土壤形成一个磷素较为充分的微区，从而改善作物磷的供应。

4. 硅酸盐细菌肥料

又称为生物钾肥。利用解钾微生物的作用释放土壤中硅酸盐类矿物中的钾，提高土壤中有效钾的供应，从而减少化学钾肥的使用。同时硅酸盐细菌还可产生刺激作物生长的激素类物质，在根际形成优势菌群，抑制病原菌的生长，因而达到增产效果。

5. 光合细菌肥料

光合细菌是一类能将光能转化成生物代谢活动能量的原核微生物，是地球上最早的光合生物，广泛分布在海洋、江河、湖泊、沼泽、池塘、活性污泥及水稻、水葫芦等根际土壤中。光合细菌能促进土壤物质转化、改善土壤结构、提高土壤肥力、促进作物生长；同时光合细菌能增强作物抗病防病能力，光合细菌的活动能促进放线菌等有益微生物的繁殖，抑制丝状真菌等有害菌群生长。

6. 分解作物秸秆制剂

亦称为秸秆腐熟剂。可以分解作物秸秆的微生物种类很多，在自然界中广泛分布和存在，包括能分解纤维素、半纤维素的细菌、真菌等微生物。目前生产上秸秆腐熟剂的应用主要在两个方面，一是直接用于秸秆的腐熟、分解，然后将其还田；二是将分解腐熟的秸秆再配以其他原料制成肥料应用。

7. AM 菌根真菌肥料

AM 菌根是土壤中某些真菌侵染植物根部，与其形成的“菌—根”共生体。它包括由内囊霉科真菌中多数属、种形成的丛枝状菌根（AM 菌 ）等内生菌根和由担子菌类及少数子囊菌形成的外生菌根。AM 菌根的菌丝具有协助植物吸收营养的功能，促进对硫、钙、锌及水分的吸收，目前主要应用在名贵花卉、苗木、药材等作物上，显示了良好的应用前景。

8. 抗生菌肥料

是指用分泌抗菌物质和刺激素的微生物制成的生物肥料产品，使用菌种通常是放线菌。抗生菌肥料应用后不仅具有肥效，而且能抑制一些作物病害，刺激和调节作物生长，如我国应用多年的“5406”菌肥即属此类。

9. PGPR 制剂

PGPR 是指生存在植物根圈范围中，对植物生长有促进或对病原菌有拮抗作用的有益细菌的统称。PGPR 制剂能分泌植物促生物质，改善根际营养环境，抑制作物病害发生等作用。目前 PGPR 制剂广泛应用于多种作物包括蔬菜、苗木等，表现出较好的应用效果和前景。

10. 复合微生物肥料

复合微生物肥料是指由特定微生物与营养物质复合而成，能提供、保持或改善植物营养，提高农产品产量或改善农产品品质的活体微生物制品。主要类型包括菌+菌的复合微生物肥料、菌+各种营养元素或添加物的复合微生物肥料两类。

四、微生物肥料的有效施用条件

正确施用微生物肥料是发挥肥效作用的基本条件之一。一般来说必须注意以下几个方面：

1. 微生物肥料产品质量是否得到保证

一个合格的微生物肥料产品应该由有关主管部门检验登记，批准生产，有合格的批准手续。产品出厂前应进行质量检查，符合国家或行业的标准，包装和标签应完整，使用说明要清楚、明确。

2. *微生物肥料的产品种类和使用的农作物应相符*

这一点对于根瘤菌肥尤其重要，根瘤菌具有相对严格的寄主专一性。

3. *要在产品有效期内使用*

这里所指的有效期是指在某一时间之前，微生物肥料的产品指标，尤其是特定的微生物的活菌数应符合标准。超过有效期的，杂菌数量大幅增加，特定微生物数量下降，不能达到保证其有效性的数量。

4. *贮存温度要合适*

通常要求微生物肥料产品的贮存温度不超过20 ℃为宜，4~10 ℃最好，没有低温贮存条件的单位和个人购到产品后应在短时期内尽快用完。

5. *应严格按照使用说明书要求使用*

不同的剂型应按不同的方法使用。微生物肥料是活的生物制品，使用时要避免阳光直射，因为阳光中的紫外线可以杀菌。拌种用的微生物肥料应加适量水分，过多或过少的水常常不能使种子充分吸附微生物肥料。使用黏着剂效果较好。拌种后阴干立即播种，不宜将拌微生物肥料的种子置于直射阳光下，也不宜存放较长时间。生产中常见有拌种后几小时才播种或第二天播种，这样的处理，种皮上特定的微生物大量死亡，其有效性也就丧失了。这也是微生物肥料生产应用中最不被重视，也是最容易出现的问题。

6. *微生物肥料的配伍禁忌*

微生物肥料的使用一般应注意避免与造成其特定微生物死亡或降低作用的物质合用、混用。例如一些杀虫剂、杀菌剂是否可以与微生物肥料合用、混用，就需要试验，证明它们对微生物无杀灭作用才可应用。不能合用、混用的应分开使用。

7. *最适用微生物肥料的地区*

微生物肥料的使用并非适用于所有地区、所有土壤和所有作物。多年试验研究表明，微生物肥料在中低肥力水平的地区使用效果较好，土壤肥力本身就很高的地方使用后效果较差。与土壤的pH值、作物的种类也有一定关系。最好的办法是在本地区推广使用某一品种的微生物肥料前先进行广泛的试验，切不可盲目引进，盲目推广。

五、生物有机肥

生物有机肥(biological organic fertilizer)是微生物肥料主要品种之一，是指特定功能微生物与主要以动植物残体(如畜禽粪便、农作物秸秆等)为来源并经无害化处理、腐熟的有机物料复合而成的一类兼具微生物肥料和有机肥料效应的肥料。生物有机肥产品除了含有较高的有机质外，还含有特定功能的微生物，这是此类产品的本质特征。并且所含微生物应表现出一定的肥料效应，如具有增进土壤肥力、制造和协助农作物吸收营养、活化土壤中难溶的化合物供作物吸收利用等作用，或可产生多种活性物质和抗病、抑病代谢物，对农作物的生长有良好的刺激与调控作用等。

生物有机肥集生物肥和有机肥的优点于一体。合理施用生物有机肥可提升土壤有机质含量，改善土壤物理性状，增加土壤微生物数量及种类，使土壤变得疏松易于耕种，从而最终提高农产品的产量和品质。此外，发展生物有机肥还可以从根本上解决有机废弃物对大气、水和土壤环境的污染，使农业生产走上可持续发展的道路。

生物有机肥含有农作物所需要的各种营养元素和丰富的有机质，既具有无污染、无公害，改良土壤、肥效持久，壮苗抗病等诸多优点，又能克服大量使用化肥、农药带来的环境污染、生态破坏、土壤地力下降等弊端，是新型肥料的一个发展方向。

思 考 题

1. 试述有机肥料特点及主要作用。
2. 有机肥料腐熟不完全施用后会产生哪些危害？
3. 有机物料堆肥时如何调节水分和碳氮比？
4. 秸秆还田过程中应注意哪些问题？
5. 绿肥在农业生产中有何作用？
6. 试述微生物肥料的有效施用条件。
7. 试述市政废弃物利用过程中存在问题及相应对策。

主要参考文献

[1]何平安，邢文英．中国有机肥料资源[M]．北京：中国农业出版社，1999.

[2]葛诚．微生物肥料生产应用基础[M]．北京：中国农业科学技术出版社，2000.

[3]沈其荣．土壤肥料学通论[M]．北京：高等教育出版社，2001.

[4]贾小红．有机肥料加工与施用[M]．北京：化学工业出版社，2010.

[5]陈文新．土壤和环境微生物[M]．北京：中国农业大学出版社，1996.

[6]李阜棣，胡正嘉．微生物学[M]．北京：中国农业出版社，2000.

[7]中国农科院土壤肥料研究所．中国肥料概论[M]．上海：上海科学技术出版社.1962.

[8]焦彬．中国绿肥[M]．北京：中国农业出版社，1986.

[9]毛知耘．肥料学[M]．北京：中国农业出版社，1997.

[10]内蒙古农牧学院．牧草及饲料作物栽培学[M]．北京：中国农业出版社，1981.

[11]苏加楷．优良牧草栽培技术[M]．北京：中国农业出版社，1983.

[12]葛诚．微生物肥料的生产应用及发展[M]．北京：中国农业出版社，1996.

[13]弓明钦，陈应龙．菌根研究及应用[M]．北京：中国林业出版社，1997.

[14]李晓林，冯固．丛枝菌根生态生理[M]．北京：华文出版社，2001.

[15]张福锁，龚元石，李晓林．土壤与植物营养研究新动态(第三卷)[M]．北京：中国农业出版社，1995.

[16]冯锋等．植物营养研究[M]．北京：中国农业大学出版社，2000.

[17]黄建国．植物营养学[M]．北京：中国林业出版社，2004.

[18]谢德体．土壤肥料学[M]．北京：中国林业出版社，2004.

土壤肥料资源部分

第十一章　土壤肥料资源管理与保护

第十一章 土壤肥料资源管理与保护

摘　要　我国的土壤占国土面积的90%以上，是我们人类生产和生活最重要、最基本的自然资源。肥料资源是保持和提升地力、提高农产品质量、保证粮食安全、缓解环境压力的关键因素。本章介绍了我国土壤与肥料资源的利用状况、问题及管理，从土壤环境质量退化现状、类型及肥料施用的环境影响等方面，进一步讲述了土壤污染修复与施肥管理的措施。重点叙述土壤与肥料资源利用方面存在的问题、土壤环境质量退化状况以及养分资源管理策略。

第一节 我国土壤资源及利用状况

一、土壤资源概念的内涵

自然资源是自然界能为人类利用的物质和能量基础，是可供人类开发利用并具有应用前景和价值的物质，是可创造社会财富的物质。土壤资源是指具有农、林、牧业生产力的各种类型土壤的总称，是受人类长期实践影响的独立的历史自然经济综合体。在人类赖以生存的物质生活中，人类消耗的约80%以上的热量、75%以上的蛋白质及大部分的纤维都直接来源于土壤。因此，土壤作为一种资源，和水资源、大气资源一样，是维护人类生存与发展的必要条件，是社会经济发展最基本的物质基础。

二、土壤资源的特点

第一，土壤资源具有一定生产力。它能生产食物、木材、纤维等生活生产资料。土壤生产力的高低除了与其自然属性有关外，很大程度上取决于人类生产科学技术水平。不同种类和性质的土壤，农、林、牧具有不同的适宜性，人类生产技术是合理利用和调控土壤适宜性的有效手段，即挖掘和提高土壤生产潜力的问题。

第二，土壤资源具有可更新性和可培育性。人类可以利用它的发展变化规律，应用先进的技术使其肥力不断提高，以生产更多的产品，满足人类生活的需要。若采取不恰当的培育措施，土壤肥力和生产力会随之下降，甚至衰竭。

第三，土壤资源的空间存在形式具有地域分异规律。这种地域分异规律时间上具有季节性变化的周期性，所以土壤性质及其生产特征也随季节的变化而发生周期性变化。

第四，土壤资源位置情况有其固定性，面积有其有限性，同时具有其他资源不能代替的性质。在人口不断增加的情况下，应合理利用和保护土壤资源。

三、我国土壤资源利用现状问题

目前，我国土壤资源比较突出的问题是耕地面积小，而且分布不均。我国由于自然环境、自然条件复杂，土壤资源丰富，类型多样，有12个土纲，60个土类，不但具有世界上主要的森林土壤，而且具有肥沃的黑土、黑钙土以及其他草原土壤，同时还具有世界上特有的青藏高原土壤，土壤资源多样性对发展农、林、牧生产具有广泛的应用价值；但我国山地面积多，平原丘陵面积少，寒漠、冰川有 2×10^4 km^2；沙漠、戈壁约 110×10^4 km^2，我国土地面积中有20%开发利用是有困难的。目前，随着人类对资源的不断开发利用，土壤资源也存在着退化、盐碱化、污染等一系列问题。

我国人均耕地面积不及世界平均水平的1/2。全国耕地总面积约为 1.26×10^8 hm^2，人均耕地面积0.10 hm^2以下。全国23.7%的县级行政区划单位人均耕地低于联合国粮农组织所确定的0.053 hm^2警戒线。人均耕地低于0.035 hm^2的县级行政区划单位463个，占警戒线以下总县数的69.52%。

土壤资源空间分布不平衡，可用于农业土壤资源的地区分布极不平衡。人均耕地较多的一些省份主要分布在东北、西北和西南地区，而自然条件较好、生产力水平较高的东部地区人均耕地最少。人均耕地低于联合国警戒线的县份，大多数分布在东南沿海地区，尤其是长江三角洲、珠江三角洲以及京津唐地区，太湖地区人均耕地只有0.41 hm^2。

土壤利用充分，后备土壤资源匮乏。我国后备土壤资源尤其是后备耕地资源短缺，历经数次大规模开垦，后备土壤资源的开垦潜力锐减。目前我国后备耕地资源总量约为 0.33×10^8 hm^2，可用于农业生产的约 0.13×10^8 hm^2。开垦系数即使按0.6计算，全部开垦后也只能获得 0.08×10^8 hm^2的耕地，不足现有耕地总面积的6%左右。

土壤的功能限制型面积大，退化现象严重。平均生产力水平不高、功能限制型土壤类型分布面积大是我国土壤资源的重要特征之一。辐射、缺氧的高寒地区以及沙漠、戈壁、沙化等干旱型荒漠地区占国土面积的1/2以上，66%的耕地分布在山地、丘陵、高原地区，退化土壤分布面积大，以土壤侵蚀、肥力衰退、土壤酸化与盐渍化、土壤污染为主要形式的土壤退化现象严重。

四、我国土壤资源合理利用对策

土壤养育着万物，从而为人类的生存提供源源不断的食品、药品、衣物等资源。土壤资源发挥了其他资源无法替代的作用。俗话说：大地万古长存，但土壤不可再生。如果没有土壤，万物就不复存在，人类必然随着消失。所以再没有比保护好土壤资源更加重要的事情。要实施保护土壤资源，必须采取以下的对策及有效措施。

（一）扩大耕地面积，盘活土地存量

扩大耕地面积，主要是开垦荒地。世界各地均有一些可耕地，但分布不平衡。亚洲和欧洲主要是提高土地生产潜力。我国开荒的重点是热带亚热带地区与干旱半干旱地区。合理利用城市、城镇和农村居民点的土地，盘活土地。

（二）综合整治，合理布局

按照土壤资源对农林牧的适宜性，合理安排农业生产布局和结构。要使土壤资源有一个合理的农林牧布局和结构，主要是处理农林牧三结合的关系。

(三)改造土壤资源的障碍因素

1. 防治土壤侵蚀

防治侵蚀必须工程措施与生物措施相结合，首先要因地制宜确定农林牧的适当比例；然后按农林牧生产采取相应的工程措施与生物措施，在采取各种措施时一定要考虑经济效益与生态效益；此外，耕作措施也能起到防治土壤侵蚀的作用。

2. 改良盐碱土

改良盐碱土和防止次生盐渍化应同时并重，主要有水利改良措施、农业技术措施、工程措施、生物措施和化学改良措施。防止次生盐渍化主要是科学灌水，防止渠道渗漏，抑制地下水位上升。

3. 改良沙土地

主要是营造防风固沙林，在此基础上再采取掺黏土、引洪漫淤，施有机肥、施固沙剂等办法进行改良。

4. 防治土壤污染

杜绝污染源；采取农业技术措施进行治理，如施用石灰改变土壤 pH，可使镉、铜、锌、汞等形成氢氧化物沉淀；施用磷肥可减轻铜、锌、镍对作物生长的危害；施用有机肥可促使有毒物质被土壤吸附；污水经处理后再灌溉；在污染较重的地块可采用客土法减轻土壤污染。

5. 培肥土壤提高单位面积产量

提高土壤质量，首先要大力发展农田基本建设，其中心任务是培肥土壤。目前，全国正在开展中低产田改造，主要是增施有机肥、秸秆还田、种植绿肥、扩大灌溉水渠、加强水肥科学管理等。

第二节　典型土壤资源利用与改良

一、我国土壤资源特点

(一)土壤类型众多，土壤资源丰富

由于水热条件的差异，我国植被分布具有明显地带性分布规律。从北部的寒温带针叶林、温带的针阔(落)叶混交林、温带落叶阔叶林、北亚热带的常绿阔叶与落叶阔叶混交林、中亚热带的常绿阔叶林、南亚热带的季雨林，到最南端热带的季雨林与雨林；在广大的温带和暖温带地区由东到西，由湿润森林、半湿润森林草原、半干旱草原到西北部的干旱草原、荒漠。我国地势西高东低，自东向西逐渐上升，构成巨大的阶梯状斜面，从东部以平原丘陵为主的三级阶梯、中部以高原盆地山地为主的二级阶梯到西南部以青藏高原和高山为主的一级阶梯。上述错综复杂的自然环境和多样的水热组合，加上悠久的人为耕种历史，构成了不同的成土条件，产生了不同的成土过程，形成了复杂多样的土壤类型。因此我国土壤资源丰富、土壤类型多样。

(二)山地土壤资源所占比例大

我国属于多山国家，各种山地丘陵面积占土地总面积的65%，平原仅占35%，同俄罗斯、加拿大、美国等国家相比，山区土壤资源所占比例大，特别是海拔3000 m以上的高山土壤占20%左右，使得我国土壤资源开发利用难度加大，而且土壤利用不当易导致水土流失等土壤退化问题。但山区复杂多样的自然环境、丰富的生物资源和土壤资源，也为创建和发展山区农林牧业相互协调的多样性立体农业提供了有利条件。

(三)人均耕地面积小，宜农后备土壤资源不多

我国人均耕地面积0.1 hm^2，不足世界人均耕地的一半。由于人口众多、农业开发历史悠久，绝大部分平原、沿河阶地、盆地和山间盆地、平缓坡地等条件优越的土壤资源均早被开垦耕种，开垦条件较好的土壤资源已所剩无几，故依靠扩大耕地面积达到增产增收已近于极限。但是，我国一方面还具有丰富的宜林宜木土壤资源，具有进一步发展林业和牧业的潜力；另一方面现有耕地中还有相当大比例的中低产田，只要通过土壤改良和农业基础设施建设，进一步提高耕地农作物产量的潜力也是巨大的。

(四)土壤资源空间分布差异明显

由于自然环境空间分布差异显著，加上农业开垦强度及历史不一，土壤资源及其开发利用状况存在东部、中部和西部的巨大差别。东部季风区面积占全国土地总面积的47.6%，却集中了全国约90%的耕地、95%的农业人口，为我国主要的农、林区，畜牧业和多种经营也很发达。内蒙古、新疆干旱区占有全国土地总面积的29.8%，而只占全国10%左右的耕地，4.5%的农业人口。由于干旱少雨，水资源缺乏，难以利用的沙漠戈壁面积大，风沙、盐碱危害普遍而严重。青藏高原占全国土地总面积的22.6%，人口比例仅为0.5%，但由于热量不足，无霜期短，目前大部分尚难以利用。

二、我国几种典型土壤的性质及其利用与改良

(一)红壤系列土壤

红壤系列土壤是我国南方热带、亚热带地区的重要土壤资源，自南而北有砖红壤、燥红土(稀树草原土)、赤红壤(砖红壤化红壤)、红壤和黄壤等类型。由于它们分布与形成条件，形成特点，基本性状及利用与改良都较为相似，下面仅介绍其中一种——红壤。

红壤是在中亚热带湿热气候常绿阔叶林植被条件下，发生脱硅富铝过程和生物富集作用发育而成的红色、铁铝聚集、酸性、盐基高度不饱和的铁铝土。

1. 分布与形成条件

红壤是中国铁铝土纲中位居最北、分布面积最广的土类。红壤多在北纬24°~32°的广大低山丘陵地区，包括江西、福建、浙江的大部分，广东、广西、云南等省(自治区)的北部，以及江苏、安徽、湖北、贵州、四川、西藏等省(自治区)的南部，涉及13个省(自治区)，其中江西、湖南两省分布最广。

年平均气温 16～20 ℃，积温 5000～6500 ℃，无霜期 225～350 天，年降水量 1000～2000 mm，干燥度<1.0，属于湿热的海洋季风型中亚热带气候区。其代表性植被为常绿阔叶林，主要由壳斗科、樟科、茶科、冬青科、山矾科、木兰科等构成，此外尚有竹类、藤本、藏类植物。一般低山浅丘多稀树灌丛及禾本科草类，少量为马尾松、杉木和云南松组成的次生林。成土母质主要有第四纪红色黏土、第三纪红沙岩、花岗岩、千枚岩、石灰岩、玄武岩等风化物，且较深厚。

2. 形成特点

红壤是在富铁铝化和生物富集过程相互作用下形成的。

(1)脱硅富铁铝化过程　在中亚热带生物气候条件下，土壤发生脱硅富铁铝化过程。红壤的脱硅富铁铝化的特点是：硅和盐基遭到淋失，黏粒与次生黏土矿物不断形成，铁、铝氧化物明显积聚。据湖南省零陵地区的调查，红壤风化过程中硅的迁移量达 20%～80%，钙的迁移量达 77%～99%，镁的迁移量达 50%～80%，钠的迁移量达 40%～80%，铁、铝则有数倍的相对富集。

(2)生物富集过程　在中亚热带常绿阔叶林的作用下，红壤中物质的生物循环过程十分强烈，生物和土壤之间物质和能量的转化和交换极其快速，表现特点是在土壤中形成了大量的凋落物和加速了养分循环的周转。在中亚热带高温多雨条件下，常绿阔叶林每年有大量有机质归还土壤，每年常绿阔叶林的生物量约 40 $t \cdot hm^{-2}$，而温带阔叶林的生物量 8～10 $t \cdot hm^{-2}$。同时，土壤中的微生物也以极快的速度矿化分解凋落物，使各种元素进入土壤，从而大大加速了生物和土壤的养分循环并维持较高水平而表现强烈的生物富集作用。

3. 基本性状

(1)剖面形态特征　红壤的典型自然土体构型为：$A_h-B_s-C_{sq}$或$A_h-B_s-B_{sv}-C_{sv}$。红壤剖面以均匀的红色为其主要特征。

(2)基本理化性状　①黏粒的 SiO_2/Al_2O_3 为 2.0～2.4，黏土矿物以高岭石为主，一般可占黏粒总量的 80%～85%，阳离子交换量不高（15～25 $cmol^{(+)} \cdot kg^{-1}$）。②质地较黏重。红壤黏粒的含量高达 30%以上，以壤质黏土为主。质地也与成土母质有关，石灰岩发育的红壤黏粒在 46%～85%之间，第四纪红色黏土上发育的红壤黏粒在 43%～52%之间，玄武岩发育的红壤黏粒在 60%之上。③红壤呈酸性—强酸性反应，底土可低至 pH4.0；交换性铝可达 2～6 $cmol \cdot kg^{-1}$，约占潜在酸的 80%～95%以上，盐基饱和度可低至 20%～25%。④养分含量低，红壤有机质含量通常在 20 $g \cdot kg^{-1}$以下，土壤严重缺磷，缺钾现象普遍。

4. 利用与改良

红壤地区水热条件优越，植物资源丰富，为发展亚热带作物及农、林、牧业提供了有利的资源基础。红壤主要的利用改良方向如下：

(1)全面规划，综合利用　在开发利用红壤资源时，要全面规划，要农林牧相结合，丘陵山地与水田综合治理，实现持续增产。

(2)防治水土流失　发挥森林在生态平衡中的主导作用，大力发展林业。修筑梯田，实行等高种植。对于水土流失严重地区，采取生物(造林、育草)和工程相结合的防治措施。

(3)增施有机肥　通过施用有机肥，促使土壤有机质的积累，改良土壤物理、化学和生物学性质，提高土壤肥力。

(4)改良土壤酸性　通过适量施用石灰等碱性土壤改良剂，降低土壤酸度，增强土壤微生物活性，促进土壤有机物的分解和转化，增加土壤有效养分。

(二)棕壤系列土壤

棕壤系列土壤为我国东部湿润地区发育在森林下的土壤，由南至北包括黄棕壤、棕壤、暗棕壤和漂灰土等土类。由于它们分布与形成条件，形成特点，基本性状及利用与改良亦都较为相似，下面就介绍它们其中一种——棕壤。

棕壤是在暖温带湿润和半湿润大陆季风气候、落叶阔叶林下，发生较强的淋溶作用和黏化作用，土壤剖面通体无石灰反应，呈微酸性反应，具有明显的黏化特征的淋溶性土壤。

1. 分布与形成条件

棕壤集中分布在暖温带湿润地区的辽东半岛和山东半岛的低山丘陵，向南延伸到苏北丘陵。此外，在华北平原、黄土高原、内蒙古高原、淮阳山地、四川盆地、云贵高原和青藏高原等地的山地垂直带谱中也有广泛分布。

棕壤分布区具有暖温带湿润和半湿润季风气候特征，一年中夏秋多雨，冬春干旱，水热同步，干湿分明，从而为棕壤的形成创造了有利的气候条件。但由于受东南季风、海陆位置及地形影响，东西之间地域性差异极为明显。

棕壤的成土母质多为非石灰性的坡面残积物和土状堆积物。非石灰性残积物以岩浆岩为主，变质岩次之，而沉积岩较少。非石灰性土状堆积物包括黄土、洪积物等。非石灰性洪积物主要分布于山麓缓坡地段、洪积扇、山前倾斜平原和沟谷高阶地上。

2. 形成特点

(1)淋溶与黏化　在湿润气候下，成土过程中所产生碱金属和碱土金属等易溶性盐类均被淋溶，棕壤土体中已无游离碳酸盐存在，土壤胶体表面部分为氢铝离子吸附，因而产生交换性酸，土壤呈微酸性至酸性反应。但在耕种或自然复盐基的影响下，土壤反应接近中性，盐基饱和。原生矿物风化所形成的次生硅铝酸盐黏粒，随土壤渗漏水下移并在心土层淀积形成黏化层。棕壤的黏化层是由于残积黏化与淀积黏化共同作用的结果。

在黏粒形成和黏粒悬移过程中，铁锰氧化物也发生淋移。全量铁锰、游离铁锰和活性铁锰自表层向下层略有增加的趋势，表明铁锰氧化物有微弱向下移动的特征。因此，棕壤的心土呈鲜艳的棕色，所以，棕壤的成土过程也可称之为棕壤化过程。

(2)生物积累作用　棕壤在湿润气候条件和森林植被下，生物富集作用较强，积累大量腐殖质，土壤有机质含量一般为 50 g · kg^{-1}左右。但耕垦后的棕壤，生物富集明显减弱，表土有机质含量锐减到 10~20 g · kg^{-1}；棕壤虽然因淋溶作用而使矿质营养元素淋失较多，但由于阔叶林的存在，枯枝落叶分解后向土壤归还的 CaO、MgO 等盐基较多，可以不断补充淋失的盐基，并中和部分有机酸，因而使土壤呈中性和微酸性，而没有灰化特征。土壤上部土层中进行着的灰分元素的积聚过程，使棕壤在其形成过程中，保持了较高的自然肥力；在木本植物及湿润气候条件下，形成的腐殖质以富里酸为主；开垦耕种后胡敏酸的量则有所增加。

3. 基本性状

(1)剖面形态特征　棕壤的剖面基本层次构型是 $O-A-B_t-C$。

(2)基本理化性状　①土壤质地因母质类型不同而变化较大，发育于片岩、花岗岩等岩石风化残积物上的棕壤质地较粗，表土层多为砂壤土或壤质砂土，剖面中部多为壤土；而由洪积物或黄土状母质发育的棕壤，质地较细，表层为粉质壤土，剖面中部为黏壤土或更黏。但总的来说，在发育良好的棕壤中，由于黏化作用而使淀积层质地较黏。②黏土矿物处于硅铝化脱钾阶段，黏土矿物以水云母、蛭石为主，还有一定量的绿泥石、蒙脱石和高岭石。③发育良好的棕壤，特别是发育于黄土状母质上的棕壤，质地细，凋萎系数高，田间持水量亦高，故保水性能好，抗旱能力强。棕壤的透水性较差，尤其是经长期耕作后形成较紧的犁底层，透水性更差。由于降水来不及全部渗入土壤而容易产生地表径流，引起水土流失，肥力下降。④土壤阳离子交换量为 15~30 $cmol \cdot kg^{-1}$，交换性盐基以 Ca^{2+} 为主，其次为 Mg^{2+}，而 K^+、Na^+ 甚少；盐基饱和度多在 70% 以上。土壤呈中性至微酸性反应，pH 值为 5.5~7.0，无石灰反应。

4. 利用与改良

棕壤区具有良好的生态条件，生物资源丰富，土壤自然肥力较高。自古以来，棕壤地区已成为我国发展农业、林业、柞蚕、药材的重要生产基地。

由于不合理的农业利用，水土流失加剧，土壤肥力下降。改良利用重点包括：①加强水土保持措施，实现坡耕地梯田化，兴修水利工程，造林、护坡、截流、防治水土流失。②因地制宜综合治理与改造中低产土壤，广开肥源，培肥地力，合理施用化肥，全面推广优化配方施肥技术。③陡坡地退耕还林还草，良田应防止“弃耕种果”的不合理现象，挖掘水源扩大水浇地面积，发展节水灌溉。

(三)褐土系列土壤

褐土系列土壤包括褐土、黑垆土和灰褐土，这类土壤在中性或碱性环境中进行腐殖质的累积，石灰的淋溶和淀积作用较明显，残积—淀积黏化现象均有不同程度的表现。由于它们分布与形成条件，形成特点，基本性状及利用与改良亦较为相似，下面仅介绍其中一种——褐土。

褐土是在暖温带半湿润季风气候、干旱森林与灌木草原植被下，经过黏化过程和钙积过程发育而成的具有黏化 B 层、剖面中某部位有 $CaCO_3$ 积聚(假菌丝)的中性或微酸性的半淋溶性土壤。

1. 分布与形成条件

褐土主要分布于北纬 34°~40°，东经 103°~122°之间，北起燕山、太行山山前地带，东抵泰山、沂山山地的西北部和西南部的山前低丘，西至晋东南和陕西关中盆地，南抵秦岭北麓及黄河一线。属于暖温带半湿润的大陆季风性气候。

一般分布在海拔 500 m 以下，地下潜水水位在 3 m 以下，母岩各种各样，有各种岩石的风化物，但以黄土状物质和石灰性成土母质为主。

自然植被是辽东栎、洋槐、榆树、柏树等为代表的干旱森林和酸枣、荆条、菅草为代表的灌木草原。目前是中国北方的小麦、玉米、棉花、苹果的主要产区，一般两年三熟或一年两熟。

2. 形成特点

(1)干旱的残落物腐殖质积累过程　干旱森林与灌木草原的残落物在其腐解与腐殖质积聚过程中有两个突出特点，第一是残落物均以干燥的落叶疏松地覆于地表，以机械磨擦破碎和好气分解为主，所以积累的腐殖质少，腐殖质类型主要为胡敏酸；第二是残落物中CaO含量丰富，如残落物中的CaO含量一般可高达2%~5%，保证了土壤风化淋溶的钙的部分补偿。

(2)碳酸钙的淋溶与淀积　在半干润条件下，原生矿物的风化首先是大量的脱钙阶段，这个风化阶段的元素迁移特点是CaO、MgO大于SiO_2和R_2O_3的迁移。但由于半湿润半干旱季风气候的特点，一方面是降水量小，另一方面是干旱季节较长，土体中带$Ca(HCO_3)_2$水流的CO_2分压势到一定深度即减弱而导致$CaCO_3$的沉淀。这种淀积深度，也就是其淋溶深度，一般与其降水量成正比。

(3)黏化作用　褐土的形成过程中，由于所处温暖季节较长，气温较高，土体又处于碳酸盐淋移状态，在水热条件适宜的相对湿润季节，土体风化强烈，原生矿物不断蚀变，就地风化形成黏粒，致使剖面中、下部土层里的黏粒(<0.002 mm)含量明显增多。在频繁干湿交替作用下，发生干缩与湿胀，有利于黏粒悬浮液向下迁移，并在裂隙与孔隙面上淀积。因此，出现残积黏化与悬移黏化两种黏化特征。

3. 基本性状

(1)剖面形态特征　典型的褐土的剖面构型为$A-B_t-C$。

(2)基本理化性状　①褐土的土壤颗粒组成，除粗骨性母质外，一般均以壤质土居多。在这种质地剖面中，主要特征是在一定深度内具有明显的黏粒积聚。由于黏粒的积聚，碳酸钙含量也高，土壤由中性到微碱性，盐基饱和度多在80%以上，钙离子达到饱和。②褐土在暖温带季风气候条件下，虽然有一定量的黏土矿物形成与悬移，但矿物的类型及元素的风化迁移变化不大，且各亚类间的矿物风化程度差异也不大。由于矿物风化处于初级阶段，其黏土矿物以2∶1非膨胀型的云母中钾离子释放而形成的膨胀型的蛭石为主，蒙脱石次之，少量的高岭石。③褐土处于季节性湿热气候条件下，黏土矿物中铁质元素季节性水解、氧化和迁移均比较明显，而且在淀积层(B_t)往往有微量积聚。这一方面可以说明褐土的矿物风化迁移的高价元素中仅有铁的移动，而二氧化硅与三氧化二铝均无迁移；另一方面也可视为褐土中褐色黏土矿物的物质基础。④土壤物理性状及水分特性与土壤质地关系较大，一般表层容重为$1.3\ g \cdot cm^{-1}$左右，底层为$1.4~1.6\ g \cdot cm^{-1}$，砂性质地则稍大，黏性质地则稍小。⑤一般耕作的褐土有机质为1%~2%，自然土壤可达3%以上。褐土的含氮量为$0.4~1\ g \cdot kg^{-1}$，碱解氮$40~60\ mg \cdot kg^{-1}$，供氮能力属中等水平；有效磷含量低；有效钾一般均在$100\ mg \cdot kg^{-1}$以上，所以钾比较丰富。⑥一般全剖面的盐基饱和度>80%，pH值为7.0~8.2。

4. 利用与改良

褐土区属于暖温带湿润气候区，光热资源丰富，适宜发展农业、林业和果业。由于蒸发量大于降雨量，且降雨年季分布不均，易受干旱威胁，应发展雨养农业，不能完全依靠灌水。雨养农业的管理措施主要是：①保墒耕作：将农民的经验与现代旱作农业的土壤少耕理论和措施相结合，采用镇压与耙地是保墒的主要措施。②地面覆盖：包括塑料薄膜覆盖与果园地面的干草覆盖等，对减少田面蒸发和早期提高地温等均具有明显效果。③节水灌溉：如果树的滴灌，大田作物的地下灌溉与喷灌等，既节约用水，又防止因灌溉冲刷而引起的土壤结构破坏。

(四)黑土系列土壤

黑土系列土壤是我国温带森林草原和草原区的地带性土壤，包括灰黑土(灰色森林土)、黑土、白浆土和黑钙土。以强烈的腐殖质累积过程为特点。由于它们分布与形成条件，形成特点，基本性状及利用与改良亦较为相似，下面仅介绍其中一种——黑土。

黑土是在温带湿润或半湿润气候草甸植被下形成的，具有深厚腐殖质层，黏化 B 层或风化 B 层，通体无石灰反应，呈中性反应的土壤。

1. 分布与形成条件

我国黑土集中分布在北纬 44°~49°，东经 125°~127°，以黑龙江、吉林两省的中部最多，多见于哈尔滨—北安、哈尔滨—长春铁路的两侧。东部、东北部至长白山、小兴安岭山麓地带；南部至吉林省公主岭市；西部与黑钙土接壤。在辽宁、内蒙古、河北、甘肃也有小面积的分布。分布区的气候属于温带湿润、半湿润季风气候类型。

黑土地区的自然植被是草原化草甸、草甸或森林草甸，以杂草群落为主，包括菊科、豆科和禾本科等植物。植被生长繁茂，覆盖度可以达到 100%。

黑土地区的地形多为受到现代新构造运动影响的、间歇性上升的高平原或山前倾斜平原，但这些平原实际上又并非平地，波状起伏，坡度一般在 3°~5°，海拔高度在 200~250 m。

地下水位一般在 5~20 m，地下水矿化度 0.30~0.78 $g \cdot L^{-1}$，水质为重碳酸—氧化硅型水。

黑土的成土母质主要是第三纪、第四纪更新世和第四纪全新世的沉积物，质地从沙砾到黏土，以更新世黏土或亚黏土母质分布最广，一般无碳酸盐反应。

黑土区种植的农作物主要有玉米、大豆和春小麦，一年一熟，是我国重要的商品粮基地之一。

2. 形成特点

黑土的成土过程包括腐殖质积累过程和淋溶淀积过程。

(1)腐殖质积累过程　黑土在温带半湿润气候条件下，草甸草原植物生长十分旺盛，形成相当大的地上地下生物量，据有关资料，年干生物量可高达 150 $t \cdot hm^{-2}$左右，温暖丰水季节产生的如此大的生物量，因漫长的寒冷冬季，限制了微生物对有机质分解，故黑土腐殖质积累强度大，具体表现在腐殖质层深厚和腐殖质含量高。

(2)淋溶淀积过程　在质地黏重、季节冻层的影响下，土壤透水性较弱；夏秋多雨时期土壤水分较丰富，致使铁锰还原成为可以移动的低价离子，随下渗水与有机胶体、灰分元素等一起向下淋溶，在淀积层以胶膜、铁锰结核或锈斑等新生体的形式淀积下来。土壤一部分铝硅酸盐经水解产生的 SiO_2，也常以 SiO_4^{4-} 溶于土壤溶液中，待水分蒸发后，便以无定形的 SiO_2 白色粉末析出，附于 B 层土壤结构体表面。

3. 基本性状

(1)剖面形态特征　黑土剖面的土体构型是：A_h-B_t-C 或 $A_h-AB_h-B_{tq}-C$（B_{tq}为黏化及次生硅淀积层）。

(2)基本理化性状　①机械组成比较均一，质地黏重，一般为壤土或黏壤土，以粗粉沙和黏粒两级比重最大，分别占30%左右和40%左右。通常土体上部质地较轻，下层质地较重，黏粒有明显的淋溶淀积现象。黑土的机械组成受母质的影响很大，如母质为黄土状物质者，则以粉沙、黏粒为主，若母质为红黏土者，则黏粒含量明显增多。②结构良好，自然土壤表层土壤以团粒为主，其中水稳性团粒含量一般在50%以上。③容重1.0~1.4左右，随着团粒结构的破坏，耕垦后土壤容重有增大的趋势；另外开垦后通常有腐殖质含量降低，淀积层位置提高的趋势(侵蚀的结果)；总孔度一般多在40%~60%，毛管孔度所占比例较大，可占20%~30%，通气孔度占20%左右。因此，黑土透水性、持水性、通气性均较好。④有机质含量相当地丰富，自然土壤50~100 $g \cdot kg^{-1}$，在草原土壤中是最高的。腐殖质类型以胡敏酸为主，胡敏酸钙结合态比例较大。养分含量丰富，全氮1.5~2.0 $g \cdot kg^{-1}$，全磷1.0 $g \cdot kg^{-1}$左右，全钾13 $g \cdot kg^{-1}$以上。⑤土壤呈微酸性至中性反应，pH 6.5~7.0，剖面差异不明显，通体无石灰反应；CEC一般为30~50 $cmol^{(+)} \cdot kg^{-1}$，以钙镁为主，盐基饱和度80%~90%。⑥黏土矿物组成以伊利石、蒙脱石为主，含有少量的绿泥石、赤铁矿和褐铁矿。

4. 利用与改良

黑土肥沃，虽然在50年前，这里还是大片荒原，但昔日的“北大荒”，如今已经成为大粮仓，目前黑土基本已经开垦完。

(1)农田生态保护　该地区地势较为平坦开阔，光热水资源丰富或适宜，土质肥沃，盛产玉米、小麦、大豆、高粱等，是中国重要的商品粮生产基地。黑土具有良好的自然条件和较高的土壤肥力，生产潜力很大。今后应加强农田基本建设，改变农业生产条件，建立高效的人工农业生态系统，建立旱涝保收的高产稳产农田。本区应在综合规划的基础上，进一步搞好“三北”防护林建设，广大农田区要营造农田防护林，以林划方，使大地方田化，并做好林、渠、路规划和农田内部规划。在此基础上，搞好黑土的培肥。

(2)水土保持　黑土开垦后，由于地形起伏，坡长较长，垦后失去自然植被的保护，在夏秋雨水集中的季节，易形成地表径流，发生水土流失。春季多风季节，还容易发生风蚀。因此，对于坡耕地应注意修建过渡梯田或水平梯田，实现等高耕作和种植，注重生物护埂。沟蚀严重时，应封沟育林，并应在沟内修建谷坊，拦蓄水土。侵蚀严重区可退耕还林还草。

(3)培肥土壤　开垦后的黑土腐殖质含量明显降低，目前耕地黑土土壤有机质含量仅为20~40 $g \cdot kg^{-1}$，比自然黑土50~80 $g \cdot kg^{-1}$降低一半左右。据全国第二次土壤普查统计资料分析，黑土区土壤有机质含量约以每年0.01 $g \cdot kg^{-1}$的速度降低。此外，在土壤腐殖质组成中活性胡敏酸的含量也在降低。为培肥土壤，保持良好的团粒结构，应增施有机肥，积极提倡并推广秸秆还田，特别是秸秆过腹还田，做好配方施肥和平衡施肥。

(4)保墒耕作与灌排配套　黑土区春季干旱多风，春季抗旱保墒，力争一次保全苗仍是增产的关键性措施。为保墒要秋耕秋耙，减少蒸发，春季顶凌(浆)打垄，适时早播，有条件情况下，应扩大水浇地面积。局部黑土地区，因夏秋雨水集中，有时出现内涝，影响小麦收获。因此，低洼地应修建排水工程。在此基础上，实施农艺综合措施，搞好土壤改良。

（五）栗钙土系列土壤

栗钙土系列土壤包括栗钙土、棕钙土和灰钙土，是中国北方分布范围极广的一些草原土壤。这类土壤均具有较明显的腐殖质累积和石灰的淋溶与淀积过程，并多存在弱度的石膏化和盐化过程。由于它们分布与形成条件，形成特点，基本性状及利用与改良亦较为相似，下面就介绍一种——栗钙土。

栗钙土是在温带半干旱大陆气候和干草原植被下经历腐殖质积累过程和钙积过程所形成的具有栗色腐殖质层和碳酸钙淀积层的钙积土壤。

1. 分布与形成条件

我国栗钙土自东北向西南呈弧状延伸，包括了呼伦贝尔高原的西部、锡林郭勒高原的大部、乌兰察布高原南部和鄂尔多斯高原的东部、大兴安岭东南侧的低山和丘陵，并分布于阴山、贺兰山、祁连山、阿尔泰山、天山、昆仑山等山地的垂直带谱和山间盆地中。在内蒙古高原栗钙土东邻黑钙土带，西接棕钙土带，北与蒙古、俄罗斯栗钙土相接。栗钙土地区在气候上属于温带半干旱大陆性气候类型。

栗钙土的自然植被是以针茅、羊草、隐子草等禾草伴生中旱生杂类草、灌木与半灌木组成的干草原，为中国北方主要的放牧场。目前已有部分土地开垦，主栽作物是：谷子、高粱、玉米、小麦、莜麦、马铃薯等。主要是一年一熟的雨养农业。

栗钙土的地形在大兴安岭东南麓为丘陵岗地，在内蒙古高原、鄂尔多斯高原为波状、层状高平原，局部有低山丘陵，也有部分为冲积平原和洪积平原，但总的来说，以平坦地形为主。

栗钙土成土母质有黄土状沉积物、各种岩石风化物、河流冲积物、风沙沉积物、湖积物等。

2. 形成特点

（1）干草原腐殖质积累过程　其基本过程同于黑钙土，但由于干草原植被无论是高度，还是覆盖度均比草甸草原低，生物量比黑钙土区低，所以栗钙土有机质积累量不如黑钙土，团粒结构也不及黑钙土。草原植被吸收的灰分元素中除硅外，钙和钾占优势，对腐殖质的性质及钙在土壤中的富集有深刻影响。

（2）石灰质的淋溶与淀积　其基本过程也同于黑钙土，只是由于气候更趋干旱，所以石灰积聚的层位更高，聚集量更大。当然，石灰质聚集的层位、厚度和含量与母质类型及成土年龄有关。此外，由于淋溶作用较弱，由风化产生的易溶性盐类不能全部从土壤中淋失，往往在碳酸盐淀积层以下有一个石膏和易溶性盐的聚集层。

（3）残积黏化　季风气候区的栗钙土，雨热同期所造成的水热条件有利于矿物风化及黏粒的形成，典型剖面的研究和大量剖面的统计均表明栗钙土剖面中部有弱黏化现象，主要是残积黏化，黏化部位与钙积层的部位大体一致，往往受钙积层掩盖而不被注意，所以也称之为隐黏化。

3. 基本性状

（1）剖面形态特征　栗钙土剖面的发生层次分化明显，由腐殖质层、钙积层和母质层组成，剖面土体构型为 A_h-B_k-C 或 $A_h-B_k-C_k$。

（2）基本理化性状　①A_h层有机质含量 10~45 $g \cdot kg^{-1}$，具体含量因亚类和地区而异。

②pH 值在 A_h层为 7.5~8.5，有随深度而升高的趋势。盐化、碱化亚类可达 8.5~9.5。③黏土矿物以蒙脱石为主，其次是伊利石和蛭石，受母质影响有一定差别。黏粒的 SiO_2/R_2O_3 在 2.5~3.0，SiO_2/Al_2O_3 在 3.1~3.4，表明矿物风化蚀变微弱；铁、铝基本不移动。④除盐化亚类外，栗钙土易溶盐基本淋失，内蒙古地区栗钙土中石膏也基本淋失，但新疆的栗钙土 1 m 以下底土石膏聚集现象相当普遍，反映东部季风区的栗钙土的淋溶较强。

4. 利用与改良

干草原栗钙土地带是中国北方主要的草场，历来以牧为主，作为天然放牧场和割草场。近百年来已有较大规模的农垦，引发了较严重的风蚀沙化。

栗钙土区以一年一熟的雨养农业为主。由于降水偏少，年际变幅大，干旱是粮食生产的主要限制因素。加上耕种粗放，农田建设水平低，风、水蚀的破坏，土壤资源退化明显，表现为植被覆盖度降低后的沙化、盐化等。

应针对栗钙土的自然条件、土壤性质和存在问题，并考虑经营利用的历史和经济发展的需要，确定利用方向和改良措施。

(1)栗钙土虽属农牧兼宜型土壤，但雨养的旱作农业受到降水限制，总的利用方向应以牧为主，适当发展旱作农业与灌溉，牧农林结合，严重侵蚀的坡耕地应退耕还草。

(2)干草原产草量较低，年际和季节间变化大。应有计划在适宜地段建设人工草地，种植优良高产牧草，改良退化草场，提高植被覆盖度，防止土壤沙化、退化。应严格控制牲畜头数，防止超载过牧。

(3)栗钙土耕地肥力普遍有下降趋势，应合理利用土地资源，农牧结合，增施有机肥。推广草田轮作，种植绿肥牧草，增加土壤有机质。在农田及部分人工草场施用氮、磷化肥，并根据丰缺情况合理施用微肥，是增产的一项重要措施。在有水源地区应根据土水平衡的原则发展灌溉农业，建设稳产高产的商品粮、油、糖及草业基地。

(4)农牧区都应建设适合当地立地条件的防护林体系，保护农田、牧场，改善生态环境。但在有紧实钙积层的土地，应以灌木为主体，不宜种植乔木林。

(六)漠土系列土壤

漠土系列土壤是我国西北荒漠地区的重要土壤资源，包括灰漠土、灰棕漠土、棕漠土和龟裂土等，共同特征是：具有多孔状的荒漠结皮层，腐殖质含量低，石灰含量高，且表聚性强，石膏和易溶性盐分在剖面不大的深度内聚积，存在较明显的残积黏化和铁质染红现象以及整个剖面的厚度较薄和石砾含量多(龟裂土和灰漠土除外)等。下面仅介绍其中一种——灰漠土。

灰漠土是发育于温带荒漠草原向荒漠过渡，母质为黄土及黄土状物的地带性土壤，具有明显多孔状荒漠结皮层、片状-鳞片状层、褐棕色紧实层和可溶性盐和石膏聚集层组成的土体构型。

1. 分布与形成条件

灰漠土分布于温带荒漠边缘向干草原过渡地区。主要分布在内蒙古河套平原，宁夏银川平原的西北角，新疆准噶尔盆地沙漠两侧山前倾斜平原、古老冲积平原和剥蚀高原地区，甘肃河西走廊中西段、祁连山山前平原也有一部分。

灰漠土形成于温带荒漠生物气候条件下，植被以耐旱性强的旱生小灌木为主，伴生少量的短命植物。灰漠土的成土母质以黄土状洪积物-冲积物母质最为广泛，红土状母质较少，部分为风积物和坡积物，是沙漠中成土物质含砾石最少而含细土粒最多的土壤类型。

2. 形成特点

(1)微弱的生物积累过程　荒漠植被极为稀疏，有些地区为不毛之地，植物残落物数量极其有限，在干热的气候条件下，有机质易于矿化，土壤表层的有机质含量通常在 5 g·kg^{-1}以下，水热条件直接作用于母质而表现出非生物的地球化学过程。

(2)孔状结皮和片状层的形成　荒漠砾幂下的孔状结皮与片状层是荒漠土壤的重要发生特征。风和水等外营力直接作用于地表细土物质，结合碳酸盐，可形成结皮层。与此同时，蓝绿藻和地衣于早春冰融时期在土壤表层进行光合作用而放出 CO_2，可形成微小的气孔；另一方面，在夏季高温下，阵雨的及时汽化也可形成气孔，从而形成荒漠区所特有的具有海绵状孔隙的脆性孔状结皮层。

(3)荒漠残积黏化和铁质化过程　因在荒漠地表下一定土层厚度内水热状况相对能短暂地保持稳定，土内矿物就地蚀变风化并且残积黏化。与此同时，无水或少水氧化铁相对积聚，使土壤黏粒表面涂成红棕色或褐棕色，并形成相对紧实的 B_w层。

(4)石膏和易溶盐的聚积　在荒漠条件下，石膏和易溶盐难于淋洗到地下水中，积聚于土层下部。正常情况下，易溶盐出现层位深于石膏。石膏和易溶盐的积累强度由灰漠土、灰棕漠土到棕漠土不断增加，同时，随干旱程度的增加出现层位升高。

3. 基本性状

(1)剖面形态特征　荒漠土壤剖面构型为$(A_r)-A_1-B_w-B_{yz}-C_{yz}$。

(2)基本理化性状　①腐殖质含量很少，通常在 5 g·kg^{-1}以下。②土壤组成与母质近似，灰棕漠土和棕漠土粗骨性强，剖面中粗粒含量由上向下增多，地表多砾石。③表层有海绵状多孔结皮，其下为片状层，B 层具有“黏化”和“铁质化”的红棕色紧实层；普遍含有较多的石膏和易溶盐。④细土部分的阳离子交换量不高，多数不超过 10 $cmol^{(+)}$·kg^{-1}。⑤土壤矿物以原生矿物为主，含大量的深色矿物。黏粒含量低，黏粒矿物以水云母和绿泥石为主，伴生一定量的蛭石、蒙脱石和石英。⑥盐化和碱化相当普遍，pH 值一般高于 8.5 。

4. 利用与改良

荒漠土壤地区光照充足，春季土壤升温快，夏季温度高，昼夜温差大，矿质养分贮量丰富，且病虫害较轻，只要土地利用适当，具有广阔的发展前景。

(1)利用方向以牧为主，牧农林结合以草定畜，固定草场使用权，划区轮牧，防止超载过牧，以利草场资源的恢复。加强农田基本建设，提高单产，一方面为农区人民生活提供足够的产品，另一方面也为牧区提供精饲料。林业发展以农田防护林、牧场防护林、防风固沙林、水土保持林、水源涵养林为主，严禁或限制山区林木采伐。

(2)充分开辟和利用水源，发展灌溉绿洲农业及饲草料基地，引水灌区要控制灌溉定额，减少渠系渗漏，灌排配套，防止次生盐渍化；井灌区要注意地下水平衡，防止过采。灌溉农业要积极推广应用节水灌溉新技术(喷灌、滴灌、渗灌)。充分利用光热资源，建立粮食、棉花、瓜果、葡萄、甜菜等优质产品基地。

(3)已开垦农用或将开垦农用的荒漠土壤，要通过深耕晒垡，破除板结层，加速土壤熟化；精细平整土地，推行细流沟灌、高埂淹灌、小水畦灌；种植苜蓿，增施有机肥，合理施用化肥，提高改土培肥效益；防止土壤风蚀沙化。

(七)潮土系列土壤

潮土系列土壤是中国重要的农耕土壤资源，包括潮土、灌淤土、绿洲土。这类土壤是在长期耕作、施肥和灌溉的影响下所形成。在成土过程中，获得了一系列新的属性，使土壤有机质累积、土壤质地及层次排列、盐分剖面分布，都起了很大变化。由于它们分布与形成条件，形成特点，基本性状及利用与改良亦较为相似，下面仅介绍其中一种——潮土。

潮土是一种受地下潜水影响和作用形成的具有腐殖质层(耕作层)、氧化还原层及母质层等剖面构型的半水成土壤。潮土是根据其地下水位较浅，毛管水前锋能到达地表，具有"夜潮"现象而得名。

1. 分布与形成条件

潮土广泛分布在中国黄淮海平原、长江中下游平原以及上述地区的山间盆地、河谷平原。在行政区划上潮土主要分布在山东、河北、河南3省，其次是江苏、内蒙古、安徽，再次为辽宁、湖北、山西、天津等省(市)。

潮土的主要成土母质多为近代河流冲积物，部分为古河流冲积物、洪积物及少量的浅海冲积物。在黄淮海平原及辽河中下游平原，潮土的成土母质多为石灰性冲积物，含有机质较少，但钾素丰富，土壤质地以沙壤质和粉沙壤质为主。而长江水系主要为中性黏壤或黏土冲积物。

潮土分布地区地形平坦，地下水埋深较浅，土壤地下水埋深随季节而发生变化，旱季时地下水埋深一般为2~3 m，雨季时可以上升至0.5 m左右，季节性变幅在2 m左右。

潮土的自然植被为草甸植被。但由于该地区农业历史比较悠久，多辟为农田，耕地面积占潮土总面积的86%以上，自然植被为人工植被所代替。

该地区光热资源充足，为小麦、玉米、棉花等粮棉作物生产基地，也是各种水果、蔬菜等农产品的重要产区。

2. 形成特点

潮土是由潴育化过程和受旱耕熟化影响的腐殖质积累过程两个成土过程形成的。

(1)潴育化过程　潴育化过程的影响因素是上层滞水和地下潜水。潮土剖面下部土层常年在地下潜水干湿季节周期性升降运动的作用下，土壤干湿交替，氧化还原作用交替进行，造成土壤中铁、锰的迁移和淀积，在毛管水升降变幅土层中的空隙与结构面上形成棕色锈纹斑、铁锰斑与雏形结核。

(2)腐殖质积累过程　因气候温暖，自然潮土的有机质积累并不多。因此，表层颜色较淡，才称为浅色草甸土。现在，潮土绝大多数已垦殖为农田，其腐殖质积累受耕作、施肥、灌排等农业耕作栽培等措施影响。因此，潮土的有机质积累是在自然因素与人类影响共同作用下达到了新的平衡。

3. 基本性状

(1)剖面形态特征　潮土的发生层有腐殖质层(或耕作层)、过渡层(或亚耕层)、氧化还原层，土体构型为A_h/A_p-AB-BC_g-C_g。

(2)基本理化性状　①潮土颗粒组成因河流沉积物的来源及沉积相而异，一般来源于花岗岩山区者粗，来源于黄土高原的黄河沉积物多为砂壤及粉砂质，长江与淮河物质较细，且质地层次分异不明显。②潮土的黏土矿物一般以水云母为主，蒙脱石、蛭石、高岭石次之。③发育在黄河沉积母质上的潮土碳酸钙含量高，含量变化多在5%~15%之间，砂质土偏低，黏质土偏高，土壤呈中性到微碱性反应，pH7.2~8.5，碱化潮土pH值高达9.0或更高。长江中下游钙质沉积母质发育的潮土，碳酸钙含量较低，为2%~9%，pH7.0~8.0；发育在酸性岩山区河流沉积母质上的潮土，不含碳酸钙，土壤呈微酸性反应，pH5.8~6.5。④分布于黄河中下游的潮土(黄潮土)，腐殖质含量低，多小于10 g·kg^{-1}，普遍缺磷，钾元素丰富。分布于长江中下游的潮土(灰潮土)养分含量高于黄潮土。潮土养分含量除与人为施肥管理水平有关外，与质地有明显相关性。

4. 利用与改良

潮土分布区地势平坦，土层深厚，水热资源较为丰富，适种性广，是中国主要的旱作土壤，盛产粮棉。

(1)发展灌溉，建立排水与农田林网，加强农田基本建设，是改善潮土生产环境条件，消除或减轻旱、涝、盐、碱危害的根本措施，也是发挥潮土生产潜力的前提。

(2)培肥土壤。目前出现了重视化肥投入，而忽视有机肥投入的现象。虽然大量投入化肥使得根茬归还量增大，土壤有机质含量有上升趋势，但若实行秸秆还田和采取施用其他有机肥措施，土壤有机质含量将更进一步提高。潮土富含碳酸钙，pH值较高，应注意施用磷肥。在大量施用氮、磷肥的情况下，已经出现局部地区开始缺钾的现象，应适当补施钾肥，配合施用微肥，实行平衡施肥。

(3)改善种植结构，提高复种指数，合理配置粮食与经济作物、林业和牧业，提高潮土的产量、产值和效益。

(八)水稻土

水稻土是指在长期淹水种稻条件下，受到人为活动和自然成土因素的双重作用，而产生水耕熟化和氧化-还原交替，以及物质的淋溶、淀积，形成特有剖面特征的土壤。

1. 分布与形成条件

水稻土是我国重要的耕作土壤之一。由于水稻的生物学特性对气候和土壤有较广的适应性，因而水稻土可以在不同的生物气候带和不同类型的母土上发育形成。主要分布于秦岭—淮河一线以南的广大平原、丘陵和山区，其中以长江中下游平原、四川盆地和珠江三角洲最为集中。

2. 形成特点

(1)周期性的氧化还原交替作用　氧化还原交替作用下，使土壤中易变价显色的铁、锰氧化物被还原，并产生一定数量的铁锰有机络合物，在一定程度上改变了耕作层土壤的基色。当耕作层排水落干，活性低价铁锰化合物，一部分随耕作层的静水压力向下淋移；一部分随地表水流失；还有一部分储积或滞留在耕层土壤孔隙或土块裂面而被氧化淀积，形成棕红色的锈纹或与有机物络合形成“鳝血”斑。

(2)有机质的合成与分解　与母土(不包括有机土)相比，水稻土有利于有机质积累，故耕作层土壤有机质含量比母土均有不同程度的增加，但其HA/FA之比、芳构化程度和分子量均较低。

(3)盐基淋溶和复盐基作用　种稻后土壤交换性盐基将重新分配，一般盐基饱和的母土盐基将淋溶，而盐基不饱和的母土中发生复盐基作用，特别是酸性土壤施用石灰以后，不同母土上形成水稻土后，土壤酸碱都向着中性演变。

3. 基本性状

水稻土剖面可划分出以下一些发生层：

(1)耕作层(A_a层)　该层淹水与脱水(烤田、旱作排水)水旱频繁交替，受周期性耕作和作物根系影响大，从而形成较肥沃的表层。

(2)犁底层(A_p层)　长期受耕作机械挤压及静水压的影响而密实化的层段。略呈片状结构，结构面上有铁、锰斑纹。

(3)渗育层(P层)　受田面静水压以及上层饱和水的渗淋，在A_p层下出现的土层，还原态铁、锰氧化物在该层被氧化淀积，其特征是铁锰新生体呈斑点状，并分层淀积。棱块状结构，结构面具有灰色胶膜和锈色斑纹。

(4)潴育层(W层)　在土体内水分运动方式上，既有降水和灌溉水自上而下的渗淋作用，又有周期性地下水升降的双重影响，大量还原态铁、锰氧化物被氧化淀积。一般在黄棕色土体的结构面上显现灰色胶膜。

(5)潜育层(G层)　该层受地下水或层间积水影响，长期浸水，处于还原状况。其特征是土色以蓝灰色为主，土粒分散，结持力甚低，土体糊烂，亚铁反应十分显著。

(6)脱潜层(G_w层)　由湖沼沉积体或潜育水稻土排除地表渍水和降低地下水位后，在水旱轮作影响下，形成由潜育向潴育过渡的发生层次。土体内水分状况受降雨、灌溉水和地下水的双重影响。其特征是铁锰氧化物叠加淀积，为斑纹状或斑点状，较为密集，土体呈棱柱状或棱块状结构，一般在灰蓝色土体的结构面上显现锈色胶膜。

(7)漂洗层(E层)　在漂洗作用下形成的灰白色土层。由于所处地势略高，土体内长期渍水，游离铁作用及侧向漂洗下形成的白土层。特征是色泽浅淡发白，界面清晰，淀板，质地较轻，具有少量铁锰新生体。

水稻土可分为：①潴育型，土体构型为A_a-A_p-P-W-C或A_a-A_p-W-C；②淹育型，土体构型为A_a-A_p-C；③渗育型，土体构型为A_a-A_p-P-C；④潜育型，土体构型为A_a-A_p-G或A_a-G；⑤脱潜型，土体构型为A_a-A_p-G_w-G；⑥漂洗型，土体构型为A_a-A_p-E-C；⑦盐渍型，土体构型为A_a-A_p-C_z；⑧咸酸型，土体构型为A_a-A_p-C_{su}。

4. 利用与改良

(1)培肥管理措施　①搞好农田基本建设。这是保证水稻土的水层管理和培肥的先决条件。②增施有机肥料，合理使用化肥。水稻土的腐殖质系数虽然较高，而且一般有机质含量可能比当地的旱作土壤高，但水稻的植株营养主要来自土壤，所以增施有机肥，包括种植绿肥在内，是培肥水稻土的基础措施。在合理使用化肥上，除养分种类全面考虑以外，在氮肥的施用方法上也应考虑反硝化作用造成的气态氮损失，应以铵类化肥进行深施为宜。③水旱轮作与合理灌排。水旱轮作是改善水稻土的温度、E_h以及养分有效释放的重要土壤管理措施。合理灌排可以调节土温，一般称“深水护苗，浅水发棵”。

(2)低产水稻土改良　水稻土的低产特性主要有冷、黏、砂、盐碱、毒和酸等，改良措施有：①开沟排水，增加排水沟密度和沟深，改善排水条件，降低地下水位，提高土温。②增加土壤有机质积累，改善土壤性状；如条件许可，可采用客土的方法，改良过粘和砂的水稻土。③对于盐碱的影响，主要是在排水的基础上，加大灌溉量以对盐碱进行冲洗。④对一些土壤酸度过大的水稻土应当适量施用石灰。

(九)盐碱土系列土壤

盐碱土系列土壤是在各种自然环境因素和人为活动因素综合作用下，盐类直接参与土壤形成过程，并以盐(碱)化过程为主导作用而形成的，具有盐化层或碱化层，土壤中含有大量可溶盐类，从而抑制作物正常生长的土壤。盐碱土包括盐土和碱土两个亚类。由于它们分布与形成条件，形成特点，基本性状及利用与改良亦较为相似，下面仅介绍其中一种——盐土。

盐土是指含可溶盐较高的土壤。盐土包括草甸盐土、滨海盐土、酸性硫酸盐土、漠境盐土和寒原盐土 5 个土类。

1. 分布与形成条件

我国盐土分布地域广泛，主要分布在北方干旱、半干旱地带和沿海地区。除滨海地带外，在干旱、半干旱、半湿润气候区，蒸发量和降水量的比值均大于1，土壤水盐运动以上升运动为主，土壤水的上升运动超过了重力水流的运动，在蒸降比高的情况下，土壤及地下水中的可溶性盐类则随上升水流蒸发、浓缩、积累于地表。气候愈干旱，蒸发愈强烈，土壤积盐也愈多。

2. 形成特点

根据我国盐土形成条件及土壤盐渍过程特点，大致可分为现代积盐过程、残余积盐过程。

(1)现代积盐过程　在强烈的地表蒸发作用下，地下水和地面水以及母质中所含的可溶性盐类，通过土壤毛管，在水分的携带下，在地表和上层土体中不断累积，是土壤现代积盐过程的主要形式。

土壤现代积盐过程包括海水浸渍影响下的盐分累积过程、区域地下水影响下的盐分累积过程、地下水和地面渍涝水双重影响下的盐分累积过程及地面径流影响下的盐分累积过程。

(2)残余积盐过程　土壤残余积盐过程是指在地质历史时期，土壤曾进行过强烈的积盐作用，形成各种盐渍土。此后，由于地壳上升或侵蚀基准面下切等原因，改变了原有的导致土壤积盐的水文和地质条件，地下水位大幅度下降，不再参与现代成土过程，土壤积盐过程基本停止。同时，由于气候干旱，降水稀少，以致过去积累下来的盐分仍大量残留于土壤中。

3. 基本性状

(1)剖面形态特征　盐土剖面形态以盐分积聚为标志，土壤剖面构型为 A_z-B-C_g或A_z-B_z-C_g两种类型，即盐分聚集于表层，或者是通体聚集。

(2)基本理化性状　盐土的主要特征是土壤表面或土体中出现白色盐霜或盐结晶，形成盐结皮或盐结壳。长期受地下水和地表水双重作用下发生的盐土，由于所处生物气候条件的不同，土壤积盐状况差异很大，并与蒸降比呈正相关；蒸降比愈大，土壤积盐愈重，盐结皮或盐结壳愈厚。在半湿润、半干旱地区盐土的积盐层和盐结皮较薄，盐分呈明显的表聚性，季节性变化大，但心、底土含盐量都低，盐渍土多呈斑块分布。干旱和荒漠地区的盐土，积盐层和盐结皮较厚，一般在地表形成盐结壳，表层积盐量很高，底土的含盐量也高，盐分的季节性变化小，并呈片状分布。

根据土壤盐分的组成及其对植物的危害特点，可分为中性盐类与碱性盐类两大类型：中性盐类主要包括 NaCl、Na_2SO_4、$CaCl_2$、$MgCl_2$ 等，它们主要因为溶解于土壤水中而产生渗透压来影响作物对水分的吸收，对植物细胞来说，这些离子对水分的亲和力对细胞膜的吸水渗透产生反渗透，土壤溶液中这种盐分浓度越高，则植物根系吸水越困难。碱性盐类主要是 Na_2CO_3，由于它使土壤溶液产生 pH>9.0 以上的碱性和强碱性，其危害力大于中性盐类。

4. 利用与改良

由于我国人均耕地面积少，开垦了许多盐土。盐土在利用过程中的主要问题是盐分过多，影响作物的正常生长。因此，应通过改良措施，降低土壤中盐分含量。改良措施包括水利工程措施和农业技术措施。

(1)水利工程措施　水利工程措施对农业生产是首要的，更是盐碱土综合开发与治理的前提条件。排水工程可降低地下水位，为淋洗盐分创造前提条件：灌溉系统提供冲洗土体盐分的水分。有灌有排，灌排通畅，综合运用排、灌、蓄、补不同方式，统一调控天上水、地面水、地下水和土壤水。

(2)农业技术措施　通过增施有机肥、种植绿肥、中耕松土等农业措施，可以增加土壤有机质和养分含量、改良土壤结构，还可以通过增加地面覆盖、切断土壤表层毛管空隙，降低水分蒸发，减少盐分的上升积累。

第三节　我国肥料资源及利用状况

一、肥料定义

凡能直接供给植物生长发育所必需养分、改善土壤性状以提高植物产量和品质的物质，称为肥料。它是人们用以调节植物营养与培肥改土的物质，被称为“植物的粮食”。生产实践已经表明，施用肥料是作物高产、优质必不可少的技术措施。

二、肥料分类及特性

肥料的种类繁多，分类的方法也没有严格的规范和统一的分类和命名。本教材为了便于理解，依据肥料的性质、组分和来源不同将肥料分为有机肥料和无机肥料两大类。

(一)有机肥料

有机肥料常称为农家肥料。是指农村中利用人粪尿、家畜粪尿、动植物残体、天然杂草、污泥及城乡废弃物等为原料，就地取材，就地积攒、制造和施用的自然肥料。此类肥料含有营养元素种类多、肥效缓慢、持久，施用有机肥料是培肥和提高土壤肥力的一项重要措施。由于有机肥料种类多样，养分释放速率相对差异较大。因此，近些年，许多学者将有机肥料分为速效与缓效类型，如鸡粪等禽粪属于速效类有机肥料，而小麦等秸秆类属于缓效类有机肥料。

(二)无机肥料

无机肥料是指经过化学工业合成的含有高量营养元素的无机化合物，又称化学肥料，简称化肥。此类肥料养分单一、养分含量相对较高、肥效快速，但养分释放持续时间相对较短。施用无机肥料主要是直接供应植物生长所需的大量营养元素。同时，通过增加生物残体回归土体数量，对培肥土壤亦起到一定积极作用。我国土壤普查资料表明，我国北方部分生态区域目前土壤有机质含量比 20 世纪 80 年代时有所提高，与近些年无机肥料施用的增加关系密切。

有机肥料与无机肥料合理配合施用，可以缓急相济，互补长短，以实现用地与养地结合和提高化肥利用率的目的，也是现代农业生产实现高产、高质、高效、持续的高等目标战略选择。

三、我国肥料资源使用现状及问题

(一)化肥的总量不足，化肥施用量颇高

最近的二三十年来，化肥使用量以每年 144 万 t 速度在增长。化肥的施用总量由 1980 年 1269 万 t 增长到 2000 年 4146 万 t。我国的化肥施用总量居世界之首。以南京为例，1995 年南京地区化肥每公顷耕地施用量达 759 kg，在江苏处于中高等地位。到了 21 世纪初，因为化肥总量的提高，化肥的滥用，导致化肥的使用效率呈下降趋势，化肥对农业生产值贡献不增反减。更为严重的是，肥料不合理施用导致农产品质量的下降，尤其在蔬菜问题方面。

(二)有机肥料没有得到充分的利用，环境污染问题加剧

有机肥料是指农作物中的养分通过特定形式在农业生产中循环利用的部分。我国实际使用的有机肥料只占资源总量的 34%。小麦面积减少了，但是没有利用起来种绿肥；明令禁止的焚烧秸秆屡屡发生；城市生活的垃圾直接进入环境等。这不仅浪费有机肥料，也对生态环境造成恶劣影响。

(三)肥料使用中主观盲目性大

虽然全国化肥试验点根据不同土地性质、农作物生长方式建立了 100 多个试验点，但是由于种种原因，现存的仅有 10 多个还在工作。20 世纪 80 年代，肥料使用的重要领域在水稻、小麦上，使用在蔬菜上的很小。但是，因为农业结构调整和市场化的影响，在蔬菜上的施肥量增加显著。到 2002 年，蔬菜施肥面积比其他农作物高出了 60% 以上。蔬菜施肥量比水稻高出了 1 倍。

(四)肥料科普力度明显不足，存在误区

随着生活水平不断提高和不断出现的食品安全问题，人们对食品安全和质量越来越重视。但是，因为肥料的科普力度不够，许多人缺乏对肥料基本的认识，又加上现在新型传

媒的迅速发展，网络上出现很多没有科学依据的文章，导致人们在肥料的认识上出现诸多误区。比如：普遍认为化肥生产的农业产品绝对差于有机肥生产的产品；认为化肥的使用会造成土壤质量的下降等。

四、提高肥料资源利用率对策措施

(一)充分利用有机肥，改进有机肥利用技术

对于粪厩肥，要结合环境工作的开展合理使用，也可以借鉴过去的一些好的经验。比如说粪坑加盖、粪水中添磷酸钙等。关于秸秆方面，要利用机械化运作的方式，在施肥技术、培养措施上促进机械化还田。同时，还要制定相应法律法规，对违反规定焚烧秸秆作出惩处。进一步解决在农村的能源紧张问题。扩大绿肥的适用等等，这些都可以充分的利用有机肥料，改善生产质量和土壤的利用情况。

(二)做好试验点的工作，制定精准施肥体系

对于全国肥料使用试验点的工作还是要继续进行。研究土壤肥力和肥料使用效率，记录数据，总结经验进行推广，可以给其他地区提供经验，减少在肥料施用中的主观盲目性。同时，在充分了解不同土壤养分和实际情况下，因地制宜制定精准的施肥用量。以提高肥料资源的使用效率，改善土壤质量和农作物生产品质，以实现农业的可持续发展。

(三)加大对肥料尤其是化肥的科普力度

加大科普力度，在菜市场或者社区进行广泛的宣传，破解人们存在的误区。实际上，不论是有机肥还是化肥，都是作物生产中不可或缺的重要资源，只要使用合理，都可以提高生产产量，改善生产品质。但是如果使用的不合理，不论是化肥还是有机肥都会对作物生产和土壤的质量产生负面影响。并且单纯使用有机肥是不可能满足农作物发展需要的。所以，必须合理利用化肥和有机肥。

第四节　土壤质量

一、土壤质量概念内涵

Warkentin & Fletcher(1977)首次将土壤质量作为一个概念引入土壤科学研究，为评价目前的土壤管理措施提供了一种有效工具。之后，对土壤质量的研究越来越深入。Doran & Parken(1994)将土壤质量定义为：土壤在生态系统界面内维持生物学生产，保障环境质量，促进动物与人类健康的行为能力。美国土壤学会(1995)对土壤质量的定义如下：在自然或管理的生态系统边界内，土壤具有动植物生产持续性，保持和提高水、气质量以及支撑人类健康与生活的能力。曹志洪(1998，2000)认为，现代土壤肥力发展方向取决于土地利用和土壤肥力管理的制度(自然因素、人为因素和社会经济制度等)。其内涵拓展至土壤肥力质量，即提供生物必需养分和生产生物物质的能力、维护生态环境的能力、促进动植物与人类健康的能力。

综合国内外土壤质量的理解，土壤质量可定义为：土壤提供食物、纤维、能源等生物物质的土壤肥力质量，土壤保持周边水体和空气洁净的土壤环境质量，土壤容纳消解无机和有机有毒物质、提供生物必需的养分元素、维护人畜健康和确保生态安全的土壤健康质量的综合量度。

因此，土壤质量是反映土壤保持生物生产力、环境质量以及动植物健康能力的土壤的内在属性。其内涵包括三个方面：

一是土壤肥力质量，即土壤能维持植物和动物持续生产能力的质量，是土壤确保食物、纤维和能源的优质适产、可持续供应植物养分以及抗侵蚀的能力；

二是土壤环境质量，即土壤能降低环境污染物和病菌损害，调节新鲜空气和水质量的能力，具体讲，是土壤尽可能少地输出养分、温室气体和其他有机和无机污染物质，维护地表水、地下水和空气的洁净，调节水、气质量以适于生物生长和繁衍的能力；

三是土壤健康质量，即土壤容纳、吸收、净化污染物质、生产无污染的安全食品和营养成分完全的健康食品，促进人畜和动植物健康，确保生态安全的能力，简言之，土壤影响动植物和人类健康能力的质量。

可见，土壤质量概念的内涵不仅包括作物生产力、土壤环境保护，还包涵食物安全及人类和动物健康。土壤质量概念类似于环境评价中的环境质量综合指标，从整个生态系统中考察土壤的综合质量。这一定义超越了土壤肥力概念，超越了通常的土壤环境质量概念，它不只是将食物安全作为土壤质量的最高标准，还关系到生态系统稳定性，地球表层生态系统的可持续性，是与土壤形成因素及其动态变化有关的一种固有的土壤属性。

二、土壤质量评价

土壤质量是土壤中退化性过程和保持性过程的最终平衡结果，综合了土壤的多重功能。土壤质量的复杂性，决定了对土壤质量进行综合评价的难度。控制土壤生物地球化学过程，各种物理、化学和生物学因子及其在时空强度上的变化等使得土壤质量评价指标体系的建立应该从土壤系统组分、状态、结构、理化及生物学性质、功能等多方面来综合考察。

（一）土壤质量评价指标选取原则

土壤质量研究需要建立量化的表征方法。影响土壤质量评价参数指标选择的因素很多，为了便于在实践中应用，在选择评价土壤质量所需的最小数据集（minimum data set，MDS）时应遵循如下原则：

（1）代表性　一个指标能代表或反映土壤质量的全部或至少一个方面的功能，或者一个指标能与多个指标相关联。

（2）灵敏性　能灵敏地指示土壤与生态系统功能与行为变化，如黏土矿物类型对土壤生态系统功能与行为的变化不敏感，不宜作为土壤质量指标。

（3）通用性　一方面能适用于不同生态系统，另一方面能适用于时间和空间上的变化。

（4）经济性　测定或分析花费较少，测定过程简便快速。如^{15}N丰度需要质谱仪进行复杂的分析，因而不宜作为土壤质量指标。

(二)土壤质量评价指标体系

目前国内外科学家采用的评价土壤质量的指标体系不尽一致，可根据不同的土壤和不同的评价目的，选择不同的评价指标体系。但大致可分为两类：一类是描述性指标，即定性指标，如土壤颜色、质地、紧实性、耕性、侵蚀状况、作物长势、保肥性等，农民往往通过这些描述性指标定性认识土壤质量状况；另一类是分析性定量指标，选择土壤的各种属性，进行定量分析，获取分析数据，然后确定数据指标的阈值和最适值。

1. 土壤肥力质量指标

(1)物理指标　土壤物理状况对植物生长和环境质量有直接或间接的影响。土壤物理指标包括土壤质地、土层厚度与根系深度、土壤容重、渗透率、团聚体稳定性、田间持水量、土壤持水特征、土壤含水量、土壤温度、土壤通气等。

(2)化学指标　土壤中各种养分和土壤污染物质等的存在形态和浓度，直接影响植物生长和动物及人类健康。土壤肥力质量的化学指标包括土壤有机碳和全氮、矿化氮、磷和钾的全量和有效量、CEC、土壤 pH 值、电导率(全盐量)、盐基饱和度、碱化度、各种污染物存在形态和浓度等。

(3)微生物指标　包括微生物生物量碳和氮，潜在可矿化氮、总生物量、土壤呼吸量、微生物量碳/有机总碳、土壤呼吸量碳/微生物量碳、微生物群落指纹、根系分泌物、作物残茬、根结线虫、蚯蚓密度等。

2. 土壤环境质量指标

土壤环境质量指标被用来量度土壤碳、氮的储量及其向大气的释放量，及土壤磷、氮储量及其向水体的释放量。

3. 土壤健康质量指标

土壤健康质量指标包括重金属元素全量、重金属元素有效性、有机污染物包括农药的残留量等。Larson(1991)认为最小数据集(MDS)应包括以下土壤质量指标：速效养分、有机碳、活性有机碳、土壤颗粒大小、植物有效性水含量、土壤结构及形态、土壤强度、最大根深、pH 值、电导率等。

(三)土壤质量评价方法

土壤质量评价是设计和评价持续性土壤及土地的一个基础。对土壤质量评价已提出多种方法，如多变量指标克立格法，土壤质量动力学方法以及土壤质量综合评分法等，但至今尚无国际统一的标准方法。不管采用哪种方法，要确定有效、可靠、敏感、可重复及可接受的指标，建立全面评价土壤质量的框架体系。可根据不同的评价目标和技术水平选择或设计合适的评价方法。美国国家土壤保持局（SCS)建立的土壤评价目标包括：确定当前技术水平可测定的参数；建立评价这些参数的标准；建立评价短期和长期土壤质量变化的体系；确定耕作措施的组成及其对土壤质量的影响；评价现有的知识和数据以找到适合他们的适宜参数和方法。1992 年在美国召开的关于土壤质量的国际会议建议标准的土壤质量评价应包括对气候、景观、土壤化学和物理性质的综合评价。

目前，相对比较有一定代表性的方法是大尺度地理评价法。该方法一般有下列 5 个基本步骤：

(1)利用土地资源信息(包括大尺度的土壤、景观和气候信息)，针对一个特定的土壤功能估计土壤的自然(或内在的)质量(ISQ)。例如，一个深厚的、排水良好的、在保持和供给养分方面能力较强的土壤能很好地适应于作物生长、截持和降解有毒物质。

(2)利用地形和其他土地资源信息确定土地遭受退化的危险性的物理条件，并通过土壤质量易感性 (SQS)指标识辨出处于土壤质量下降的农业区。例如，陡坡和地表土壤质地粉砂会使土壤易于遭受水蚀。

(3)利用土地利用和管理信息与趋势估计那些具有使土壤下降危险性加大的人为条件。例如，集约化的顺坡条行种植可加剧土壤水蚀和有机质损失过程。

(4)把信息综合起来估测土地资源质量发生变化的可能性及趋向。综合的方法包括：

①主观法　根据经验知识主观地进行综合评估。

②动态监测法　依据监测和新记录的土地资源数据进行综合评估。

③模型法　利用模拟土壤退化过程的计算机模型，参照历史的和有代表性的气候数据进行综合评估。

(5)利用土地资源评估结果，对特定利用下的未来土壤的质量进行再评价，利用土壤自然质量(TSQ)指数 (Index)排序土壤。土壤的自然质量主要由地质学性质和成土过程决定，其大小的确定主要基于与土壤生产作物能力密切相关的 4 个土壤要素：①土壤孔隙(为生物学过程提供空气和水分)；②养分保持能力 (维持植物养分)；③根系生长的物理条件(作为某些物理性质的结果促进根系生长)；④根系生长的化学条件(作为某些化学性质的结果促进根系生长)。

上述评估土壤质量的方法及步骤可应用于不同空间尺度上，小到地块，大到整个国家。既可为农民凭着主观直觉去使用，又能为研究人员借助复杂的模型或信息系统进行系统的操作。

三、土壤质量研究发展趋势

目前土壤质量评价的方法较多，各种方法具有各自的优劣性，发展评价方法也需要从指标体系上入手，指标体系的选择往往比方法更为重要，而在评价方法的选取上，土壤相对质量评价法更为方便、合理，但相对质量评价法也需要综合评价方法的支撑。

目前选择方法和选择因子两个方面需要加强研究，但往往两者存在着矛盾，有些方法较好，但是需要因子量较多，所以必须在这两方面寻求较好的平衡和突破。从我国国情看，深入开展土壤学研究必须紧紧围绕土壤质量的新概念、新理论开展工作。同时，要加强土壤质量评价方法的研究，而且研究需要具有可操作性，可应用性和综合性。主要研究内容可归纳为以下几个方面：

第一，土壤质量的指标体系与调控原理，包括土壤质量的自然与人为指标体系、土壤质量演变的信息数据库与评价咨询系统的建设、土壤质量调控原理研究；

第二，土壤质量的时空变化与发展，包括不同时间尺度上土壤质量动态变化规律、空间分布特点、质与量演变及发展趋势；

第三，土壤质量评价的综合性研究，包括土壤质量演变过程与形成机理、人为活动对土壤质量演变的影响及反馈机理、土壤质量与土壤圈物质及环境的交互作用；

第四，土壤质量评价指标体系和评价方法的选择，最终将建立土壤质量指标体系与评价系统，提出土壤质量国家标准的建议方案，评估我国主要类型耕地土壤质量，揭示其演变规律，创建主要典型区域土壤质量的保持与定向培育理论，土壤质量数据库与预测预警系统。

第五节　土壤质量退化与防治

一、土壤质量退化概念内涵

土壤质量退化是在自然环境的基础上，因人类开发利用不当而加速的土壤质量和生产力下降的现象和过程。其标志是对农业而言的土壤肥力和生产力的下降及对环境来说的土壤质量的下降。表现在土壤物理、化学、生物学方面的质量下降。土壤物理退化包括压实、结皮、水分不平衡、通气阻滞、径流形成、加速侵蚀等；化学退化包括酸化、化学物质污染、养分贫瘠化、淋溶、养分不平衡和毒害、盐碱化等；生物退化过程包括有机碳衰减、土壤生物多样性降低、微生物生物量碳衰减等。

二、土壤质量退化的分类

(一)联合国粮农组织(FAO)的分类

1971 年，联合国粮农组织在《土壤退化》一书中将土壤质量退化分为十类，即侵蚀、盐碱、有机废料、传染性生物、工业无机废料、农药、放射性、重金属、肥料和洗涤剂。此外，后来又补充了旱涝障碍，土壤养亏缺两类。

(二)我国对土壤质量退化的分类

中国科学院南京土壤研究所根据我国的实际情况，将我国土壤质量退化分为土壤侵蚀、土壤沙化、土壤盐化、土壤污染以及不包括上列各项的土壤性质恶化 5 类。其中土壤性质恶化包括土壤板结、土壤潜育化和次生潜育化、土壤酸化和土壤养分亏缺。后来，潘根兴(1995)将土壤质量退化分为土壤性质恶化、土壤肥力与环境质量下降等三大类，又进一步根据土壤质量退化的原因，分为物质损失型、过程干扰型、环境污染型三类。其中，物质损失型包括土壤流失、土壤沙化与沙漠化等。过程干扰型包括土壤贫瘠化、土壤板结化、土壤酸化、土壤盐渍化、土壤潜育化等。环境污染型包括土壤农药污染、土壤重金属污染、土壤放射性污染等。

三、我国土壤质量退化的现状与态势

(一)土壤质量退化的范围广、类型多

2002 年，水利部公布的数据显示，我国水土流失总面积为 356 万 km^2，占国土面积的 37.1%，比 1999 年国土资源部公布的数字少了 11 万 km^2。沙漠化、土壤沙化总面积 1.1 亿 hm^2，占国土总面积 11.4%。全国草地退化 6770 万 hm^2，占全部草地面积的 21.4%。土壤环境污染已大面积影响到我国农业土壤，90 年代初，受工业三废污染的

农田已达 600 多万 hm^2，相当于 50 个农业大县的全部耕地面积。土壤质量退化的发生区域广。华北主要发生着盐碱化，西北主要是沙漠化，黄土高原和长江上、中游主要是水土流失，西南发生着石质化，东部地区主要表现为肥力退化和环境污染退化。土壤退化已影响到我国 60%以上的耕地土壤。

(二) 土壤质量退化影响深远

土壤退化直接后果是土壤生产力降低，化肥报酬率递减，化肥用量的不断提高，不但使农业投入产出比增大，而且成为面源环境污染的主要原因。土壤流失使土壤损失了相当于四千多万吨化肥的氮、磷、钾养分，而且淤塞江河，严重影响到水利设施的效益和寿命。长江中下游严重的水土流失使三峡库区总沙量达 1.6 亿 t，入库泥沙达 4000 万 t，构成对三峡水库的重大威胁。并且泥沙淤塞又使中下游地区湖泊容积缩小，行洪能力大大下降。如洞庭湖 1949 年库容 293 亿 m^3，2000 年降至 173 亿 m^3。

四、土壤质量退化主要类型及防治

(一) 土壤侵蚀

有估算表明，世界土壤侵蚀面积已达陆地总面积的 16.8%，占总耕地面积的 2.7%。从土壤退化类型看，土壤侵蚀退化面积占总退化土壤面积的 84%，而且以中度、严重和极严重退化为主。其中水蚀占 56%，风蚀占 28%；在水蚀的成因中，有 43%是属于森林的破坏引起，29%是属于过度放牧引起，24%是属于不合理的农业管理引起的；风蚀的成因中，60%是由过度放牧引起的，16%是由自然植被的过度开发，8%由于森林破坏。据估算，世界每年因土壤侵蚀流失的土壤养分几乎等于世界肥料生产量。每年全球土壤流失量 7.5×10^{10} t。全球土壤侵蚀直接造成的经济损失相当于 4000 亿美元。

我国水土流失面积已达 3.67×10^6 km^2，约占国土陆地总面积的 38.2%。其中水蚀面积已达 1.79×10^6 km^2，年流失表土约 6.0×10^9 t。

土壤水土流失的影响因子包括气候(降雨)、地表覆盖、地形、人为管理等措施。土壤水土流失造成的影响体现在以下方面：剥蚀土层，使土壤肥力下降，甚至破坏地表完整、丧失土壤资源；侵蚀造成泥沙淤积河床，加剧洪涝灾害；淤积水库湖泊，减少库容和调节能力；影响航运，破坏交通安全；输出养分，造成水体污染；加速有机物质氧化，影响全球变化。

土壤水土流失的防治：

(1) 树立保护土壤，保护生态环境的全民意识。

(2) 防治兼顾、标本兼治。

对于土壤流失发展程度不同的地区要因地制宜，搞好土壤流失防治：

(1) 无明显流失区在利用中应加强保护。这主要是在森林、草地植被完好的地区，采育结合、牧养结合、制止乱砍滥伐，控制采伐规模和密度，控制草地载畜量。

(2) 轻度和中度流失区在保护中利用。在坡耕地地区，实施土壤保持耕作法。对于农作区，可实行土壤保持耕作。

(3) 在土壤流失严重地区应先保护后利用。

(二)土壤荒漠化

土壤荒漠化是土壤质量退化的重要形式，是当今人类面临的重大资源环境问题之一。全球约有41%的陆地、100多个国家、10亿人口的土壤受到土壤荒漠化的威胁，每年有7×10^4 km^2土壤沙漠化。中国是土壤荒漠化分布较广泛的国家之一。其中土壤沙化地区，即干旱、半干旱、半湿润多风和疏松沙质地表条件下的生态脆弱区，由于人类不合理的土地利用，以原有的非沙质荒漠地区出现的风沙活动(包括风蚀、地表沙砾化和沙丘形成与移动)为主要标志，形成了类似沙质荒漠景观的土壤退化现象。我国已沙漠化的土壤面积为3.71×10^5 km^2。潜在沙漠化危险和易变沙漠化的土地为5.35×10^5 km^2，两者共9.06×10^5 km^2，占国土面积的9.4%。土壤沙化不仅使肥沃耕地的表土丧失和植物种子或根系裸露、沙粒移动堆积埋压牧场、居民点和道路，并在空中飞扬形成沙尘暴，影响周边甚至较远地区的生态环境。

土壤沙化的防治必须重在防。防治重点应放在农牧交错带和农林草交错带，在技术措施上要因地制宜，主要防治途径是：①营造防沙林带"三北"地区防护林体系工程，应进一步建成为"绿色长城"。②实施生态工程。生物工程与石工程相结合的办法。封育天然沙生植被、营造农田林网。③建立生态复合经营模式。④合理开发水资源。⑤控制农垦。⑥完善法制，严格控制破坏草地。

(三)土壤酸化

土壤是酸沉降的最大承受者，大量的酸性物质输入土壤，土壤生态体系不得不接受更多的H^+荷载，不可避免地引起土壤酸化。其次酸雨含有较多的硝酸根、硫酸根等阴离子，加速了Ca^{2+}、Mg^{2+}、K^+、Na^+等阳离子的淋失率。庐山地区的研究监测表明，近35年中损失了20%的交换性盐基离子，与这期间酸雨频繁出现有密切关系。

在酸化过程中，黏土矿物结构中的层间铝、土壤体系中有机螯合态的铝受到活化，在土壤溶液中具有较高的浓度，Al^{3+}浓度与土壤溶液中其他离子的浓度比例失调，可导致作物、树木生长受到阻碍。

酸雨给土壤输入大量的氮、硫成分，它们被氧化并与土壤有机质作用，产生更多的有机酸，引起次生酸化问题。同时，还导致土壤中C/N、C/S比例减小，土壤透气性变差。

土壤酸化防治主要从施用化学改良剂(如石灰或石灰石粉)、生物改良、合理施用化肥和有机肥料等方面加以考虑。

(四)土壤盐渍化

土壤盐渍化和次生盐碱化形式的土壤退化，主要分布于干旱和半干旱地区，部分发生于半湿润地区和滨海地区。受其影响的面积约占土壤退化总面积的4%，每年约有1.2×10^4 km^2的土地发生次生盐碱化。据估计，世界上现有灌溉土壤中有一半遭受次生盐渍化和碱化的威胁。由于灌溉不当，每年有1.2×10^7 km^2灌溉土壤因为次生盐渍化和碱化而被抛弃。盐渍化是土壤退化的一种主要类型，虽然很多人认为它是一个化学退化过程，实际上其环境影响亦如土壤化学污染那样非常重要。

土壤盐渍化的防治主要从以下几个方面入手：

1. 合理利用水资源

①实施合理的灌溉制度 在潜在盐渍化地区的灌溉，即考虑满足作物需水，又要尽量起到调节土壤剖面中的盐分运行状况的作用。

②采用节水防盐的灌溉技术 如发展滴灌、喷灌、渗灌等灌溉技术，可减少灌溉的渗漏损失与蒸发，从而防止大水漫灌引起的地下水位抬高。

③减少输配水系统的渗漏损失 这是在潜在盐渍化地区防止河、渠、沟边次生盐渍化的重要节水措施。

④处理好蓄水与排水及引灌与井灌的关系 在平原地区，雨季来临之前，抽吸浅层地下水灌溉，使地下水位下降腾出库容，雨季时促进入渗而保存于土壤中。

2. 因地制宜地建立生态农业结构

对某些潜在盐渍化严重的土壤、井渠结合灌溉在控制水盐运动上难以奏效，宜改水田为旱田，改粮作为牧业，既节省水资源，又发展多种经营，可发挥最佳效益。

3. 精耕细作

在盐渍化土壤上，宜多施有机肥。对于碱化土壤应要在施用有机肥料的前提下，采用低矿化度水灌溉，以控制次生碱化。应根据盐渍的水盐动态规律，在精耕细作，农艺操作上下功夫。

4. 实时监测土壤和地下水的盐碱度、地下水的水位和化学组成、灌溉水的化学组成、土壤物理性状等，防止灌溉中产生次生盐渍化。

（五）土壤污染

土壤污染是土壤质量退化的重要类型，相关内容在本章第六节重点介绍。

（六）土壤肥力衰退

土壤肥力衰退主要是指土壤养分贫瘠化，为了维持绿色植物生产，土壤就必须年复一年地消耗它有限的物质贮库，特别是作物所需的那些必需营养元素，一旦土壤营养元素被耗竭，土壤就不能满足作物生长。土壤肥力退化影响农业的可持续发展。引用高产品种、大量使用化肥、农药等化学物质以及采用免耕等新型耕作方法，在促进产量迅速上升的同时，如果不采取相应的措施，将对土壤肥力发育有较大的负面作用。土壤基础地力、粮食生产的持续性和稳定性以及化肥的效益均有所下降，建立土壤肥力监测网络，建设高标准农田基础设施。研究合理的轮作制度及增加有机肥料的投入是保护和提高耕地生产能力的关键措施。

第六节 土壤污染与防治

一、土壤污染

（一）土壤污染的概念及特点

随着人类社会对土壤需求的扩展，土壤的开发强度越来越大，向土壤排放的污染物也成倍增加。化肥的不合理施用和农药的残留也增加了土壤污染的强度，土壤降低甚至完全丧失了其生产力。土壤污染，它是指通过各种途径进入到土壤中的污染物的数量及速度超过了土壤的自净能力，土壤的生态平衡受到破坏，土壤质量、生产力下降，并产生一定的环境效应，最终危及人类健康，甚至危及人类的生存及发展的现象。进入到土壤中的污染物只有积累到一定程度，通过植物性产品进入人体或动物身体后才能表现出来，此过程要经历相当长的时间，不像水体或大气污染那样容易被察觉，所以土壤污染具有隐蔽性和潜伏性。当污染物进入土壤后，会在土壤中发生一系列的转化、迁移等过程，最终形成难溶性物质长期地留在了土壤中，所以土壤污染具有长期性；土壤污染后要通过食物链进入人体中危害人类健康。因此，土壤污染的后果很严重。

(二)土壤污染的危害

土壤污染首先会引起土壤生产力的下降。据统计，农膜污染土壤的面积已超过780万 hm^2，残留的农膜阻滞了土壤毛细管中水的运动，影响了土壤的通透性，土壤物理性状恶化，土壤的生产能力下降。由于电镀、冶炼、染料等行业的废水、废气以及废渣造成土壤污染，引起农产品品质下降，许多地方的粮食、蔬菜、水果等食物中镉、砷、铬、铅等重金属含量超标或接近临界值。还有每年转化成为污染物而进入环境的氮素达1000万t，农产品中的硝酸盐和亚硝酸盐污染严重。其次是土壤污染引起一系列的环境问题。例如，重金属在土壤中的积累后很容易通过水及风的作用进入到水体和大气中，导致大气污染、地表水污染、地下水污染和生态系统退化等其他次生生态环境问题。第三，土壤污染导致严重的直接经济损失。初步统计，全国受污染的耕地约有1000万 hm^2，有机污染物污染农田达360万 hm^2，主要农产品的农药残留超标率高达16%~20%；污水灌溉污染耕地216.7万 hm^2，固体废弃物堆存占地和毁田13.3万 hm^2。每年因土壤污染减产粮食超过1000万t，造成各种经济损失约200亿元。当然最重要的是由于土壤被污染后，污染物在植物体内积累，并通过食物链富集到人体和动物体中，危害人体健康，使人类的生存受到威胁。

二、土壤中主要的污染物

进入土壤的污染物主要有以下几类，第一类是重金属污染物，在当前环境污染中，重金属主要包括汞、铬、镉、铅、铜、锌以及类金属砷和非金属氟。这些污染物能够在土壤里不断积累，它们存在的形态不一，其毒性差异很大，所以形态的改变，可以降低重金属的毒性，但它们没有离开土壤，随着污染的加剧，其总量在不断增加。第二类是有机污染物，特别是持久性有机污染物(POPs)越来越受到人们的重视，主要包括有机农药、矿物油类、表面活性剂、废塑料制品、有机卤代物以及工矿企业排放的含有机物质的“三废”。其中大部分有机物质进入土壤后能被土壤微生物分解，不会造成积累，但有些人工合成的有机污染物因化学性质稳定在土壤中存在的时间会很长。第三类是指固体废弃物，固体废物对农业环境特别是对城郊土壤具有更大的威胁。固体废物又分为工业固体废物、农业固体废弃物、城市垃圾以及放射性污染物和病原性的污染物。

三、造成土壤污染的主要污染源

(一)过量施用化学肥料

我国每年化肥施用量超过4100万t。施用化肥是农业增产的重要措施，但长期大量使用氮、磷等化学肥料，使土壤团粒结构的数量减少而变得松散，土壤板结、耕层变浅、耕性变差、保水保肥的能力下降以及生物学特性恶化，最终使土壤的生产力降低，影响了农作物的产量和质量；未被植物吸收利用的养分，积累在土壤中的氮、磷化合物，在发生地面径流或土壤风蚀时，会向其他地方转移，扩大了土壤污染范围，进入到下层的养分随水移动到地下水中，引起水体的富营养化，而造成水体污染。同时，过量使用化肥还会使饲料作物含有过多的硝酸盐，这些硝酸盐进入动物体内后，妨碍牲畜体内氧气的输送，使其患病，甚至导致死亡。

(二)农药的使用导致其在土壤中的积累，引起土壤有机污染

据估计，我国每年使用的农药量高达50万~60万t，使用农药的土地面积在2.8亿hm^2以上，农田平均施用农药13.9 $kg \cdot hm^{-2}$，进入到土壤的农药大部分可被土壤吸附，这些有机物质在生物或非生物的作用下，可形成具有不同稳定性的中间产物或最终产物无机物。喷施于作物体上的农药，除部分被植物吸收或逸入大气外，约有1/2左右散落于农田，又与直接施用于田间的农药构成农田土壤中农药的基本来源。农作物从土壤中吸收农药，在植物根、茎、叶、果实和种子中积累，通过食物、饲料危害人体和牲畜的健康。

(三)重金属元素引起的土壤污染

全国320个严重污染区约有548万hm^2土壤，大田类农产品污染超标面积占污染区农田面积的20%，其中重金属污染占80%，粮食中重金属镉、砷、铬、铅、汞等的超标率占10%。被公认的城市环境质量优良的公园存在着严重的土壤重金属污染。汽油中添加的防爆剂(四乙基铅)随废气排出后，沉降进入土壤，车辆行驶频率高的公路两侧常形成明显的铅污染带。砷被大量用作杀虫剂、杀菌剂、杀鼠剂和除草剂，硫化矿产的开采、选矿、冶炼也会引起砷对土壤的污染。汞主要来自厂矿排放的含汞废水。土壤组成与汞化合物之间有很强的相互作用，积累在土壤中的汞有金属汞、无机汞盐、有机络合态或离子吸附态汞。因此，汞能在土壤中长期存在。镉、铅污染主要来自冶炼排放和汽车尾气沉降，磷肥中有时也含有镉。

(四)污水灌溉对土壤的污染

我国污水灌溉农田面积超过330万hm^2。生活污水和工业废水中，含有氮、磷、钾等许多植物所需要的养分，所以合理地使用污水灌溉农田，有增产效果。未经处理或未达到排放标准的工业污水中含有重金属、酚、氰化物等许多有毒有害的物质，会将污水中有毒有害的物质带至农田，在灌溉渠系两侧形成污染带。

（五）大气污染对土壤的污染

大气中的二氧化硫、氮氧化物和颗粒物等有害物质，在大气中发生反应形成酸雨，通过沉降和降水而降落到地面，引起土壤酸化。冶金工业排放的金属氧化物粉尘，则在重力作用下以降尘形式进入土壤，形成以排污工厂为中心、半径为2~3 km范围的点状污染。

（六）牲畜排泄物、生物残体以及城市垃圾对土壤的污染

禽畜饲养场的厩肥和屠宰场的废物，其性质近似人粪尿。利用这些废物可以作肥料，但是如果不进行物理和生化处理，则其中的寄生虫、病原菌和病毒等可引起土壤和水域污染。随着经济的迅速发展，人们生活水平的提高，城市垃圾的数量也急剧增加，平均每年的增长率为8%~10%，城市垃圾成分复杂，还有很多重金属等有害物质，如果处理不当或未经处理直接施入农田，势必造成土壤污染，农产品特别是城郊农作物中的有毒物质含量升高，最后通过食物链进入人体，给人类健康带来威胁。

（七）放射性物质对土壤的污染

土壤辐射污染的来源有铀矿和钍矿开采、铀矿浓缩、核废料处理、核武器爆炸、核试验、燃煤发电厂、磷酸盐矿开采加工等。大气层核试验的散落物可造成土壤的放射性污染，放射性散落物中，^{90}Sr、^{137}Cs的半衰期较长，易被土壤吸附，滞留时间也较长。

四、土壤污染的防治

土壤污染不像水体污染、大气污染那样备受关注，因为土壤污染更隐蔽，更具有长期性。同时，土壤处于地球自然系统中的中心地位，是陆地生态系统中物质和能量的中转站。土壤污染和大气、水体污染之间相互影响、相互联系，据报道，90%的大气和水体污染物最终要沉积到土壤中，土壤成为各种污染物最终聚集的地方。当然，污染的土壤也将导致水体和大气的污染。因此，土壤污染的防治应该在环境中综合预防和治理。

（一）防治土壤污染，必须坚持“预防为主”的方针

要严格执行国家有关污染物的排放标准，从1989年《中华人民共和国环境保护法》到《农药安全使用标准》（1996）、《污水综合排放标准》（1996）以及有关大气污染、固体废弃物、农田灌溉水质标准，到近几年制定的《关于加强土壤污染防治工作意见》（环发[2008]48号）等文件，可见国家对土壤污染预防的力度。因此，各级部门应严格按照国家既定的标准执行，防患于未然。同时，应建立土壤污染的监测、预测及评价系统，以土壤环境容量、环境标准为依据，对土壤环境质量进行长期的定位监测，建立相应的档案，对土壤污染物进行总量控制与管理，定期分析土壤中污染物的来源、积累因素与发展趋势，并建立相应的模型，确定出控制土壤污染的对策和方法。在此基础上，大力发展清洁生产，从原料到最终产品尽量减少废物的排放，以降低对土壤环境的污染。

采取的具体措施有：①控制和消除污染源，认真治理工业“三废”。工业“三废”是土壤污染最主要的污染源，对工业“三废”进行回收净化处理，化害为利，严格控制污染物

的排放量和浓度，大力推广和发展清洁生产，使之符合排放标准。②加强灌区的监测和管理。必须加强对污灌区水质的监测，了解污染物成分、含量和动态，还应确定土壤的环境容量，避免盲目地滥用污水灌溉而引起污染。③控制化学农药的使用。对高残留或剧毒农药如六六六、滴滴涕、氯丹等国家禁止的农药应严格控制；对高残留的农药应逐渐停止使用。大力发展高效低毒低残留的新农药。探索和推广生物防治作物病虫害，尽量减少农药的使用次数和数量。④合理施用化学肥料和污泥。应尽量避免长期过量施用单一肥料品种，施用时间和数量应严加控制。对含有毒害物质的肥料，施用范围和数量应严加控制。污泥含有大量重金属等污染物，应根据当地具体条件，如土壤类型、灌溉制度、作物种类等，确定施用数量和年限。

(二)对已污染的土壤采取有效的生物防治和工程防治措施

对已污染的土壤应采取积极的措施进行修复，不同类型的污染应采取不同的修复技术。目前土壤污染的修复主要有生物修复(包括植物修复、微生物修复)、化学修复、物理修复等。按照污染土壤的位置是否变化，土壤污染修复也可分为原位修复和异位修复。前者经济，而异位修复的彻底，预见性更强。

1. 植物修复

植物修复主要是利用植物本身吸收、转化以及固定污染物的能力，将污染物从土壤环境中降解或转移到植物体内，通过植物体将污染物分解、稳定、挥发以达到修复的目的。植物修复的方式主要有：①植物提取。利用超积累的植物吸收土壤中的污染物，以净化土壤。如羊齿类铁角蕨属的一种植物对土壤中的重金属吸收强烈，对镉的吸收率可达10%。如果连续数年种植，可使土壤含镉量降低1/2。②植物降解。主要是植物吸收有机污染物后，将其分解为小分子的无毒物质的过程。③植物挥发。通过植物吸收将污染物吸收、积累，将其转化为挥发性的物质释放到大气中。例如，汞、硒等元素的污染修复可以利用此类方法。当然植物在被污染的土壤上生长还可以提高土壤本身的物质转化和代谢能力，使土壤微循环生态环境得到改善，促进土壤的改良。

2. 微生物修复

利用土壤微生物对土壤中的污染物进行分解以达到净化土壤的目的。可用于修复土壤的微生物主要是细菌和真菌。微生物通过合成、分泌分解酶以达到降解土壤污染物的目的。例如，细菌可以通过基因突变或诱导产生特定的酶类，从而分解污染物。真菌对大分子化合物表现出较强的降解能力。因此，真菌对大分子的有机污染物如氯代芳烃类的化合物有较强的降解效果。微生物的修复的效果主要取决于环境和微生物种类，微生物生存环境非常重要，水分条件要控制合适。同时，要有充足的氧气，使微生物能迅速繁殖，提高酶的活性。不同的微生物降解的物质差异很大，所以合适微生物的选择非常重要，特别是外来污染物，土壤中本身的微生物很能将其分解。因此，大部分需要人工接种特定的微生物来提高修复效率。

3. 物理修复技术

物理修复技术包括物理分离、蒸汽浸提、玻璃化以及电动修复技术。主要采用的过滤、沉淀、离心、导入气流使污染物挥发、使污染物玻璃化以及利用电流的作用将污染物与土壤颗粒分离，达到积聚作用。在西欧、北美的一些发达国家，物理修复污染土壤的发展很快。

4. 化学修复技术

在土壤中加入一些与污染物能够发生化学反应的物质，使污染物降解或毒性降低。其物质可以是气体的、液体的以及活性胶体等，这些物质使有毒物质难于被植物吸收或促进降解。常用的有石灰、碱性磷酸盐肥料等。施用碳酸盐可提高土壤 pH 值，使溶液中的重金属形成沉淀，从而抑制了作物的吸收。镉、铅等重金属的磷酸盐都是难溶性化合物，施用磷肥可以抑制镉、铅等对作物的毒害。向土壤施入堆肥、厩肥、植物秸秆及其他有机肥料，可以增强土壤对有毒物质的吸附作用，提高土壤的环境容量和自净能力。同时，有机质又是还原剂，可促进土壤中镉形成硫化镉沉淀。还可以改革耕作制度，改种对污染物不易吸收的作物或改种非食性作物，从而改变土壤的环境条件，可消除某些污染物质的毒害，如旱田改水田，可加速有机氯农药的降解。

思 考 题

一、名词解释

土壤资源　土壤质量　土壤质量退化　土壤肥力质量　土壤环境质量　土壤健康质量

二、问答题

1. 试述我国土壤资源的特点、利用状况与管理对策。
2. 试述我国肥料资源利用状况与管理策略。
3. 如何理解土壤质量退化?
4. 简述我国土壤质量退化的现状及态势。
5. 简述我国土壤质量退化主要类型及防治。
6. 如何理解土壤质量的内涵?
7. 选择土壤质量参数指标的原则是什么?
8. 请构建一个土壤质量指标体系最小数据集。
9. 简述我国土壤退化的主要原因、特点与综合防治措施。
10. 土壤污染的特点有哪些? 主要的污染源有哪些? 土壤污染的修复有哪些类型?

三、论述题

1. 从资源、粮食安全和环境可持续性方面，阐述培育高土壤质量土壤的重要性。
2. 试述我国土壤资源的现状、特点、合理利用的对策。
3. 试述本家乡主要的土壤类型、形成特点、利用方式及改良措施。
4. 试述我国肥料资源的类型、现状及问题。

主要参考文献

[1]吴传钧，郭焕成．中国土地利用[M]．北京：科学出版社，1994.

[2]杨瑞珍．我国耕地资源保护的问题及对策[J]．地理学报与国土研究，1996，12(2)：32-33.

[3]卢树昌，赵淑杰．我国农业用地资源利用现状及合理利用的基本对策[J]．天津农学院学报，1999，6(1)：42-45.

[4]黄鸿翔．我国土壤资源现状、问题及对策[J]．土壤肥料，2005(1)：3-6.

[5]金继运．我国肥料资源利用中存在的问题及对策建议[J]．中国农技推广，2005(11)：4-6.

[6]郑良永．农业施肥与生态环境[J]．热带农业科学，2004，24(5)：79-84.

[7]朱祖祥．土壤学[M]．北京：农业出版社，1983.

[8]刘克锋，韩劲，等．土壤肥料学[M]．北京：气象出版社，2001.

[9]熊顺贵．基础土壤学(植物生产类专业用)[M]．北京：中国农业出版社，1996.

[10]陈晶中，陈杰，谢学俭，等．土壤污染及其环境效应[J]．土壤，2003，35(4)：298-303.

[11]孙铁珩，李培军，周启星．土壤污染形成机理与修复技术[M]．北京：中国科学技术出版社，2005.

[12]赵美微，塔莉，李萍．土壤重金属污染及其防治、修复研究[J]．北方环境，2007(6)：21.

[13]黄昌勇．土壤学[M].3版．北京：中国农业出版社，2010.

[14]赵其国．中国东部红壤地区土壤退化的时空变化、机理及调空[M]．北京：科学出版社，2002.

[15]田仁生，刘厚田．酸性土壤中铝及其植物毒性[M]．环境科学，1990，11(6)：41-45.

[16]王敬国．植物营养的土壤化学[M]．北京：中国农业大学出版社，1995.

[17]朱宏斌，王充青，武际，等．酸性黄红壤上施用白云石的作物产量效应和经济效益评价[J]．土壤肥料，2003(5)：7-20.

[18]仇荣亮，吴箐，吕越娜．我国南方主要酸沉降区土壤中铝的释放与缓冲作用[J]．环境化学，1998，17(2)：143-147.

[19]齐伟，张风荣，牛振国，等．土壤质量时空变化一体化评价方法及其应用[J]，土壤通报，2003，34(1)：1-5.

[20]郑昭佩，刘作新．土壤质量及其评价[J]．应用生态学报，2003，14(1)：131-134.

[21]刘世梁，傅伯杰，刘国华，等．我国土壤质量及其评价研究的进展[J]．土壤通报，2006，37(1)：137-143.